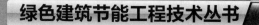

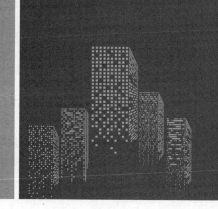

绿色建筑节能 工程检测

LÜSE JIANZHU JIENENG
GONGCHENG JIANCE

李继业　杜 彤　崔 成　主编

U0299035

化学工业出版社

·北京·

本书以《建筑外门窗保温性能分级及检测方法》(GB/T 8484—2008)、《居住建筑节能检测标准》(JGJ/T 132—2009)、《公共建筑节能检测标准》(JGJ/T 177—2009)、《绝热材料稳态热阻及有关特性的测定 热流计法》(GB/T 10295—2008)、《绝热层稳态传热性质的测定 圆管法》(GB/T 10296—2008)、《绝热 稳态传热性质的测定 标定和防护热箱法》(GB/T 13475—2008)和《建筑节能工程施工质量验收规范》(GB 50411—2007)等现行国家或行业标准为依据,比较系统地介绍了建筑节能检测基础、建筑节能检测基本参数及设备、建筑材料导热性能检测、建筑构件热工性能检测、建筑物热工性能现场检测、采暖系统热工性能现场检测、建筑室内环境的检测、建筑遮阳工程检测、配电和照明系统检测、空调通风系统检测、监测与控制系统检测、建筑能效测评与标识等内容。

本书重点突出、内容丰富、结构严谨、针对性强,可供从事建筑节能工程的设计、施工、检测等领域的工程技术人员、科研人员和管理人员学习参考,也可供高等学校相关专业师生参阅。

图书在版编目(CIP)数据

绿色建筑节能工程检测/李继业,杜彤,崔成主编.
北京:化学工业出版社,2018.3
(绿色建筑节能工程技术丛书)
ISBN 978-7-122-31408-6

Ⅰ.①绿… Ⅱ.①李… ②杜… ③崔… Ⅲ.①
生态建筑-建筑设计-检测 Ⅳ.①TU201.5

中国版本图书馆 CIP 数据核字(2018)第 012453 号

责任编辑:卢萌萌 刘兴春　　　　　　　　　装帧设计:王晓宇
责任校对:边　涛

出版发行:化学工业出版社(北京市东城区青年湖南街 13 号　邮政编码 100011)
印　　装:河北鹏润印刷有限公司
787mm×1092mm　1/16　印张 24　字数 645 千字　2018 年 7 月北京第 1 版第 1 次印刷

购书咨询:010-64518888(传真:010-64519686)　　售后服务:010-64518899
网　　址:http://www.cip.com.cn
凡购买本书,如有缺损质量问题,本社销售中心负责调换。

定　　价:98.00 元

前言
Foreword

　　建设资源节约型社会是我国当前的基本国策，节能降耗、节能减排是我国各个行业发展的重要课题。 实践证明，建筑能耗、工业能耗和交通能耗一起成为我国当前的能耗大户，特别是建筑能耗已占全国总能耗的近30％。 据专家预测，到2020年，我国城乡还将新增建筑 $3 \times 10^{10} \, \mathrm{m^2}$，建筑能耗将会进一步增大。 我国是耗能大国，建筑能源浪费更加突出，能源问题已经成为制约经济和社会发展的重要因素，建筑能耗必将对我国的能源消耗造成长期的巨大的影响。

　　建筑节能是缓解我国能源紧缺矛盾、改善人民生活工作条件、减轻环境污染、促进经济可持续发展的一项最直接、最廉价的措施，也是深化经济体制改革的一个重要组成部分；是全面建设小康社会，加快推进社会主义现代化建设的根本指针，具有极其重要的现实意义和深远的历史意义。

　　建筑节能是近年来世界建筑发展的一个基本趋势，也是当代建筑科学技术一个新的研究方向。 为了推进建筑节能的发展，引导我国节能建筑持续、快速、健康的前进，对建筑物进行节能检测是一种有力的促进手段。 近年来，国家出台了一系列技术规程，在建筑节能设计标准、热工设计规范的基础上，制定了节能工程验收规范和现场检测标准，以加强建筑节能的检测评定。

　　建筑节能工程贯穿整个建筑实体的建造过程，从工程的规划立项、设计、施工、监理和检测过程都在范围之内，缺少任何一个环节的检测都有可能造成能耗的损失和资源浪费，工程检测作为建筑工程建设质量控制的重要程序，自然也是建筑节能检测的一个不可缺少的环节。 特别是国家标准《建筑节能工程施工质量验收规范》（GB 50411—2007）颁布实施后，将建筑节能工程明确地规定为一个分部工程，将建筑节能工程设计文件的执行力、进场材料与设备的质量检测、施工过程的质量控制、系统调试与运行检测等作为监控的重点，使工程检测在以上工作中发挥重要的监督和管理作用。

　　建筑节能工程的检测是一项新的工作，是检测机构进行质量控制工作面临的新课题，在进行检测的过程中必然会遇到一些困难，近年来，我国陆续颁布了《居住建筑节能检测标准》（JGJ/T 132—2009）、《公共建筑节能检测标准》（JGJ/T 177—2009）、《建筑门窗工程检测技术规程》（JGJ/T 205—2010）等工程检测方面的标准和规程，在学习这些标准、规程和其他专家经验的基础上，我们编写了这本《绿色建筑节能工程检测》，以供建筑节能工程检测机构的技术人员和高等学校相关专业师生参考。

本书由李继业、杜彤、崔成主编，高勇、郭春华、李海燕参加了编写。本书编写的具体分工：李继业编写第一章；杜彤编写第二章、第五章、第六章、第九章；崔成编写第三章、第七章、第十三章；高勇编写第四章、第八章；郭春华编写第十章；李海燕编写第十一章、第十二章。全书最后由李继业统稿、定稿。

在本书编写的过程中，引用了一些专家和作者的精辟论述和研究成果，在此深表谢意。

由于建筑节能技术发展非常迅速，限于编者掌握的资料不全和水平有限，不当和疏漏之处在所难免，敬请专家和读者提出宝贵的意见。

编者

2018 年 2 月于泰山

目 录
CONTENTS

第三章　建筑节能检测基本参数及设备 / 032

第四章　建筑材料导热性能检测 / 091

第五章　建筑构件热工性能检测 / 132

第六章　建筑物热工性能现场检测 / 173

第七章 采暖系统热工性能现场检测 / 215

第八章　建筑室内环境的检测 / 233

第九章 建筑遮阳工程检测 / 284

第十三章 建筑能效测评与标识 / 353

参考文献 / 368

第一章

建筑节能检测概述

　　建筑节能是指在建筑物的规划、设计、建设、改造和使用过程中，执行现行建筑节能的标准，采用节能型的技术、工艺、设备、材料和产品，提高保温隔热性能和采暖供热、空调制冷制热系统效率，加强建筑物用能系统的运行管理，利用可再生的能源，在保证室内热环境质量的前提下，减少供热、空调制冷制热、照明、热水供应的能耗。

　　建筑节能检测是检验节能效果的重要手段，实际上就是对节能建筑所用材料、设备、施工质量及节能建筑的实际能效进行检验，为节能标准制定、节能设计、施工验收等提供技术支持，为制定建筑节能设计标准提供技术依据，为节能建筑设计提供误差修正和设计计算的依据，为施工过程控制和质量验收提供质量保证，为建筑物使用能耗进行检验和评价。因此，建筑节能检测是保证节能建筑的工程质量和实现节能减排目标的重要手段。

　　近年来，我国出台了许多标准规范、法规条例，有力地促进了建筑节能大政方针的实施，从建筑规划、设计、施工、验收和管理等环节都有完善的技术支撑和法律保障，其中针对建筑物的节能检测是落实建筑节能强有力的技术手段，是建筑节能发展的新领域。在我国建筑节能检测工作起步较晚，技术成熟度和普及度还不高，实施的难度比较大。

　　国内外建筑节能的实践证明，建筑节能是关系社会和谐和可持续发展的重大课题，是21世纪全球建筑领域技术发展的趋势所在。科学有效地利用资源，发展建筑节能是一项战略性工作，是一个系统工程，建筑节能重要性共识的达成，必将进一步加强建筑节能领域全新技术、全新方法、全新材料、全新理念的深入研究，充分发挥建筑节能检测的作用，并使其渗透到建筑节能各环节。因此，实施建筑节能检测技术具有重要而特殊的意义。

第一节　我国建筑节能现状与发展

　　我国建筑节能工作起步较晚，从20世纪80年代后期才正式开始，经过20年的艰苦探索与努力，我国的建筑节能在多个方面取得一定的进展。一是建筑节能组织管理的不断规范化，积极出台了一系列政策、法规；二是建筑节能专项规划的建立；三是建筑节能标准化工

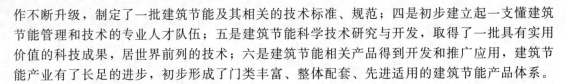
作不断升级，制定了一批建筑节能及其相关的技术标准、规范；四是初步建立起一支懂建筑节能管理和技术的专业人才队伍；五是建筑节能科学技术研究与开发，取得了一批具有实用价值的科技成果，居世界前列的技术；六是建筑节能相关产品得到开发和推广应用，建筑节能产业有了长足的进步，初步形成了门类丰富、整体配套、先进适用的建筑节能产品体系。

一、我国建筑节能发展缓慢的原因

多年来，我国开展了相当规模的建筑节能工作，主要采取先易后难、先城市后农村、先新建后改建、先住宅后公建、从北向南逐步推进的策略。但是到目前为止，建筑节能仍然停留在大城市和试点、示范的层面上，尚未扩大到整体，且各地发展也很不平衡。究其原因主要有以下几个方面。

（1）建筑节能开发建设成本高。根据我国的基本国情，按照新的建筑节能设计标准测算，每平方米建筑面积成本要增加 100 元左右，从而提高了建筑产品的成本，多数人还不太容易接受。

（2）由于建筑节能高要增加一定的资金和各种资源投入，而建筑开发商追求的是以最小的投资换取最大的利益，所以全面实行建筑节能难度比较大。

（3）建筑节能结构从围护的结构、设计的角度、施工的角度、计算达到的系数等要比一般普通建筑复杂，所以很多规划、建设、设计、施工等单位对此还不习惯。

（4）我国虽然已经开始重视建筑节能工作，但一些地方政府考虑的是 GDP 在全国所占的位置，对建筑节能工作的重要性和紧迫性认识不足，甚至有个别的领导对建筑节能工作漠不关心，对开展建筑节能很不支持，从而导致建筑节能工作开展很不平衡。

（5）由于我国的建筑节能工作刚刚起步，有很多地方是借鉴国外的做法、经验和材料，尤其是在建筑节能的建筑材料、工艺技术和节能评价方面还没有形成自己的体系，适合我国国情的建筑节能材料、工艺技术和评价体系尚不成熟。

（6）近年来，国家对建筑节能虽然越来越重视，先后颁布和制定了《中华人民共和国节约能源法》《公共建筑节能设计标准》《民用建筑节能设计标准（采暖居住建筑部分）》等法令、规范和标准，但国家对建筑节能的规范在全国范围内还没有列入强制执行的范畴，只是某些地区刚开始采取强制执行工作，建筑节能在我国尚未形成一个大的气候。

（7）由于各方面的原因，国家及地方政府缺乏对建筑节能的实质性经济鼓励政策，对建筑节能缺乏必要的资金支持，导致建筑节能的研究进展缓慢，对建筑节能的推广不利。

二、我国建筑节能存在的主要问题

虽然近几年我国在建筑节能工作方面取得了一定成绩，但建筑节能在实施过程中仍存在一些问题，主要表现为以下几个方面。

（1）建筑节能意识薄弱　由于缺乏对建筑节能基本知识的了解，因此人们并未认识到建筑节能在创建和谐社会中的重要作用，建筑节能的意识还很薄弱。例如，人们在选购房屋时往往更注重建筑物的外观和内部构造，而忽视了建筑节能对于房屋舒适度和人性化的设计要求。只有强化消费者对建筑节能的需求，增强政府部门对建筑节能的监督管理力度，加大建筑行业对建筑节能的知识普及，建筑节能工作才能够稳步推进，人们才能强化建筑节能意识，也才会真正享受到建筑节能带给人们的成果。

（2）可再生能源的利用率低　我国绝大部分建筑的能源系统还都依赖于不可再生的一次能源，而对于可再生能源的利用还相当落后。目前，中国以水电、风能利用、太阳能利用、生物质能利用等为代表的可再生能源利用量还不够大，这主要是因为太阳能发电、风能等受天气影响大，并网技术问题还没有完全解决，生产成本比较高，而生物质能的最大障碍则是资源缺乏，大规模发展不太现实。

（3）建筑节能技术落后，服务支持体系尚不完善　我国在建筑围护结构、建筑设备关键节能技术以及建筑热环境控制技术方面的研究与国外还有很大差距。既有建筑的节能改造，缺乏专业性的技术和服务支持机构，合同能源管理市场服务基础研究尚待深入。建筑物性能评价和能耗评价标准还不够完善，一定程度上阻碍了建筑节能工作的开展。

（4）法律、法规和政策措施有待进一步加强　建筑节能是一个系统工程，涉及设计标准、建筑材料、建筑结构、给排水、采暖、电力等多个专业和自然科学、应用科学等。涉及的政府管理机构也包括建设、经济与信息化等多个职能部门。因此，与建筑节能配套的法律、法规和政策措施仍需进一步修整完善，建立行之有效的节能法律法规和行政监督体系，确保各环节工作有法可依、有章可循。建筑节能工作实施过程中，各部门应加大协调和监督力度，使建筑节能工作落到实处。

三、我国近期建筑节能的奋斗目标

中共中央关于制定"十三五"规划建议指出："完善发展理念。实现'十三五'时期发展目标，破解发展难题，厚植发展优势，必须牢固树立创新、协调、绿色、开放、共享的发展理念。""绿色是永续发展的必要条件和人民对美好生活追求的重要体现。必须坚持节约资源和保护环境的基本国策，坚持可持续发展，坚定走生产发展、生活富裕、生态良好的文明发展道路，加快建设资源节约型、环境友好型社会，形成人与自然和谐发展现代化建设新格局，推进美丽中国建设，为全球生态安全做出新贡献。""坚持创新发展、协调发展、绿色发展、开放发展、共享发展，是关系我国发展全局的一场深刻变革。全党同志要充分认识这场变革的重大现实意义和深远历史意义，统一思想，协调行动，深化改革，开拓前进，推动我国发展迈上新台阶。"

我国在《住房城乡建设事业"十三五"规划纲要》中提出了建筑节能近期奋斗目标："建筑节能标准逐步提升，绿色建筑比例大幅提高，行业科技支撑作用增强。到 2020 年，城镇新建建筑中绿色建筑推广比例超过 50％，绿色建材应用比例超过 40％，新建建筑执行标准能效要求比'十二五'期末提高 20％。装配式建筑面积占城镇新建建筑面积的比例达到 15％以上。北方城镇居住建筑单位面积平均采暖能耗下降 15％以上，城镇可再生能源在建筑领域消费比重稳步提升。部分地区新建建筑能效水平实现与国际先进水平同步。行业科技对发展的支撑作用不断增强，突破一批关键核心技术，开展新技术研发与示范应用，建立 20 个行业科技创新平台，中央地方协同、企业为主体、市场为导向，产学研用紧密结合的行业科技支撑体系初步形成。"

具体在建筑节能方面，2010～2020 年间，在全国范围内有步骤地实施节能率为 65％的建筑节能标准，2015 年后部分城市率先实施节能率为 75％的建筑节能标准。2015 年前供热体制改革在采暖地区全面完成，集中供热的建筑均按表计量收费。集中供热的供热厂、热力站和锅炉房设备及系统基本完成成技术改造，与建筑采暖系统技术改造相适应。

大中城市基本完成既有高耗能建筑和热环境差建筑的节能改造。小城市完成既有高耗能建筑和热环境差建筑改造任务的 50％，农村建筑广泛开展节能改造。累计建成太阳能建筑 $1.5 \times 10^8 \, \text{m}^2$，其中采用光伏发电的 $5.0 \times 10^6 \, \text{m}^2$，并累计建成利用其他可再生能源建筑 $2.0 \times 10^7 \, \text{m}^2$。

至 2020 年，累计节能量新建建筑 $15.1 \times 10^8 \, \text{tce}$（tce 为吨标准煤），既有建筑 $5.7 \times 10^8 \, \text{tce}$，共计节能 $20.8 \times 10^8 \, \text{tce}$，其中包括节电 $3.2 \times 10^{12} \, \text{kW} \cdot \text{h}$，削减空调高峰用电负荷 $8.0 \times 10^7 \, \text{kW}$；累计减排二氧化碳：新建建筑 $40.2 \times 10^8 \, \text{t}$，既有建筑 $15.2 \times 10^8 \, \text{t}$，共计减排二氧化碳 $55.4 \times 10^8 \, \text{t}$。

尽快建立健全的建筑节能标准体系，编制出覆盖全国范围的配套的建筑节能设计、施工、运行和检测标准，以及与之相适应的建筑材料、设备及系统标准，用于新建和改造居住和公共建筑，包括采暖、空调、照明、热水及家用电器等能耗在内。所有建筑节能标准得到全面实施。

四、我国建筑节能发展的对策

建筑能耗是指消耗在建筑中的采暖、空调、降温、电气、照明、炊事、热水供应等方面的能源量。据有关统计资料表明，建筑能耗约占社会总能耗的 1/3。我国建筑能耗的总量逐年上升，在能源总消费量中所占的比例已从 20 世纪 70 年代末的 10% 上升到近年来的 27.45%。而国际上发达国家的建筑能耗一般占全国总能耗的 33% 左右。以此推断，相关部门研究结果表明，随着城市化进程的加快和人民生活质量的改善，我国建筑耗能比重最终还将上升至 35% 左右。如此庞大的建筑耗能比重，已经成为我国经济发展的软肋。我国政府必须采取相应的对策，以适应这种能源危机的局面。

（1）各级政府要提高认识，转变职能，把建筑节能列入国家决策层的重要议程，首先各级政府要把建筑节能提高到实施资源战略和可持续发展战略的高度来认识；其次要把建筑节能作为实施公共服务、强化资源战略管理和加强环境建设的重要职能来对待；第三由政府实施建筑节能示范工程试点小区，通过示范工程以点带面，这是市场经济条件下政府推动建筑节能的一种有效工作方法。

（2）组建建筑节能、设计研究领导机构，加快对建筑节能研究、设计、建设的步伐，是建筑节能决策者、规划者、设计者与建设者的共同职责和明智选择。政府应将节能工作放在能源战略的首要地位，把推动建筑节能的运作摆上议事日程，把建筑节能作为城市生态环保的一项措施来抓。建议各地应以建设局、房管局为主组建市建筑节能领导小组，负责当地建筑节能的研究、设计、建设、规划制订实施推广建筑节能的目标措施、组织协调和监督管理。设立当地建筑节能的办事机构——建筑节能管理办公室，具体负责当地建筑节能的研究、设计、建设的组织实施和相关的管理工作。只有组织机构落实了，才能使建筑节能逐步走上健康、有序的发展轨道。

（3）编制建筑节能专项规划和加强监督管理。为了加快节能建设和使建筑节能有序发展，应编制建筑节能的规划和实施计划等。在新建住宅中，要严格执行国家关于《夏热冬冷地区居住建筑节能设计标准》《民用建筑节能管理实施办法》《民用建筑热环境与节能设计标准》，使建筑能耗满足规定的标准要求，通过行政立法，把推广建筑节能从一种号召性行为转变为一种强制性行为，以全面启动全国建筑节能工作，并加强落实和监督管理。对老的住宅可调整、完善和改造的，也应采取相应措施逐步进行改造。只有采取强化节能的措施和提高效能的政策，走"能源消耗最少，环境污染最小"的发展道路，才能形成能源可持续发展的新机制，为今后城市建设更长远的循环发展奠定基础。

（4）注重产学研，加快对建筑节能的研究和设计工作。要把建筑节能的新技术、新产品、新工艺、新建材及先进适用成套技术的研究、生产和推广应用，摆上"产学研"单位的重要议程。要加强学科和部门之间的横向联合，积极开展组织建筑节能设计和技术攻关工作。组织科研机构、建筑设计、高等院校、环境保护、新建材开发的专家和生产厂家积极开展对建筑节能的研究、设计、攻关工作。

（5）制定经济扶持政策，加大对建筑节能资金的投入。在建筑节能的研究、设计、开发和建设，对新技术、新建材的研究和推广应用中，没有资金只是纸上谈兵。要创新投融资体制，想方设法筹措开发建筑节能的资金，要制定经济扶持政策，建立和完善建筑节能的经济激励政策，例如可减少土地出让金收益，或减少营业税等，不断研究探索建筑节能的发展基金，采取多元化筹措建筑节能资金的办法，加大对建筑节能资金的投入，为加快促进建筑节能提供资金保障。

（6）积极推广和使用新型建筑节能材料。对气密性、水密性、保温性、抗风性、抗变形性、环保、隔声、防污、保温、隔热的特殊建筑节能材料要大力推广使用。积极推广应用"四新"技术和产品，经常开展建筑节能材料展示推广会。使建筑节能材料通用化、配套化、系统化。要开展建筑节能设计大赛，重奖建筑节能设计人才。

（7）大力宣传建筑节能的重要意义。要利用广播、电视、报纸、杂志、黑板报等各种宣传工具，广泛宣传建筑节能和节约能源的重要意义。在各种自然环境下建筑节能设计标准，已由有关部门颁布实施，对建筑节能的外墙保温及外门窗保温等已提出要求，要广泛宣传"设计标准"，落实监督实施"设计标准"，把建筑节能当作一项战略决策的大事来抓。

我国是能源稀缺国家，节能是我国的一项战略决策，建筑节能是住宅建设发展的方向。世界发达国家和我国经济发展的历程表明，只有人口、资源和环境协调发展才是可持续循环发展的最佳途径。

第二节　建筑节能检测的含义

建筑节能是指在建筑物的规划、设计、新建（改建、扩建）、改造和使用过程中，执行节能标准，采用节能型的技术、工艺、设备、材料和产品，提高保温隔热性能和采暖供热、空调制冷制热系统效率，加强建筑物用能系统的运行管理，利用可再生能源，在保证室内热环境质量的前提下，减少供热、空调制冷制热、照明、热水供应的能耗，即在保证提高建筑舒适性的条件下，合理使用能源，不断提高能源利用效率。简单来说，建筑节能就是要"减少建筑中能量的散失"和"提高建筑中能源利用率"。

建筑节能检测是指用标准的方法、适合的仪器设备和环境条件，由专业技术人员对节能建筑中使用原材料、设备、设施和建筑物等进行热工性能及与热工性能有关的技术操作，它是保证节能建筑施工质量的重要手段。与常规建筑工程质量检测一样，建筑节能工程的质量检测分实验室检测和现场检测两大部分。

一、国际上建筑节能的发展阶段

自从 20 世纪 70 年代发生世界性的石油危机后，为了节约能源降低消耗，从而提出了建筑节能的概念。在国际上，建筑节能的提法已经经历了以下 3 个发展阶段。

（1）第 1 阶段为 Energy Saving in Building，直译为"建筑节能"，意思是节约能源。

（2）第 2 阶段为 Energy Conservation in Building，直译为"在建筑中保持能源"，意思是减少建筑中能量的散失。

（3）第 3 阶段为 Energy Efficiency in Building，直译为"提高建筑中能源利用效率"，意思是不是消极意义上的节省，而是积极意义上的提高利用效率。

我国现在仍然通称为建筑节能，与国际上交流时中文也用这个词语，但是它的含义是国际上第 3 阶段的意思，翻译为外文时用 Energy Efficiency in Building，即在建筑中合理使用和有效利用能源，不断提高能源的利用效率。

二、建筑节能和节能建筑的区别

在建筑界内有时提到建筑节能和节能建筑的概念。建筑节能，总的来说就是从建筑的立项、规划、设计、施工、使用及后期维护等各个方面上把建筑的能耗降低下来的措施和策略，而节能建筑是指采用节能型结构、材料、器具和产品，具有低能耗、低污染的建筑物。以上这两个概念的具体区别在于以下几个方面。

（1）涵盖范围不同　建筑节能包括建筑用能的所有范围，对于集中采暖的住宅来说，主要是从锅炉房到管道输送系统，然后到用能建筑物的效率。这部分节能的主要内容包括锅炉的燃烧转换效率、管道输送效率、建筑物的耗热量。

节能建筑是针对建筑物本身耗热性能提出的概念，自身被包含在建筑节能的范围内。

（2）评价指标不同　建筑节能的评价指标是耗煤量指标，也称为采暖能耗，为保持室内温度需由采暖设备供给，用于建筑物采暖所消耗的煤炭数量，简称为采暖耗煤量。同时包括采暖供热系统运行所消耗的电能，其单位为 kg/m^3。我们国家所讲的第二步节能50％、第三步节能65％，就是根据这个指标计算的。

节能建筑是指按有关的建筑节能设计标准设计，并按节能标准施工建造的建筑物，评价节能建筑的指标是建筑物的耗热量指标，其单位是 W/m^2。

（3）计算方法不同　建筑物耗煤量指标与建筑物耗热量指标的计算公式是不同的。

第三节　我国建筑节能检测的标准

随着我国对建筑节能工作的重视，20世纪80年代，建筑科技工作者学习发达国家的做法，开始对建筑物的能耗进行检测。由于建筑节能检测是一项技术含量较高的工作，初期的工作属于科学讲究性质，主要由科研单位和高等院校实施。

在广大科技工作者的努力下，取得了较好的成果。由中国建筑科学研究院主编、哈尔滨工业大学土木工程学院和北京市建筑研究院参编的《采暖居住建筑节能检测标准》（JGJ 132—2009），自2010年7月1日起开始实施。

《采暖居住建筑节能检测标准》（JGJ 132—2009）的颁布实施，改变了我国多年来采暖居住建筑节能效果检测评定无法可依的局面，首次提出现场对建筑节能的效果进行实际检测评定，也标志着我国建筑节能检测工作步入正规化、标准化的轨道。这个检测标准对推进行我国建筑节能工作的深入开展具有重要的现实意义。

经过多年的努力，我国在建筑节能检测方面取得了很大进步，尤其是在建筑节能检测标准制定上成绩显著。总结我国目前的建筑节能检测工作，所用建筑节能检测依据的标准，主要包括国家标准、行业标准和地方标准3种。

一、建筑节能检测的国家标准

国家标准是指由国家标准化主管机构批准发布，并在公告后需要通过正规渠道购买的文件，除国家法律法规规定强制执行的标准以外，对全国经济、技术发展有重大意义，且在全国范围内统一的标准。国家标准是在全国范围内统一的技术要求，由国务院标准化行政主管部门编制计划，协调项目分工，组织制定（含修订），统一审批、编号、发布。

我国在建筑节能方面的国家标准还不是很健全，目前在建筑节能工程检测中应用的主要有《居住建筑节能检测标准》（JGJ/T 132—2009）、《公共建筑节能检测标准》（JGJ/T 177—2009）、《建筑门窗工程检测技术规程》（JGJ/T 205—2010）和《建筑节能工程施工质量验收规范》（GB 50411—2007）等。

二、建筑节能检测的行业标准

行业标准指在全国某个行业范围内统一的标准。行业标准由国务院有关行政主管部门制定，并报国务院标准化行政主管部门备案。当同一内容的国家标准公布后，则该内容的行业标准即行废止。行业标准由行业标准归口部门统一管理。

行业标准的归口部门及其所管理的行业标准范围，由国务院有关行政主管部门提出申请报告，国务院标准化行政主管部门审查确定，并公布该行业的行业标准代号。例如机械、电子、建筑、建材、化工、冶金、经工、纺织、交通、能源、农业、林业、水利等，都制定有行业标准。

三、建筑节能检测的专业标准

建筑节能方面的行业标准，主要是建筑工程上节能材料、节能建筑构件和用能设备等，其检测依据是各个行业的专业技术标准。如采暖锅炉的效率检测标准《生活锅炉热效率及热工试验方法》（GB/T 10820—2011）；门窗的气密性、水密性和保温性能检测标准有《建筑外门窗气密、水密、抗风压性能分级及检测方法》（GB/T 7106—2008）和《建筑外门窗气密、水密、抗风压性能现场检测方法》（JG/T 211—2007）等。

建筑节能构件传热性能的检测标准主要有《绝热　稳态传热性质的测定　标定和防护热箱法》（GB/T 13475—2008）。节能材料导热性能检测标准有《绝热材料稳态热阻及有关特性的测定　防护热板法》（GB/T 10294—2008）和《绝热材料稳态热阻及有关特性的测定　热流计法》（GB/T 10295—2008）等。

四、建筑节能检测的地方标准

地方标准又称为区域标准，对没有国家标准和行业标准，而又需要在省、自治区、直辖市范围内统一的工业产品的安全、卫生要求，可以制定地方标准。地方标准由省、自治区、直辖市标准化行政主管部门制定，并报国务院标准化行政主管部门和国务院有关行政主管部门备案，在公布国家标准或者行业标准之后，该地方标准即应废止。地方标准属于我国的四级标准之一。

在建筑节能工作开展较好的地方，根据本地区的实际情况和需要，编制发布了地方性的建筑节能检测验收标准或规范。随着建筑节能工作的开展和深化，近年来很多省、市、自治区均编制了相应的建筑节能方面的检测标准。如北京市地方标准《民用建筑节能现场检验标准》（DB11/T 555—2015）、《公共建筑节能施工质量验收规程》（DB11/510—2007），上海市工程建设规范《住宅建筑节能检测评估标准》（DG/TJ 08-801—2004），天津市工程建设标准《居住建筑节能检测标准》（J 10431—2004），江苏省工程建设标准《建筑节能标准——民用建筑节能现场热工性能检验标准》（DGJ 32/J 23——2006），山东省工程建设标准《建筑节能检测技术规范》[DB37/T 724—2007]、甘肃省工程建设标准《采暖居住建筑围护结构节能检验评估标准》（DBJT 25-3036—2006），河北省工程建设标准《居住建筑节能检测技术标准》[DB 13(J)/T 106—2010]等。

第四节　节能标准对建筑热工设计的规定

建筑热环境是建筑物理学的一个重要研究领域，主要研究建筑材料与构件的热工性能、建筑围护结构的传热和水分迁移过程，建筑室内的热舒适性以及建筑节能等。我国建筑科学研究院建筑物理研究所在分析整理全国各地气象资料的基础上，在总结大量国内外的建筑材料热工性能、建筑围护结构传热、传湿研究成果的基础上，制定了国家标准《建筑气候区划标准》和《民用建筑热工设计规范》，成为建筑热工设计的重要的基础性标准。

《民用建筑热工设计规范》中对建筑热工设计提出了明确规定，主要包括建筑热工设计分区及设计要求、冬季保温设计要求、夏季防热设计要求、空调建筑热工设计要求、围护结构保温设计等。

根据我国建筑节能的实际，节能建筑对建筑热工设计具有如下具体规定。

一、节能建筑的一般规定

（1）建筑朝向的选择，涉及当地气候条件、地理环境、建筑用地情况等，必须全面考虑。选择的总原则是：在节约用地的前提下，要满足冬季能争取较多的日照，夏季避免过多的日照，并有利于自然通风的要求。

因此，建筑朝向的选择应考虑的因素有：①冬季能有适量并具有一定质量的阳光射入室内；②炎热季节尽量减少太阳直射室内和居室外墙面；③夏季有良好的通风，冬季避免冷风吹袭；④充分利用地形和节约用地；⑤照顾居住建筑组合的要求。

根据我国的建筑习惯和传统，建筑物的朝向宜采用南北向或接近南北向，主要房间宜避开冬季主导风向。

（2）建筑物体形系数是指建筑物与室外大气接触的外表面积与其所包围的体积的比值。但是，在外表面积中不包括地面和不采暖楼梯间隔墙和户门的面积。体积小、体形复杂的建筑，以及平房和低层建筑，体形系数较大，对建筑节能不利；体积大、体形简单的建筑，以及多层和高层建筑，体形系数较小，对建筑节能较为有利。

根据节能建筑设计实践证明，节能建筑的体形系数宜控制在 0.30 及其以下；如果体形系数大于 0.30，则屋顶和外墙应加强保温措施，其传热系数应符合现行标准的规定。

（3）采暖居住建筑的楼梯间和外廊均应当设置门窗；在采暖期室外平均温度为 −0.1～−6.0℃ 的地区，楼梯间不采暖时，楼梯间隔墙和户门应当采取保温措施；室外平均温度在 −6.0℃ 以下的地区，楼梯间应采取采暖，入口处应当设置门斗等避风设施。

二、对围护结构设计规定

按照我国目前建筑节能 65% 目标设计要求，不同地区采暖居住建筑各部分围护结构的传热系数不应超过表 1-1 中规定的数值。当实际采用的窗户传热系数比表 1-1 规定的限值低 0.5 及大于 0.5 时，在满足本标准规定的耗热量指标条件下，可按照现行行业标准《严寒和寒冷地区居住建筑节能设计标准》（JGJ 26—2010）中规定的方法，重新计算确定外墙和屋顶所需的传热系数。

外墙的传热系数应当考虑周边混凝土梁和柱等热桥的影响。外墙的平均传热系数不应超过表 1-1 中规定的数值。

建筑物的窗户（包括阳台门上部透明部分）面积不宜过大。不同朝向的窗墙面积比不应超过表 1-1 中规定的数值。

在进行设计中应采用气密性良好的窗户（包括阳台门），其气密性等级，在 1～6 层的建筑中，不应低于现行国家标准《建筑外门窗气密、水密、抗风压性能分级及检测方法》（GB/T 7106—2008）规定的Ⅲ级水平；在 7～30 层的建筑内，不应低于现行国家标准《建筑外门窗气密、水密、抗风压性能分级及检测方法》（GB/T 7106—2008）规定的Ⅱ级水平。

在建筑物采用气密窗或窗户加设密封条的情况下，房间内应设置可以调节的换气装置或其他可行的换气设施。

围护结构的热桥部位应采取可靠的保温措施，以保证其内表面的温度不低于室内空气露点温度，并减少附加传热的热损失。

采暖期室外平均温低于 −5℃ 的地区，建筑物外墙在室外地坪以下的垂直墙面，以及周边直接接触土壤的地面，应采取必要的保温措施。在室外地坪以下的垂直墙面，其传热系数不应超表 1-1 中规定的周边地面传热系数限值；在外墙周边从外墙内侧算起 2.0m 范围内，地面的传热系数不应超过 $0.30W/(m^2 \cdot K)$。

表1-1　不同地区采暖居住建筑各部分围护结构传热系数限值

单位：W/(m²·K)

采暖期室外平均温度/℃	代表性城市	屋顶		外墙		不采暖楼梯间		窗户(含阳台门上部)	阳台门下门芯板	外门	地板		地面	
		体形系数≤0.3	体形系数>0.3	体形系数≤0.3	体形系数>0.3	隔墙	户门				接触室外空气地板	不采暖地下室上部地板	周边地面	非周边地面
2.0~1.0	郑州,洛阳,宝鸡,徐州	0.80	0.60	1.10/1.40	0.80/1.10	1.83	2.70	4.70/4.00	1.70	—	0.60	0.65	0.52	0.30
0.9~0.0	西安,拉萨,济南,青岛,安阳	0.80	0.60	1.00/1.28	0.70/1.00	1.83	2.70	4.70/4.00	1.70	—	0.60	0.65	0.52	0.30
-0.1~-1.0	石家庄,德州,晋城,天水	0.80	0.60	0.92/1.20	0.60/0.85	1.83	2.00	4.70/4.00	1.70	—	0.60	0.65	0.52	0.30
-1.1~-2.0	北京,天津,大连,阳泉,平凉	0.80	0.60	0.90/1.16	0.55/0.82	1.83	2.00	4.70/4.00	1.70	—	0.50	0.55	0.52	0.30
-2.1~-3.0	兰州,太原,唐山,阿坝,喀什	0.70	0.50	0.85/1.10	0.62/0.78	0.94	2.00	4.70/4.00	1.70	—	0.50	0.55	0.52	0.30
-3.1~-4.0	西宁,银川,丹东	0.70	0.50	0.68	0.65	0.94	2.00	4.00	1.70	—	0.50	0.55	0.52	0.30
-4.1~-5.0	张家口,鞍山,酒泉,西宁,吐鲁番	0.70	0.50	0.75	0.60	0.94	2.00	3.00	1.35	—	0.50	0.55	0.52	0.30
-5.1~-6.0	沈阳,大同,本溪,阜新,哈密	0.60	0.40	0.68	0.56	0.94	1.50	3.00	1.35	2.50	0.40	0.55	0.30	0.30
-6.1~-7.0	呼和浩特,抚顺,大柴旦	0.60	0.40	0.65	0.50	—	—	3.00	1.35	2.50	0.40	0.55	0.30	0.30
-7.1~-8.0	延吉,通辽,通化,四平	0.60	0.40	0.65	0.50	—	—	2.50	1.35	2.50	0.40	0.50	0.30	0.30
-8.1~-9.0	长春,乌鲁木齐	0.50	0.30	0.56	0.45	—	—	2.50	1.35	2.50	0.30	0.50	0.30	0.30
-9.1~-10.0	哈尔滨,牡丹江,克拉玛依	0.50	0.30	0.52	0.40	—	—	2.50	1.35	2.50	0.30	0.50	0.30	0.30
-10.1~-11.0	佳木斯,安达,齐齐哈尔,富锦	0.50	0.30	0.52	0.40	—	—	2.50	1.35	2.50	0.30	0.50	0.30	0.30
-11.1~-12.0	海伦,伯克图	0.40	0.20	0.52	0.40	—	—	2.00	1.35	2.50	0.25	0.45	0.30	0.30
-12.1~-14.5	伊春,呼玛,海拉尔,满洲里	0.40	0.20	0.52	0.40	—	—	2.00	1.35	2.50	0.25	0.45	0.30	0.30

注：1. 表中外墙传热系数是指考虑了周边热桥影响后的外墙平均传热系数。有些地区外墙传热系数限值有两行数据，上行数据传热系数限值为4.70W/(m²·K)的单框双玻金属窗相对应；下行数据传热系数限值为4.00W/(m²·K)的单框双玻金属窗相对应。

2. 表中周边地面一栏中0.52为位于建筑物周边不带保温层的混凝土地面的传热系数；0.30为位于建筑物周边带保温层的混凝土地面的传热系数。非周边地面一栏中0.30为位于建筑物非周边不带保温层的混凝土地面的传热系数。

　　以上所述内容是现行标准《严寒和寒冷地区居住建筑节能设计标准》（JGJ 26—2010）的规定，也就是建筑节能行业内通称的节能 50％设计标准。我国提出节能 65％的目标后，由于目前尚未出台具体的国家标准，各地根据当地气候特点制定了节能 65％地方设计标准，对建筑物围护结构的热工性能规定了指标要求，如表 1-2 所列。

表 1-2　65％节能标准不同地区采暖居住建筑各部分围护结构传热系数限值　　单位：W/(m²·K)

代表性城市		屋顶		外墙		不采暖楼梯间		窗户(含阳台门上部)	阳台门下部门芯板	楼梯间外门	地板		地面	
		体形系数<0.3	体形系数0.3~0.33	体形系数<0.3	体形系数0.3~0.33	隔窗	户门				接触室外空气地板	不采暖地下室上部地板	周边地面	非周边地面
北京				外保温	内保温的主体断面	—	—	2.8	1.7	—	0.5	0.55	—	—
	5层及以上建筑	0.6		0.6	0.3									
	4层及以下建筑	0.45		0.45	不采用									
哈尔滨	≤3层建筑	0.25		0.30		0.8	1.5	窗墙面积比 C/%：C≤20=2.0；20<C≥30=1.8；20<C≥30=1.6；20<C≥30=1.5	1.2	1.5	0.30	0.35	1.39	—
	4~8层建筑	0.30		0.40		0.8	1.5	2.0；2.0；1.8；1.6	1.2	1.5	0.40	0.45	1.11	—
	9~13层建筑	0.40		0.50		0.8	1.5	2.5；2.2；2.0；1.8	1.2	1.5	0.50	0.55	0.83	—
	≥14层建筑	0.45		0.55		0.8	1.5	2.5；2.2；2.0；1.8	1.2	1.5	0.55	0.60	0.83	—
天津	大于等于5层	0.5		0.60		1.5	1.5	2.7	1.5	—	0.50	0.55	—	—
	小于等于4层	0.4		0.45		1.5	1.5	2.5	1.5	—	0.50	0.55	—	—
郑州		0.60		0.75	—	1.65	2.7	2.8	1.72	—	0.5	0.5	0.52	0.30
兰州		0.6	0.4	0.6	0.5	0.8	1.7	2.8	1.7	2.0	0.55	0.55	0.52	0.30

第五节　建筑节能的主要影响因素

　　当前，我国正处于大量消耗自然资源原材料以支撑经济高速增长的工业化时期，能源对经济增长的约束作用已经开始显现，节能已经成为关系到我国国计民生的大事。而各类建筑作为我国一个重要的能耗源，对其节能方法、节能措施及影响因素的研究也是刻不容缓。

　　建筑节能是一个复杂的系统工程，影响建筑物能耗的因素很多，从大的方面来讲由所处环境、自身结构和运行过程 3 个方面是决定性的。所以在探讨建筑能耗的时候，必须明确指出这 3 个影响要素，否则是不准确和不全面的。

　　具体地讲，建筑物能耗与建筑物所处的地理位置、所处区域的气候特征、建筑物本身的结构特点、供热供冷系统、建筑物运行管理等方面有关。实际检测结果表明，相同面积、相同结构、相同节能措施的建筑物，在不同的地方具有不同的能耗指标，千万不能进行简单的数值比较。

对于一个既定区域的建筑物而言，影响建筑能耗的主要因素有以下几种。

（1）区域建筑气候特征对建筑节能的影响　气候是影响建筑设计的一个重要因素，在不同的区域条件下，应有不同的建筑形态空间布局，即适应气候的地域技术。根据不同的地域气候特征，构建一套相应的建筑构造设计，是建筑领域在不断追求的目标。其基本的思想是：不依赖耗能设备，而在建筑形式、空间布局和构造上采取措施，以改善建筑环境，实现微气候建构。

（2）建筑物小区环境对建筑节能的影响　建筑物小区的环境应包括自然环境（包括生态环境、气候环境、地理环境等）和人文环境（包括艺术环境、社会环境和文化环境等）两个方面。在进行规划与设计中，要求把这两方面的环境和谐的协调好，以达到居民所要的生活舒适、建筑节能、邻里和睦、身心健康、环境美化的目的。

针对建筑物的外部环境来讲，其对建筑能耗的影响因素，主要包括建筑物朝向、建筑物布局和建筑形态。这些因素除了影响建筑各外表面可受到的日照程度外，还将影响建筑周围的空气流动。

冬季建筑物外表面风速不同，会使散热量有 5%～7% 的差别，建筑物两侧形成的压差，还会造成很大的冷风渗透。夏季室内自然通风程度，也在很大程度上取决于小区的布局。绿化率和水景等，将改变地面对阳光的反射，从而使室内热环境有较大差异。建筑外表面的不同色彩，将导致对阳光的吸收不同，从而影响室内热环境。建筑形状及室内的划分，将在很大程度上影响自然通风。

（3）建筑物构造对建筑节能的影响　建筑物是建筑耗能的主体，它本身的构造对建筑能耗影响因素主要有：体形系数，窗墙面积比，门窗热工性能（气密性、传热系数），屋顶、地面和外墙的传热系数等。

此外，建筑外墙、屋顶、楼地面的保温方式，门窗的形式，光的透过性能和建筑遮阳装置等，都会对冬季耗热量及夏季空调耗冷量有明显的影响。在不影响建筑风格和使用功能的前提下，采取的节能措施主要是：选取较小的建筑体形系数（一般不宜大于 0.30）、较小的窗墙面积比（北向＜0.25、东西向＜0.30、南向＜0.35）、选择传热系数小和气密性好的门窗、选择南北向或接近南北向的建筑朝向等。

（4）建筑采暖系统对建筑节能的影响　建筑采暖系统对于建筑节能的影响因素主要是锅炉的热效率、供暖管道系统的效率和采暖方式。

建筑采暖系统是建筑物采暖过程中能量输送和转换的部分，即将煤、天然气等初级能转换成热能，然后由热力管网输送到用户。锅炉的热效率和管网效率直接影响建筑物的采暖能耗，由于采暖系统的设施集中、潜力大，所以是建筑节能的重要内容。在我国分步实施的建筑节能目标中，这部分承担的比例较大，第一步节能 30% 的目标中承担 10%，第二步节能 30% 的目标中承担 20%；第一步节能 30% 的目标中还将有所提高。

（5）采暖系统的运行管理对建筑节能的影响　在以上影响因素中，有的是在建筑的设计过程中形成的，有的是在建筑的建造过程中形成的，而采暖系统的影响则依赖于优化设计和系统在运行中的管理，因此采暖系统的运行管理是建筑节能的重要组成部分。建筑采暖系统的运行管理属于"行为节能"的范畴，在建筑物建成投入使用后建筑能耗决定于建筑物的运行管理水平。

我国在学习发达国家先进经验的基础上，经过近些年的不懈努力，已经建成了一定量的节能建筑，但同时也发现了"节能建筑不节能"的现象，就是从技术上说采取各种措施建成的建筑物的能耗水平较低，达到现行的建筑节能设计标准的要求，但是在使用过程中由于热计量等措施的不完善或奖罚措施不到位，尤其是管理机构不健全和管理制度不严格，致使建筑物总的能耗量并没有降下来。

在我国北方采暖地区，由于对采暖系统的运行管理不善，造成冬季室内温度太高，开窗降温现象比较普遍，这是典型的节能建筑不节能、节能管理机构失职的实例。因此，建筑物建成交付使用后建筑节能系统的运行管理工作必须立即跟上，使运行管理在建筑节能中起到决定性的作用。

第二章

建筑节能检测基础

建筑节能检测是用标准的方法、适合的仪器设备和环境条件，由专业技术人员对节能建筑中使用原材料、设备、设施和建筑物等进行热工性能及与热工性能有关的技术操作。建筑节能检测是保证节能建筑施工质量的重要手段。它与常规建筑工程质量检测一样，建筑节能工程的质量检测分为实验室检测和现场检测两大部分。实验室检测是指测试试件在实验室加工完成，相关检测参数均在实验室内测出；而现场检测是指测试对象或试件在施工现场，相关的检测参数在施工现场测出。

节能检测是一种技术监督手段，节能检测机构的职责之一是定期向节能主管部门和上级节能检测机构报告检测情况，提出有关建议，为节能主管部门提供用能单位能源利用状况的科学分析。大量的数据更科学地反映主要用能设备的装备水平和用能水平，大量的科学数据能够使节能主管部门更深层次地部署、协调、服务、监督节能工作，以达到逐步缩小我国能源利用率与国际先进水平的差距，降低能耗，保护环境，保证我国经济的可持续发展。

第一节　建筑节能名词和术语

国内外建筑节能检测的经验证明，要想熟练地掌握建筑节能检测技术，在检测中取得准确的检测精度，参加节能检验的技术人员必须首先应懂得必要的建筑节能方面的名词和术语，并掌握建筑传热方面的基本知识。

根据我国在建筑节能检测方面的实践经验和理论研究，有关保温隔热材料、建筑节能的概念等方面的名词和术语有以下几种。

（1）热导率（λ）　热导率是指在稳定传热条件下，1m 厚的材料，两侧表面的温差为1K 时，在 1s 内通过 $1m^2$ 面积传递的热量，用字母 λ 表示，单位为 W/(m·K)。

（2）导温系数　导温系数也称为热扩散系数，是指材料的导热系数与其比热容和密度乘积的比值。表征物体在加热或冷却时各部分温度趋于一致的能力，其比值越大温度变化的速度越快。

（3）比热容　比热容旧称为比热，是指单位质量物质的热容量，即使单位质量物体改变单位温度时的吸收或释放的内能，或者指 1kg 的物质温度升高或降低 1 所需吸收或放出的热量。比热容是表示物质热性质的物理量，通常用符号 c 表示。

（4）密度　在物理学中，把某种物质单位体积的质量叫做这种物质的密度，通常用字母 ρ 表示，单位为 kg/m^3 或 g/cm^3。建筑工程中所用的块体材料常用表观密度表示，松散材料常用堆积密度表示。

（5）材料蓄热系数（S）　材料蓄热系数是指当某一足够厚度的单一材料层一侧受到谐波热作用时，通过表面的热流波幅与表面温度波幅的比值，即为该材料的蓄热系数，可表征材料热稳定性的优劣，其值越大，材料的热稳定性越好，单位为 $W/(m^2 \cdot K)$。材料的蓄热系数可通过计算确定，或从《民用建筑热工设计规范》（GB 50176—2016）附录四附表 4.1 中查取。

（6）总的半球发射率（ε）　总的半球发射率也称为黑度，是指表面的总的半球发射密度与相同温度黑体的总的半球发射密度之比。

（7）围护结构　围护结构系指建筑及房间各面的围挡物。按是否同室外空气直接接触及在建筑物中的位置，又可分为外围护结构和内围护结构。围护结构可分透明和不透明两部分：不透明维护结构有墙、屋顶和楼板等；透明围护结构有窗户、天窗和阳台门等。

（8）建筑采光顶　建筑采光顶是指太阳光可以直接投射入室内的屋面。

（9）透光外围结构　透光外围结构是指建筑物的外窗、外门、透明幕墙和采光顶等，太阳光可以直接射入室内的建筑物外围护结构。

（10）热桥　有些国家和地区又称为冷桥，现统一称为热桥。是指处在外墙和屋面等围护结构中的钢筋混凝土或金属梁、柱、肋等部位。因为这些部位传热能力强，热流比较密集，内表面温度较低，所以称为热桥。

在建筑工程中常见的热桥有：外墙周边的钢筋混凝土抗震柱、圈梁、门窗过梁，钢筋混凝土或钢框架梁、柱，钢筋混凝土或金属屋面板中的边肋或小肋，以及金属玻璃窗幕墙中和金属窗中的金属框和框料等

（11）围护结构传热系数（K）　围护结构传热系数也称为总传热系数，是指在稳态条件下，围护结构两侧空气温差为 1K 时，1s 内通过 $1m^2$ 面积所传递的热量，单位为 $W/(m^2 \cdot K)$。

（12）围护结构传热系数的修正系数（ε_i）　不同地区、不同朝向的围护结构，因受太阳辐射和天空辐射的影响，使得其在两侧空气温差同样为 1K 的情况下，在单位时间内通过单位面积围护结构的传热量要改变。这个改变后的传热量与未受太阳辐射和天空辐射影响的原有传热量的比值，即为围护结构传热系数的修正系数。

（13）外墙平均传热系数（K_m）　外墙包括主体部位和周边热桥（构造柱、圈梁以及楼板伸入外墙部分等）部位在内的传热系数平均值。按外墙各部位（不包括门窗）的传热系数对其面积的加权平均计算求得，单位为 $W/(m^2 \cdot K)$。

（14）热阻（R）　热阻是表征物体阻抗热量传递的能力的物理量。在传热学的工程应用中，为了满足生产工艺的要求，有时通过减小热阻以加强传热；而有时则通过增大热阻以抑制热量的传递。

（15）最小传热阻　最小传热阻也称为最小总热阻，特指设计计算中容许采用的围护结构传热阻的下限值。规定最小传热阻的目的是为了限制通过围护结构的传热量过大，防止内表面出现冷凝以及限制内表面与人体之间的辐射换热量过大而使人体受凉，单位为 $m^2 \cdot K/W$。

（16）传热阻　传热阻也称为总热阻，表征围护结构（包括两侧表面空气边界层）阻抗传热能力的物理量，为结构热阻与两侧表面换热阻之和。传热阻为传热系数的倒数，单位为 $m^2 \cdot K/W$。

（17）经济传热阻　经济传热阻简称为经济热阻。是指围护结构单位面积的建造费用（初次投资的折旧费）与使用费用（由围护结构单位面积分摊的采暖运行费和设备折旧费）之和达到最小值时的传热阻，单位为 $m^2 \cdot K/W$。

（18）热导（G）　热导是一种物理量，其值为单位时间内透过某种材料的热量除以材料两表面间的温度差。其值等于通过物体的热流密度除以物体两表面的温度差，单位为 W/K。

（19）热惰性指标（D）　热惰性指标是指表征围护结构对温度波衰减快慢程度的无量纲指标，其值等于材料层热阻与蓄热系数的乘积。单层结构 $D = R \cdot S$；多层结构 $D = \sum R \cdot S$。式中，R 为结构层的热阻，S 为相应材料层的蓄热系数，热惰性指标 D 值越大，周期性温度波在其内部的衰减越快，围护结构的热稳定性越好。

（20）围护结构的热稳定性　围护结构的热稳定性是指在周期性热作用下，围护结构本身抵抗温度波动的能力。围护结构的热惰性是影响其热稳定性的主要因素。

（21）房间的热稳定性　在热波作用下，房屋抵抗温度变化的性能是建筑热工学研究的重要课题。热稳定性按其属性有外围护结构热稳定性和房间热稳定性两类。房间的热稳定性房屋系指在室内外周期性热作用下，整个房间抵抗温度波动的能力。房间的热稳定性主要取决于室内外围护结构的热稳定性。

（22）内表面换热系数　内表面换热系数也称为内表面热转移系数或热绝缘系数，是指围护结构内表面温度与室内空气温度之差为 1℃，单位时间内通过 $1m^2$ 的表面积传递的热量，单位为 $W/(m \cdot K)$。

（23）内表面换热阻　内表面换热阻也称为内表面热转移阻，实际上它是内表面换热系数的倒数。

（24）外表面换热系数　外表面换热系数也称为外表面热转移系数，是指围护结构外表面温度与室外空气温度之差为 1℃，单位时间内通过 $1m^2$ 表面积传递的热量。

（25）外表面换热阻　外表面换热阻也称为外表面热转移阻，实际上它是外表面换热系数的倒数。

（26）累年　累年是接连多年的意思。这里特指在整编气象资料时，所采用的以往一段连续年份的累计，我国规定一般不得少于 3 年。

（27）设计计算用采暖期天数　设计计算用采暖期天数是指累年日平均温度低于或等于 5℃ 的天数。这一天数仅用于建筑热工设计计算，所以称为设计计算用采暖期天数。各地气候差异很大，其实际的采暖期天数，应按当地行政或主管部门的规定执行。

（28）采暖度日数（HDD）　采暖度日数是一个按照建筑采暖要求反映某地气候寒冷程度的参数，每个地方每天都有一个日平均温度，规定一个室内基准温度。

在国家行业标准《夏热冬冷地区居住建筑节能设计标准》（JGJ 134—2010）中，建筑物节能综合指标限值中的耗热量指标（qh）和采暖耗电量（Eh）是根据建筑物所在地的采暖度日数确定的。该采暖度日数是一年中当某天室外日平均温度低于 18℃ 时，将该日平均温度与 18℃ 的温度差乘以 1d，得到一个数值，其单位为 ℃·d，将这些数值累加起来，就得到某地以 18℃ 为基准的采暖度日数，用 $HDD18$ 表示。采暖度日数越大，表示该地区越寒冷。

（29）空调度日数（CDD）　空调度日数是一个按照建筑采暖要求反映某地气候炎热程度的参数，每个地方每天都有一个日平均温度，规定一个室内基准温度。

在《建筑节能设计标准》中，建筑物节能综合指标限值中的耗冷量指标（qc）和空调年耗电量（Ec）是根据建筑物所在地的空调度日数确定的。其值为一年中当某天是室外日平均温度高于26℃时，将该日平均温度与26℃的温度差乘以1d，得到一个数值，其单位为℃·d，将这些数值累加起来，就得到某地以为基准的采暖度日数，用$CDD26$表示。空调度日数越大，表示该地区越炎热。

（30）制冷度时数（CDH） 制冷度时数类似制冷度日数。一年中有8760h，每个小时都有一个平均温度，如果用每小时的平均温度代替制冷度日数中每天的平均温度作计算统计，就可以得到当地制冷度时数，其单位为℃·h。用制冷度时数来估算夏季空调降温的时间长短，比用制冷度日数更为准确。尤其是对于昼夜温差较大的地区更合理。

（31）建筑物耗热量指标（qh） 建筑物耗热量指标是指在采暖期间平均温度条件下，为保持室内计算温度，单位建筑面积在单位时间内消耗的、需由室内采暖供给的热量，单位为W/m^2。

（32）采暖耗煤量指标 采暖耗煤量指标是指在采暖期室外平均温度条件下，为保持室内计算温度，单位建筑面积在一个采暖期内消耗的标准煤量，单位为kg/m^2。

（33）窗墙面积比（X） 窗墙面积比是指窗户洞口面积与房间立面单元面积（即房间层高与开间定位）的比值。

（34）门窗气密性 门窗气密性是指门窗在关闭的状态下，阻止空气渗透的能力。门窗气密性用单位缝长空气渗透量表示，单位为$m^3/(m·h)$；或者用单位面积空气渗透量表示，单位为$m^3/(m^2·h)$。

（35）房间气密性 房间气密性也称为空气渗透性，是指空气通过房间缝隙渗透的性能，用换气次数表示。

（36）热流计法 热流计法是指热流计进行热阻测量并计算传热系数的一种测量方法。

（37）热箱法 热箱法是指用标定或防护热箱法对建筑构件进行热阻测量并计算传热系数的一种测量方法。

（38）控温箱—热流计法 是指用控温箱人工控制温差，用热流计进行热流密度测量并计算传热系数的一种测量方法。

（39）水力平衡度（HB） 水力平衡度是指在集中热水采暖系统中，整个系统的循环水量满足设计条件时，建筑物热力入口处循环水量（质量流量）的测量值与设计值之比。

（40）采暖系统补水率（R_{mp}） 采暖系统补水率是指热水采暖系统在正常运行工况下，检测持续时间内，该系统单位建筑面积、单位时间内的补水量，与该系统单位建筑面积、单位时间理论循环水量的比值。该理论循环水量等于热源的理论供热量除以系统的设计供回水温差。

（41）室内活动区域 室内活动区域系指在居住空间内，由距地面或楼板面为100mm和1800mm，距内墙内表面300mm，距外墙内表面或固定的采暖空调设备600mm的所有平面所围成的区域。

（42）房间平均室温 房间平均室温是指在某房间室内活动区域内一个或多个代表性位置测得的，不少于24h检测持续时间内，室内空气温度逐时值的算术平均值。

（43）户内平均室温 户内平均室温是指由住户除厨房、设有浴盆或淋浴器的卫生间、淋浴室、储物间、封闭阳台和使用面积不足5m²的空间外的所有其他房间的平均室温，通过房间建筑面积加权而得到的算术平均值。

（44）建筑物平均室温 建筑物平均室温是指由同属于某居住建筑物的代表性住户或房

间的户内平均室温通过户内建筑面积（仅指参与室温检测的各功能间的建筑面积之和）加权而得到的算术平均值，代表性住户或房间的数量应不少于总户数或总间数的 10%。

（45）小区平均室温　小区平均室温是指由随机抽取的同属于某居住小区的代表性居住建筑的建筑平均室温，通过楼内建筑面积加权而得到的算术平均值，代表性居住建筑面积应不少于小区内居住建筑总面积的 30%。

（46）外窗窗口单位面积空气渗透量（Q_a）　外窗窗口单位面积空气渗透量是指在额定窗内外压差为 10Pa、外窗的所有可开启窗扇均已正常关闭的情况下，单位窗口面积、单位时间内向室内或室外渗透的标准状态下的空气量，单位为 $m^3/(m^2 \cdot h)$。该渗透量中既包括经过窗本身的缝隙渗入的空气量，也包括经过外窗与围护结构之间的安装缝隙渗入的空气量。

（47）附加渗透量（Q_f）　附加渗透量是指在标准状态下，当窗内外压差为 10Pa 时，单位时间内通过受检外窗以外的缝隙渗入的空气量，单位为 m^3/h。

（48）红外热像仪　红外热像仪是利用红外探测器和光学成像物镜接受被测目标的红外辐射能量分布图形反映到红外探测器的光敏元件上，从而获得红外热像图，这种热像图与物体表面的热分布场相对应。通俗地讲红外热像仪就是将物体发出的不可见红外能量转变为可见的热图像。

（49）热像图　热像图是指用红外热像仪拍摄的表示物体表面表观辐射温度的图片。

（50）噪声当量温度差（$NETD$）　噪声当量温度差也称为温度分辨率、噪声等效温差，是指用红外成像系统观察标准试验图案，当红外成像系统输出端产生的峰值信号与均方根噪声电压之比为 1 时，黑体目标与背景之间的温差，简称为 $NETD$。

（51）参照温度　参照温度是指在被测物体表面测得的用来标定红外线热像仪的物体表面温度。

（52）环境参照体　环境参照体是指用来采集环境温度的物体，它可能不具有当时的真实环境温度，但它具有与被测物相似的物理属性，并与被测物处在相似的环境之中。

（53）正常运行工况　在生产过程中的状况或工艺条件也可称为工况，建筑节能工程中的正常运行工况，是指处于热态运行中的集中采暖系统满足现行标准或设计规定的条件时，则称该系统处于正常运行工况。

（54）静态水力平衡阀　静态水力平衡阀也称为平衡阀、手动平衡阀、数字锁定平衡阀、双位调节阀等，它是通过改变阀芯与阀座的间隙静态平衡阀（开度），来改变流经阀门的流动阻力以达到调节流量的目的。静态平衡阀能够将新的水量按照设计计算的比例平衡分配，各支路同时按比例增减，仍然满足当前气候需要下的部分负荷的流量需求，起到热平衡的作用。

（55）热工缺陷　热工缺陷是指当建筑围护结构中的保温材料缺失、受潮、分布不均，或其中混入灰浆或围护结构存在空气渗透的部位时，则称该围护结构在此部位存在热工缺陷。

（56）入住率（PO）　入住率是指实际使用用户的数目占整个建筑的比例，而非购房用户的比例。

（57）体形系数（S）　体形系数是指建筑物与室外大气接触的外表面积与其所包围的体积的比值。外表面积中，不包括地面和不采暖楼梯间隔墙和户门的面积。不包括地面和不采暖楼梯间隔墙和户门的面积。通常居住建筑体形系数控制在 0.3。若体形系数大于 0.3，则屋顶和外墙应加强保温，其传热系数应满足规定。

（58）设计建筑　设计建筑是指正在进行设计的、需要进行节能设计判定的建筑。

（59）参照建筑　参照建筑是指对围护结构热工性能进行权衡判断时，作为计算全年采暖和空气调节能耗用的假想建筑。

（60）居住建筑　居住建筑是指供人们日常居住、生活为主要目的而使用的建筑物。主要包括住宅、别墅、集体宿舍、公寓、旅馆等。

（61）试点居住建筑　在国家标准《居住建筑节能检测标准》（JGJ/T 132—2009）中规定，试点居住建筑是指已被列入国家或省市级计划，以推广建筑节能新技术、新理念、新工艺、新材料为目的而建造的带有示范或验证性质的单栋居住建筑物或建筑物群。

（62）非试点居住建筑　在国家标准《居住建筑节能检测标准》（JGJ/T 132—2009）中规定，非试点居住建筑是指除试点居住建筑物以外的其他单栋居住建筑物或建筑物群，均称为非试点居住建筑物。

（63）试点居住小区　试点居住小区系指已被列入国家或省市级计划，以推广建筑节能新技术、新理念、新工艺、新材料为目的而建造的带有示范或验证性质的，采用锅炉房、换热站或其他供热装置集中采暖的居住小区。

（64）非试点居住小区　非试点居住小区是指除试点居住小区以外的其他采用锅炉房、换热站或其他供热装置集中采暖的居住小区，均称为非试点居住小区。

（65）公共建筑　公共建筑包含办公建筑（包括写字楼、政府部门办公室等），商业建筑（如商场、金融建筑等），旅游建筑（如旅馆饭店、娱乐场所等），科教文卫建筑（包括文化、教育、科研、医疗、卫生、体育建筑等），通信建筑（如邮电、通讯、广播用房）以及交通运输类建筑（如机场、车站建筑、桥梁等）。

（66）中小型公共建筑　中小型公共建筑是指单栋建筑面积小于或等于 $2\times10^4\,m^2$ 的公共建筑。

（67）大型公共建筑　大型公共建筑是指单栋建筑面积大于 $2\times10^4\,m^2$ 的公共建筑。

（68）检验批。建筑节能工程的检验批是指具有相同的外围护结构（包括外墙、外窗和屋面）构成的建筑物。

（69）采暖设计热负荷指标（q_b）　采暖设计热负荷指标指标中常见的有体积热负荷指标和面积热负荷指标。它们的相同点都是热指标，但体积热负荷指标指的是单位供暖体积的指标；面积热负荷指标指的是单位面积指标。在采暖室外计算温度条件下，为保持室内计算温度，单位建筑面积在单位时间内需由锅炉房或其他供热设施供给的热量，单位为 W/m^2。

（70）供热设计热负荷指标（q_q）　供热设计热负荷指标是指在采暖室外计算温度条件下，为保持室内计算温度，单位建筑面积在单位时间内需由锅炉房或其他供热设施供给的热量，单位为 W/m^2。

（71）居住小区采暖设计耗煤量指标（q_{cq}）　居住小区采暖设计耗煤量指标是指在采暖期室外平均温度条件下，为保持室内计算温度，单位建筑面积在单位时间内需由锅炉房燃烧的折合标准煤量，其单位为 $kg/(m^2\cdot h)$。

（72）采暖年耗热量（AHC）　采暖年耗热量是指按照设定的室内计算条件，计算出的单位建筑面积在一个采暖期内所消耗的、需由室内采暖设备供给的热量，单位为 $MJ/(m^2\cdot a)$。

（73）空调年耗冷量（ACC）　空调年耗冷量是指按照设定的室内计算条件，计算出的单位建筑面积从 5 月 1 日至 9 月 30 日之间所消耗的、需由室内空调设备供给的冷量，单位为 $MJ/(m^2\cdot a)$。

（74）室外管网热输送效率（η_{ht}）　室外管网热输送效率是指管网输出总热量（输入总热量减去管网各段热损失）与管网输入总热量的比值。室外管网热输送效率综合反映了室外管网的保温性能和水密程度。

（75）冷源系统能效系数（EER_{sys}）　冷源系统能效系数是指冷源系统单位时间供冷量与单位时间冷水机组、冷水泵、冷却水泵和冷却塔风机能耗之和的比值。

（76）同条件试样。同条件试样是指根据工程实体的性能取决于内在材料性能和构造的原理，在施工现场抽取一定数量的工程实体组成材料，按同工艺、同条件的方法，在实验室制作能够反映工程实体热工性能的试样。

（77）抗结露因子　抗结露因子是指预测门窗阻抗表面结露能力的指标，是在稳定传热状态下，门窗热侧表面与室外空气温度和室内外空气温度差的比值。

（78）建筑能效标识　建筑能效标识是近年来在发达国家发展起来的规范、标准及行政监管的有益补充，改变了原来的以行政手段的管理机制。建筑能效标识将反映建筑物能源消耗量及其用能系统效率等性能指标，以信息标识的形式进行明示。

（79）建筑能效测评　建筑能效测评是指按照建筑节能有关标准和技术要求，对单体建筑采取定性和定量分析相结合的方法，依据设计、施工、建筑节能分部工程验收等资料，经文件核查、软件复核计算及必要的检查和检测，综合评定其建筑能效的活动。

（80）建筑物用能系统　建筑物用能系统是指与建筑物同步设计、同步安装的用能设备和设施。居住建筑的用能设备主要是指采暖空调系统，公共建筑的用能设备主要是指采暖空调系统和照明系统。设施一般是指与设备相配套的、为满足设备运行需要而设置的服务系统。

第二节　建筑传热基本知识

在进行建筑节能工程设计、施工和管理的过程中，除了熟悉以上有关建筑节能的名词和术语外，掌握必要的建筑传热过程和建筑传热学的基础知识也是非常重要的。

一、建筑传热过程

在建筑物的设计中常用围护结构作为保温层，以此与外界环境隔开，并通过室内采暖和空气调节，在室内创造出一定的热湿环境和空气条件。

由于外界气候的不断变化，建筑物在整个使用过程中，其内部的热环境必然要受到室外环境的影响，如空气的温度、湿度、风力、风向、太阳辐射程度等因素。这些因素通过围护结构和空气交换从而影响室内的热湿状态。

建筑物围护结构主要指外墙、屋顶、地面、门窗等；空气交换主要指为保持室内空气卫生指标，而主动的开窗、开门通风换气和正常使用条件下门窗缝隙的室气渗漏。外界因素通过围护结构的热传递，以不同的传热方式，对室内热湿环境产生影响。

外界因素对室内的影响程度，不仅与外界的各种影响因素的变化有关，而且也与建筑围护结构的型式、尺寸、材料、质量等方面有关。因此，建筑传热是一个非常复杂的建筑传热学问题。

二、建筑传热方式

传热是指物体内部或物体与物体之间热能发生转移的现象。凡是一个物体的各个部分或者物体与物体之间存在着一定温度差，就必然有热能的传递、转移现象发生。热方式是指热量从一处传至另一处所采取的方式和方法。

根据传热的基本原理不同分为 3 种，即导热传热、对流传热和辐射传热。导热传热（Conduction）是固体内部或固体接触时热转移的方式；对流传热（Convection）是流体内部或流体间的热转移方式；辐射传热（Radiation）是不接触物体间的热转移的方式。这 3 种不同的传热方式分别具有不同的特点。

1. 导热传热

导热是物体内温度不同的质子在热运动中引起的热能传递现象。分子、原子及自由电子等微观粒子处于不断的热运动中，运动的强弱与温度有关。如果温度分布不均匀

（存在温度场），微观粒子之间就会发生能量的交换，热量从温度较高的部分传递到温度较低的部分。

在传热学中，傅立叶定律是传热方面的一个基本定律。即在导热现象中，单位时间内通过给定截面的热量，与垂直于该界面方向上的温度变化率和截面面积成正比，而热量传递的方尚则与温度升高的方向相反。

材料试验表明，在固体、液体和气体中均能产生导热现象，但其传热的机理却并不相同。固体导热是由于相邻分子发生的碰撞和自由电子迁移所引起的热能传递；在液体中的导热是通过平衡位置间隙移动着的分子振动引起的；在气体中则是通过分子无规则运动时互相碰撞而导热。单纯的导热只能在密实的固体中发生，对于建筑围护结构，导热主要发生的墙体材料的内部。

2. 对流传热

依靠流体微团的宏观运动而进行的热量传递，这是热量传递的 3 种基本方式之一。对流是由于温度不同的各部分流体之间发生相对运动、互相掺合而传递热量，是依靠流体分子的随机运动和流体整体的宏观运动，将热量从一处传递到另一处。

按流体在传热过程中有无相态变化，对流传热分为 2 类。

（1）无相变对流传热　流体在换热过程中不发生蒸发、凝结等相态的变化，如水的加热或冷却。

（2）有相变对流传热　流体在与壁面换热过程中，本身发生了相态的变化，这一类对流传热包括冷凝传热和沸腾传热。

对流传热主要发生在流体之中或者表面和其紧邻的运动流之间。对流传热的强弱主要取决于层流边界层内的换热与流体运动发生的原因、流体运动状况、流体与固体壁面温差、流体的物性、固体壁面形状、大小及位置等因素。对于建筑物而言，对流主要发生在散热器与室内空气换热、室内冷热空气对流换热、墙体内表面与室内空气换热和墙体外表面与室外空气对流换热。

3. 辐射传热

物体在向外发射辐射能的同时，也会不断地吸收周围其他物体发射的辐射能，并将其重新转变为热能，这种物体间相互发射辐射能和吸收辐射能的传热过程称为辐射传热。

辐射是是依靠物体表面对外发射电磁波而传递热量的现象。任何物体只要其温度大于绝对零度，都会由于物体原子中的电子振动对外界空间辐射出电磁波，并且不需要直接接触和传递介质，当辐射电磁波遇到其他物体时，将有一部分转化成热量，物体的辐射随着温升的升高而增大。

材料试验表明，凡是温度高于绝对零度的一切物体，不论它们的温度高低都在不间断地向外辐射不同波长的电磁波，由此可见，辐射传热是物体之间互相辐射的结果。当两个物体的温度有差异时，高温物体辐射给低温物体的能量，必然大于低温物体辐射给高温物体的能量，这样高温物体的能量就传给了低温物体。在建筑物上，辐射与对流往往是同时进行的。

建筑节能工程上考虑传热的出发点有两个：一个是要采取保温措施，主要针对降低严寒地区、寒冷地区、夏热冬冷地区的采暖能耗和提高居住环境的热舒适性；另一个是采取隔热措施，主要针对降低夏热地区、夏热冬冷地区的空调制冷能耗和提高居住环境的质量。

保温和隔热措施实质上都是为了提高居住环境的热舒适度，使居住者有一个良好的生活环境，虽然在建筑设计、施工和评价指标等方面都不同，但这两个出发点都有一个共同的要求和结果，都是要提高围护结构的热阻，即降低其传热系数。

三、建筑稳定传热

在房屋建筑工程中，当室内外温度不相等时，在外墙、门窗和屋顶等围护结构中就会有传热现象发生，热量总是从温度较高的一侧传向较低的一侧，这是热量传导的规律。如果室内外气温都不随着时间而改变，围护结构的传热就属于稳定传热过程。

热工试验证明，在建筑物围护结构中，散热主要发生在墙体、屋顶、门窗和地面等部位。其中墙体、屋顶和地面等都是在建筑物建造过程中形成的，材料应用量大，变化因素多；而门窗一般是定型产品，其形状在使用前后不会发生大的变化，热工性能基本上是一个定值。由此可见，建筑物围护结构的传热，应主要研究墙体、屋顶和地面。

在建筑热工学中，为了简化计算，墙体、屋顶和地面是同一个问题——平壁稳定传热，这时墙体的传热由墙体内表面吸热、墙体自身的导热、墙体外表面散热 3 个过程组成。

1. 墙体内表面吸热

在冬季由于室内温度大于室外温度，室内的热量通过墙体向室内传递，这样必然形成室内温度、墙体内表面温度、墙体自身温度、墙体外表面温度和室内温度依次递减的温度状态，墙体内表面在向外侧传递热量的同时，必须从室内空气中得到相等的热量，否则就不可能保持墙体内表面温的稳定。在这一吸热的过程中，既有与室内空气的对流换热，同时也存在着内表面与室内空间各相对表面约辐射换热。

2. 墙体自身的导热

墙体自身导热是一个非常复杂的问题，很难进行精确的计算。为了简化计算，设墙体为单层匀质材料，导热系数为 λ、墙体厚度为 d，墙体两侧的温度分别为 θ_1 和 θ_2，且 $\theta_1 > \theta_2$。墙体内表面吸热后通过墙体向外表面传递，根据导热公式可求得单位时间内通过单位面积墙体的导热量 q_λ：

$$q_\lambda = \lambda(\theta_1 - \theta_2)/d \tag{2-1}$$

3. 墙体外表面散热

在冬季由于墙体外表面温度 θ_2 高于室外室气温度 t_2，墙体外表面向室外空气和环境散热。与内表面换热基本相同，外表面的散热同样是对流换热和辐射换热的综合，所不同的是换热的条件发生改变。因此，其换热系数也随之发生变动。散热量可按式（2-2）进行计算：

$$q_e = \alpha_e(\theta_2 - t_2) \tag{2-2}$$

式中　q_e——单位时间内单位面积墙体外表面散出的热量，W/m^2；

　　　α_e——墙体外表面换热系数，$W/(m^2 \cdot K)$；

　　　θ_2——墙体外表面温度，℃；

　　　t_2——室外空气温度，℃。

4. 墙体的传热系数

根据以上所述，当室内气温高于室外气温时，建筑物围护结构经过以上 3 个阶段向外传热。当处于稳定状态时，3 个传热量必然相等，即

$$q_\lambda = q_e = q_i = q \tag{2-3}$$

式中　q_i——墙体内表面单位时间内单位面积的吸热量，W/m^2；

　　　q——墙体的传热量，W/m^2。

经过一系列数学变换可得式(2-4)

$$q=(t_i-t_2)/(R_i+R+R_2)=(t_i-t_2)/R_0=K(t_i-t_2) \qquad (2-4)$$

式中　t_i——室内空气及其他表面的温度，℃；

　　　R_i——墙体内表面换热阻，$m^2 \cdot K/W$；

　　　R——墙体自身的热阻，$m^2 \cdot K/W$；

　　　R_2——墙体内表面换热阻，$m^2 \cdot K/W$；

　　　R_0——墙体的传热阻，$m^2 \cdot K/W$；

　　　K——墙体的传热系数，$W/(m^2 \cdot K)$。

在进行建筑节能工程检测和评价中，墙体自身的热阻 R 和墙体的导热系数 K 是非常重要的两个参数，也是必须进行检测的项目。

第三节　建筑节能检测内容

建筑工程是一个复杂的系统工程，它是由很多环节组成的，一般主要有立项、审批、设计、施工、质监、检测、竣工验收等环节。在实施的过程中，如果任一环节出了问题，都会影响到住宅建筑的质量，也包括住宅建筑的节能质量。由此可见，建筑节能检测是建筑工程设计、施工和管理中不缺少的重要组成部分，在建筑工程中起着重要作用。

一、建筑节能工程的检测

由于我国地域广阔，地形复杂，气候差异很大，同一个时间从南方到北方可能经历四季天气特征。根据我国的地域和气候特点，从建筑气候的角度可分为 5 个大的建筑气候区，即严寒地区、寒冷地区、夏热冬冷地区、夏热冬暖地区、温和地区。每个建筑气候区对建筑节能的要求不一样，实施建筑节能的技术措施不相同，应用的节能材料不一样，工程验收和检测的项目不同、技术指标也不同，采用的方法也不相同。

对于严寒地区和寒冷地区，建筑节能主要考虑节约冬季采暖能耗，兼顾夏季空调制冷能耗，因此需要采用高效保温材料和高热阻门窗作为建筑物的围护结构，以求达到最佳的保温效果，这类工程节能验收的主要内容是检测墙体、屋面的传热系数。

对于夏热冬暖地区建筑节能主要考虑夏季空调能耗，采取的技术措施是为了提高围护结构的热阻，以求达到最佳的隔热性能，这类工程节能验收的主要内容是围护结构传热系数和内表面最高温度。

对于夏热冬冷地区，既要考虑节约冬季采暖能耗，又要考虑降低夏季空调能耗，其建筑节能的检测比其他建筑气候区更复杂。在同一建筑气候区内不同形式的建筑物，其检测的内容也是不同的。

对于居住建筑来说，其主要用途是为了改善建筑的热舒适度，因此其建筑节能检测的主要内容是建筑物的保温性能和隔热性能。对于公共建筑来说，除了热舒适度外，照明系统的节能检测也是重要内容，所以公共建筑的检测内容又增加了照明系统和中央空调系统的性能检测。

建筑节能工程的检测内容，根据建筑物的类型不同而有所不同。其各自具体的检测内容，在现行行业标准《居住建筑节能检测标准》（JGJ/T 132—2009）和《公共建筑节能检测标准》（JGJ/T 177—2009）中规定的非常明确。

二、公共建筑节能检测内容

根据现行行业标准《公共建筑节能检测标准》（JGJ/T 177—2009）中规定，公共建筑节检测的内容主要包括：①建筑物室内平均温度、湿度检测；②非透光外围护结构热工性能检测；③透光外围护结构热工性能检测；④外围护结构气密性能检测；⑤采暖空调水系统性能检测；⑥空调风系统性能检测；⑦建筑物年采暖空调能耗及年冷源系统能效系统检测；⑧供配电系统检测；⑨照明系统检测；⑩监测与控制系统性能检测。

三、居住建筑节能检测内容

根据现行行业标准《居住建筑节能检测标准》（JGJ/T 132—2009）中的规定，居住建筑节检测的内容主要包括：①平均室内温度；②外围护结构热工缺陷；③外围护结构热桥部位内表面温度；④围护结构主体部分传热系数；⑤外窗窗口气密性能；⑥年采暖耗热量；⑦年空调耗冷量；⑧外围结构隔热性能；⑨室外管网水力平衡度；⑩采暖系统补水率；⑪室外管网热损失率；⑫采暖锅炉运行效率；⑬采暖系统耗电输热比；⑭建筑物外窗遮阳设施；⑮单位采暖耗热量指标；⑯室外气象参数。

在对具体的建筑物进行建筑节能检测时，除了应当执行上述《居住建筑节能检测标准》（JGJ/T 132—2009）和《公共建筑节能检测标准》（JGJ/T 177—2009）的有关规定外，还应参照《建筑节能工程施工质量验收规范》（GB 50411—2007）的相关要求。

第四节　建筑节能检测流程

对建筑节能工程按照有关规定进行检测，实际上就是对被检测建筑的能耗现状进行系统的检测和评价，并对各系统用能情况给出综合评价报告。根据建筑节能工程检测中发现的不合理能耗问题，筛选出适宜改造的建筑，提出节能改造方案及计划。通过节能改造，提高能源使用效率、提高运行管理水平，降低能耗和运行管理费用，达到节能的目标。

一、建筑节能检测的前提条件

为了对建筑节能工程进行有效、准确的检测，尤其是对其进行现场节能检测时应在下列有关技术文件准备齐全的基础上进行。

（1）审图机构对工程施工图节能设计的审查文件。任何单位和个人不得擅自修改审查机构审查合格的建筑节能工程施工图设计文件，确实需要进行修改的，应由原设计单位出具变更设计文件，且应符合国家和建筑所在地现行建筑节能强制性标准要求。

（2）工程竣工图纸和设计文件。工程竣工图纸是工程施工最终成果的显示，是建筑节能检测的主要依据；设计文件是工程进行施工、监理和检测的标准。实际上，是按照设计文件的要求，检查工程竣工图纸是否与设计文件一致。

（3）由具有建筑节能相关检测资质的检测机构出具的对从施工现场随机抽取的外门（含阳台门）、户门、外窗及保温材料所作的性能复验报告（即门窗传热系数、外窗的气密性能等级、玻璃及外窗的遮阳系数、保温材料的导热系数、密度、比热容和强度等）。

（4）热源设备、循环水泵的产品合格证和性能检测报告。热源设备和循环水泵是建筑节能工程中的关键设备，在正式进行安装前，必须认真检查其产品合格证和性能检测报告，不合格和性能不符合要求的产品不得用于建筑节能工程。

（5）热源设备、循环水泵、外门（含阳台门）、户门、外窗及保温材料等生产厂商的质量管理体系认证书。

（6）外墙墙体、屋面、热桥部位和采暖管道的保温施工做法或施工方案。这些部位的保温施工做法或施工方案是进行具体操作的标准，也是确保保温工程施工质量的技术文件。

（7）有关的隐蔽工程施工质量的中间验收报告。隐蔽工程验收是指在房屋或构筑物施工过程中，对将被下一工序所封闭的分部、分项工程进行检查验收。作业技术活动结果的控制是施工过程中间产品及最终产品质量控制的方式，只有作业活动的中间产品质量都符合要求，才能保证最终单位工程产品的质量。

二、建筑节能的常用检测方法

建筑节能是建筑工程的一个分部工程，建筑节能检测也是工程竣工验收的重要内容，其目的是为了通过实际检测来评价建筑物的节能效果，是否达到国家现行标准和设计要求。由于建筑节能的最终效果是节约建筑物使用过程中消耗的能量，因而评价建筑节能是否达到国家标准的要求，首先要得到建筑物的实际耗能指标。目前，得到建筑物耗能量指标的方法，一般是直接法和间接法两种。

（一）得到建筑物耗能量指标的直接法

建筑物耗能量指标是指在采暖期间平均温度条件下，为保持室内计算温度，单位建筑面积在单位时间内消耗的、需由室内采暖供给的热量。如果在热源（冷源）处直接测取采暖耗煤量指标（或耗电量指标），然后求出建筑物的耗热量（耗冷量）指标的方法称为热（冷）源法，也称为直接法。

直接法主要是用于测定试点建筑和示范小区，评价对象是试点建筑和示范小区。根据检测对象的使用状态，分析评定试点建筑和示范小区的建筑所采用的设计标准，所使用的建筑材料、结构体系、建筑形式等因素对能耗的影响，进而分析建筑物、室外管网、锅炉等耗能目标物的耗能率、能量输送系统的效率、能量转换设备的效率，计算能量转换、能量输送、耗能目标物占采暖（制冷）过程总能耗的比率，分析各个环节的运行效率和节能的潜力。

直接法检测的内容比较多，不仅要检测建筑物、能量转换、输送系统的技术参数，而且还要检测记录当地气候数据，内容繁多复杂，耗费时间较长，一般要贯穿整个采暖季或空调季。由于试点建筑和示范小区带有一种试验性质，它是某种材料或某种结构体系或设计标准等某种特定目的实验的工程项目，担负着推广普及前的一系列试验工作，并根据这些试验工程的测试结果来验证试验目的是否达到，为下一步能否推广普及提出结论性意见及应该采取的修订措施。

由此可见，对于试点建筑和示范小区的检测应以直接法为主进行全面检测，目的是获得一个正确、全面、系统的试验结果，这个试验结果是试验工程项目投资的目的，也是进行建筑节能推广普及的依据。

（二）得到建筑物耗能量指标的间接法

在建筑物处，通过检测建筑物的热工指标和计算获得建筑物的耗热量（耗冷量）指标，然后参阅当地气象资料、锅炉和管道的热效率，计算出所测建筑物的采暖耗煤量（耗电量）指标的方法称为建筑热工法，也称为间接法。

间接法获得建筑物耗热量指标，主要包括进行实际测量和根据热工规范要求计算两部分内容；包括以下3个步骤：第1步实测建筑物围护结构传热系数，主要是墙体、屋顶、地下室顶板；第2步实测建筑物的气密性；第3步根据现行标准规范给出的建筑物耗热量计算公式算出所测建筑物的耗热量指标和耗煤量指标。间接法建筑节能检测流程如图2-1所示。

间接法主要用于测定一般的建筑工程，按照现行的建筑设计标准和规范进行取值设计，建筑节能现场检测的目的就是为了证实施工过程是否严格按施工图设计方案进行，采用的墙体材料和保温材料的有关参数是否符合设计取值，工程施工质量是否符合现行国家标准《建筑节能工程施工质量验收规范》（GB 50411—2007）中的规定。

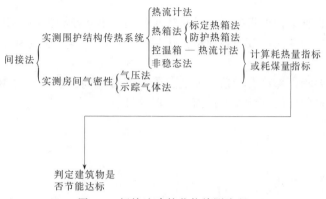

图 2-1 间接法建筑节能检测流程

这种检测实际上是工程验收的一部分，所检测对象的结果具有明显的单件性，只是对所测对象有效，不会对其他工程有影响。所以，对这类工程项目的检测方法，要求简捷实用、耗时较短，检测的内容以关键部位为主。目前，在实际工程中多数采用间接法。间接法通过检测得到的建筑物的耗能量指标，其具体内见"第六章 建筑物热工性能现场检测"。

第五节 建筑物节能达标判定

建筑物是否节能和节能效果如何，这是衡量绿色建筑的重要依据。因此，进行建筑物节能达标判定是一项非常重要的工作，其节能的判定主要是通过现场及实验室检测，或者通过建筑能耗计算软件得出建筑构件的传热性能指标或建筑物的能耗指标，将其与现行的建筑节能设计规范和标准的规定值进行比较，满足设计要求或符合现行国家标准的即可判定被测建筑物是节能的；反之则是不节能的。

根据国内外工程实践经验，目前用来判定目标建筑物节能性能的有 4 种方法，即耗热量指标法、规定性指标法、性能性指标法和与标准指标比较法。这 4 种方法运用的指标不尽相同，在实际建筑物节能达标判定工作中应针对具体的建筑物特点采取相应的判定方法。

一、耗热量指标法

建筑物耗热量指标是指在采暖期间平均温度条件下，为保持室内计算温度，单位建筑面积在单位时间内消耗的、需由室内采暖供给的热量。耗热量指标法判定的依据是建筑物的耗热量指标，并按照如下规定进行判定。

当采用直接法测量建筑物耗热量指标时，测得的建筑物耗热量指标，符合建筑节能设计标准要求的，则评定该建筑物为符合建筑节能设计标准；反之则评定为不符合建筑节能的设计要求。

当采用间接法检测和计算得到建筑物耗热量指标时，采用实测建筑物围护结构传热系数和房间的气密性，计算在标准规定的室内外计算温差条件下建筑物单位耗热量。符合建筑节能设计标准要求的，则评定该建筑物为符合建筑节能设计标准；反之则评定为不符合建筑节能的设计标准。

目前，随着计算机在检测中的广泛应用，建筑物耗热量指标也可以采用专门的软件计算得到，但所用的软件计算必须符合以下要求：①计算前对构件的热工性能要进行检验，这是采用软件计算的基础；②建筑节能评估计算应采用国家认可的软件进行，这是确保计算结果可靠并符合要求的关键。

二、规定性指标法

规定性指标法也称为构件指标法，是指建筑物的体形系数和窗墙面积比在符合设计要求时，围护结构各构件的传热系数等各项指标达到设计标准，则该建筑为节能建筑，反之为不节能建筑。

围护结构的主要构件部位有屋顶、外墙、不采暖楼梯间、窗户（含阳台门上部）、阳台门下部门芯板、楼梯间外门、地板、地面、变形缝等。

（一）屋顶

1. 屋顶传热系数实验室检测

屋顶传热系数实验室检测是一种直接、准确的方法，检测所得到的传热系数，可直接作为评估屋顶传热系数的依据，检测的具体方法见"建筑物热工性能现场检测"。

2. 屋顶传热系数的现场检测

屋顶传热系数的现场检测是一种比较简单易行的方法，但检测所得到的传热系数，应按式 (2-5) 计算作为评估屋顶传热系数的依据，检测的具体方法见"建筑构件热工性能检测"。

$$K = 1/(R_i + R + R_e) \tag{2-5}$$

式中　K——屋顶传热系数，$W/(m^2 \cdot K)$；

R_i——屋顶内表面换热阻，$m^2 \cdot K/W$；

R——屋顶热阻，$m^2 \cdot K/W$；

R_e——屋顶外表面换热阻，$m^2 \cdot K/W$。

（二）外墙（外墙包括不采暖楼梯间的隔墙）

1. 外墙传热系数实验室检测

外墙传热系数实验室检测，可按国家标准《绝热稳态传热性质的测定 标定和防护热箱法》（GB/T 13475—2008）规定的方法，也可采用热流计法或控温箱—热流计法测量主墙体的传热系数，然后通过计算平均传热系数 K_m，作为外墙传热系数评估依据。

2. 外墙传热系数的现场检测

外墙传热系数的现场检测，应在检测主墙体的传热系数后，按式(2-6) 计算评估用外墙传热系数：

$$K_p = 1/(R_i + R + R_e) \tag{2-6}$$

式中　K_p——外墙传热系数，$W/(m^2 \cdot K)$；

R_i——外墙内表面换热阻，$m^2 \cdot K/W$；

R——外墙热阻，$m^2 \cdot K/W$；

R_e——外墙外表面换热阻，$m^2 \cdot K/W$。

然后再根据实际墙体的构件，通过计算平均传热系数 K_m，作为外墙传热系数评估依据。

（三）外窗

建筑直接对外的窗户、门也是如此。相当于建筑外墙上的窗户，因为直接对室外气候条件，所以对于窗户的保温性能、气密性、隔声性、水密性、抗风力性都有严格的要求外窗的节能检测包括外窗传热系数和外窗气密性两个方面。

（1）外窗传热系数应采用实验室检测数据作为评估的依据。其检测的具体方法见"建筑构件热工性能检测"。由于现场检测很复杂，且不能与窗框墙体有效传热隔绝，所以外窗传热系数不宜采用现场检测的方法。

（2）外窗气密性应采用实验室检测数据或者现场检测数据作为气密性是否达到标准要求的评估依据。

（四）外门

外门与外窗一样，其节能检测包括外窗传热系数和外窗气密性2个方面。

（1）外门传热系数应采用实验室检测数据作为评估的依据，但不宜采用现场检测的方法。

（2）外门气密性应采用实验室检测数据或者现场检测数据作为气密性是否达到标准要求的评估依据。

（五）地板

地板即房屋地面或楼面的表面层，由木料或其他材料做成。地板的节能达标检测与评估，可以参照屋顶规定的方法进行。

三、性能性指标法

节能建筑的性能性指标主要由建筑热环境的质量指标和能耗指标两部分组成，对建筑的形体系数、窗墙面积比、围护结构的传热系数等方面均不做硬性规定。设计人员可自行确定具体的技术参数，当建筑物同时满足建筑热环境的质量指标和能耗指标的要求时，即为符合建筑节能的要求。

四、与标准比较法

在对建筑构件的热工性能进行检测后，按照建筑节能设计标准最低档参数（如窗墙面积比，窗户、屋顶、外墙的传热系数等），计算出标准建筑物的耗热量、耗冷量或者耗能量指标；然后将测得的构件传热系数代入同样的计算公式，计算出建筑物的耗热量、耗冷量或者耗能量指标。如果建筑物的实际指标小于标准建筑指标值，则该建筑即为节能达标建筑。

第六节　建筑节能检测机构

根据国家工程质量检测管理的有关规定，检测机构是具有独立法人资格的中介机构。国务院建设主管部门负责对全国质量检测活动实施监督管理，并负责制定检测机构的资质标准。省、自治区、直辖市人民政府建设主管部门负责对本行政区域内的质量检测活动实施监督管理，并负责对检测机构的资质审批。市、县人民政府建设主管部门负责对本行政区域内的质量检测活动实施监督管理。

建设工程质量检测是指工程质量检测机构接受委托，依据国家有关法律、法规和工程建设强制性标准，对涉及结构安全项目的抽样检测和对进入施工现场的建筑材料、构配件的见证取样检测。检测机构的成立和开展的业务工作，应符合《建设工程质量检测管理办法》

（2015 年修正版）、《建筑节能检测机构资质标准（试行）》等有关规定。

一、机构资质

《建设工程质量检测管理办法》第三条规定："国务院建设主管部门负责对全国质量检测活动实施监督管理，并负责制定检测机构资质标准。省、自治区、直辖市人民政府建设主管部门负责对本行政区域内的质量检测活动实施监督管理，并负责检测机构的资质审批。市、县人民政府建设主管部门负责对本行政区域内的质量检测活动实施监督管理。"

《建设工程质量检测管理办法》第四条规定："检测机构从事本办法附件一规定的质量检测业务，应当依据本办法取得相应的资质证书。检测机构资质按照其承担的检测业务内容分为专项检测机构资质和见证取样检测机构资质。检测机构资质标准由附件二规定。检测机构未取得相应的资质证书，不得承担本办法规定的质量检测业务。"

检测机构应当按照《建筑节能检测机构资质标准（试行）》中的规定取得相应的资质证书，才有资格从事检测资质规定的质量检测业务。检测机构未取得相应相应的资质证书，不得承担相关规定的质量检测业务。检测机构资质按照其承担的检测业务内容，一般可分为专项检测机构资质和见证取样检测机构资质。

建筑节能检测机构是建筑工程检测机构中从事建筑节能检测、建筑能效评定的专业机构。建筑节能检测机构的资质证书主要有两个：一个是建设主管部门核发的专项业务检测资质；另一个是质量技术监督部门核发的计量认证证书。前者要求检测机构具有能够开展的业务范围，后者要求检测机构运行的能力和质量保证措施。

《建筑节能检测机构资质标准（试行）》中，具体规定了不同等级建筑节能检测机构的资质标准和条件，具体规定了法人资格、资金数量、计量认证、实验室标准、见证取样检测机构资质和专项检测机构资质、技术管理和质量保证体系、人员资格、仪器设备、检验依据及检验项目等具体的条件。

二、人员资格

建筑节能检测机构的检测人员，必须满足所从事工作的数量和能力的需要。建筑节能专项资质管理部门要求主要管理人员具有相关专业工作经验，并具有工程师以上的职称；技术（质量）负责人应当具有一定相关专业实践经验，并具有高级工程师以上的职称；操作人员必须进行专门的专业培训，培训内容有建筑热工基础知识、常用建筑材料的性能、检测基础知识、仪器设备工作原理及操作知识、相关的技术规范标准等内容，经过考核合格后方可从事其岗位工作。在工作中所有检测人员必须持证上岗。

不同资质的建筑节能检测机构，其组成人员资格具有相应的要求。例如，《建筑节能检测机构资质标准（试行）》中，一级建筑节能检测机构组成人员资格是：①专业技术人员中，总人数不得少于 20 人，其中高级工程师不少于 5 人，工程师不少于 8 人，且至少有一人取得建筑节能设计审核资格；②检测报告编制人须从事暖通或建筑学、建筑材料、建筑电气等相关专业，并具有 3 年以上检测工作经历；结构、给排水等相近专业的技术人员须具有 5 年以上检测工作经历；③检测报告审核人、技术负责人须从事暖通或建筑学、建筑材料、建筑电气等相关专业，并具有 5 年以上检测工作经历；结构、给排水等相近专业的技术人员必须具备 8 年以上检测工作经历。

三、仪器设备配备

《建筑节能检测机构资质标准（试行）》中规定：建筑节能检测机构必须配备相应的仪

器设备，如抗冲击性能试验装置、抗风压试验检测装置、耐冻融试验装置、建筑外窗三性检测实验装置、建筑外窗保温性能检测装置、电子万能试验机、压力实验机、拉伸强度实验仪、试件养护室、现场传热系数检测仪、导热系数检测仪、现场外窗气密性检测装置、高分辨率红外热像仪、温湿度采集仪、水蒸气渗透性能试验装置等，这是进行建筑节能检测的重要条件，也是检测机构必须具备的基本条件。

建筑节能检测机构的仪器设备配备，必须满足开展建筑节能检测业务的要求，主要仪器设备包括实验室检测和现场检测仪器设备。其中实验室所用的仪器设备包括材料导热系数检测仪器设备和建筑构件热阻、耐候性、门窗性能等检测仪器设备。现场所用的仪器设备包括墙体传热系数、热工缺陷、门窗性能等检测仪器设备。建筑节能检测机构常用的基本仪器设备如表2-1所列。

表 2-1 建筑节能检测机构常用的基本仪器设备

序号	仪器设备名称	检测内容	序号	仪器设备名称	检测内容
1	导热系数测定仪	材料导热系数	10	外保温系统耐候性试验装置	
2	墙体保温性能试验装置	墙体热阻、传热系数	11	建筑节能工程现场检验设备	
3	电子天平		12	数据采集仪	温度、热流值采集储存
4	万能试验机		13	外窗三性现场检验设备	抗风性、气密性、水密性
5	便携式黏结强度检测仪		14	红外热像仪	热工缺陷
6	电热鼓风干燥箱		15	热流计	热流量
7	低温箱		16	温度传感器	温度
8	门窗保温性能试验装置	门窗传热系数	17	热球风速仪	风速
9	压力实验机		18	流量计	流量

四、检测机构资质申请程序

建筑节能检测机构是在建筑节能检测方面具有权威性的机构，往往是代表政府对所建建筑物节能效果进行科学评价。因此，建筑节能检测机构必须按照国家规定的资质申请程序和标准条件，向规定的部门提交申请材料，待审批部门批准后，才能开展建筑节能检测工作。

(一) 建筑节能专项检测资质

申请建筑节能检测资质的机构，应当按照规定的标准和条件，向省、自治区、直辖市人民政府建设主管部门提交下列申请材料。

（1）《检测机构资质申请表》一式三份，申请表包括的基本内容如下所列。

① 检测机构法定代表人声明 a. 本机构填报的《建筑节能检测机构资质申请表》及附件材料的全部内容是真实的，无任何隐瞒和欺骗行为，如有隐瞒情况和提供虚假材料以及其他违法行为，本机构和本人愿意接受建设行政主管部门及其他有关部门依据有关法律法规给予的处罚。b. 如获准备案，在今后承接业务的过程中，严格遵守有关法律法规和技术标准，诚信经营，规范管理。如发生违法违规行为，愿意自行退出建筑节能检测市场。

② 检测机构基本情况 包括检测机构名称、设立时间、经济性质、机构地址、工商营业执照注册号、注册资金、发证机关、资质证书编号、计量认证证书号、负责人情况、机构人员组成、拟从事的检测内容等。

③ 法定代表人基本情况 姓名、性别、年龄、职务、职称、学历、所学专业、毕业学校、从事检测工作年限、工作简历等。

④ 技术负责人基本情况 姓名、性别、年龄、职务、职称、学历、身份证号码、所学专业、毕业学校、所负责的专项、从事检测工作年限、工作简历等。

⑤ 检测类别、内容及具体相应注册工程师资格人员情况 姓名、职务、职称、专业、

学历、身份证号码、资格证书号、检测年限、工作简历等。

⑥ 专业技术人员情况总表　姓名、性别、专业、学历、劳动关系、身份证号码、职称及证书号、检测岗位证书号、从事检测工作项目、从事检测工作年限等。

⑦ 授权审核、签发人员一览表：姓名、性别、专业、职务、职称、身份证号码、权限、授权项目、签名识别等。

⑧ 技术人员的培训证、建筑节能设计审核资格证、职称证书、身份证和社会保险合同的原件及复印件，同时还要提供技术负责人的学历证书。

（2）工商营业执照原件及复印件。

（3）与所申请检测资质范围相对应的计量认证证书原件及复印件。

（4）主要检测仪器设备清单：检测项目、设备技术指标、制造厂商、出厂日期及出厂号、仪器设备量值核定情况（核定机构、最近检定日期、核定周期）。

（5）检测机构技术人员的职称证书、身份证和社会保险合同的原件及复印件。

（6）检测机构管理制度及质量控制措施。

（二）建筑节能的计量认证

《中华人民共和国计量法》中第九条规定："县级以上人民政府计量行政部门对社会公用计量标准器具，部门和企业、事业单位使用的最高计量标准器具，以及用于贸易结算、安全防护、医疗卫生、环境监测方面的列入强制检定目录的工作计量器具，实行强制检定。未按照规定申请检定或者检定不合格的，不得使用。"

作为关系评价建筑节能效果如停检测机构，也是为社会提供公证数据的产品质量检测机构，必须经省级以上人民政府计量行政部门对其计量检定、测试能力和可靠性考核合格，这种考核称为计量认证。计量认证是对为社会出具公证数据的检测机构进行强制考核的一种手段，是政府权威部门对检测机构进行规定类型检测所给予的正式承认，也是具有中国特点的政府对检测机构的强制认可。

经计量认证合格的产品质量检测机构所提供的数据，用于贸易的出证、产品质量评价、成果鉴定作为公证数据，具有法律效力。未经计量认证的技术机构为社会提供公证数据属于违法行为，违法必究。

建筑节能检测机构在取得建设主管部门的专项检测资质后，应按照以下要求和程序申请建筑节能的计量资质，在取得计量认证资质后才能开展检测业务。

国家对检测机构申请计量认证和审查认可中规定，取得检测资质的检测机构必须申请计量认证和审查认可。

建筑节能检测机构在向国家认证认可监督管理委员会和地方质检部门申请首次认证、复查换证时，应遵循以下办事程序。

（1）受理范围　从事下列活动的机构应当通过资质认定：①为行政机关作出的行政决定具有证明作用的数据和结果的；②为司法机关作出裁决提供具有证明作用的数据和结果的；③为仲裁机构作出仲裁决定提供具有证明作用的数据和结果的；④为社会公益活动提供证明作用的数据和结果的；⑤为经济或者贸易关系人提供证明作用的数据和结果的；⑥其他法定需要资质认定的。

（2）许可依据　认证认可的主要依据有：《中华人民共和国计量法》《中华人民共和国计量法实施细则》《中华人民共和国标准化法》《中华人民共和国标准化法实施细则》《中华人民共和国产品质量法》《中华人民共和国认证认可条例》《实验室和检查机构资质认定管理办法》等。

（3）申请条件 建筑节能检测机构在申请计量认证时，应当对照国家的有关规定和自身的条件，必须符合以下条件时才能提出申请。

① 申请单位应依法设立，独立、客观、公正地从事检测、校准活动，能承担相应的法律责任，建立并有效运行相应的质量管理体系。

② 具有与其从事检测、校准活动相适应的专业技术人员和管理人员，这些人员的专业、职称、从事检测和校准工作年限等，必须符合有关规定。

③ 申请单位必须具有固定的工作场所，工作环境应当保证检测、校准数据和结果的真实、准确。

④ 具有正确进行检测、校准活动所需要的，并且能够独立调配使用的固定和可移动的检测、校准仪器设备设施。

⑤ 应满足《实验室资质认定评审准则》中的管理要求（包括组织、管理体系、文件控制、检测和/或校准分包、服务和供应品的采购、合同评审、申诉和投诉、纠正措施和预防措施及改进、记录、内部审核、管理评审）、技术要求（包括人员、设施和环境条件、检测和校准方法、设备和标准物质、量值溯源、抽样和样品处置、结果质量控制、结果报告）的基本规定。

（4）申请材料的主要内容。建筑节能检测机构在申请计量认证时，其申请材料中应包括如下主要内容。

① 实验室的概况。主要包括：实验室具有法律地位的证明文件；实验室注册、登记文件和工作场所的所有权的证明文件；实验室是否有固定的工作场所；实验室所有的工作，验证质量体系；实验室拥有相对稳定的专业技术人员和管理人员；检测或校准工作公正、客观的有关措施；实验室内部机构设置、部门职责和质量体系；管理、操作和核查人员本岗位的职责和权限；检测数据的公正性和及时性等

② 申请类型及证书状况。主要包括：检测机构申请检测或校准工作的类型、范围，检测机构的资质证书和计量认证证书，检测人员的专业证书、注册工程师证书、学历证书等。

③ 申请资质认定的专业类别。

④ 实验室的资源情况。主要包括：实验室总人数和结构、实验室资产情况、实验室总面积和仪器设备总值、申请资质认定检测能力表等。

⑤ 主要信息表。主要包括：授权签字人申请表、组织机构框图、实验室人员一览表、仪器设备（标准物质）配置一览表等。

⑥ 主要文件。主要包括：典型检测报告、质量手册、程序文件、管理体系内审质量记录、管理评审记录、其他证明文件、独立法人、实验室法人地位证明文件（首次、复查）、法人授权文件、实验室设立批文、最高管理者的任命文件、固定场所证明文件（适用的）、检测校准设备独立调配的证明文件（适用的）、专业技术人员、管理人员劳动关系证明（适用的）、从事检测/校准人员资质证明、实验室声明、法律地位证明等。

（5）许可工作程序

① 提出申请。a. 属全国性的产品质量检测机构，应向国务院计量行政部门提出计量认证申请；b. 属地方性的产品质量检测机构，应向省、自治区、直辖市人民政府计量行政部门提出计量认证申请。

② 申请单位必须提供以下资料：a. 计量认证、审查认可（验收）申请书；b. 产品质量检测机构仪器设备一览表。

第三章

Chapter

建筑节能检测基本参数及设备

　　建筑节能检测是一门跨学科、跨行业、综合性、技术性和应用性很强的技术，它集成了城乡规划、建筑学及土木、机电、设备、建材、环境、热能、电子、信息、生态等工程学科的专业知识，同时又与技术经济、行为科学和社会学等人文学科密不可分。

　　建筑节能工程检测的实践证明，检测基本参数及仪器设备是不可缺少的技术指标和检测工具。在建筑节能工程检测的过程中，要用一定型号、标准、规格、类型的仪器设备，不仅要检测温度、流量、热流量、导热系数等热工参数，而且还要求能够自动、连续地检测出与产品质量最直接相关的物理性质参数，以便指导建筑节能检测工作的不断推进。

第一节　建筑节能检测基本参数及仪器

　　在建筑节能检测中，需要检测的参数和项目很多，更重要的是对温度、流量、导热系数、热流量等热工的基本参数进行检测和控制。

一、温度参数的检测

　　温度是反映物体冷热程度的物理参数，温度是与建筑节能密切相关的物理量，在2000多年前就开始为检测温度进行了各种努力。从分子物理学的角度，温度反映了物体内部分子无规则运动的剧烈程度，即物体的冷热程度由分子的平均动能所决定。因此，严格地讲温度是物体分子平均动能大小的标志。

（一）温度参数检测原理和方法

　　用仪表来测量温度，是以受热程度不同的物体之间的热交换和物体的某些物理性质随着受热程度不同而变化这一性质为基础的。任意两个受热程度不同的物体相接触，必然会发生热交换现象，热量将由受热程度高的物体流向受热程度低的物体，直到两个物体的受热程度完全相同为止，即达到热平衡状态。

温度检测利用感温元件特有的物理、化学和生物等效应，把被测温的变化转换为某一物理或化学量的变化。温度参数检测实际上是利用光学、力学、热学、电学、磁学等不同的原理，检测某一物理或化学变化的量，从而检测被测物体的温度。

温度检测方法很多，根据测温原理不同主要有应用热膨胀原理测温、应用工作物质的压力随温度变化的原理测温、应用热电效应测温、应用热电阻原理测温和应用热辐射原理测温等。根据感温元件和被测物体是否接触，可以分为接触式测温法和非接触式测温法。

1. 接触式测温法

接触式测温法是将传感器置于与物体相同的热平衡状态中，使传感器与物体保持同一温度的测温方法。例如，利用介质受热膨胀的原理制造的水银温度计，压力式温度计和双金属温度计等；利用物体电气参数随温度变化的特性来检测温度，如热电阻、热敏电阻、电子式温度传感器和热电偶等；利用导体和半导体电阻值随温度变化的原理做成的热电阻温度检测仪表，如电阻温度计等。

接触式测温仪表比较简单、可靠，测量精度较高；但因测温元件与被测介质需要进行充分的热交换，需要一定的时间才能达到热平衡，所以存在测温的延迟现象，同时受耐高温材料的限制，不能应用于很高的温度测量。

2. 非接触式测温法

非接触式仪表测温是通过热辐射效应与温度之间的对应关系原理来测量温度的，这种测温法是以黑体辐射测温理论为依据。测温元件不需与被测物体的表面介质接触，实现这种测温方法可利用物体的表面热辐射强度与温度的关系来检测温度。有全辐射法、部分辐射法、单一波长辐射功率的亮度法及比较两个波长辐射功率的比色法等。非接触式仪表测温的范围广，不受测温上限的限制，也不会破坏被测物体的温度场，反应速度快；但受到物体的发射率、测量距离、烟尘和水汽等外界因素的影响，其测量误差较大。

随着科学技术的快速发展，物体测温方法不断更新，如超声波技术、激光技术、射流技术、微波技术等，现已广泛用于测量温度。上述的各种温度检测方法，各有自己的特点、各自的检测仪器和各自的检测范围。温度主要检测方法和测温类别如表 3-1 所列。

表 3-1　温度主要检测方法和测温类别

测温方式	测温种类及仪表		测温范围/℃	测温原理	主要优点	主要缺点
接触式检测法	膨胀式测温仪表	玻璃液体	−100～600	利用液体体积随温度变化的性质	结构简单、使用方便、精度较高、价格低廉	检测上限和精度受玻璃质量的限制，易碎、不能传送
		双金属	−80～600	利用固体热膨胀变形量随温度变化的性质	结构紧凑、牢固、可靠	测量精度较低、量程和使用范围有限
	压力式测温仪表	液体	−40～200	利用定容气体或液体随温度变化的性质	耐振、坚固、防爆、价格低廉	精度较低、测温距离短、滞后大
		气体	−100～500			
		蒸汽	0～250			
	热电阻测温仪表	铂电阻	−260～850	利用金属导体或半导体的热阻效应	检测精度高、灵敏度高、体积小、结构简单、使用方便，便于远距离、多点、集中检测和自动控制	不能检测高温，需要注意环境温度的影响，互换性差，测量范围有限
		铜电阻	−50～150			
		热敏电阻	−50～300			
		半导体热能电阻	−50～300			
	热电效应	电偶 铂铑-铂	0～3500	利用金属导体的热电效应	不破坏温度场，测温范围大，可测运动物体的温度	易受外界环境的影响，标定比较困难
		镍铬-镍硅	—			
		镍铬-铸铜	—			

测温方式	测温种类及仪表		测温范围/℃	测温原理	主要优点	主要缺点
非接触式检测法	辐射式测温仪表	辐射式 辐射	400～2000	利用物体全辐射能随温度变化的性质	不破坏温度场,比色温度接近真实温度,可测运动物体的温度	低温段测量不准,易受外界的影响
		辐射式光纤	400～2000			
		光学	400～2000			
		比色	800～2000			
		红外线 光电	600～1000	利用传感器转换进行测温	结构简单、轻巧,不破坏温度场,响应快,测温范围大,可自动测量、记录和控制	受外界的干扰,价格昂贵
		热敏	－100～600			
		热电	200～2000			

(二) 温度检测系统的组成

建筑节能工程一套完整的温度检测系统,主要由感温元件(一次仪表)、连接导线(传输通道)和显示装置(二次仪表)组成,如图 3-1 所示。

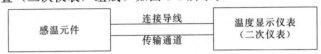

图 3-1　温度检测系统组成示意

例如,在利用动圈式温度仪检测温度时,以热电偶为感温元件,以动圈式仪表为显示装置,它们通过补偿导线连接在一起,则构成一套完整的温度检测仪表。又如,用电子平衡电桥检测温度时,以热电阻为为感温元件,以平衡电桥为温度显示仪表,把它们用符合要求的导线连接在一起,则也构成一套完整的温度检测仪表。

结构简单的温度检测仪表,一般是把感温元件和显示仪表装在一起,如水银温度计、双金属温度计和压力温度计,均属于这类温度检测仪表。

1. 温度检测仪表的基本类型

温度检测仪表的类型很多,其分类方法也较多,主要可按接触方式、作用原理、主要功能、检测范围、测温场合和显示方式不同来分类(见图 3-2)。

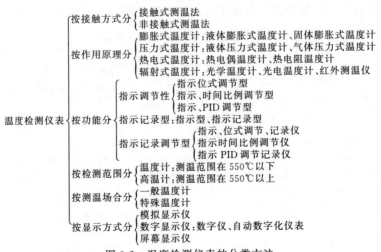

图 3-2　温度检测仪表的分类方法

2. 温度检测仪表的测温原理

热电阻温度计的原理是利用导体或半导体的电阻随温度变化这一特性测量温度的;热电

偶温度计是利用热电效应来测量温度的；膨胀式温度计是利用物体受热膨胀这一原理进行测量温度的；辐射式温度仪主要用可见光和红外线这一原理进行测温的。

无论采用何种测温原理，温度检测仪表均是利用物体在温度变化时，它的某些物理量（如尺寸、压力、电阻、热电势和辐射强度等）也随着变化的特性来测量温度的。或者说，通过感温元件将被测对象的温度转换成其他形式的信号传送给温度显示仪表，然后由温度显示仪表将被测温对象的温度显示或记录下来，这就是温度检测仪表的测温原理。

二、流量参数的检测

流量测量是研究物质量变的科学，质量互变规律是事物联系发展的基本规律。流量、压力和温度并列为三大检测参数，对于一定的流体，只要知道这 3 个参数就可以计算出其具有的能量，在建筑节能检测中也是必须检测的 3 个参数。

流量是指单位时间内流过某一截面的流体量，或者在某一段时间内流过某一截面的流体量。前者称为瞬时流量，简称为流量；后者称为累计流量，简称为总量。

在建筑节能检测中，为了准确地掌握锅炉、空调、通风管道等的运行情况，需要检测系统中的流动介质（如液体、气体或蒸汽、固体粉末、热流等）的流量，以便为建筑节能评估、推广和实施提供可靠的依据，由此可见流量参数的检测在建筑节能检测中是非常重要的。

(一) 流量的分类

在一般情况下所讲的流量，是指流动的物体在单位时间内通过的数量。流量又可分为体积流量和质量流量。

1. 体积流量

体积流量是单位时间里通过过流断面的流体体积，用符号 Q 表示，其单位为 m^3/s。如果在某截面上的流速不相等，其体积流量应以积分的方式进行计算；如果在某截面上的流速相等，其体积流量应为流体流速与该截面面积的乘积。

2. 质量流量

质量流量是指单位时间内通过某截面流体的质量，用符号 Q_m 表示，其单位为 kg/s。如果在某截面上的流速不相等，其质量流量应以积分的方式进行计算；如果在某截面上的流速相等，其质量流量应为流体密度与该截面面积的乘积。

由于流体的体积受流体工作状态的影响很大，所以在用体积流量表示时必须同时给出流体的压力和温度。

(二) 流量参数检测原理和方法

建筑节能流量检测实践表明，由于流量检测具有条件的多样性和复杂性，所以流量检测的方法也是多种多样，也是热工参数检测中检测方法最多的一种。据不完全统计，国内外流量参数检测的方法已有上百种，其中有几种是建筑节能检测中常用的。

流量参数检测方法的分类是比较复杂的问题，目前国内还没有统一的分类方法。从检测量的不同，可以分为容积法、流速法和直接检测质量流量法。

1. 流量检测的容积法

如果流体是以固定的体积从容器中逐次排放流出，对排放流出的次数计数，就可以求得通过仪器的流体总量；如果检测排放的频率，就可以显示出流量。这种流量检测的方法称为容积法，也称为体积流量法或直接法。

容积法是单位时间内以标准固定的体积，对流动介质连续不断地进行度量，以排放流体固定容积数来计算流量。如刮板式流量计、圆盘式流量计、椭圆齿轮流量计、转动活塞式流量计和腰轮流量计等，都是按照这种原理进行流量检测的。这类检测仪器所显示的是体积流量和总量，必须同时检测流体的密度才能求出质量流量。

容积法的主要特点是流动状态对检测精度影响小，具有较高的精度，适用于检测高黏度、低雷诺数的流体，而不宜用于检测高温高压流体和脏污介质的流量，同时测量流量的上限也比较小。

2. 流量检测的流速法

根据一元流动连续方程，当流动截面恒定时，截面上的平均流速与体积流量成正比，按照这个规律和根据各种与流速有关的物理现象，便可以制造流量计。如利用超声波在流体中的传播速度，决定于声速和流速的矢量和，从而可制成超声波流量计。另外，涡轮流量计、节流式流量计、涡旋式流量计、动压测量管和电磁式流量计等均属于这类。它们也是显示体积流量的，如果需要显示质量流量，还需要测量流体的密度。

流速法又称为速度法或间接法，即先测出管道内的平均流速，再乘以管道的截面积求得流体的体积流量。由于流速法是采用平均流速，所以管道条件对检测精度影响很大，如雷诺数、涡流、截面流速分布不对称等，都会造成测量仪表的显示误差。

3. 直接检测质量流量法

直接检测质量流量法又称为质量流量法，它的物理基础是使流体流动得到某种加速度的力学效应与质量流量的关系，如动量和动量矩等都与流体质量有关。这种原理制成的流量计是通用流量计，可以直接提供与 dQ_m/dt 有关的信息，即显示的读数是 dQ_m/dt 的函数，与流体的成分和参数无关。如动量矩式质量流量计、双涡轮质量流量计、惯性力式质量流量计等。

（1）动量矩式质量流量计是根据牛顿第二定律的原理制作的压力测量仪，用流体动量矩的变化反映质量流量的，从力学角度来说，质量是物体惯性的量度。

（2）双涡轮质量流量计原理是：该力矩差由连接弹簧所平衡，并使两涡轮间形成扭角，因两涡轮叶后螺旋倾角不同而造成力矩差，扭角的大小与质量流量成比例，测量因扭角造成的信号时间差，就可得到质量流量。

（3）惯性力式质量流量计利用被则流体流经以等速转动的可动测量管件时，得到一个附加加速度，从而可动管件管壁受到流体给的与加速度反方向的惯性力，此惯性力与质量流量成比例，由测量惯性力或惯性力矩可测得质量流量。

质量流量检测法，又可分为直接法和间接法两大类。直接法是利用检测元件，使输出信号直接反映质量流量；间接法是利用两个检测元件，分别测出两个相应的参数，通过运算间接获取流体的质量。

（三）流量检测仪表的类型

在建筑节能检测中，由于流量的检测情况非常复杂，所以用于流量检测仪表的结构和原理多种多样，国内外的产品型号、规格也很多，严格地将其分类是很困难的。根据目前建筑节能检测中的应用情况来看，无论是一般检测还是特殊检测，无论是大流量检测还是小流量检测，大部分是利用节流原理进行流量检测的差压式流量计。

从总体上来看，流量计一般可分为速度式流量计、容积式流量计和质量式流量计三大类。

（1）速度式流量计在工程中常见的有孔板流量计、转子流量计、靶式流量计、电磁流量计、超声波流量计、激光流量计和涡轮流量计等。

（2）容积式流量计在工程中常见的有椭圆齿轮流量计、腰轮流量计、转动活塞式流量计、刮板式流量计、伺服式流量计、圆盘式流量计和旋涡式流量计等。

（3）质量式流量计在工程中常见的有热式质量流量计、差压式质量流量计、动量式质量流量计，以及各种不同组合的间接式质量流量计。

在建筑节能工程检测中常见各种形式的流量计如图3-3所示。

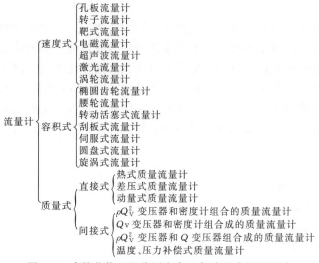

图3-3 建筑节能工程检测中常见各种形式的流量计

三、热流量参数的检测

热流量是指一定面积的物体两侧存在温差时，单位时间内由导热、对流、辐射方式通过该物体所传递的热量。通过物体的热流量与两侧温度差成正比，与物体的厚度或反比，并与材料的导热性能有关。单位面积的热流量为热流通量，稳态导热通过物体的热流通量不随时间改变，其内部不存在热量蓄积；不稳态导热通过物体的热流通量与内部温度分布，随着时间而发生变化。

在建筑节能和科学研究以及日常生活中，存在着大量的热量传递问题有待于解决。为了实现建筑节能和控制的要求，则需要掌握各种设备的热量变化情况，如直接测量热流量的变化和分布等，热流计的应用则可满足这种要求。

根据传热的3种基本方式——导热、对流和辐射，相应的热流也存在3种基本方式，即导热热流、对流热流和辐射热流。由于对流传热的情况比较复杂，直接用热流计测量对流热流有很大的难度，而对流热流和辐射热流的测量相对比较简单，所以目前研究和应用的热流计以导热热流计和辐射热流计为主。

热流计也称热通量计、热流仪，其全称是热流密度计，是热能转移过程的量化检测仪器，是用于测量热传递过程中热迁移量的大小、评价热传递性能的重要工具，是测量在不同物质间热量传递大小和方向的仪器。

热流计能够直接测量热流量，主要适用于现场测试建筑物围护结构保温的热力管道和冷冻管道、工业窑炉等设备壁面以及生物体或人体的散热量，对于建筑节能工作有着重要意义。

(一) 热流的分类及测试方法

在建筑节能工程中，热流一般可分为传导型热流和辐射式热流。由于它们的热能转移方式不同，所以各自的测量原理和测试方式也不同。

1. 传导型热流

传导型热流测量原理是：依据传热的基本定律，主要针对导热热流的测量，利用在等温面上测定待测物体经过等温边界传导的逃逸热流，并对通过等温面的热流进行时间积分的方法来测定热量。

根据传导型热流测量原理，辅壁式热流计、温差式热流计、探针式热流计等，都是按照这种原理研制和测量的，其主要特点是不需要热保护装置就能直接测定出逃逸热流。

根据传导型热流测量原理，其测量方法可分为稳态测量法和动态测量法。

(1) 稳态测量法　稳态测量法是指根据稳态条件下的傅立叶定律，对于一定厚度的无限大平板，当有恒定的热流垂直流过时，在平板的两侧就会存在一定的温差。如果已知平板材料的热导率和平板的厚度，只要测得平板两侧表面的温差，就可通过式(3-1)计算得到流过平板的热流密度。

$$q = \lambda \Delta t / \delta \tag{3-1}$$

式中　q——热流密度，W/m^2；

λ——平板的热导率，$W/(m \cdot K)$；

Δt——平板两侧表面的温差，K；

δ——平板的厚度，m。

稳态测量法的主要优点是测量原理简单、使用比较方便，是热流密度测量中最常采用的方法之一。

(2) 动态测量法　动态测量法是指根据总计热容法（忽略敏感元件内部的温差），通过测量敏感元件背部热电偶的温度随时间的变化曲线，从而求出敏感元件前端面处的局部热流密度。

动态测量法的主要优点是测量设备结构简单、反应比较灵敏、测量时间较短，是一种值得推广的热流密度测量方法。

2. 辐射式热流

热辐射是物体由于具有温度而辐射的一种电磁波现象，其波长范围一般为 $0.1 \sim 100\mu m$。辐射式热流的测量方法按其测试原理不同，可以分为稳态辐射热流法和瞬态辐射热流法。

(1) 稳态辐射热流法　稳态辐射热流的测试原理，一般是由稳态热平衡方程导出的。图 3-4 是最简单的稳态辐射热流法测试原理模型示意图。从图中可以看出，稳态辐射热流法的热流计，其探头部分至少由以下三部分组成，即辐射热流接受面（面积为 A）、低温块或恒温块（温度为 T_0）和连接接受面与低温块的传导体（热阻为 R_c）。

当有热流密度为 q 的辐射热流投射于接受面 1 时，它吸收的热量将通过传导体 2，传递给低温块或恒温块 3，当达到稳态热平衡时，接受面 1 的温度为 T_1，其热平衡方程为：

$$q = K \Delta T \tag{3-2}$$

式中　K——仪器的常数，$K = 1/AR_c$；

ΔT——待测量，一般由温差热电偶对检出，$\Delta T = T_1 - T_0$。

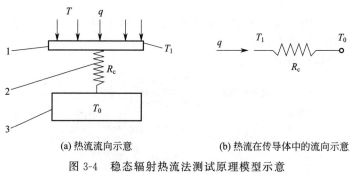

(a) 热流流向示意　　　　　　　　(b) 热流在传导体中的流向示意

图 3-4　稳态辐射热流法测试原理模型示意

1—接受面；2—传导体；3—低温块或恒温块

（2）瞬态辐射热流法　瞬态辐射热流测试根据原理不同，又可分为集总热容法和薄膜法两种方法。

① 集总热容法。使用一面涂黑的银盘或铜片作为感受体，感受体与支座绝热，支座腔（恒温腔）由水冷腔或大热容铜套制成。对于受热的银盘或铜片可写出热平衡方程式：

$$\alpha I A = m C_p (dT/d\tau)_h + h \times 2A \Delta T \tag{3-3}$$

式中　　A——银盘或铜片的面积，m^2；

m——银盘或铜片的质量，kg；

C_p——银盘或铜片的比热容，$J/(kg \cdot K)$；

$(dT/d\tau)_h$——银盘或铜片的升温速率，K/s；

h——银盘或铜片对外界的换热系数，$W/(m^2 \cdot K)$；

ΔT——银盘或铜片对环境的温差，K；

I——太阳辐射强度，W/m^2；

α——银盘或铜片表面的吸收率。

② 薄膜法。采用薄膜法的主要目的是尽量减小感受件的热容，使之获取的热量只和感受件与周围接触体的温差有关。基于这种原理而制成的薄膜辐射热流计的薄膜探头非常薄，并且用对温度敏感的电阻薄膜沉积在绝缘物体上制成，通常是采用石英或玻璃材料。

热辐射透过玻璃传到薄膜表面时，表面被辐射热加热并向周围传热，薄膜的温度随着透射辐射和传递热量的变化而变化，其电阻也会因此而发生变化。由于这种变化的响应非常快，且受热量与温度之间非线性变化关系，一般需要用计算机进行计算。

工程检测实践证明，瞬态辐射热流计具有更良好的动态响应特性和测试精度，测试系统可带多测头工作，并有热流积分功能。

(二) 热流测试仪表的类型

由于热流分为传导型热流和辐射式热流，所以根据其传热方式的不同，热流测试仪表分为传导型热流计和辐射式热流计。

1. 传导型热流计

传导型热流计也称为接触式热流计，一般用于测量传导热流密度，在一定条件下也可以认为是测量对流和辐射的热流总和。传导型热流计根据测试原理和方法不同，又可分为辅壁式热流计、温差式热流计、探针式热流计等。

2. 辐射式热流计

辐射式热流计一般用于接受辐射式热流密度，有时也有部分对流热流。按照测量原理分，有稳态辐射热流计和瞬态热流计。

热流检测仪表的分类如图 3-5 所示。

图 3-5　热流检测仪表的分类

第二节　建筑节能检测设备的性能要求

性能优良建筑节能检测设备，是进行建筑节能检测不可缺少的设施，也是对建筑节能效果进行正确评价的工具。根据建筑节能检测的实际需要，其检测设备主要包括温度检测仪表、流量检测仪表、热流检测仪表。

一、温度常用检测仪表

(一) 温标的基本概念

温度是表征物体冷热程度的物理量。温度只能通过物体随温度变化的某些特性来间接测量，而用来量度物体温度数值的标尺叫温标，是用数值来表示温度的一种方法。温标规定了温度的读数起点（零点）和测量温度的基本单位。各种温度的刻度均由温标确定。目前，国际上用得较多的温标有华氏温标、摄氏温标、热力学温标和国际实用温标。

1. 华氏温标

华氏温标（符号为℉）是指在标准大气压下，冰的熔点是 32℉，水的沸点是 212℉，中间划分为 180 等份，每一等份为 1 华氏度，通常以符号 t 表示。华氏温标的标准仪器是水银温度计，选取氯化气和冰水混合物的温度为零℉，人体温度为 100℉。水银体积膨胀被分为 100 份，对应每份的温度为 1℉。

2. 摄氏温标

摄氏温标是指在标准大气压下，以水的冰点为 0℃，水的沸点为 100℃，在 0～100℃之间划分为 100 等份，每一等份为 1℃，摄氏度是目前世界使用比较广泛的一种温标，它是 18 世纪瑞典天文学家安德斯·摄尔修斯提出来的。

华氏温标与摄氏温标的关系式如式(3-4) 或式(3-5)：

$$t(℉) = 5[t(℃) - 32]/9 \qquad (3\text{-}4)$$
$$t(℃) = 1.8t(℉) + 32 \qquad (3\text{-}5)$$

华氏温标与摄氏温标都是根据液体（水银）受热后体积膨胀的性质实现的，即依据物质的物理性质建立起来的，所测得的数值将随着物理性质（如液体的纯度）及温度计玻璃管材料的不同而不同，这样就不能保证世界各国所采用的基本测试温度的单位完全一致，也不便于科学技术的交流，为此，迫切需要建立一个基本温度，以此来统一温度的测量，这个温标就是热力学温标。

3. 热力学温标

热力学温标亦称"开尔文温标""绝对温标"。它是英国物理学家开尔文根据热力学第二定律而引入的一种温标。规定分子运动停止（即没有热存在）时的温度为绝对零度，通过气体温度计来实现热力学温标，即由充满理想气体的温度计在一定介质中体积膨胀的性质，根据理想气体状态方程推导出的温度值。热力学温标通常以 T 表示，单位为 K。

从温标三要素知，选择不同测温物质或不同测温属性所确定的温标不会严格一致。事实上也找不到一种经验温标，能把测温范围从绝对零度覆盖到任意高的温度。为此应引入一种不依赖测温物质、测温属性的温标。用热力学温标定出的温度数值只与热量有关，但与测温物质的性质无关。

但是，由于绝对理想的气体是不存在的，所以用实际气体温度计建立起来的温标，还必须引入表示实际气体与理想气体之间差别的修正值。此外，由于气体温度计装置比较复杂，不能直接进行读数，所以在建筑节能检测中很少应用。

4. 国际实用温标

国际实用温标是国际间的协议性温标，是世界上温度数值的统一标准，它是专为保证世界各国温度量值的准确与统一而制定的。一切温度计的示值和温度测量的结果（极少数理论研究和热力学温度测量除外）都应该表示成国际实用温标温度。

国际实用温标它与热力学温标相接近，而且复现精度高，使用方便。我国于 1994 年 1 月 1 日起全面实施 1990 年国际温标。在采用国际实用温标时应注意以下几个方面。

（1）国际实用温标的温度单位为开尔文（符号为 K），定义为水三相点的热力学温度的 1/273.15；摄氏度的大小等于开尔文，温差亦可以用摄氏度或开尔文来表示。

（2）选择一些纯物质的平衡态温度（三相点、沸点、凝固点等）作为温标基准点，并用气体温度计来定义这些点的温度值；

（3）规定不同范围内的基准仪器，如铂热电阻温度计、铂铑-铂热电偶和光学高温计等。

国际实用温标 T 与摄氏温标 t 之间的关系，可用式（3-6）表示：

$$T(\text{K})=t(℃)+273.15 \tag{3-6}$$

我国在很多方面测量温度习惯采用摄氏温标，而西方国家多数习惯采用华氏温标，但是国际实用温标是国际计量委员会提倡采用的，对于各国的技术交流有很大益处，是温度检测方面未来的发展趋势。

（二）膨胀式温度计

膨胀式温度计是利用物质热胀冷缩的原理而制成的测量温度的一种仪表，它是利用热胀冷缩性质与温度的固有关系为基础来测量温度的，基于这种原理而制成的仪表称为膨胀式温度计。根据其工作性质和选用的物质不同，可以制成液体、固体、气体 3 种膨胀式温度计。

膨胀式温度计的温度测量范围一般为 $-200\sim500℃$。这类温度计具有结构简单、制造容易、使用方便、价格便宜、精度较高等优点。但也存在着不便于远距离测温（压力式温度计除外）、结构脆弱、易于损坏等缺点。

在实际测温中常见的膨胀式温度计，主要有玻璃管液体温度计、压力式温度计、双金属温度计等。

1. 玻璃管液体温度计

（1）玻璃管液体温度计的原理　玻璃管液体温度计是一种常用的膨胀式温度计，它是利用液体体积随温度升高而膨胀的原理制作而成。当温度计插入温度高于温度计初始温度的被测介质后，玻璃管中的液体受热膨胀，使工作液柱在玻璃毛细管内上升。由于液体膨胀系数远比玻璃的膨胀系数大，因此当温度变化时，就引起工作液体在玻璃管内体积的变化，从而表现出液柱高度的变化。若在玻璃管上直接刻度，即在可读出被测介质的温度值。

工作液体与玻璃的体膨胀之差称为视膨胀系数，因此也可以说玻璃管液体温度计测温的基本原理是基本原理是基于工作液对玻璃的视膨胀。工作液体膨胀在玻璃管中形成的液体柱，则显示出其体积的变化，如果将液体柱的变化长度按温标进行分度，则构成了一支温度计。为了防止温度过高时液体胀裂玻璃管，在毛细管顶部必须留有一膨胀室。

（2）玻璃管液体温度计的种类　玻璃管液体温度计按其用途不同，可分为标准温度计、实验室用温度计和工业用温度计。玻璃管液体温度计按其结构形式不同，可分为棒式温度计、内标尺式温度计和外标尺式温度计。玻璃管液体温度计按其外形不同，可分为直形温度计、90°角形温度计和135°角形温度计等。

图 3-6 是玻璃管液体温度计的结构图。玻璃管液体温度计是由装有工作液的感温泡、玻璃毛细管和刻度标尺 3 部分组成。感温泡直接由玻璃毛细管加工制成的，或者由焊接一段薄壁玻璃制成。玻璃毛细管上有安全泡，有的玻璃管温度计还有中间泡。

图 3-7 所示是各种玻璃管液体温度计，它不但可以用来检测温度，而且当它和继电器配合后，还可以用来调节和控制温度以及发送温度报警信号。电接点式玻璃液体温度计，在热工参数检测与控制中应用较为广泛，它实际上是一支普通的内标尺式温度计。

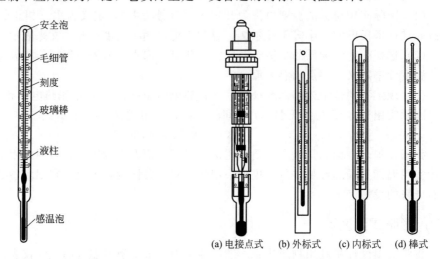

图 3-6　玻璃管液体温度计　　　　图 3-7　各种玻璃管液体温度计

① 电接点式玻璃液体温度计有两条金属丝：一条焊在感温泡内；另一条在一套磁力装置的推动下，可停留在与被控制温度相应的温度线上。两条金属丝又通过铜线引出，连接到信号器或中间继电器上。当温度上升到规定的温度时，两条金属丝通过水银柱形成一个闭合回路，此时继电器便开始工作。在温度计上有两个标尺，上标尺用来调整温度给定值，下标尺用来进行读数。

② 外标式玻璃液体温度计的刻度标尺板和玻璃毛细管是分开的。但两者只用金属薄片纽带固定。外标式玻璃液体温度计有测量室温用的寒暑表和气象测量用的最高温度计和最低温度计等，如图 3-7(b) 所示。二等标准水银温度计，是在其玻璃毛细管上刻度标尺的背面融入一条乳白色釉带制成，其他工作用玻璃温度计是融入白色釉带，有的是融入彩色釉带。

③ 内标式玻璃液体温度计如图 3-7(c) 所示，刻尺标尺刻在白瓷板上。标尺板与玻璃毛细管是分开的，并衬托在毛细管背面，与毛细管一起封装在玻璃外套管内。二等标准水银温度计和实验用、工业用玻璃温度计多采用这种结构。

④ 棒式玻璃体温计如图 3-7(d) 所示，它的温度标尺直接刻在玻璃毛细管的表面。玻璃毛细管又分为透明棒式和熔有釉带棒式两种。一等标准水银温度计是透明棒式的，在读取示值时，可以正反两面读数，一些精密试验用玻璃液体温度计也有透明棒式的。

（3）建筑节能检测所用玻璃管温度计

在建筑节能热工检测中所用的玻璃管温度计，多数是水银温度计、酒精温度计和贝克曼温度计。

① 水银温度计利用液体金属水银作为填充物质，是膨胀式温度计中的一种。水银的体积膨胀系数虽然不很大，但具有不粘玻璃、不易老化、传热较快和纯度很高等优点；在标准大气压下，水银在 $-38.87 \sim 356.58℃$ 温度范围内为液态，在 200℃ 以下几乎和温度呈线性关系，水银温度计能做到刻度均匀，能测量 $-30 \sim 300℃$ 范围内的温度。在热工检测中，水银温度计大多数用于检测液体、气体和粉状固体的温度。

② 酒精温度计是利用酒精热胀冷缩的性质而制成的温度计。在 1 个标准大气压下，酒精温度所能测量的最高温度为 78℃。由于温度计的内压强一般都高于 1 个标准大气压，所以酒精温度计的量程大于 78℃。是利用酒精热胀冷缩的性质制成的温度计。在 1 个标准大气压下，酒精温度计所能测量的最高温度一般为 78℃。在北方寒冷的季节通常会使用酒精温度计来测量温度，这是因为水银的冰点是 $-39℃$，在寒冷地区可能会因为气温太低而使水银凝固，无法正常进行温度测量。酒精的冰点为 $-114℃$，不必担心这个问题。

由于酒精安全性比水银好，其 78℃ 的上限和 $-114℃$ 的下限完全能满足测量体温和气温的要求，但由于酒精温度计的误差比水银温度计大，因此，在测量温度要求比较精确的场合时，仍然主要用水银温度计。

③ 贝克曼温度计是精密测量温度差值的温度计，水银球与贮汞槽由均匀的毛细管连通，其中除水银外是真空。刻度尺上的刻度一般只有 5℃ 或 6℃，最小刻度为 0.01，用读数望远镜可以估计到 0.001℃。由于测量的起始温度可以调节，所以可以在 $-20 \sim 125℃$ 范围内使用。如起始温度调至 20℃ 时，可检测 $20 \sim 25℃$ 范围内的温差；起始温度调至 30℃ 时，可检测 $30 \sim 35℃$ 范围内的温差。

贝克曼温度计的刻度有两种标法：一种是最小读数刻在刻度尺的上端，最大读数刻在下端，用来测量温度下降值，称为下降式贝克曼温度计；另一种正好相反，最小读数刻在刻度尺的下端，最大读数刻在上端，用来测量温度上升值，称为上升式贝克曼温度计。现在还有更灵敏的贝克曼温度计，刻度标尺总共为 1℃ 或 2℃，最小的刻度为 0.002℃。

2. 压力式温度计

（1）压力式温度计的工作原理 压力式温度计属于气体膨胀式温度计，是利用密闭容积内工作介质的压力随着温度变化的性质，来测量温度的一种机械式测温仪表。这种温度计具有结构简单、价格便宜，可实现就地指示或远距离测量，仪表上的刻度清晰，对使用环境条件要求不高，维修工作量较少等优点。但也存在时间常数较大、准确度不高等缺点。

压力式温度计适用于对温泡材料无腐蚀作用的液体、气体和蒸气的温度检测，并能做到自动记录、信号远传，以及报警、控制和自动调节。

压力式温度计是依据系统内部工作物质的体积或压力随着温度变化的原理进行工作的，如图 3-8 所示。

仪表的封闭系统由温泡、毛细管和弹性元件组成，内充工作物质。在进行检测温度时，将温泡插入被测温的介质中，由于受介质温度的影响，温泡内部工作物质的体积（或压力）发生变化，经毛细管将此变化传递给弹性元件，弹性元件产生变形，自由端产生位移，借助于传动机构，带动指针在刻度盘上指示出温度数值。

（2）压力式温度计类型与结构　压力式温度计主要有指示式压力温度计、记录式压力温度计、报警式压力温度计和调节式压力温度计等多种类型。

压力式温度计的典型结构如图 3-9 所示，主要是由温泡、毛细管和弹簧压力计（表壳、指针、刻度盘、弹簧管、传动机构）3 个基本部分组成。测量温度时将温泡插入被测介质中，按一定规律将温度变化成温泡内工作介质的压力变化，此压力经毛细管传给弹簧压力计，压力计则以温度刻度指示出被测温度值。弹簧压力计作为指示仪表，毛细管为连接导管，而温泡则为感温元件，它是将温度转换成压力的传感器。

压力式温度计的温泡是直接感受温度的敏感元件且插入被测介质中，所以要求温泡热惰性较小并能抵抗被测介质的侵蚀。此外，温泡材料应有尽可能大的导热系数，温泡及套管材料多用黄铜或钢，对于腐蚀性介质可用不锈钢。

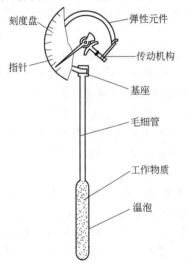

图 3-8　压力式温度计结构示意

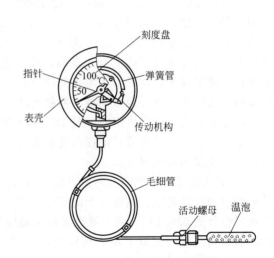

图 3-9　压力式温度计的典型结构

压力式温度计的毛细管是将温泡内部工作介质体积或压力的变化，传给弹性元件的中间导管，主要起延伸测温点到表头距离的作用。毛细管的内径为 0.15～0.50mm，长度为 20～60m，一般月铜或钢冷拉成为无缝管。为了防止将毛细管碰伤，在毛细管的外面套上金属蛇形管。

弹性元件是利用材料本身的弹性性能及其结构特性来完成一定功能的元件，压力式温度计中的弹性元件是将工作物质体积或压力变化转变成位移的核心元件。压力式温度计的弹性元件主要是弹簧管、波纹管和膜盒。

压力式温度计的传动机构是将弹性元件自由端的位移加以变换或放大，以带动显示环节或控制机构。

（3）压力式温度计的发展　随着对建筑节能检测工作的重视，压力式温度计的研制也得到不断更新和发展。经过广大科技工作者的共同努力,我国研制成功了新一代液体压力式温度计,以及由此开发的系列化测温仪表,从而克服了原来仪表性能单一、可靠性差以及温包体积大的缺点,并将测温元件体积缩小到原来的 1/30 或 1/60,创造性地将传感器热电阻安装于测温元件内,实现了机电一体化的测温功能。形成了以液体压力式温度计为基本测温仪表的远传、防震、防腐、电接点、温度信号变送等多功能系列化温度仪表。

新一代液体压力式温度计的原理是基于密闭测温系统内蒸发液体的饱和蒸气压力与温度之间的变化关系,而进行温度测量的。当温包感受到温度变化时,密闭系统内饱和蒸气产生相应的压力,引起弹性元件曲率的变化,使其自由端产生位移,再由齿轮放大机构把位移变为指示值,这种温度计具有温泡体积小,反应速度快、灵敏度高、读数直观等特点,几乎集合了玻璃棒温度计、双金属温度计、气体压力温度计的所有优点,它可以制造成防震型液体压力温度计、防腐型液体压力温度计。

3. 双金属温度计

(1) 双金属温度计的特点和原理　双金属温度计是属于固体膨胀式温度计,这种温度计具有结构简单、比较紧凑、牢固可靠、刻度清晰、容易读数、价格低廉、抗振性强、便于维护等明显的优点,同时还没有水银的危害,是一种可以部分取代玻璃管液体水银温度计。双金属温度计的温度检测范围一般为 $-80 \sim 600℃$,最低可达 $-100℃$,精度为 $1 \sim 2.5$ 级,最高可达 0.5 级。

双金属温度计的感温元件是双金属片。双金属片是将膨胀系数差别比较大的两种金属焊接在一起的双层金属片,一端固定,一段自由,并连接指针轴。当温度升高时,膨胀系数大的金属片的伸长量大,致使整个双金属片向膨胀系数小的金属片的一面弯曲。温度越高,弯曲程度越大。也就是说,双金属片的弯曲程度与温度的高低有对应的关系,从而可用双金属片的弯曲程度来指示温度。通常,将双金属片中膨胀系数小的一层称为被动层,将膨胀系数大的一层称为主动层。

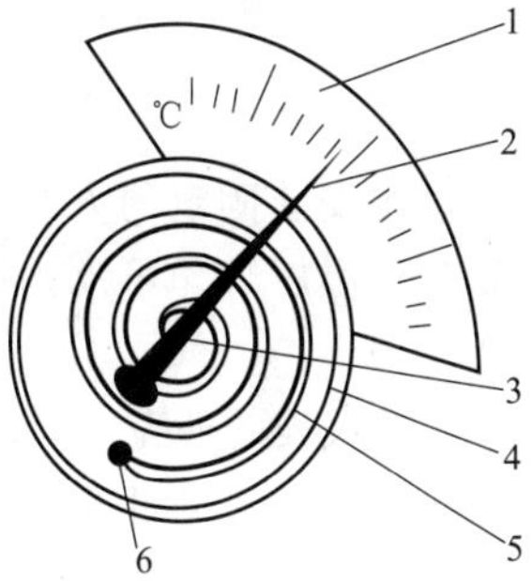

(2) 双金属温度计的结构和种类　双金属温度计的结构组成如图 3-10 所示,主要是由刻度盘、指针、指针轴、表壳、感温元件、活动螺母和固定端组成。

图 3-10　双金属温度计的结构组成示意

1—刻度盘;2—指针;3—指针轴;4—表壳;5—感温元件;6—固定端

双金属温度计按其形状不同,可以分为盒式双金属温度计和杆式双金属温度计两种。盒式双金属温度计,感温元件通常为平螺旋双金属带,无保护管,感温元件直接安装在仪表壳内,如室温温度计、表面温度计及某些专用温度计等。

杆式双金属温度计,感温元件通常为直螺旋形双金属片,感温元件置于保护管内,在建筑节能检测中所用的双金属温度计,大多数都属于这种杆式温度计,如图 3-11 所示。

杆式双金属温度计,根据指示部分与保护管连接方式不同,又可分为轴向型杆式双金属温度计、径向型杆式双金属温度计和 135°角型杆式双金属温度计 3 种基本形式,如图 3-12 所示。另外还有一种刻度盘平面与保护管轴线夹角可调的双金属温度计。

轴向型杆式双金属温度计的刻度盘平面是与保护管成垂直方向(90°)连接的,如图 3-12(a)所示;径向型杆式双金属温度计的刻度盘平面是与保护管成平行方向连接的,如图 3-12(b) 所示;135°角型杆式双金属温度计的刻度盘平面是与保护管成 135°角方向连接的,如图 3-12(c) 所示。

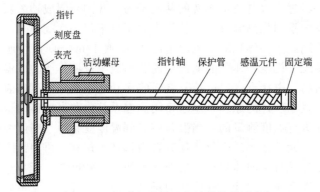

图 3-11　杆式双金属温度计的结构示意

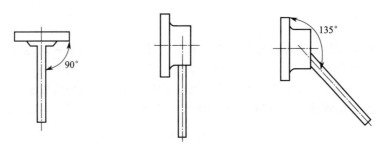

(a) 轴向型杆式双金属温度计　　(b) 径向型杆式双金属温度计　　(c) 135°角型杆式双金属温度计

图 3-12　杆式双金属温度计的几种基本形式

　　按照安装固定的方式不同，双金属温度计又可分为无固定装置双金属温度计、可动外螺纹双金属温度计、可动内螺纹双金属温度计、固定外螺纹双金属温度计和固定法兰双金属温度计 5 种。

　　按照仪表的外壳不同，双金属温度计可分为普通型双金属温度计和防水型双金属温度计两种。此外，双金属温度计还可分为带附加装置双金属温度计和不带附加装置双金属温度计两种。

(三) 热电式温度计

　　以上所介绍的膨胀式温度计，属于是接触式温度计，这类温度计虽然造价比较低，但大多数信号不能进行运距离传送，也不能与其他信号相连作为信息做进一步处理。因此，在温度检测中常采用热电式温度计。

　　热电式温度计又称为热电式温度传感器，这类温度计是利用当温度变化时，材料的电特性发生变化的性质来检测温度。在建筑节能的实际检测中主要有热电阻温度计和热电偶温度计两大类。

1. 热电阻温度计

　　(1) 热电阻温度计的工作原理　　热电阻温度计是利用电阻与温度呈一定函数关系的金属导体或半导体材料制成的。当温度发生变化时，电阻也随着温度变化而变化，将变化的电阻值作为信号输入显示仪表及调节器，从而实现对被测介质温度的检测或调节。简单地讲，热电阻温度计的工作原理是基于金属导体的电阻值随温度的变化而变化这一特性来进行温度测量的。

(2) 热电阻材料及常用热电阻　制作热电阻的材料一般需要满足电阻温度系数要大，即要有较大的电阻率，在整个温度范围内具有稳定的物理化学性质和良好的复现性，电阻值与温度最好呈线性关系，成为光滑的曲线关系，以便刻度标尺分度和进行读数等特点。热电阻大都由纯金属材料制成，目前应用最多的是铂和铜，此外，现在已开始采用镍、锰和铑等材料制造热电阻。因此，温度检测中常用的热电阻有铂电阻温度传感器、铜电阻温度传感器、镍热电阻温度计及热敏电阻（半导体）温度计等。

① 铂电阻温度与电阻之间的关系，在 0～850℃ 范围内可按式（3-7）进行计算：

$$R_t = R_0(1 + At + Bt^2) \tag{3-7}$$

式中　R_t——温度为 t℃时的电阻值，Ω；

R_0——温度为 0℃时的电阻值，Ω；

A——系数，$A = 3.9083 \times 10^{-3}$℃$^{-1}$；

B——系数，$B = 5.7750 \times 10^{-7}$℃$^{-2}$。

② 铜电阻温度与电阻之间的关系，在 -50～150℃ 范围内可按式(3-8)进行计算：

$$R_t = R_0(1 + \alpha_0 t) \tag{3-8}$$

式中　R_t——温度为 t℃时的电阻值，Ω；

R_0——温度为 0℃时的电阻值，Ω；

α_0——0℃ 以下铜电阻温度系数，$\alpha_0 = 4.280 \times 10^{-3}$℃$^{-1}$。

③ 热敏电阻温度计是利用半导体的电阻随着温度变化而改变的特性制成的温度计。热敏电阻按其性能不同，可分为负温度系数（NTC）型热敏电阻、正温度系数（PTC）型热敏电阻、临界温度系数（CTR）型热敏电阻 3 种。这种热敏电阻在较小的范围内，其电阻温度特性关系可用式(3-9) 表示：

$$R_T = R_0 e_0^{B(1/T - 1/T_0)} \tag{3-9}$$

式中　R_T、R_0——温度 T、T_0 时的电阻值，Ω；

B——热敏电阻材料常数，K，一般取 2000～6000K；

T、T_0——热力学的温度，K。

热电阻温度计具有体积较小、热惯性小、结构简单、化学稳定性好、机械性能强、准确度高、使用方便等优点，它与显示仪表或调节器配合，可以实现远距离显示、记录和控制。但是，这种温度计复现性和互换性较差，非线性比较严重，检测温度范围窄，目前一般仅能达到 -50～300℃。

2. 热电偶温度计

热电偶温度计是工业生产自动化领域应用最广泛的一种测温仪表，某些高精度的热电偶被用作复现热力学温标的基准仪器。热电偶温度计由热电偶、显示仪表及连接两者的中间环节组成。热电偶是整个热电偶温度计的核心元件，能将温度信号直接转化成直流电势信号，便于温度信号的传递、处理、自动记录和集中控制。

热电偶温度计具有性能稳定、结构简单、使用方便、动态响应快、经济耐用、测温范围广、精度较高和容易维护等特点，这些优点都是膨胀式温度计所无法比拟的。一般情况热电偶温度计被用来测量 -200～1600℃ 的温度范围，某些特殊热电偶温度计可以测量高达 2800℃ 的高温或低至 4K 的低温。在建筑节能温度检测中，热电偶是用得最多的感温元件。

(1) 热电偶温度计测温的基本原理　热电偶温度计检测温度的基本原理是热电效应。两种不同成分的导体（称为热电偶丝材或热电极）两端接合成回路，当接合点的温度不同时在回路中就会产生电动势，这种现象称为热电效应，而这种电动势称为热电势。热电偶就是利用这种原理进行温度测量的，其中直接用作测量介质温度的一端叫作工作端（也称为测量端），另一端叫作冷端（也称为补偿端）；冷端与显示仪表或配套仪表连接，显示仪表会指出热电偶所产生的热电势。

热电偶温度计是通过测量电势而实现测量温度的一种感温元件，也是一种变换器，它能将温度信号转变成电信号，再由显示仪表显示出来。

（2）热电偶温度计的技术特性　热电偶温度计的技术特性主要包括热电偶热电势的允许偏差、热电偶的时间常数、热电偶的工作压力、热电偶的最小插入深度、热电偶的绝缘电阻等。热电偶的时间常数如表 3-2 所列，热电偶的绝缘电阻如表 3-3 所列。

表 3-2　热电偶的时间常数

热惰性级别	时间常数/s	热惰性级别	时间常数/s
Ⅰ	90～180	Ⅲ	10～30
Ⅱ	30～90	Ⅳ	＜10

注：具有双层以上瓷保护管的热电偶，其时间常数可大于180s。

表 3-3　热电偶的绝缘电阻

最高使用温度/℃	试验温度/℃	绝缘电阻/(kΩ/m)
600	最高使用温度	≥70
＞600	600	≥70
≥800	800	≥25
＞1000	1000	≥5

（3）国际上标准化的热电偶　常用热电偶可分为标准热电偶和非标准热电偶两大类。所谓标准热电偶是指国家标准规定了其电势与温度的关系、允许误差，并有统一的标准分度表的热电偶，它有与其配套的显示仪表可供选用。非标准热电偶在使用范围或数量级上均不及标准化热电偶，一般也没有统一的分度表，主要用于某些特殊场合的温度测量。

我国自 1988 年 1 月 1 日起，热电偶和热电阻全部按照 IEC 国际标准生产，并指定 S、B、E、N、K、R、J、T 等标准化热电偶为我国统一设计型热电偶。常用标准化热电偶的技术数据见表 3-4。

表 3-4　常用标准化热电偶的技术数据

热电偶名称	分度号 新	热电极识别 极性	热电极识别 识别	E(100,0)/mV	测温范围/℃ 长期	测温范围/℃ 短期	分度表允许偏差 等级	分度表允许偏差 使用温度/℃	分度表允许偏差 允许偏差
铂铑₁₀-铂	S	正	亮白较硬	0.646	0～1300	1600	Ⅲ	≤600	±1.5℃
		负	亮白柔软					＞600	±0.25%t
铂铑₁₃-铂	R	正	较硬	0.647	0～1300	1600	Ⅱ	＜600	±1.5℃
		负	柔软					＞1100	±0.25%t
铂铑₃₀-铂铑₆	B	正	较硬	0.033	0～1600	1800	Ⅲ	600～800	±4.0℃
		负	稍软					＞800	±0.5%t
镍铬-镍硅	K	正	不亲磁	4.096	0～1200	1300	Ⅱ	−40～1300	±2.5℃
		负	稍亲磁				Ⅲ	−200～40	
镍铬硅-镍铬	N	正	不亲磁	2.774	−200～1200	1300	Ⅰ	−40～1100	±1.5℃
		负	稍亲磁				Ⅱ	−40～1300	±2.5℃
镍铬-康铜	E	正	暗绿	6.319	−200～1760	850	Ⅱ	−40～900	±2.5℃
		负	亮黄				Ⅲ	−200～40	
铜-康铜	T	正	红色	4.279	−200～350	400	Ⅱ	−40～350	±1.0℃
		负	银白色				Ⅲ	−200～40	
铁-康铜	J	正	亲磁	5.269	−40～600	750	Ⅱ	−40～750	±2.5℃
		负	不亲磁						

注：表中 t 为被测温度。

除表 3-4 中所列的常用标准化热电偶外，还有一些非标准化热电偶，主要有铂铑系、铱铑系、钨铼系、金铁热电偶和双铂钼热电偶等。

（4）铠装热电偶温度计　铠装热电偶温度计是由热电极、绝缘材料和金属套管 3 部分组成，并经拉伸而制成的坚实组合体，也称为套管热电偶。铠装热电偶温度计作为温度测量和控制的传感器与显示仪表配套，以直接测量和控制生产过程中气体、液体和蒸气的温度。不仅用于发电厂管道测温，同时也用于其他工业部门的测温。

铠装热电偶温度计的主要特点是：时间常数小、反应速度快；能够在热容量非常小的被测物体上准确测温，测温精度较高；可挠性很好，可适应复杂结构的安装要求；机械性能良好，能耐强烈的振动和冲击；不易受到有害介质的腐蚀，寿命较普通热电偶长；插入长度可以根据实际需要任意选择，测温中如果被破坏，可以将损坏部分截去，重新焊接后便可使用；可以作为感温元件装入普通热电偶保护管内使用；节省材料（特别是贵金属），从而可降低成本；易于做成特殊用途的形式，其长短可根据实际需要制作，最长可达 10m，最短可为 100mm 以下，外径最细可达 0.25mm。

在建筑节能温度检测中，除了常用的双芯铠装热电偶外，还可以制成单芯或四芯产品。

（5）专用热电偶温度计　专用热电偶温度计是指专门用于特殊环境、特殊条件、特殊介质下测温用的热电偶温度计。目前，常用的专用热电偶温度计主要有表面热电偶温度计、检测熔融金属的热电偶温度计、检测气流温度的热电偶温度计、多点式热电偶温度计和薄膜热电偶温度计等。

1）表面热电偶温度计　表面热电偶温度计是指由表面温度传感器和显示仪表构成的温度计，是一种用来检测各种状态的固体表面温度用的感温元件。表面温度传感器可以是热电偶，也可以是热电阻。显示仪表可以是通常使用的热电偶或热电阻显示仪，或数据记录仪，或计算机数据采集系统。

表面温度传感器是构成表面温度计的关键性器件，其性能优劣直接决定的表面温度计的性能优劣。通常表面温度传感器是一种专用的温度传感器，必须是具有极薄厚度的片状外形，以避免由于传感器的自身形状导热干扰原温度场而引起测量误差。

表面热电偶温度计是一种便携式温度计，具有携带方便、读数直观、反应较快、价格便宜等特点。目前已定型生产并广泛应用的温度计有弓形表面温度计、针形表面温度计、凸形表面温度计、滚珠轴承式表面温度计等。

① 弓形表面温度计。温度计弓形表面温度计检测端制成弓形探头并具有一定的弹性，主要用于测量圆柱形或球形静态固体表面的温度。温度计用热电偶为镍铬-镍硅及 镍铬-考铜热电偶。温度计由焊在一起的扁带形热电极组成的热电偶、补偿导线及温度指示仪表组成。弓形表面温度计的结构如图 3-13 所示。

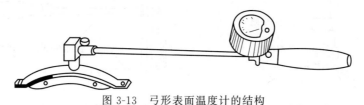

图 3-13　弓形表面温度计的结构

② 针形表面温度计。针形表面温度计是一种结构简单、测温容易的测量温度的工具，其测量端制成针状的探头，适用于检测静态固体金属表面的温度。针形表面温度计的结构如图 3-14 所示。

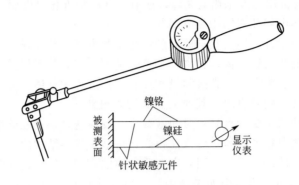

图 3-14　针形表面温度计的结构

③ 凸形表面温度计。凸形表面温度计的感温元件为镍铬-铜镍，并带有显示仪表。这种温度计是将感温元件固定在支架的凸头上组成测温探头，探头可以方便地调节和旋转，以便于检测不同方位的固体平面的温度。凸形表面温度计的结构如图 3-15 所示。

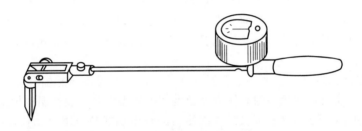

图 3-15　凸形表面温度计的结构

④ 滚珠轴承式表面温度计。滚珠轴承式表面温度计主要是用来检测转动物体表面的温度，其探头处装有四只滚轮，可与被检测物体间产生滚动，以减小表面温度计的磨损。目前常用的有 WREA-21M 型滚珠轴承式表面温度计和 WREA-22M 型滚珠轴承式表面温度计，其结构如图 3-16 所示。

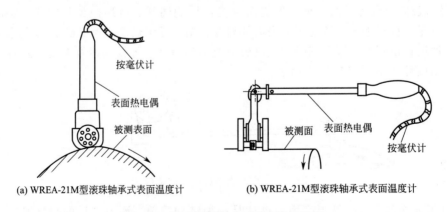

(a) WREA-21M型滚珠轴承式表面温度计　　　(b) WREA-21M型滚珠轴承式表面温度计

图 3-16　滚珠轴承式表面温度计的结构

我国定型生产的便携式表面热电偶温度计的型号、规格及性能如表 3-5 所列。

表 3-5　国产定型便携式表面热电偶温度计的型号、规格及性能

型号	测温范围/℃	准确度等级	总长度/mm	工作长度/mm	补偿导线长度/mm	构造形式	应用范围	时间常数/s	测温状态
WREA-890M	0～200	4 级				凸形	固体表面		
WREA-891M	0～300	3 级				弓形	固体圆柱表面	8	静态
	0～600	3 级							
WREA-892M	0～800	3 级				针形	固体导体表面		
WREA-500M	0～600	300℃以下为±4℃；300℃以上为±1%t	335	100	5		金属管子表面		静态
WREA-830M	0～600	1.5 级	335～610	140			金属表面		
WREA-001M	0～600								
WREU-001	0～900		1～15m				锅炉设备管道		

注：表中 t 为被测温度。

2）检测熔融金属的热电偶温度计　检测熔融金属的热电偶温度计，主要有快速微型热电偶温度计和浸入式热电偶温度计。

① 快速微型热电偶温度计。快速微型热电偶温度计，也称为消耗式热电偶温度计。这种温度计通常用于检测钢水、铁水和其他熔融金属的温度。其测量的上限为 1700℃，时间常数小于 4s。快速微型热电偶温度计的工作原理和一般热电偶温度计相同。测量系统的结构如图 3-17 所示。

快速微型热电偶温度计的主要特点是测量元件体积很小，每次测量完毕后要进行更换。

② 浸入式热电偶温度计。浸入式热电偶温度计主要由钢管、石墨管、石英保护管和滚轴等组成，其结构图如图 3-18 所示。热电偶装在较长的钢管中，为了经常住熔融金属及炉渣的侵蚀，钢管前端外面还应套有耐高温、抗振性好的石墨套管，并选用石英管作为热电偶的保护套管。浸入式热电偶温度计常用于钢水、铁水、铜水和银水等温度的检测。

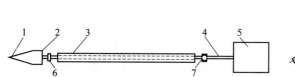

图 3-17　快速微型热电偶温度计的结构

1—热电板；2～4—补偿导线；
5—显示仪表；6、7—插件

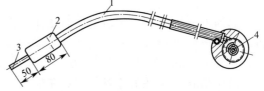

图 3-18　浸入式热电偶温度计的结构

1—弯曲钢管；2—石墨管；
3—石英保护管；4—滚轴

3）检测气流温度的热电偶温度计　高温气流温度的一般测量方法，是采用普通热电偶直接测量，通常会产生较大的误差。因为用普通热电偶检测气流温度时，气流流速和传热的影响很大，为了减少速度误差和辐射误差，检测气流温度的热电偶通常应装有屏罩。屏罩式热电偶温度计如图 3-19 所示。

4）多点式热电偶温度计　多点式热电偶温度计是由数支不同长度的铠装热电偶所构成，它的突出特点是：可以在同一方位同时检测多个点的温度。多点热电偶温度计适用于生产现场存在温度梯度不显著，须同时测量多个位置或位置的多处测量。多点式热电偶温度计的结构，如图 3-20 所示。多点式热电偶温度计的型号和规格如表 3-6 所列。

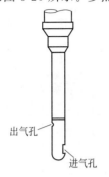

图 3-19　屏罩式热电偶温度计

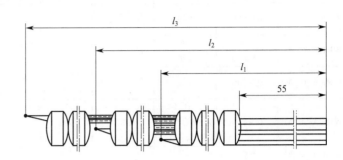

图 3-20　多点式热电偶温度计的结构

表 3-6　多点式热电偶温度计的型号和规格

形式	型号名称	绝缘瓷珠外径/mm	长度/mm		热电极直径/mm	
			I	II	正极	负极
六点式	WRN 型镍铬-镍硅热电偶	12	1563	2063	1.2	1.5
			2463	3063		
			3563	4063		
			4063	4763		
	WRN 型镍铬-康铜热电偶		4763	5563		
			5763	6063		
三点式	WRN 型镍铬-镍硅热电偶	12	2015	2015	1.2	
	WRK 型镍铬-康铜热电偶		3915	3515		
			5115	5015		

5）薄膜热电偶温度计　薄膜热电偶温度计是由两种热电偶材料粘贴或蒸镀于基片上而组成的一种特殊热电偶温度计。根据两种热电偶材料不同，薄膜热电偶温度计的品种有铁-镍薄膜热电偶温度计、铁-康铜薄膜热电偶温度计和铜-康铜薄膜热电偶温度计等。薄膜热电偶温度计的结构如图 3-21 所示。

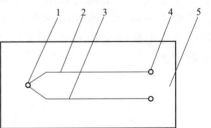

图 3-21　薄膜热电偶温度计的结构
1—测量端；2—热电极 A；3—热电极 B；
4—冷端；5—绝缘基板

我国生产的铁-镍薄膜热电偶温度计与普通电偶温度计的热电特性相同，时间常数小于 0.01s，薄膜的厚度在 3～6mm 之间，其长、宽、高分别为 60mm、6mm、0.2mm，使用时用黏结剂贴在被测温物体的壁面上，由于受黏结剂耐热性的影响，只能在 200～300℃ 范围内使用，如果使用耐热性能更高的的黏结剂，其使用温度的范围还可以进一步提高。

薄膜热电偶温度计常用的材料、检测范围及用途如表 3-7 所列。

表 3-7　薄膜热电偶温度计常用的材料、检测范围及用途

热电板材料	绝缘基板材料	使用温度范围/℃	用　途
铜-康铜 镍铬-康铜 镍铬-镍硅	云母	−200～+500 （铜-康铜近下限， 镍铬-镍硅近上限）	各种表面的温度检测；汽轮机叶片等的温度检测

热电极材料	绝缘基板材料	使用温度范围/℃	用　途
铂铑 10-铂 铂铑 13-铂 钨铼 5-钨铼 20	陶瓷	500～1800 （铂铑 10-铂近下限， 钨铼 5-钨铼 20 近上限）	火箭、飞机喷嘴温度检测；钢锭、轧辊等表面温度检测；原子能反应燃烧棒表面温度检测(但铂铑丝不适用)

（四）辐射式温度计

辐射式温度计是利用物体的辐射能随其温度的变化而变化的原理而制成的一类测温仪表，这类辐射式测温仪表在测量物体温度时有 3 个突出特点：①它只需把温度计对准被测物体，而不必与被测物体相接触；②可以测量运动物体的温度，并且不破坏被测对象的温度场；③由于感温元件所接收的是辐射能，感温元件的温度就不必达到被测温度。所以从理论上热辐射实际就是一种电磁波，实际上是依据物体辐射的能量来检测温度的，辐射式温度计的测温范围一般在 400～3200℃之间。

以黑体辐射测温理论为依据的辐射式测温仪表的种类很多，依据其测温方法不同，可分为亮温法、色温法和全辐射温度法。以亮温法测温的有光学高温计、光电温度计和红外温度计；以色温法测温的有比色高温计；以全辐射测温的主要有全辐射温度计（如 WFT-202 型辐射感温器）。各种测温方法的种类及特点如表 3-8 所列。

表 3-8　各种测温方法的种类及特点

测温方法	种类	工作光谱范围	感温元件	测温范围/℃	响应时间/s
亮温法	光学高温计	0.40～0.70	肉眼	800～3200	5～10
	光电高温计	0.30～1.20 0.85～1.10 1.80～2.70	光电管 硅光电池(Si) 硫化铅元件(PbS)	＞600 ≥600～1000 ≤400～800	＜0.5 ＜1.0 ＜1.0
	红外温度计	0.85～1.10 1.80～2.70	硅光电池(Si) 硫化铅元件(PbS)	＞600～800 ≤400～800 （可调-50）	—
色温法	比色高温计	0.60～1.10	硅光电池(Si)	800～1200 1200～2000	＜0.5
全辐射温度法	全辐射温度计	0～α	热电堆	400～1200 700～2000	0.5～2.5

根据辐射测温的亮温法、色温法和全辐射温度法，对应的辐射测温仪表的优缺点比较及用途如表 3-9 所列。

表 3-9　各类辐射测温仪表的优缺点比较及用途

测温方法	种类	优点	缺点	用途
亮温法	光学高温计	(1)结构简单、轻巧、价格便宜； (2)灵敏度高、亮度温度与真实温度偏差小； (3)发射率误差影响亮度温度比较小； (4)中间介质吸收影响小	(1)用人的肉眼进行比较容易带有主观误差； (2)无法实现自动测量、自动记录和自动控制； (3)测量下限比较高(800℃)	广泛用于工业生产，如金属冶炼、热处理、轧钢、陶瓷焙烧等；标准光学高温计可以用于科研及作为计量标准进行量值传递
	光电高温计	(1)灵敏度高、亮度温度与真实温度偏差小； (2)发射率误差影响亮度温度比较小； (3)中间介质吸收影响小； (4)采用红外光电元件测温，量程宽,测温下限可达－50℃； (5)可自动测量、记录和控制	(1)与光学高温计比价格较贵； (2)不适于检测低发射率物体的温度； (3)所选择的波长应避开中间介质的吸收带	广泛用于工业生产，如金属冶炼、热处理、轧钢、陶瓷焙烧等；标准光学高温计可以用于科研及作为计量标准进行量值传递

续表

测温方法	种类	优点	缺点	用途
全辐射温度法	全辐射温度计	(1)结构简单、价格较低； (2)稳定性好、可靠性高； (3)可自动测量、记录和控制； (4)检测高温时有一定优点	(1)辐射温度与真实温度偏差比较大； (2)中间介质吸收和发射误差对测量结果影响大； (3)不适于检测低发射率目标的温度	广泛用于工业生产，如金属冶炼、热处理、轧钢、陶瓷焙烧等；标准光学高温可以用于科研及作为计量标准进行量值传递
色温法	比色高温计	(1)比色温度接近真实温度； (2)发射率误差及中间非选择性吸收对被测结果影响小； (3)可自动测量、记录和控制	(1)结构复杂、价格较贵； (2)中间介质在吸收测温仪一个工作波段时，仪器无法正常工作	适用于钢铁、冶金工业及发射率低物体的温度检测，如铝及其他亮金属表面； 适用于光路上有中性吸收介质的场所

1. 光学高温计

光学高温计是依据亮温法进行测温的一种非接触式测温仪表，是目前高温检测中应用较广的一种测温仪表，主要用于金属的冶炼、铸造、锻造、轧钢、热处理以及玻璃、陶瓷耐火材料等工业生产过程的高温检测。

光学高温计是基于亮度平衡原理来实现测温的仪表。基于亮度平衡原理因为根据物理学的理论我们知道：一般物体在高温状态下是会发光的，也就是说对应一定的高温，物体具有一定的亮度，而物体的亮度又总是与物体的辐射强度成正比的。

由于用光学高温计可以不与被测物体接触，而是通过被检测物体与温度有关的物理参数来求得被测温度，所以这种测温方法被称为非接触测温法。但是，光学高温计在建筑节能检测中应用很少。

2. 光电温度计

光电温度计是为解决亮度自动平衡、快速测温、消除视差等而研制的一种辐射式测温仪表，它是随着科学技术的不断进步，光电元件的出现，在光学高温计的理论基础上发展起来的一种新型辐射式测温仪表。

光电温度计采用光电器件代替人的肉眼，进行亮度平衡，感受辐射源的亮度温度的变化，从而达到自动平衡、连续检测的目的。

目前应用的光电器件有光敏电阻器和光电池两种。光敏电阻器是利用半导体的光电效应制成的一种电阻值随入射光的强弱而改变的电阻器；入射光强，电阻减小，入射光弱，电阻增大，一般用于光的测量、光的控制和光电转换，主要用于 $100 \sim 700^{\circ}\text{C}$ 以上的高温检测。光电池是一种在光的照射下产生电动势的半导体元件，光电池的种类很多，常用有硒光电池、硅光电池和硫化银光电池等。光电池主要用于仪表、自动化遥测和遥控方面。

光电温度计也是一种亮度法测温仪表。由于它是用光电元件代替人的肉眼作敏感元件，从而避免了人眼判断的主观误差，不仅可以实现自动检测，而且不受人眼光谱敏感范围的限制，可以扩展测温的范围，如果与滤光片配合则可以优选测温波段。

3. 红外测温仪

常用的红外测温仪是一种非接触式的测温仪表，采用平衡比较法测量物体辐射能量以确定温度值，主要适用于工业生产流程中快速测量静止或运动中的物体表面温度。红外测温仪的测温原理是将物体发射的红外线具有的辐射能转变成电信号，红外线辐射能的大小与物体本身的温度相对应，根据转变成电信号大小，可以确定物体的温度。红外线测温仪原理，如图 3-22 所示。

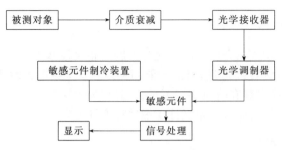

图 3-22　红外线测温仪原理

红外测温仪作为辐射式测温的一个组成部分，其特点仅仅是所用的敏感元件是红外元件，或者是对可见光都敏感的元件。这样，红外测温仪就可以将测温下限延伸到－50℃以下的低温，同时还可以避免气体介质的吸收对检测准确度的影响。此外，运用红外技术的所谓热像仪，可以探测整个温度场的温度分布情况，是目前建筑节能工程检测中热工缺陷检测的重要手段。

4. 比色温度计

比色温度计也称为双色温度计，这种温度计是通过测量两个波长的单色辐射亮度之比值来确定物体温度的仪表，属于非接触式温度传感器。根据黑体辐射基本定律的维恩公式，温度为 T 的黑体，当黑体的两个波长 λ_1 和 λ_2 的辐射亮度之比等于实际物体的相应亮度比时，黑体的温度就称为实际物体的比色温度。对于绝对黑体和灰体，比色温度即为真实温度。对于不满足绝对黑体和灰体辐射条件的实际物体还应采用修正方法来求出真实温度。

比色温度计可分为单通道式比色温度计和双通道式比色温度计两种。由于比色温度计能避开选择性吸收的影响，可用于连续自动检测钢水、铁水、炉渣和表面没有覆盖物的高温物体的温度。

5. 辐射式高温计

辐射式高温计是一种非接触式简易辐射测温仪表，它是根据物体的热辐射效应原理来测量物体表面温度的，因此凡是按照物体全辐射的热作用来检测其温度的仪器都称之为辐射高温计。辐射式高温计是由辐射感温器和显示仪表所组成的。

热辐射温度是以物体的辐射强度与温度形成一定的函数关系为基础的，辐射式高温计就是依据物体发射出的全辐射能来检测温度的仪表。由于这种测温计仅接受到能透过中间介质和透镜的某些波段，实际上这种辐射式高温计检测的并不是发热体所有波长的能量，因而辐射式高温计是一种"部分"辐射高温计，习惯上称之为辐射温度计。

辐射式高温计适合于冶金、机械、石油、化工等部门，用来检测各种熔炉、高温窑、盐浴炉、油炉和煤气炉的温度，也可用于其他不适宜装置热电偶但符合辐射温度计使用条件的地方。

(五) 超声波测温仪表

科学研究和测温实践表明，用超声波测温是一种利用非接触式测温方法进行检测的新技术。超声波测温与传统的测温方法相比，可以达到更快速、更精确、测温范围更宽的要求，以满足工业生产、科学研究中温度精确测量和在线控制的需要，特别是在高温和恶劣的测温环境中更显示出它的优越性。

1. 超声波测温仪表的分类

超声波测温技术是建立在介质中的声速与温度的相关性基础上的。按其测温方法不同可分为两大类：一类是声波直接通过被测介质，即以介质本身作为敏感元件（如超声气温计等），这类超声波测温仪表具有响应快、不干扰温度场的特点；另一类是使声波通过与介质呈热平衡状态的敏感元件（如石英温度计、细线温度计等）。

2. 超声波测温的基本原理

超声波测温计的测温原理是通过直接测量声波在气体介质中的声速来检测温度的。在理想气体中声波的传播速度 c 可用式(3-10)计算：

$$c = \gamma RT / M \tag{3-10}$$

式中　γ——定压比热容和定容比热之比；

R——气体常数；

T——热力学温度，K；

M——分子量。

当声波在气体中进行传播时，气体的气压、流速、温度等因素都会影响其声速，但对空气来说，影响声速最主要、最敏感的因素是温度 T，声速与温度之间的关系可用式(3-11)表达：

$$c = 20.067 T^{0.5} \tag{3-11}$$

由于 $T = t + 273.15$ （K），则所测气体的温度 t 可用式(3-12)进行计算：

$$t = c / 402.684 - 273.15 \tag{3-12}$$

从以上可以看出，只要检测出声速，就可以通过式(3-12)算出被气体的温度。检测声速的方法很多，有脉冲时间传播法、回鸣法、相位比较法、共振法等。超声波气体温度计是采用共振法，它是通过检测相对设置的两块板之间的空气柱的共振频率来求出声速，从而计算出温度。

共振跟踪式超声波气温计能自动跟踪共振频率，从而克服了因温度变化引起声速变化而产生的检测误差，因此这种气温计特别适用于遥测和遥控。

（六）光导纤维测温仪表

近年来，传感器朝着灵敏、精确、适应性强、小巧和智能化的方向发展。在这一过程中，光纤传感器这个传感器家族的新成员备受青睐。光纤具有以下优异性能：抗电磁干扰和原子辐射的性能，径细、质软、质量轻的机械性能；绝缘、无感应的电气性能；耐水、耐高温、耐腐蚀的化学性能等，它能够在人达不到的地方（如高温区、对人有害的地区、核辐射区），起到人的耳目作用，而且还能超越人的生理界限，接收人的感官所感受不到的外界信息。

光纤传感器的基本工作原理是将来自光源的光经过光纤送入调制器，使待测参数与进入调制器的光相互作用后，导致光的光学性质（如光的强度、波长、频率、相位、偏正态等）发生变化，称为被调制的信号光，在经过光纤送入光探测器，经解调后，获得被测参数。

光纤传感器可以应用于对磁、声、压力、温度、加速度、位移、液面、转矩、光声、电流和应变等物理量的测量。光纤传感器的应用范围很广，几乎涉及国民经济和国防上所有重要领域和人们的日常生活，尤其可以安全有效地在恶劣环境中使用，解决了许多行业多年来一直存在的技术难题，具有很大的市场需求。

光纤传感技术在温度检测早的应用也取得很大成果，利用不同原理研制成功的光纤传感器的种类很多，如晶体光纤温度传感器、半导体吸收光纤温度传感器、双折射光纤温度传感器、光路遮断式光纤温度传感器、荧光光纤温度传感器、辐射式光纤温度传感器等。

由辐射式光纤温度传感器构成的辐射式光纤温度计，是属于一种非接触式光纤温度计，它依据光纤接收被测物体辐能量来确定被测物体温度的仪器，是基于全辐射体的原理来工作的。20世纪70年代，美国Vanzette红外和计算机公司，首先生产了带光导纤维探头的辐射温度计，即在检测头前面加装了一段光导纤维，并在其前端装一小视角透镜。这样，被测物体的辐射能经透镜到光导纤维内，在光导纤维里面经过多次反射传至检测器。

20世纪80年代，在国内，清华大学、浙江大学及西安电子科技大学等高校也开展了光纤高温传感器方面的研究。清华大学周炳琨等于1989年1月申请了光纤黑体腔温度传感器专利。863计划项目之一，浙江大学物理系沈永行等人所研制的蓝宝石黑体腔光纤传感器，采用高发射率的陶瓷高温烧结制成的微型光纤感温腔，具有良好的长期稳定性和较高的测试精度；其静态测温范围为$500 \sim 1800 \,^\circ\!C$，测温精度优于$\pm 0.2\%$，已开始少量应用，并正在进一步推广之中。但总的来说，国内的工作多集中在静态高温测试中，动态测试研究较少。

经过测温实践证明，光导纤维测温仪表是一种具有广阔发展前景的测温工具，不仅不受电磁的干扰，电气绝缘性良好，而且对被测物体不产生影响，有利于提高测量的精度，易于实现远距离测控。

（七）激光载波测温仪表

激光是指由受激发射的光放大产生的辐射，激光是20世纪以来，继原子能、计算机、半导体之后人类的又一重大发明。激光载波测温是利用激光作为载波，用温度信息调制激光，然后把含有温度信息的激光通过空间传播到接收部分，经信号处理达到检测温度的目的。

激光载波测温系统由发射和接收两部分组成，激光载波测温系统如图3-23所示。

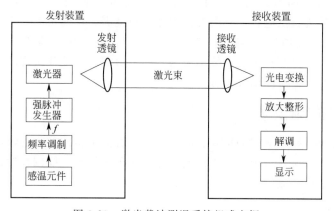

图3-23 激光载波测温系统组成方框

图3-23的左边为发射装置，它由感温元件、频率调制、强脉冲发生器和激光器等4个单元组成，它的主要作用是用温度信号调制激光，使激光器的输出频率与温度相对应。感温元件为具有负电阻温度系统的热敏电阻，其电阻值随着温度的升高而减小。热敏电

阻与频率调制单元共同组成温控变频振荡器，其输出频率随着温度的变化而变化。此频率信号送入强脉冲发生器，控制半导体激光器发出激光脉冲。该激光脉冲通过发射透镜发射给接收部分。

图 3-22 的左边为接收装置，它由光电变换、放大整形、解调器和显示装置等部分组成，主要实现信号的光电转换、解调和显示。激光脉冲由发射透镜经过空间发射给接收透镜，一般最大发射距离可达到 100m。由接收透镜把含有被测温度信息的激光脉冲聚焦后传送给光电元件，由光电元件把光脉冲信号转换成电脉冲信号，此信号经过脉冲放大器放大、整形器整形后到解调器解调。解调过程实际上就是把温度信息从调制波中取出来，再经过放大后送给显示单元显示出被测温度值。

激光检测技术属于非接触式测量技术，与接触式测量温度的方法相比，具有限制更少、效率更高、安全方便、不损伤测量表面、不易受被测对象表面状态影响等优点。

(八) 温度采集记录器

单点温度采集记录器是近年来出现的一种自记式温度计，它采用先进的芯片技术，集合了温度传感、记录、传输功能，不需要专门的电源和显示设备，能够适应不同的环境。QCS-01a 就是一种性能优良的典型的单点温度采集记录器。

SCQ 系列数据采集器是采用单片微机为核心的智能化仪表。具有结构简单，测量精度高，抗干扰性强，使用方便等特点。属于节能建筑达标专用现场检查仪表，并配有数据通讯及能耗评价软件。适用于建筑节能领域的数据采集，领域的数据采集，计量及节能评价。QCS-01a 温度采集记录器的主要性能指标如表 3-10 所列。

表 3-10　QCS-01a 温度采集记录器的主要性能指标

项目	技术性能指标	备注	项目	技术性能指标	备注
量程范围	30～50℃		电池供电	电压范围：3～3.6V	
测量准确度	≤0.5℃		输出端口	USB	
采样周期	10s～24h	可任意设置	数据处理	专门配有专用数据通信处理软件	
存储容量	16000 条数据				

另外，我国研制的 BES-01 温度采集记录器是基于单片机技术研制开发的新一代超低功耗测试仪表，由电池进行供电，具有测温范围宽、精度高、存储量大、连续测量时间长、运行费用低、配套软件功能完善等特点。该温度采集记录器采用一体化结构，体积小、质量轻、不需现场接线，不受距离限制，使用极为方便。适用于节能建筑现场测试中的室内、外温度采集、环境监测、科研测试等场合。

二、流量常用检测仪表

流量检测是建筑节能检测中的重要组成部分，随着流量检测技术的快速发展，用于流量检测的仪表很多，如差压式流量计、靶式流量计、转子流量计、椭圆齿轮流量计、涡轮式流量计、电磁流量计、质量流量计等。

(一) 差压式流量计

1. 差压式流量计的测量原理

差压式流量计是根据管道中流量检测件产生的差压，已知的流体和检测件与管道的几何尺寸来计算流量的仪表。差压式流量计是一类应用最广泛的流量计，在各类流量仪表中其使用量占居首位。

差压式流量计的测量原理是：在流动管道上装有一个节流装置，其内装有一个孔板，中心处开有一个圆孔，其孔径比管道内径小，在孔板前流束稳定的向前流动，在流过孔时由于孔径变小，截面积收缩，使稳定的流动状态被打乱，流速必然加快，在节流装置前后产生一个较大的静压差。静压差与流量的大小有关，流量越大，压差越大。因此，只要测出压差就可以推算出流量。把流体流过节流装置流速的收缩造成压力变化的过程称为节流流程，利用上述结构原理来检测流量的仪表称为差压式流量计。

从理论上讲，差压式流量计的测量原理，实际上取不同截面来检测流体流速与压力的变化情况，然后按照伯努利方程推导出流体的体积流量或质量流量。

2. 差压式流量计的基本组成

节流装显在导管中使流体收缩而产生压差信号能够表征流过管道的流量大小，这个压差信号还必须由导压管引出，并用相应的压差计来检测，最终才能得到流量的大小。由此可见，一套完整的差压式流量计，应由以下 3 个部分组成：①将被检测流体的流量变换成压差信号的节流装置；②传输压差信号的信号管路；③检测压差的压差计或压差变送器及显示仪表。

节流装置主要包括节流元件和取压装置。节流元件的形式很多，作为流量检测用的节流元件，有标准节流元件和特殊节流元件两种。标准节流元件主要有标准孔板、标准喷嘴和标准文丘里管，对于标准节流元件，在计算时都有统一标准的规定、要求和计算所需的有关数据、图表及程序。

特殊节流元件也称为非标准节流元件，如双重孔板、偏心孔板、圆缺孔板、1/4 圆缺喷嘴等。它们可以利用已有的实验数据进行估算，但必须用实验方法进行单独标定。特殊节流元件主要用于特殊介质或特殊工况条件的流量检测。

由于节流的类型和功能有所区别，其取压装置也各有不同，而且由于取压的位置不同，在同一流量下的压差大小也不相同。如标准节流装置则包括角接取压、法兰取压、径距取压、理论取压和管接取压等 5 种取压位置。

（1）角接取压 角接取压即取压接管正好在孔板的前后与管道的夹角处，一般有两种方式。图 3-24 中的上半部分为环式取压结构，下半部分为单独钻孔取压结构。取压管上、下游取压孔的轴线距孔板上、下游的距离，分别等于取压管的半径或取压环宽度的一半，取压位置见图 3-24 中的 1-1 截面。

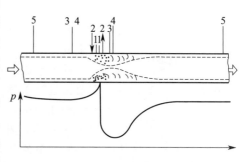

图 3-24 孔板的几种取压方式示意

（2）法兰取压 法兰取压即取压接管安装在法兰上，上、下游侧取压孔的轴心线分别位于孔板前、后端面 $24.5\text{mm}\pm0.8\text{mm}$ 的位置上，取压位置见图 3-24 中的 2-2 截面。

（3）径距取压 径距取压也称为 $D\text{-}D/2$ 取压法，上游侧取压轴心线距孔板端距离为 1 倍管道直径，下游侧取压轴心线距孔板端距离为 0.5 倍管道直径，取压位置见图 3-24 中的 3-3 截面。

（4）理论取压　理论取压即上游取压孔中心轴线距孔板前端面为 10.1 倍的管道直径，下游取压孔轴心线距孔板端面的距离取理论上流束最小截面处，其位置与孔径比及管道截面直径有关，取压位置见图 3-24 中的 4-4 截面。

（5）管接取压。管接取压即上游侧取压轴心线距孔板前端距离为 2.5 倍管道直径，下游侧取压轴心线距孔板前端距离为 8 倍管道直径，取压位置见图 3-24 中的 5-5 截面。

3. 差压式流量计标准节流装置

差压式流量计使用历史悠久，对节流装置的研究也比较充分，实验数据资料比较齐全，各国已经把某些形式的节流装置标准化，并把这些标准形式的节流装置称为"标准节流装置"，制定相应的国家标准和规程。目前国际标准已做出规定的标准节流装置有：角接取压标准孔板、法兰取压标准孔板、径距取压标准孔板、角接取压标准喷嘴、径距长距喷嘴、文丘里喷嘴和古典文丘里管等。几种常见的节流装置如图 3-25 所示。

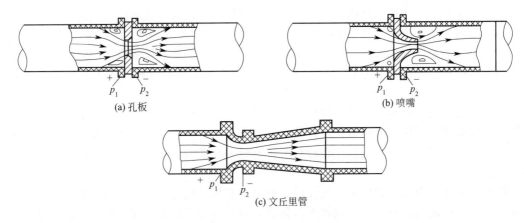

图 3-25　几种常见的节流装置

节流装置包括节流件、取压装置和符合要求的前后直管段。标准节流装置是指节流件和取压装置都标准化，节流前后的检测管道符合有关规定，这类节流装置是通过大量试验总结出来的，在检测中所取得的试验结果是可靠的。

标准节流装置一经设计和加工完毕，便可以直接投入使用，不需要再进行单独标定。这意味着，在标准节流装置的设计、加工、安装和使用中，必须严格按照规定的技术要求、规程和数据进行，以确保流量检测的准确性。

标准节流装置的检测精度如何，影响因素很多，主要包括标准节流件、取压装置、管道条件和安装要求。

（1）标准节流件

① 标准孔板的结构及技术要求。标准孔板的结构如图 3-26 所示，它是一块具有与管道轴同心的圆开孔，其直角入口边的边缘是非常尖锐的金属薄板。用于不同管道内径的标准孔板，其结构形式基本相似。标准孔板要求旋转对称，上游侧孔板端面上的任意两点间连线应垂直于轴线，其技术指标应符合《用安装在圆形截面管道中的差压装置测量满管流体流量》（GB/T 2624—2006）中的规定。

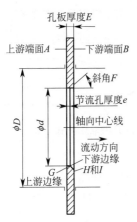

图 3-26　标准孔板结构形状

主要包括以下几个方面。

　　a. 标准孔板的节流孔直径 d 是一个极其重要的技术指标，在任何情况必须满足下述要求，即 $d \geqslant 12.5\text{mm}$ 和 $0.2 \leqslant d/D \leqslant 0.75$ 同时节流孔的直径 d 应进行实测，实测时至少应测量 4 个直径，并要求 4 个直径的分布应有大致相等的角度。取 4 个直径测量结果的平均值作为节流孔板直径 d 的实测值。并且要求任意一个单测值与平均值之差不得超过直径平均值的 $\pm 0.05\%$。节流孔应为圆筒形并垂直于上游端面 A。

　　b. 上游边缘 G 应是尖锐的（即边缘半径不大于 $0.0004d$，无卷口、无毛边、无目测可见的任何异常；下游边缘 H 和 I 的要求可低于上游边缘 G，允许有小的缺陷）。

　　② 标准喷嘴的结构及技术要求。标准喷嘴的结构形状如图 3-27 所示，主要由 5 部分组成，即进口端面 A、第一圆弧曲面 c_1、第二圆弧曲面 c_2、圆筒形喉部 e、圆筒形喉部的出口边缘保护槽 H。

　　标准喷嘴的具体技术要求如下。

　　a. 标准喷嘴的进口端面 A 应位于管道内部的上游侧喷嘴端面的入口平面部分，其圆心应在轴心上，以直径 $1.5d$ 的圆周和管道内径 D 的圆周为边界，径向宽度为 $D-1.5d$，在此范围内应是平面并垂直于旋转轴线。

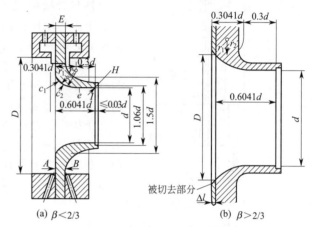

图 3-27　标准喷嘴的结构形状示意

　　当 $\beta = 2/3$ 时，该平面的径向宽度为零，即 $D = 1.5d$。当 $\beta > 2/3$ 时，直径为 $1.5d$ 的圆周将大于管道内径 D 的圆周，在管道的内部，该平面因被环室或法兰遮盖，在这种情况下，必须将上游侧喷嘴端面去掉一部分，以使其圆周与管道内径 D 的圆周相等，如图 3-27(b)所示。

　　A 面应比较光滑，表面粗糙度的峰谷之差不得大于 $0.003d$，或其表面光洁度不得低于 $\triangledown 6$。

　　b. 喷嘴入口收缩部分第一部分圆弧曲面（c_1）的圆弧半径为 r_1，并与 A 面相切，符合下列要求：当 $\beta \leqslant 0.5$ 时，$r_1 = (0.2 \pm 0.02)d$；当 $\beta > 0.5$ 时，$r_1 = (0.2 \pm 0.02)d$；r_1 的圆心距 A 面 $0.2d$，距旋转轴线 $0.75d$。

　　c. 第二圆弧面（c_2）的圆弧半径为 r_2，并与 c_1 曲面和喉部 e 相切。当 $\beta \leqslant 0.5$ 时，$r_2 = d/3 \pm 0.02d$；当 $\beta > 0.5$ 时，$r_1 = d/3 \pm 0.02d$；r_2 的圆心距 A 面 $0.3041d$，距旋转轴线 $5/6d$。

　　d. 圆管形喉部（e），其直径为 d，长度为 $0.3d$。直径 d 不少于 8 个单测值的算术平均值，其中 4 个在喉部的始端，4 个在其终端，在大致相等的 $45°$ 角的位置上测得。d 的加工公差要求与孔板相同。

　　e. 圆筒形喉部的出口边缘 I 应是尖锐的，无毛刺和可见损伤，并无明显的倒角。边缘保护槽 H 的直径至少为 $1.06d$，轴向长度最大为 $0.03d$。如果能够保证出口边缘不受损伤，也可以不设保护槽。

　　f. 喷嘴厚度 E 不得超过 $0.1D$。

　　③ 文丘里管的技术要求。文丘里管由入口圆筒段、圆锥收缩段、圆筒形喉部和圆锥扩散段组成，其内表面是一个对称旋转轴线的旋转表面，该轴线与管道轴线同轴，并且收缩段和唯部同轴。在进行测量时，压力损失比孔板和喷嘴都小得多。可测量悬浮颗粒的液体，比较

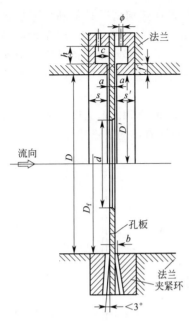

图 3-28　角接取压方式示意

适用于大流量流体的测量；但由于加工制作比较复杂，价格昂贵。应用范围为：$100mm \leqslant D \leqslant 800mm$，$0.30 \leqslant \beta \leqslant 0.75$。

（2）标准取压装置　现行国家标准《用安装在圆形截面管道中的差压装置测量满管流体流量》（GB/T 2624—2006）中的规定，标准节流取压方式为：标准孔板为角接取压、法兰取压；标准喷嘴为角接取压。

① 角接取压。角接取压就是节流件上、下游的压力在节流件与管壁的夹角处取出。对取压位置的具体规定是：上、下游侧取压孔的轴线与孔板（或喷嘴）上、下游侧端的距离，分别等于取压孔径的一半或取压环隙宽度的一半。

角接取压装置有两种结构形式如图 3-28 所示。上半部为环室取压结构，下半部为单独钻孔取压结构。环室取压的优点是压力取出口的面积比较大，便于测出平均压差和有利于提高检测的精度，并可缩短上游的直管段长度和扩大 β 值的范围。但是加工制作和安装要求严格，如果由于加工和现场安装条件的限制，达不到预定的要求时，其检测精度很难保证。所以，在现场使用时为了加工和安装方便，有时不用环室而用单独钻孔取压。

② 法兰取压和 D-D/2 取压。现行标准中规定法兰取压的上、下游侧取压的轴线与孔板上、下游端面 A、B 的距离分别等于 $25.4mm \pm 0.8mm$。法兰取压装置是设有取压口的法兰，D-D/2 取压装置是设有取压口的管段，以及为保证取压口的轴线与节流件端面的距离而用来夹紧节流件的法兰。

法兰取压装置的结构如图 3-29 所示（上半部分为 D-D/2 取压口，下半部分为法兰取压口），图中的法兰取压口的间距 l_1、l_2 是分别从节流件的上下游端面量起的。l_1、l_2 的取值如表 3-11 所

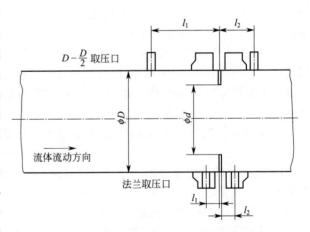

图 3-29　D-D/2 取压口和法兰取压的结构示意

列，取压口的直径应小于 0.13D，同时小于 13mm。取压口的最小直径可根据偶然阻塞的可能性及良好的动态特性来决定，没有任何的限制，但上游和下游取压口应具有相同的直径，并且取压口的轴线与管道的轴线相交成直角。

表 3-11　取压口间距 l_1 和 l_2 取值

取压方式	l_1/mm		l_2/mm	
	$\beta \leqslant 0.60$	$\beta > 0.60$	$\beta \leqslant 0.60$	$\beta > 0.60$
法兰取压	25.4 ± 1	$25.4 \pm 0.5(D < 150)$ $25.4 \pm 1(150 \leqslant D \leqslant 1000)$	25.4 ± 1	$25.4 \pm 0.5(D < 150)$ $25.4 \pm 1(150 \leqslant D \leqslant 1000)$
D-D/2 取压	$D \pm 0.1D$		$0.5D \pm 0.02D$	$0.5D \pm 0.01D$

③ 标准节流装置的管道和使用条件。标准节流装置的流量系数都是在一定的条件下通过实验取得的。因此，除对节流件、取压装置有严格的规定外，对管道、安装、使用条件也

有严格的规定。如果在实际工作中离开了这些规定的条件，则引起的流量检测误差将是难以估计的。

节流装置应安装在符合要求的两段直管段之间。节流装置上游及下游的直管段分为 3 段，如图 3-30 所示：节流件至上游第一局部阻力件，其距离为 l_1；上游第一个与第二个局部阻力件，其距离为 l_0；节流件至下游第一个阻力件，其距离为 l_2。标准节流装置对直管 l_0、l_1、l_2 的具体要求如下。

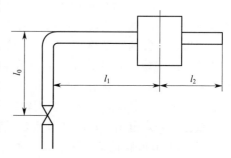

图 3-30　节流件上、下游阻力件及直管段长度

a. 直管段应具有恒定横截面积的圆筒形管道，用目测检查管道应当是直的。

b. 管道内表面应清洁，无积垢和其他杂质。节流件上游 $10D$ 范围的内表面相对平均粗糙度应符合有关规定，对于标准孔板上游管道内壁 K/D 的上限值规定如表 3-12 所列。

表 3-12　标准孔板上游管道内壁 K/D 的上限值

β	≤0.30	0.32	0.34	0.36	0.38	0.40	0.45	0.50	0.60	0.75
$10^4 K/D$	25.0	18.1	12.9	10.0	8.3	7.1	5.6	4.9	4.2	4.0

c. 节流装置上、下游侧最短直管段的长度，随着上游侧阻力件的形式和节流件的直径比的不同而不同，最短直管段长度如表 3-13 所列。表中所列的长度是最小值，实际应用时建议采用比规定的长度更大的直管段。节流装置上的阀门应全部打开，调节流量的阀门应位于节流装置的下游。如果在节流装置上游串联几个阻力件（除全为 90°弯头外），则在第一个和第二个阻力件之间的长度 l_0 可按第二个阻力件的形式，并取 $\beta = 0.70$（不论实际 β 值是多少）取表中数值的一半，串联几个 90°弯头时 $l_0 = 0$。

表 3-13　节流装置上、下游侧最短直管段的长度　　　　单位：mm

β	节流件上游侧局部阻力件形式和最小直管段长度 l_1						节流件下游侧最小直管段长度 l_2（左面所有局部阻力件形式）
	一个 90°弯头或只有一个支管流动的三通	在同一个平面内有多个 90°弯头	空间弯头（在不同平面内有多个 90°弯头）	异径管（大变小 $2D \to D$，长度≥$3D$，小变大 $D/2 \to D$，长度≥$D/2$）	全开截止阀	全开闸阀	
1	2	3	4	5	6	7	8
<0.2	10(5)	14(7)	34(17)	16(8)	18(9)	12(6)	4(2.0)
0.25	10(5)	14(7)	34(17)	16(8)	18(9)	12(6)	4(2.0)
0.30	10(5)	16(8)	34(17)	16(8)	18(9)	12(6)	5(2.5)
0.35	12(6)	16(8)	36(18)	16(8)	18(9)	12(6)	5(2.5)
0.40	14(7)	18(9)	36(18)	16(8)	20(10)	12(6)	6(3.0)
0.45	14(7)	18(9)	38(19)	19(9)	20(10)	12(6)	6(3.0)
0.50	14(7)	20(10)	40(20)	20(10)	22(11)	12(6)	6(3.0)
0.55	16(8)	22(11)	44(22)	20(10)	24(12)	14(7)	6(3.0)
0.60	18(9)	26(13)	48(24)	22(11)	26(13)	14(7)	7(3.5)
0.65	22(11)	32(16)	54(27)	24(12)	28(14)	16(8)	7(3.5)
0.70	28(14)	36(18)	62(31)	26(13)	32(16)	20(10)	7(3.5)
0.75	38(19)	42(21)	70(35)	28(14)	36(18)	24(12)	8(4.0)
0.80	46(23)	50(25)	80(40)	30(15)	44(22)	30(15)	8(4.0)

	阻流件	上游侧最短直管段长度
对于所有的 β	$\beta \geq 0.5$ 的对称聚缩醛异径管	30(15)
	$\beta \leq 0.03D$ 的温度计套管和插孔	5(3)
	直径在 $0.03 \sim 0.13D$ 之间的温度计套管和插孔	20(10)

④ 标准节流装置的使用条件　由于标准节流装置的技术数据和图表都是在一定的技术条件下，用试验的方法而获得的。因此，为了使标准节流装置在使用时能重现试验时的规律，以保证足够的测量精度，所以必须满足的技术条件是：a. 流体必须充满整个管道，并保证其连续流动；b. 流体在管道中的流动应当是稳定的，在同一点上的流速和压力不得出现急剧的变化；c. 被测介质应当是单相的，且流经节流装置后相态保持不变；d. 流体在流进节流件之前，其流束必须与管道轴线平行，不得有旋转流；e. 流体流动工况应当是紊流，雷诺数应在一定范围内；f. 在节流装置前，必须有足够长的直管段。

⑤ 标准节流装置流量测量的不确度计算。用标准节流装置测量流量是通过间接方式实现的，即通过差压仪表测出压差，再根据流量公式计算出流量值。这样，标准节流装置流量测量的不确度，不仅受差压仪表精度的影响，还会受到公式中各个量的影响。但是，如果标准节流装置的设计、制造、安装和使用完全按照国家标准的规定进行，则此流量测量的不确度是可以按规定计算出来的。

国际标准和我国国家标准都规定，标准节流装置流量测量的不确度主要包括：流出系数的不确度 e_c、可膨胀系数的不确度 e_ε、节流孔直径的不确度 e_d、管道直径的不确度 e_D、差压的不确度 $e_{\Delta p}$、体密度的不确度 $e_{\rho 1}$。

a. 流出系数的不确度 e_c：对于标准孔板，假定 β、D、R_e 和 K/D 是已知的，且无误差，则当 $\beta \leqslant 0.60$ 时 $e_c = \pm 0.6\%$；当 $0.60 \leqslant \beta < 0.75$ 时 $e_c = \pm \beta\%$。

b. 可膨胀系数的不确度 e_ε：如果不考虑 β、$\Delta p/p_1$ 和 k 的不确度，标准孔板的可膨胀性系数的不确度 $e_\varepsilon = \pm (4\Delta p/p_1)\%$。

c. 节流孔直径的不确度 e_d：节流孔直径的不确度是指在工作条件下的估算值，如果 d_{20} 和 D_{20} 符合规范的要求，那么 $e_d = \pm 0.07\%$。

d. 管道直径的不确度 e_D：节流孔直径的不确度也是指在工作条件下的估算值，如果 d_{20} 和 D_{20} 符合规范的要求，那么 $e_D = \pm 0.4\%$。

e. 差压的不确度 $e_{\Delta P}$：由于差压计的准确度为引用误差，所以 $e_{\Delta P}$ 可用估算式（3-13）进行计算。

$$e_{\Delta P} = e_{Re} \Delta p / \Delta p_1 (\%) \tag{3-13}$$

式中　e_{Re}——差压计的准确度等级；

Δp——差压计的量程，Pa；

Δp_1——差压计实测值，Pa。

原则上应是节流装置有关部件（主要包括差压变送器、引压导管、变送器到显示仪表之间的连接部件和显示仪表本身）的不确度的总和。

f. 流体密度的不确度 $e_{\rho 1}$：被测流体密度 ρ_1 是指工作状态下的密度值。液体的密度一般认为只是温度的函数，而气体的密度取决于温度和压力两个参数。因此，流体密度的不确度 $e_{\rho 1}$ 可认为是由于 t_1 和 p_1（节流件上游侧取压口处的温度和压力）的测量的不确度所造成的不确度。设 t_1 和 p_1 的不确度分别为 e_{t1} 和 e_{p1}，则液体和气体 $e_{\rho 1}$ 的估算值可查表3-14 和表3-15。

表 3-14　液体 $e_{\rho 1}$ 的估算值

$e_{t1}/\%$	$e_{\rho 1}/\%$	$e_{t1}/\%$	$e_{\rho 1}/\%$
0	±0.06	±5.0	±0.06
±1.0	±0.06	—	—

表 3-15　气体 e_{p1} 的估算值

$e_{t1}/\%$	$e_{p1}/\%$	$e_{p1}/\%$		$e_{t1}/\%$	$e_{p1}/\%$	$e_{p1}/\%$	
		水蒸气	一般气体			水蒸气	一般气体
0	0	±0.04	±0.10	±5.0	±1.0	±5.0	±11.0
±1.0	±1.0	±1.0	±3.0	±5.0	±5.0	±6.0	—
±1.0	±5.0	±3.0	±11.0				

4. 差压式流量计特殊节流装置

特殊节流装置也称为非标准节流装置，常见的有双重孔板、偏心孔板、圆缺孔板、1/4 圆缺喷嘴等。这些特殊节流装置可以利用试验数据进行估算，但必须用试验方法单独标定。

特殊节流装置主要用特殊介质或特殊工况条件的流量检测。如 1/4 圆缺喷嘴可以用来检测 $200 \leqslant R_{eD} \leqslant 100000$ 范围内的流量；双重孔板主要用于检测 $2500 \leqslant R_{eD} \leqslant 15000$ 范围内的流量；偏心孔板和圆缺孔板等节流装置主要用于检测脏污介质或有固体微粒的流体流量测量。

5. 差压式流量计的差压计

差压计系指测量两个不同点处压力之差的测压仪表。各种孔板标准节流装置所产生的压差是由差压计显示出来的。差压计通过传输差压信号的信号管路与节流装置连接，这样就构成了检测流量的差压式流量计。

差压计除测量压差外，多用来与节流装置（如孔板、文丘里管等）配合使用以测量流体的流量，还可用来测量液位（如差压式液位计）以及管道、塔设备等的阻力（即两点的压力降）等。差压计的种类较多，除了简单液柱压力计（U 形管差压计等）外，常用的有浮子式差压计、双钟罩式差压计、环秤式差压计等。目前常用的有 CW 系列双波纹管差压计、膜片式差压计以及单元组合仪表的差压变送器等。现以 CW 系列双波纹管差压计为例，介绍差压计的性能和特点。

（1）CW 系列双波纹管差压计的性能　CW 系列双波纹管差压计的性能，主要包括压差范围、流量标尺范围、额定工作压力、精度等级和附加装置等。

① 压差范围　CWC 型的压差范围 0～0.063MPa、0.10MPa、0.16MPa、0.25MPa、0.40MPa；CWD 型的压差范围 0～6.3kPa、10kPa、16kPa、25kPa、40kPa、63kPa；CWE 型的压差范围为 0～1.0kPa、1.6kPa、2.5kPa、4.0kPa、6.3kPa。

② 流量标尺范围　0～100、125、160、200、250、320、400、630、800×10^{n}（n 为 0 或 1～9 的正整数或负整数）。

③ 额定工作压力　CWC 型和 CWD 的工作压力为 1.6MPa、6.0MPa、16.0MPa、40.0MPa；CWE 型的工作压力为 0.25MPa。

④ 精度等级　指示记录部分为 1.0～1.5 级。

⑤ 附加装置　气体或电动的变送和报警装置、压力—流量双参数记录，以及自动调节装置。

（2）CW 系列双波纹管差压计的应用　双波纹管差压计与节流装置配套使用，可用来检测液体、气体和蒸汽的流量及总量。在采用防腐蚀性隔离措施后，可用于检测有腐蚀性介质的流量。

（二）转子流量计

转子流量计又称为浮子流量计，是一种变面积式的流量计。这种流量计在一根由下向上扩大的垂直锥管中，圆形横截面的浮子的重力是由液体动力承受的，浮子可以在锥管中自由地上升和下降。在流速和浮力作用下进行上下运动，与浮子重量平衡后，通过磁耦合传到刻度盘上指示流量。

转子流量计按制作材料不同，一般为金属转子流量计和玻璃转子流量计两种。金属转子流量计是工业上最常用的，对于小管径有腐蚀性介质的通常采用玻璃转子流量计。由于玻璃材质的本身易碎性，关键的控制点也应用全钛等贵重金属为材质的转子流量计。

1. 转子流量计的工作原理

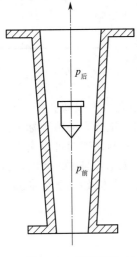

图 3-31　转子流量计的结构

转子流量计由两个部件组成，转子流量计一件是从下向上逐渐扩大的锥形管；转子流量计另一件是置于锥形管中且可以沿管的中心线上下自由移动的转子。转子流量计的结构如图 3-31 所示。

当测量流体的流量时，被测流体从锥形管下端流入，流体的流动冲击着转子，并对它产生一个作用力（这个力的大小随流量大小而变化）；当流量足够大时，所产生的作用力将转子托起，并使之升高。同时，被测流体流经转子与锥形管壁间的环形断面，从上端流出。当被测流体流动时对转子的作用力正好等于转子在流体中的重量时（称为显示重量），转子受力处于平衡状态而停留在某一高度。分析表明：转子在锥形管中的位置高度，与所通过的流量有着相互对应的关系。因此，观测转子在锥形管中的位置高度，就可以求得相应的流量值。

为了使转子在在锥形管的中心线上下移动时不碰到管壁，通常采用两种方法：一种是在转子中心装有一根导向芯棒，以保持转子在锥形管的中心线作上下运动，另一种是在转子圆盘边缘开有一道道斜槽，当流体自下而上流过转子时，一面绕过转子，同时又穿过斜槽产生一反推力，使转子绕中心线不停地旋转，就可保持转子在工作时不致碰到管壁。转子流量计的转子材料可用不锈钢、铝、青铜等制成。

2. 转子流量计的基本类型

转子流量计主要分为就地指示型转子流量计和远传型转子流量计两类。就地指示型转子流量计，又分为金属转子流量计和玻璃转子流量计；远传型转子流量计又称为转子流量变送器，如我国生产的电远传型转子流量计 LZ/LZD，可根据不同流体的温度、压力、密度、黏度等物理量，具有测量精度高，互换性能好，流量范围更宽，连接方式更多，安装维修更方便等优点。

（1）玻璃转子流量计　玻璃转子流量计的主要测量元件为一根垂直安装的下小上大锥形玻璃管和在内可上下移动的浮子。当流体自下而上经锥形玻璃管时，在浮子上下之间产生压差，浮子在此差压作用下上升。当此上升的力、浮子所受的浮力及粘性升力与浮子的重力相等时，浮子处于平衡位置。因此，流经玻璃转子流量计的流体流量与浮子上升高度，即与玻璃转子流量计的流通面积之间存在着一定的比例关系，浮子的位置高度可作为流量量度。

玻璃转子流量计主要用于化工、石油、轻工、医药、化肥、食品、染料、环保及科学研究等各个部门中，用来测量单相非脉动（液体或气体）流体的流量。防腐蚀型玻璃转子流量计主要用于有腐蚀性液体、气体介质流量的检测，例如强酸（氢氟酸除外）、强碱、氧化剂、强氧化性酸、有机溶剂和其它具有腐蚀性气体或液体介质的流量检测。

（2）金属转子流量计　金属转子流量计，是变面积式流量计的一种，在一根由下向上扩大的垂直锥管中，圆形横截面的浮子的重力是由液体动力承受的，浮子可以在锥管内自由地上升和下降。在流速和浮力作用下上下运动，与浮子重量平衡后，通过磁耦合传到与刻度盘指示流量。

金属转子流量计由两个部件组成，转子流量计一件是从下向上逐渐扩大的锥形管；转子流量计另一件是置于锥形管中且可以沿管的中心线上下自由移动的转子。转子流量计当测量流体的流量时，被测流体从锥形管下端流入，流体的流动冲击着转子，并对它产生一个作用力，其大小随流量大小而变化；当流量足够大时，所产生的作用力将转子托起，并使之升高。同时，被测流体流经转子与锥形管壁间的环形断面，从上端流出。当被测流体流动时对转子的作用力，正好等于转子在流体中的重量时，转子受力处于平衡状态而停留在某一高度。分析表明；转子在锥形管中的位置高度，与所通过的流量有着相互对应的关系。因此，观测转子在锥形管中的位置高度，就可以求得相应的流量值。

（三）靶式流量计

靶式流量计是指以检测流体作用在测量管道中心并垂直于流动方向的圆盘（靶）上的力来测量流体流量的流量计。靶式流量计于 20 世纪 60 年代开始应用于工业流量测量，主要用于解决高黏度、低雷诺数流体的流量测量，先后经历了气动表和电动表两大发展阶段，SBL 系列智能靶式流量计是在原有应变片式靶式流量计测量原理的基础上，采用了最新型电容力传感器作为测量和敏感传递元件，同时利用了现代数字智能处理技术而研制的一种新式流量计量仪表。

1. 靶式流量计的工作原理

当介质在测量管中流动时，因其自身的动能与靶板产生压差，而产生对靶板的作用力，使靶板产生微量的位移，其作用力的大小与介质流速的平方成正比。靶板所受的作用力，经靶杆传递使传感器的弹性体产生微量变化，经过电路转换，输出相应的电信号。

采用电容式压力传感器的是该新型产品真正实现高精度、高稳定性的关键核心，彻底改变了原有应变式靶式流量计抗过载（冲击）能力差，存在静态密封点等种种限制，不但发挥了靶式流量计原有的技术优势，同时又具有与容积式流量计相媲美的测量准确度，加之其特有的抗干扰、抗杂质性能，除能替代常规流量所能测量的流量计量问题，尤其在小流量、高黏度、易凝易堵、高低温、强腐蚀、强震动等流量计量困难的工况中具有很好的适应性。目前已广泛应用于冶金、石油、化工、能源、食品、环保、水利、建筑等各个领域的流量测量。

2. 靶式流量计的主要特点

靶式流量计具有如下特点：①整机可以做成全密封的形式，不存在任何泄漏点，可耐 42MPa 高压；②传感器不与被测介质接触，不存在零部件磨损，使用安全可靠；③能准确测量各种常温、高温 500℃、低温－200℃ 工况下的气体和液体流量，计量准确，精度可达到 0.2%；④重复性好，一般为 0.05%～0.08%，测量快速；⑤抗干扰和抗杂质的能力特别强；⑥安装简单方便，维护非常容易；⑦可根据实际需要更换阻流件（靶片）而改变量程；⑧多种输出形式，能远传各种参数；⑨压力损失小，一般仅为标准孔板的 $1/2\Delta p$ 左右；⑩抗震动性强，一定范围内可测脉动流。

（四）电磁流量计

电磁流量计是指根据电磁感应定律，利用测量导电流体平均速度而显示流量的流量计，也是目前应用最为广泛的流量计之一。电磁流量计可以用于测量酸、碱、盐溶液、水煤浆、矿浆、砂浆灰泥、纸浆、树脂、橡胶乳、合成纤维浆和感光乳胶等各种悬浮物和黏性物质的流量。电磁流量计密封性能好，还可用于自来水和地下水道系统。

1. 电磁流量计的工作原理

电磁流量计是一种根据法拉第电磁感应定律来测量管内导电介质体积流量的感应式仪表。电磁流量计的工作原理是：当导电的流体（载流体）在管道中流动时，在管道的两侧加一个磁场，被测介质流过管道就切割磁力线，在两个检测电极上产生感应电势，其大小流体的运动速度成正比，以此则可计算出流体的流量。

2. 电磁流量计类型与特点

电磁流量计根据分类方法不同，其类型也有所不同：按电磁场产生的方式不同，可分为直流激磁、交流激磁、低频矩形波激磁、双频率励磁等；按输出信号连接和激磁连线制式不同，可分为四线制、两线制；按其用途不同，可分为通用型、防爆型、卫生型、耐浸水型、潜水型等；按传感器与变送器的组装方式不同，可分为分体型和一体型两大类。

我国生产的分体型电磁流量计是一种根据法拉第电磁感应定律来测量管内导电介质体积流量的感应式仪表，采用单片机嵌入式技术，实现数字励磁，同时在电磁流量计上采用 CAN 现场总线，属国内首创，技术达到国内领先水平。分体型电磁流量计除可测量一般导电液体的流量外，还可测量液固两相流，高黏度液流及盐类、强酸、强碱液体的体积流量。

电磁流量计具有如下特点：①仪表结构简单、可靠，无可动部件，工作寿命长；②无截流阻流部件，不存在压力损失和流体堵塞现象；③无机械惯性，响应快速，稳定性好，可应用于自动检测、调节和程控系统；④测量精度不受被测介质的种类及其温度、黏度、密度、压力等物理量参数的影响；⑤采用聚四氟乙烯或橡胶材质衬里和 Hc、Hb、Ti 等电极材料的不同组合可适应不同介质的需要；⑥备有管道式、插入式等多种流量计型号；⑦采用 EE-PROM 存储器，测量运算数据存储保护安全可靠；⑧特别适用于检测 1m 以上口径的水流量，检测精度比较高；⑨适用于测量各种复杂流体的流量，只要是可以导电的，被测流体可以是酸碱盐等介质，也可以是含有固体颗粒、悬浮物等介质。

但是，电磁流量计也存在如下缺点：要求被测的流体必须是导电的，不能检测不导电的气体和石油等的流量；由于感应电势信号需要放大，因此电路复杂、成本较高。

（五）涡轮式流量计

1. 涡轮式流量计工作原理及组成

（1）涡轮式流量计的工作原理　涡轮流量计是速度式流量计中的主要种类，它采用多叶片的转子（涡轮）感受流体平均流速，从而且推导出流量或总量的仪表。涡轮式流量计的工作原理是：当流体流过时，冲击涡轮的叶片，使涡轮产生旋转，涡轮的旋转速度随着流量的变化而变化，根据涡轮的转数可以求出流体的流量。

（2）涡轮式流量计的主要组成　涡轮式流量计主要由涡轮、导流器、外壳、磁电传感器、前置放大器等五部分组成，如图 3-32 所示。

① 涡轮　涡轮也称叶轮，是涡轮流量计的主要组成部分，其两端支撑在轴承上，当流体流过螺旋叶片时，在流体力的作用下，涡轮产生转动，流体的流速越快，其动能就越大，叶轮的转速也就越高。由于叶轮叶片用高导磁材料制成，当叶片转动时，便周期性地改变上部磁电传感器中线圈产生的磁通量，输出周期性的电信号。

② 导流器　导流器是用来稳定流体的流向和支承叶轮的，并可避免因流体的自旋而改变其与涡轮叶片的作用角。

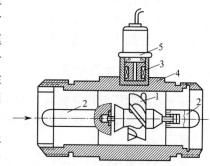

图 3-32　涡轮式流量计的组成
1—涡轮；2—导流器；3—外壳；
4—磁电传感器；5—前置放大器

③ 外壳　涡轮式流量计的外壳由非导磁的不锈钢制成，用以固定和保护内部零件，并与流体管道连接起来。

④ 磁电传感器　磁电传感器由线圈和磁钢组成，用以将叶轮的转速转换成相应的电信号。

⑤ 前置放大器　前置放大器用以放大磁电虑应转换器输出的微弱电信号，以便进行远距离传送。

涡轮式流量计的测量过程是：当流体流过涡轮式流量计时，推动涡轮转动，高导磁的涡轮叶片周期性地扫过磁钢，使磁路中的磁阻发生变化，线圈中的磁通量同样发生周期性的变化，线圈中便感应出电脉冲信号。脉冲的频率与涡轮的转速成正比，也就是与流体的流量成正比。这种电信号经前置放大器放大后，送入电子计数器或电子频率计，累计流体的总量或指示流量。

2. 涡轮式流量计的主要特点

涡轮式流量计的优点是：①精度高，一般情况下可达 $\pm 1\% R$、$\pm 0.5\% R$，高精度型可达 $\pm 0.2\% R$；②反应快，滞后时间可小于 50ms；③输出脉冲频率信号，适于总量计量及与计算机连接，无零点漂移，抗干扰能力强；④结构紧凑轻巧，安装维护方便，流通能力大；⑤可制成插入型，适用于大口径测量，压力损失不大于 0.03MPa，安装维护方便。

涡轮式流量计的缺点是：①制造比较困难，成本比较高；②涡轮的转速高，轴承易磨损；③要求被测介质应当洁净；④一般适用于小口径的流量测量等。

(六) 容积式流量计

容积式流量计又称定排量流量计，简称 PD 流量计，在流量仪表中是精度最高的一类。它利用机械测量元件把流体连续不断地分割成单个已知的体积部分，根据测量室逐次重复地充满和排放该体积部分流体的次数来测量流体体积总量。

1. 容积式流量计的工作原理

容积式流量测量是采用固定的小容积来反复计量通过流量计的流体体积。所以，在容积式流量计内部必须具有构成一个标准体积的空间，通常称其为容积式流量计的"计量空间"或"计量室"。这个空间由仪表壳的内壁和流量计转动部件一起构成。

容积式流量计的工作原理为：流体通过流量计就会在流量计进出口之间产生一定的压力差。流量计的转动部件（简称转子）在这个压力差作用下特产生旋转，并将流体由入口排向出口。在这个过程中，流体一次次地充满流量计的"计量空间"，然后又不断地被送往出口。在给定流量计条件下，该计量空间的体积是确定的，只要测得转子的转动次数．就可以得到通过流量计的流体体积的累积值。

2. 容积式流量计类型与特点

容积式流量计按其测量元件分类，可分为椭圆齿轮流量计、刮板流量计、双转子流量计、旋转活塞流量计、往复活塞流量计、圆盘流量计、液封转筒式流量计、湿式气量计及膜式气量计等。

容积式流量计的优点是：①计量精度很高，完全可满足精度要求；②安装管道条件对计量精度没有影响；③可用于高黏度液体的测量；④测量的范围比较宽；⑤直读式仪表无需外部能源可直接获得累计总量，清晰明了、操作简便。

容积式流量计的缺点是：①结构比较复杂，仪表体积庞大；②被测介质种类、口径、介质工作状态局限性较大；③不适用于高温和低温场合的测量；④大部分仪表只适用于洁净单相流体；⑤测量中易产生噪声及振动。

（七）叶轮式流量计

叶轮式流量计是应用流体动量矩原理测量流量的装置，是属于速度式的流量计。叶轮的旋转角速度与流量成线形关系，测得旋转角速度就可测得流量值。常用水表、煤气表均是按照这种原理工作的流量计。

1. 叶轮式流量计的工作原理

叶轮式流量计的工作原理与水轮机相似。具体工作原理是：将叶轮置于被测流体中，让被测流体充满具有一定容积的空间，然后再把这部分流体从出口排出，根据单位时间内排出的瞬时流体体积与叶轮转速成正比，可直接确定体积流量。或者是叶轮受流体流动的冲击而旋转，以叶轮旋转的快慢来反映流量的大小。典型的叶轮式流量计是水表和涡轮流量计，其结构可以是机械传动输出式或电脉冲输出式。

2. 叶轮式流量计类型与特点

常见的叶轮式流量计有家用自来水表和水表户外计量系统。叶轮式流量计结构比较简单、制作比较容易、价格比较低廉、安装使用方便，但测量精度不高，一般只有 2 级左右。

三、热流常用检测仪表

热流检测仪表是建筑节能检测中不可缺少的测量工具，国内外对热流检测仪表的研制做出了不懈努力。目前，正在深入研究和使用的热流计，主要以传导热流计和辐射热流计为主。常见的热流计有辅壁式热流计、温差式热流计、探针式热流计、辐射式热流计等。

（一）辅壁式热流计

辅壁式热流计也称为热阻式热流计，是一种典型的传导性热流计，在各种节能技术中被广泛使用。目前，主要用于工业设备、建筑节能检测和管道热量损失的监测与控制。

辅壁式热流计的传感器为由某种材料制成的薄基板，其基本形式是一种薄片状的探头，如图 3-33 所示。有很多热电偶串联而成的热电堆，布置在薄片的上下表面内，并用电镀法制成，其表层有橡胶制成的保护层，如图 3-33 所示。

在进行测量时，将热流计薄片贴于待测的壁面上，当传热达到稳定后，待测面的散热热流将穿过热流计的探头，热流计的热电堆测出热流计探头上下两面产生的温差。这个温差使装在基板内的热电堆产生一定的热电势 E。由于热电势与温差存在着一定的函数关系，通过公式则可计算出流过平板的热流密度 q。

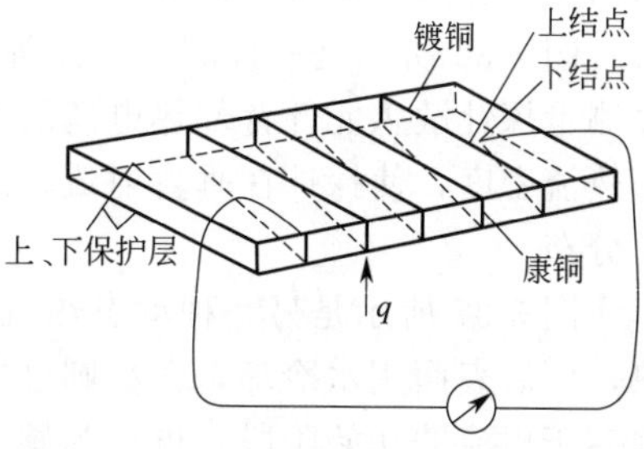

图 3-33　辅壁式热流计的探头示意

（二）温差式热流计

温差式热流计也是一种传导性热流计，其测试的基本原理是：利用测定某等温面的瞬时温度梯度，确定穿过等温面的热流密度。在实际测量时，温度梯度是通过连接试样容器和恒温接受体导热层的两个等温面之间的温差来确定。

图 3-34 所示是一种简易的温差式热流计，这种热流计具有足够的长径比和良好的对称性，量热器的水温保持恒定，那么在半径 r 处的圆柱面将是等温面，则温度梯度可近似地通过半径 r 的两个小间距等温面的关系求得。

由于温差式热流计依据瞬时测量原理，试样容器及导热层对热流测量值产生一定影响。在测量过程中，热接受体一直维持恒温，如果试样和试样容器满足集总热容的假定，导热层的热容足够小，可以忽略不计。

（三）探针式热流计

热流测量实践表明，在热流的实际测量过程中，辅壁式热流计在很多特殊场合很难发挥其作用。为了进行热流量的检测，研制出很多专用的热流计。如对于高热通量的射流传热热流的检测，可采用探针式热流计。

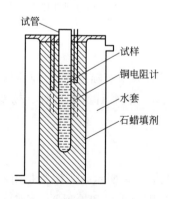

图 3-34　简易温差式热流计

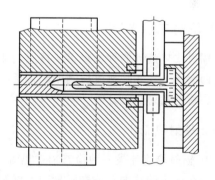

图 3-35　典型的稳态法热流探头示意

图 3-35 所示是一种典型的稳态法热流探针结构。在稳态法测量中，采用水冷量热探针确定探针表面处输入的热流密度。测量装置由外圈环形水冷壁及中心水冷圆柱探针两部分组成，两者之间采取绝热绝缘，在进行测量时，当冷却水温度升到稳定状态后，根据热量平衡得到探针轴线处的平均热流密度。如果将探针放置在热流的不同径向位置处，就可以得到热流密度的径向分布情况。

稳态法测量方法的优点是：试验数据的处理比较简单，引起测量结果误差的因素比较少。稳态法测量方法的缺点是：要求射流必须在相当长的时间内稳定运行；探针和量热器的结构比较复杂，常常会造成许多问题。

图 3-36 所示是一种测量电弧等离子体射流的传热热流的薄壁型热流探针结构，它是通过测量探针敏感元件背部热电偶的温度随着时间变化曲线，从而求出敏感元件前端面处的局部热流密度，使探针在垂直射流轴线的方向上作横向扫描，就可得到射流的局部热流密度径向分布。

图 3-37 所示是另一种动态热流探针，它在探针中心处安放一个小圆柱，小圆柱周围绝热，而后表面用水冷却，在小圆柱内部靠近前表面的位置安装一个内置热电偶。在热流探针暴露于射流的初始阶段，可认为感温圆柱的后表面温度恒等于冷却水温度，根据内置热电偶的指示温度，利用一维非稳态导热方程数值解反推出圆柱前端的输入热流。

动态探针式热流计测量方法具有如下特点：①探针的结构简单，反应非常灵敏；②测量时间短，效率比较高；③对高能流密度场合的测量可采用一次性探针；④外部数据采集需要连接计算机，并且需要计算后才能求得结果；⑤误差分析比较复杂，影响因素比较多。

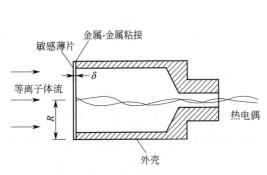

图 3-36　薄壁型热流探头示意

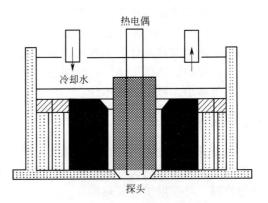

图 3-37　内置热电偶型热流探头

（四）辐射式热流计

辐射式热流计的种类很多，按照其测试原理不同，可分为稳态辐射热流计和瞬态辐射热流计两大类。在实际热流检测中，常见的有 2π 辐射热流计、板状探头辐射计、柱塞状总热流计、瞬态辐射热流计等。

1. 2π 辐射热流计

2π 辐射热流计是一种稳态辐射热流计，结构组成如图 3-38 所示，其探头是用不锈钢制成的，在探头的前端有一椭圆形腔，椭圆的两个焦点处分别为小孔和检测器。辐射热流从立体角为 2π 的球面外投射到小孔，通过小孔，经过反射到达检测器。检测器把接收的热量沿连接杆传至杆的尾端，检测器和尾杆端的温度由缠在杆上并焊在杆两端的铜-康铜差分热电偶对测出。利用热电偶的输出值与辐射热量之间的关系，即可求得辐射热流量。2π 辐射热流计主要适用于测定高炉膛不同深处的辐射热。

2. 板状探头辐射计

板状探头辐射计的探头制成板状或片状，其结构组成如图 3-39 所示。这种辐射计的工作原理是：把一块圆形金属板嵌在一个质量较大的铜套上，铜套的周围用冷却水维持等温。

金属板与铜套同心，其表面要涂黑。金属板上接受的热量传给铜套。如果在金属板中心与铜套底部测出温差后，则可用式(3-14)求得热流密度。

$$q = K \Delta T \tag{3-14}$$

式中　q——热流密度，W/m^2；

$\quad\quad K$——热流密度计算系数，$K = 4\delta\lambda/R^2$；

$\quad\quad \Delta T$——板中心温度与铜套温度之差，$\Delta T = T_1 - T_0$；

$\quad\quad \delta$——板的厚度，m；

$\quad\quad R$——热电阻值，Ω；

$\quad\quad \lambda$——板的热导率，$W/(m \cdot K)$。

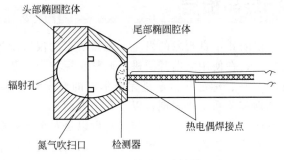

图 3-38　2π 辐射热流计结构示意

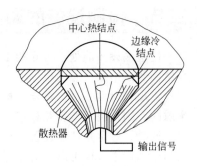

图 3-39　片状热流探头示意

　　为了使板状探头辐射计不受对流的影响，测量纯粹的辐射热流，通常在康铜板前安装具有很好热透射性的单晶硅片作为保护。单晶硅片对波长 $1.1 \sim 7 \mu m$ 之间的透射率为 56% ～ 59%，并且几乎不变，其余约 40% 的能量被反射掉。

3. 柱塞状总热流计

　　在许多热流测量的实际中，对流热流和辐射热流很难清楚地分开，这样就需要一种测量对流热流和辐射热流总和的热流计。如图 3-40 所示，热流计的检测器是采用不锈钢制成的圆柱形塞子，它的前端是

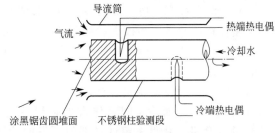

图 3-40　柱塞状总热流计示意图

许多同心圆锯齿形槽，并将其涂成黑色，以便更多地吸收辐射热流，外面有用以防止散热的保护管，后端用水进行冷却。在柱塞靠前端和后端的轴心上，分别安装两支热电偶，用以测量检测器两端的温差。

　　在进行测量时，柱塞前端面获得对流和辐射热流的总热流，并沿着柱塞的轴向传给后面的冷却水，因为柱塞有热阻的存在，所以柱塞两端存在温差，其大小与通过柱塞的热流有关，只要标定温差与热流的关系就可得到被测的总热流。

4. 瞬态辐射热流计

　　瞬态辐射热流计是研究辐射换热交换重要工具，在太阳能利用、空间技术、气象研究、工业、冶金、能源动力、建筑空调、医疗卫生等领域中都有重要的应用。瞬态辐射热流测试根据测试原理不同，又可分为集总热容法和薄膜法两种。

集总热容法使用一面涂黑的银盘或铜片作为感受体，将它与支座绝热，支座腔（恒温腔）由水冷腔或大热容铜套制成。对于受热的银盘或铜片可写出热平衡方程，然后对集总热容法建立的热平衡方程求解，便可得出瞬态辐射热流。

薄膜法的目的是计量感受件的热容，使之获取的热量只和感受件与周围接触体的温差有关。基于这种原理制成的薄膜辐射热流计的薄膜探头非常薄，并且用对温度敏感的电阻薄膜沉积在绝缘的物体上（如石英或玻璃）制成。

热辐射透过玻璃传到薄膜表面时，表面被加热并向周围传热，薄膜的温度随透射辐射和传递热量的变化而变化，其电阻也因此而发生变化。由于这种变化的响应速度非常快，且受热量与温度之间并非线性变化的关系，一般需要用计算机来进行计算。

第三节　检测设备的调整、标定与检定

为了使检测设备能处于可靠的工作状态，以防止不良现象的发生，维持所有的仪器设备能获得精确测试结果。必须根据不同的设备要求，在使用之前都要进行调整和标定，以及按照有关检定规程对设备进行检定。检测设备的调整、标定和检定是完全不同的概念和要求，有着本质的差别，决不能相互替代。三者的区别和关系主要表现在以下几个方面。

（1）调整、标定是仪器设备在检定前（或使用前）的调整和校准，它可以是对单个仪器设备的调整和标定，也可以是对整个检测系统或检测装置进行调整和标定，而检定是对单个检测仪器设备进行检定。

（2）调整、标定所进行的工作是检测者的个人行为，所提供的数据仅供参考，而检定是按照计量检定规程规定的计量性能要求、技术要求、环境条件要求和检定方法进行，检定是具有法律效力的，所出具的报告数据，任何单位和个人都必须认可。

（3）调整、标定一般是对仪表的主要技术指标进行粗略的查对，其主要目的是为了检查所用仪表存在的故障，为仪表检修提供可参考的信息，因此项目都比较少，方法也比较简单，对环境条件的要求也比较低。但检定必须符合国家检定规程的要求，检定结果必须按照规定的方法进行处理。

（4）进行仪器设备调整、标定的人员，只要具备相关专业知识，懂得对仪表调整和标定的方法就可以。而检定的工作人员必须经过上级授权的计量部门对他们进行专业技术培训并考试合格，获得法定计量部门颁发的计量人员上岗证，才能进行仪表的检定工作。

从以上所述可以看出，调整、标定和检定有着本质的区别，但在实际检测使用中，不仅周期的检定是不可缺少的，而且在检修中的调整和标定也是非常必要的。

一、温度检测仪表的标定与校验

温度检测仪表是一种计量器具，在建筑节能检测中频繁使用，由于使用环境、使用技术和保护措施等方面的影响，可能使其失去原有的检测精度，从而影响检测量值的准确性，给检测工作带来损失。因此，对于温度检测仪必须进行周期性的检定。不同类型的温度检测仪表，各自的检定方法也是不同的。

（一）玻璃管液体温度计分类、检定与修正

工作用玻璃液体温度计，按分度值可分为高精密温度计和普通温度计两个准确度等级；按用途可分为一般用途玻璃液体温度计、石油产品试验用玻璃液体温度计、焦化产品试验用玻璃液体温度计。工作用玻璃液体温度计按分度值及用途分类如表 3-16 所列。

表 3-16　工作用玻璃液体温度计按分度值及用途分类

准确度等级	分度值 /℃	工作用玻璃液体温度计		
		一般用途玻璃 液体温度计	石油产品试验用 玻璃液体温度计	焦化产品试验用 玻璃液体温度计
高精密温度计	0.01、0.02、0.05	高精密水银温度计	高精密石油用 玻璃液体温度计	高精密焦化用 玻璃液体温度计
普通温度计	0.1、0.2、0.5、 1.0、2.0、5.0	普通玻璃液体温度计	普通石油用 玻璃液体温度计	普通焦化用 玻璃液体温度计

玻璃管液体温度计的检定，必须符合国家检定规程《工作用玻璃液体温度计检定规程》(JJG 130—2011) 中的规定。检定时用二等标准温度计（水银温度计、汞基温度计、二等标准铂电阻温度计及配套电测设备）或标准铜-康铜热电偶及配套电测设备，用比较法在表 3-17 规定的恒温槽内进行。

表 3-17　检定温度表用恒温槽或恒温装置

设备名称	温度范围/℃	工作区域最大温差/℃				温度稳定性 (10mm)$^{-1}$
		精密温度计用 温度均匀性		普通温度计用 温度均匀性		
恒温槽或恒温装置	−100～＜−30	0.05	0.10	0.20	0.10	±0.05
	−30～100	0.02	0.04	0.10	0.05	±0.02
	＞100～300	0.04	0.08	0.20	0.10	±0.05
	＞300～600	0.10	0.20	0.40	0.20	

玻璃液体温度计应在规定的条件下检定。根据《工作用玻璃液体温度计检定规程》(JJG 130—2011) 中的规定，玻璃液体温度计露出液柱的温度修正，在特殊条件下检定下检定应按表 3-18 中的公式进行修正。

玻璃管液体温度计应按照以下方法进行检定：玻璃管液体温度计的检定分为首次检定、后续检定和使用中的校准。首次检定的项目比较多，要完全按照检定规程规定的项目检查，后续检定可不作示值稳定性的检定，而使用中的校准一般只校准示值误差。

玻璃管液体温度计的检定周期一般不得超过一年，也可以根据使用情况加以确定。经检定合格的温度计应发给检定合格证书；检定不合格的温度应计发给检定结果通知书，并注明不合格的项目。如按照用户要求对温度计某些温度进行校准或测试，应发给校准证书或测试证书。

表 3-18　特殊条件下对玻璃液体温度计的修正

温度计名称	规定条件	不符合条件	示值偏差修正
局浸式 高精密温度计	露出液柱平均温度为 25℃	露出液柱平均温度不符合规定	$\Delta_t = k \cdot n \cdot (25 - t_1) (1)$ $\delta_t' = \overline{\delta_t} + \Delta_t$
局浸式 普通温度计	环境温度为 25℃①	环境温度不符合规定	$\Delta_t = k \cdot n \cdot (25 - t_2) (2)$ $\delta_t' = \overline{\delta_t} + \Delta_t$

式中：Δ_t——露出液柱温度修正值；

　　　k——温度计中感温液体的视膨胀系数，℃$^{-1}$（见附录 F）；

　　　n——露出液柱的长度在温度计上相对应的温度（修约到整数），℃；

　　　t_1——辅助温度计测出的露出液柱平均温度，℃；

　　　δ_t'——被检温度计经露出液柱修正后的温度示值偏差，℃；

　　　$\overline{\delta_t'}$——被检温度计温度示值偏差的平均值，℃；

　　　t_2——露出液柱的环境温度，℃。

① 如果温度计标注有其他温度，以标注温度为准。式（1）、式（2）中规定的温度也做相应改动。

（二）双金属温度计的检定

双金属温度计的检定，应按照国家计量检定规程《双金属温度计检定规程》（JJG 226—2001）中的规定进行。

1. 检定的标准仪器和设备

检定双金属温度计的标准仪器，根据被检仪表的测量范围可分别选用二等标准水银温度计、标准汞基温度计、标准铜-铜镍热电偶和二等铂电阻温度计。

检定双金属温度计的配套设备主要有恒温槽、冰点槽、5～10 倍的读数放大镜、读数望远镜和 10V 或 50V 的电阻表。

2. 检定对环境条件的要求

双金属温度计的检定应在温度为 15～35℃、相对湿度不大于 85％的环境条件下进行。并要求所有标准仪器和电测设备工作的环境，都应符合其相应规定的环境条件。

3. 双金属温度计检定项目

双金属温度计检定的项目主要有外观质量、示值误差、角度调整误差、回差、重复性、设定点误差、切换差、切换重复性、热稳定性、绝缘电阻等。

4. 双金属温度计检定方法

双金属温度计的检定方法与玻璃液体温度计相同，分为首次检定、后续检定和使用中的校准。首次检定是出厂检定，后续检定是仪表使用中的周期检定。首次检定的项目比较多，要完全按照检定规程规定的项目检查，后续检定可不作示值稳定性的检定，而使用中的校准一般只校准示值误差。检定时根据检定的项目应按照国家计量检定规程《双金属温度计检定规程》（JJG 226— 2001）中的规定进行。

5. 对温度计检定结果处理

经检定合格的双金属温度计，应发给检定证书；对于不合格的双金属温度计，应发给检定结果通知书，并要注明经检定不合格的项目。

双金属温度计的检定周期可根据使用情况确定，一般不应超过 1 年。

（三）压力式温度计的检定

压力式温度计的检定，应按照国家计量检定规程《压力式温度计检定规程》（JJG 310—2002）中的规定进行。

1. 检定的标准仪器和设备

检定压力式温度计的标准仪器主要有二等标准水银温度计、标准汞基温度计或满足准确度要求的其他温度计。

检定压力式温度计的配套设备主要有恒温槽、酒精低温槽、冰点槽、5～10 倍的读数放大镜、500V 的绝缘电阻表。

2. 检定对环境条件的要求

压力式温度计的检定应在温度为 15～35℃、相对湿度不大于 85％的环境条件下进行。

并要求所有标准仪器和电测设备工作的环境，都应符合其相应规定的环境条件。

3. 压力式温度计检定项目

压力式温度计检定的项目主要有外观质量、示值误差、回差、重复性、设定点误差、切换差、绝缘电阻等。

4. 压力式温度计检定方法

压力式温度计的检定方法与玻璃液体温度计相同，分为首次检定、后续检定和使用中的校准。首次检定是出厂检定，后续检定是仪表使用中的周期检定。首次检定的项目比较多，要完全按照检定规程规定的项目检查，后续检定可不作示值稳定性的检定，而使用中的校准一般只校准示值误差。检定时根据检定的项目应按照国家计量检定规程《压力式温度计检定规程》（JJG 310—2002）中的规定进行。

5. 对温度计检定结果处理

经检定合格的压力式温度计，应发给检定证书；对于不合格的压力式温度计，应发给检定结果通知书，并要注明经检定不合格的项目。

压力式温度计的检定周期可根据使用情况确定，一般不应超过 1 年。

（四）热电式温度传感器的检定

热电式温度传感器包括热电偶温度计和热电阻温度计，这两种温度计都有各自的检定规程，如《标准铂铑 10-铂热电偶》（JJG 75—1995）、《表面温度计校准规范》（JJF 1409—2013）《标准铂电阻温度计检定规程》（JJG 160—2007）等。由于这类的仪表种类比较多，应用范围较广，检定方法也各不相同。

1. 检定的标准仪器和设备

热电式温度传感器检定所用标准仪器为：比被检定热电偶高一个等级的标准热电偶。热电式温度传感器检定所用的配套设备有：电测设备、比较法分度炉、退火炉、热电偶转换开关、冰点恒温器、热电偶电退火装置和热电阻焊接装置等。

2. 温度传感器的检定方法

（1）外观检查　热电式温度传感器的外观质量，应当符合相应现行检定规程中的要求。

（2）检定前的准备工作　在进热电式温度传感器检定前，被检定热电偶必须按照规定进行清洗、退火和稳定性检查。

（3）将标准热电偶和被检热电偶用铂丝捆绑成一束（总数不超过 5 支），同轴置于分度炉内，要求插入恒温箱的深度相同，一般为 100～150mm。

（4）分度进行检定　被检定热电偶在锌（419.527℃）、铝（660.323℃）或锑（630.630℃）、铜（1084.620℃）3 个固定点温度附近分度。分度时炉温偏离固定点不超过±5℃。

被检热电偶宜采用比较法分度，比较法可具体分为双极法、同名极法和微差法。双极法是最基本的比较分度法，适用于分度各种型号的热电偶，其分度原理如图 3-41 所示。

在进行热电偶检定时，把炉温升到预定的分度点，保持一定的时间（3～5min），使热电偶的测量端达到热平衡，当观测到炉温变化小于 0.1℃/min 时，便可开始测量。

（5）检定结果的处理　当采用比较法检定热电偶时，被检定的热电偶在各固定点上的热

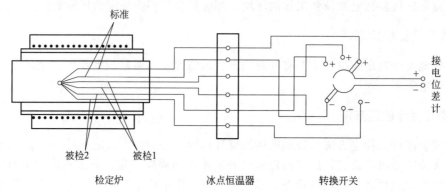

图 3-41　双极法分度原理

电势，$E(t)$ 可用式（3-15）进行计算：

$$E(t) = E_{标}(t) + \Delta e(t) \qquad (3-15)$$

式中　$E_{标}(t)$——标准热电偶证书中固定点上的热电动势，mV；

　　　$\Delta e(t)$——检定时测得的被测热电偶和标准热电偶的势电动势平均值的差值，mV。

当采用双极法标定时，$\Delta e(t)$ 可用式（3-16）计算：

$$\Delta e(t) = E_1(t) - E_{标_1}(t) \qquad (3-16)$$

式中　$E_1(t)$——检定时测得被检定热电偶的热电动势的平均值，mV；

　　　$E_{标_1}(t)$——检定时测得的标准热电偶的热电动势的平均值，mV。

（五）光学高温计的校准

　　光学高温计是一种非接触式测温仪表，在使用过程中，由于内部零件的变形、光学零件位置的改变等原因，都将不同程度地影响光学温度计的测量精度。为了保证光学高温计测量的准确性，必须定期对光学高温计进行校准。根据实践经验，光学高温计的校准，一般采用下列两种方法。

1. 用中、高温黑体炉进行校准

　　用中、高温黑体炉进行校准，即利用人造黑体腔中间置一靶作为过渡光源，在靶的一端放置铂铑 10-铂标准热电偶作为标准温度测量，另一端放置被测光学高温计。当炉温升到标准点温度时，用直流电位差测出标准热电偶的热电势，其对应的温度与光学高温计示值之差，即为被检光学高温计在该温度点的修正值。用黑体炉标准光学高温计示意如图 3-42 所示。

2. 用标准温度灯进行校准

　　用标准温度灯进行校准，这是一种普遍采用的校准工业用光学温度计的方法。它是用被检光学高温计检定装置，与上一个标准温度的灯泡亮度进行比较，从而确定光学高温计的误差，达到校准的目的。

（六）全辐射温度计的检定

　　对于全辐射温度计的检定，必须按照国家计量检定规程《工作用全辐射温度计》（JJG 67—2003）进行，主要包括首次检定和后续检定。

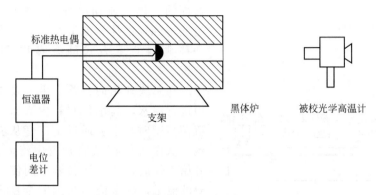

图 3-42 用黑体炉标准光学高温计示意

1. 检定的标准仪器和设备

检定全辐射温度计应当根据温度测量范围不同而选用不同的标准温度计。通常选用的标准温度计有标准玻璃管水银温度计、标准电阻温度计、标准热电偶和标准光电（学）高温计等。

检定全辐射温度计所需要的配套设备有测量全辐射温度计敏感器的电测装置、500V 的绝缘电阻表、检定工作台及米尺等。

2. 检定对环境条件的要求

全辐射温度计的检定应在温度为 18～25℃、相对湿度不大于 85％的环境条件下进行。并要求所有标准仪器和电测设备工作的环境，都应符合其相应规定的环境条件。

3. 全辐射温度计检定项目

全辐射温度计检定的项目主要有外观质量及标志、光学系统、绝缘电阻、固有误差、重复性等项目。

4. 全辐射温度计检定方法

全辐射温度计的检定方法，必须按照国家计量检定规程《工作用全辐射温度计》（JJG 67—2003）进行。全辐射温度计的检定周期一般不得超过 1 年。

二、流量检测仪表的校准与标定

除了标准节流装置及靶式流量计，一般不需要通过试验刻度外，其他的流量检测仪表都需要通过试验进行标定。

（一）流量标准装置

在检测流量方面的流量标准装置，主要有液体流量标准装置和气体流量标准装置。我国对流量标准装置的检定制定了相应的规程，如《液体流量标准装置检定规程》（JJG 164—2000）和《钟罩式气体流量标准装置检定规程》（JJG 165—2005）等。

用水作为标准介质的流量标准装置称为水流量标准装置，国内外应用最广泛的水流量标准装置，为稳定压源的静态标准水流量标准装置。这种标准装置凭借高位水箱或稳压容器获得稳定的压源，用切换器切换液体的流动方向，以便某时间间隔内流经管道横

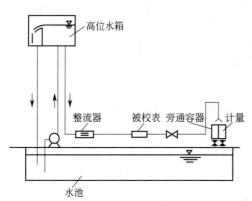

图 3-43　重力式静态容积法水流量
标准装置简图

截面的流体从流动中分割出来流入计量容器，由此得到标准体积流量的量值。图 3-43 所示是一种典型的重力式静态容积法水流量标准装置。

在系统开始时，首先用水泵向高水位水箱内进行注水，高水位水箱内液面上升到高于溢流槽高度时，水会通过溢流管从溢流槽流入水池，从而可保证试验管道中流体的总压稳定。开始工作时，首先调整调节阀使水流达到所需要的流量，待水流动达到完全稳定后，即可使用控制器将水导入计量容器，经过一段时间后再用控制器将水导入旁通容器。记录控制器两次动作的时间间隔 Δt，并读出计量容器内流体的体积，便可由式(3-17) 计算出体积流量标准值：

$$Q = \Delta V / \Delta t \tag{3-17}$$

式中　Q——流体的流量，m^3/s；

　　　ΔV——计量容器内流体体积，m^3；

　　　Δt——控制器两次动作的时间间隔，s。

重力式静态容积法水流量标准装置的精度，一般可达到 0.1%～0.2% 或更高。

以气体为校准介质的流量标准装置，称为气体流量标准装置。气体流量标准装置的量值，除了与气体体积、时间参数等有关外，还与气体的温度、压力等气体的物理性质有关，所以气体流量标准装置一般比液体流量标准装置复杂。气体流量标准装置的标定方法主要有 PVT_1 法、气体钟罩计量器法等。

(二) 流量检测仪表的现场校准

正规厂家生产的各种流量检测仪表，在出厂时都按规定进行了校准，但在实际使用中由于液体的性能不同，使其与出厂标定存在一定的差别。另外，流量计在使用一段时间后也需要进行检修，或者需要更换一些易损零件，因此需要现场对流量检测仪表进行校准标定。现场校准的方法有流量比较法和体积比较法。

1. 流量比较法

流量比较法是一种校准简单、比较准确方法，它不仅可以用同一类仪表进行比较，而且也可以用不同类型的仪表来比较。

流量比较法只要在现场管道系统的适当位置安装一只标准流量计和一只被校准流量计，在液体流动时读取二者的示值，流量计的误差则可用式(3-18) 计算：

$$\delta = (Q_2 - Q_1) / Q_1 \times 100\% \tag{3-18}$$

式中　δ——流量计的误差；

　　　Q_2——被校准流量计读数；

　　　Q_1——标准流量计的读数。

在进行校准时，如果测试条件允许，能任意改变管道内流量最为理想，这样校准迅速、准确、数据全面。

2．体积比较法

体积比较法就是利用现成容器的方法，即利用生产过程中某些现成容器作体积比较来校准流量计。图 3-44 所示为一种现场校准流量计的实例。在校准时流量计的上游有一储存器，被测介质（液体）从地面由泵定期注入，从底部的管道流出，然后经被校准流量计后流出，在储存器上装有一个玻璃液面计，可以清楚准确地观察容器内液面的变化量。在一段时间内读取流量计指示流量与容器液位高度变化量，即可根据式(3-19) 计算出流量计的误差：

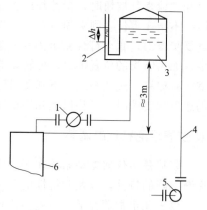

$$Q_1 = A \Delta h / \Delta t \qquad (3-19)$$

式中　Q_1——实际流量，m^3/s；

A——储存器的底面积，m^2；

Δh——储存期液面高度变化值，m；

Δt——间隔时间，s。

图 3-44　流量计现场标定实例
1—被校准流量计；2—液位计；3—储存器；4—管道；5—泵；6—出口

在进行流量计校准时，要注意与容器连接的各管道系统，除了流过流量计的管道有液体流动外，其他管道必须全部关闭，否则会对测定的结果产生影响。

（三）电传转子流量计的调整与校准

电传转子流量计在使用一段时间后，由于各种原因会使差动仪的零位、检查点和刻度值发生变化，对流量的检测精度有很大影响，因此必须按有关规定对流量计进行调整与校准。

1．零点的调整

当管道中无流量或者浮子在最低位置时，在接通电源后差动仪的指针和记录笔应指在零位，否则应当进行调整。

当零位出现微小变化时，可松动固定钢丝绳上的压板螺丝，移动记录笔架，或者松动固定指针的螺丝，从而移动指针，使记录笔和指针均指在零位。如果以上调整还达不到要求，应检查铁芯是否在差动变压器线圈的中间位置。用真空毫伏表测量发送器次级输出绕组电压，其电压应为零或符合该表出厂时的规定数值，否则调整发送器上的调节螺丝，直至符合要求为止。

当指针与记录笔指示不相符时，可分别调整指针在指针轴上相对位置和记录笔上的调节螺丝，使二者的指示相符。记录仪可调节指针在记录笔架上的位置，使其与记录笔一致。

2．检查点的调整

在差动仪的运行中，为了检查指示是否正确，可以按检查按钮，这时差动仪的指针和记录笔应指在标尺的 70％处或检查标记处，如果误差大于刻度上限 1％时，必须进行调整。其调整的步骤如下：①打开仪表门，将检查开关置于检查位置，转出主支架；②拧松引杆上的固定螺钉；③移动铁芯引杆，使指针停在"检查点"；④拧紧引杆上的固定螺钉。

3．刻度的校准

刻度的校准也是流量计校准中的重要内容，现以 ECY 型显示仪表的电传转子流量计的刻度校准为例，其校准的步骤如下：①调整发送器线圈与铁芯的位置，用真空管毫伏表测量发达器内差动变压器输出信为最小，这时差动仪指针应在60%处，如果不在此处，则调整差动仪面板上的调零变压器的芯轴位置。当按下"检查"按钮时，调节差动仪线圈下部的大螺帽，以调整线圈的位置使指针指在60%处，其误差不大于1%，直到按下"检查"按钮与放开"检查"按钮时，指针都应指在60%处为止；②使发送器的铁芯处于零位，这时如果指针不指在零位，则必须沿着差动仪内差动变压器上部杠杆滑槽，调节杠杆的长度，并多次重复步骤①，直至符合要求为止；③使发送器的铁芯处于最大位置，指针应指在刻度的上限，如果所指的位置不对，可转动靠近平衡面的凸轮杠杆，以改变它对于轴的相对位置来调整；④如果上过调整还达不到要求时，可以更换凸轮或挫修凸轮的工作面；⑤如果上过调整仍达不到要求时，可将以上几项反复交错进行，直至完全符合为止。

4. 仪表阻尼特性的调节

阻尼是指任何振动系统在振动中，由于外界作用或系统本身固有的原因引起的振动幅度逐渐下降的特性，以及此特性的量化表征。在电学中，是响应时间的意思。

仪表在正常情况下，当被测流量突然发生变化时，差动仪指针最多摆动3次后就停在新的平衡位置。如果仪表指针接近平衡位置时出现多次摆动，就说明仪表欠阻尼，仪表放大器的灵敏度太大；如果仪表指针接近平衡位置时出现指针摆动缓慢，就说明仪表过阻尼，仪表放大器的灵敏度太小。这两种情况均需要调整放大器的灵敏度。一般调整放大器上的灵敏度调节电位器即可。

（四）电磁流量计的调整与校准

1. 电磁流量计零点的调整

当管道内无流量时显示仪表应指在零位，否则应进行零点调整。零点调整，是使用过程中对零点进行调整，仪表上应该具备这功能及调整按钮。电磁流量计的零点应按以下方法进行校正。

（1）用真空管毫伏表接于仪表变送器的信号输出端，将变送器上干扰信号调节螺孔的螺钉旋出，用螺丝刀微调输入电位器，直至真空管毫伏表指示为最小，或与变送器出厂时的规定干扰电压基本相似。调节好以后，仍将密封螺钉旋紧，以便保护变送器。

（2）将变送器和显示仪表的外部连接线全部接好，然后接上电源，预热15~30min，观察显示仪表的示值，如果指示不在零位，可调节显示仪表面板上的调零电位器，直到指示为零为止。

（3）变送器的零位在安装好后，如果已经进行调整，一般不要再随便调整。当在运行中零位发生变化时，只要调节显示仪表上的调零电位器即可。

2. 仪表刻度误差校准与调整

电磁流量计的刻度误差校准是将水或其他被测液体通过变送器后注入标准容器，测得注满标准容器体积 V 和时间 t，再按照下式计算流量的实际值。

$$Q=60V/t(\text{L/min}) \text{ 或 } Q=3.6V/t(\text{m}^3/\text{h})$$

再以 Q 与仪表的指示值 Q_1 相比较，按式（3-20）可计算仪表的指示误差：

$$\Delta=(Q_1-Q)/Q_2\times100\% \tag{3-20}$$

式中　Δ——仪表的指示误差；

Q_1——仪表的指示值，m^3/s；

Q——仪表的实际流量值，m^3/s；

Q_2——仪表的测量上限值，m^3/s。

如果校准后发现仪表指示值超过仪表规定的精度，可以改变信号发生器内用锰铜丝绕制的电阻值，使其指示误差达到要求。

3. 电磁流量计变送器的调整

在一般情况下是不对变送器进行调整的，因为仪表在出前已进行过比较完善的调整，而在正常情况下工作一般是不会发生太大问题的，所以在日常工作中仅对变送器做一些外观的检查和必要的维护。

三、热流计的标定

热流计是一种用于测定建筑围护结构热流密度的仪表，其测量结果的准确性是仪表能否信赖的关键。热流计测头在使用一段时间后，其准确度会有所下降，因此要按规定进行标定。另外，热流计测头在使用中，常粘贴在被测物体的表面或埋设在被测物体的内部，这都会影响被测物体原有的传热状况，从而影响热流密度的检测真实情况。

为了对以上影响有一个比较准确的估计，就必须知道热流计测头自身的热阻等性能，这就需要在标过程中加以确定。热流计的标定方法主要有平板直接法、平板比较法和单向平板法等3种。

（一）平板直接法

平板直接法是采用测量绝热材料的保护热板式导热仪，作为标定热流计测头用的标准热流发生器。两个热流测头分别放在主热板的两侧，然后再放上两块绝热缓冲块，外侧再用冷板夹紧。中心热板用稳定的直流电源进行加热，冷板是恒温水套。平板直接法的结构如图 3-45 所示。

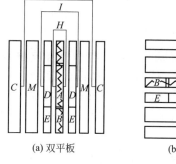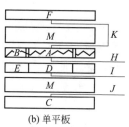

图 3-45 平板直接法的结构

根据不同的工况确定中心加热器的加热功率和恒温水的温度，调整保护圈加热器的加热功率，使保护圈表面均热板的温度与中心均热板表面的温度一致，从而在热板和冷板之间建立起一个垂直于冷、热板面，同时也垂直于热流测头表面的稳定的一维热流场。主加热器所发出的热流均匀垂直地通过热流的测头，热流的密度可按式（3-21）计算：

$$q = RI^2/2A \qquad (3-21)$$

式中 q——计算热流密度，W/m^2；

R——中心热板加热器的电阻，Ω；

I——通过加热器的电流，A；

A——中心热板的面积，m^2。

此时可测出热流测头的输出电势 E，利用式（3-22）可确定热流测头系数 C 值：

$$C = q/E \qquad (3-22)$$

在进行热流计标定时，应保证冷热板之间的温差大于 $10℃$。进入稳定状态后，每隔 30min 连续测量测头和热缓冲板两侧温差、测头输出电势及热流密度。4 次测量结果的偏差应小于 1%，并且不是单方向变化时，标定至此结束。在相同温度下，每块测头应至少标定

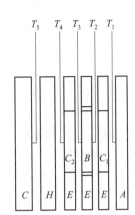

T_5 T_4 T_3 T_2 T_1

C_2 B C_1

C H E E E A

图 3-46　平板比较法的结构

两次，第二次标定时，两块测头的位置应加以互换，取两次标定值的平均值作为该温度下测头标定系数 C。

（二）平板比较法

平板比较法的标定装置比较简单，主要包括热板、冷板和测量系统，如图 3-46 所示。

在进行热流计标定时，把待标定的热流计测头与经平板直接法标定过的测头，作为标准的热流测头及绝缘材料做成缓冲块一起，放在表面温度保持稳定均匀的热板和冷板之间。热板和冷板用电加热或恒温水槽的形式进行控温。利用标准热流测定的系数 C_1、C_2 和输出电势 E_1、E_2，就可以算出热流密度 q，用式(3-23) 也就能确定被标定测头的系数。

$$C=q/E=(C_1E_1+C_2E_2)/2E \tag{3-23}$$

式中　C——被标定测头的系数，$W/(m^2 \cdot mV)$；

C_1、C_2——标准测头的系数，$W/(m^2 \cdot mV)$；

q——热流密度，W/m^2；

E——被标定测头的输出电势，mV；

E_1、E_2——标准测头的输出电势，mV。

平板比较法的标定具体要求与平板直接法相同。

(三) 单向平板法

单向平板法的标定装置，与平板比较法基本相同，主要包括热板、冷板和测量系统，如图 3-47 所示。单向平板法标定装置除了使中心计量热板 A 和保护板 B 的温度相等，还要使中心计量热板 A 底部的温度和被保护板下的温度相等，因此使中心计量热板的热量不出现向周围及底部损失，这样唯一可传递的方向是热流测头，从而保证了一维稳定热流的条件。由于热流只是向一个方向流出，因此热流密度可以用式(3-24) 进行计算：

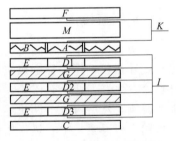

F

M　K

B　A

E　$D1$

G

E　$D2$　L

G

E　$D3$

C

图 3-47　单向平板法的结构

$$q=RI^2/A \tag{3-24}$$

式中　q——计算热流密度，W/m^2；

R——中心热板加热器电阻，Ω；

I——通过加热器的电流，A；

A——中心热板的面积，m^2。

此时可以测出热流测头的输出电势 E，利用式(3-25) 即可确定测头系数 C。

$$C=q/E \tag{3-25}$$

第四节　热量测量仪表和数据采集仪表

一、热量测量仪表

(一) 热量表的工作原理

传统的热量测量方法是用流量计测量流体的流量，用温度计测量流体的进出温度，然后再用热量计算公式进行计算。热量表的出现很好地解决了传统测量方法存在的不足。热量表把流量表、温度计、数据处理系统有机地结合在一起。热量表在进行工作时，在一定的时间内，其热量与进出水管的温差、流过热水的体积成正比。流过热水的体积通过流量计测出，并通过变送器传给数据处理系统，进出水管温差通过安装在管道上的配对温度计测出，并传给数据处理系统，数据处理系统根据流过流体体积、温差进行时间积分，计算出热量消耗并显示和记录。

热量表是测量计算热量的仪表。热量表的具体工作原理是：将一对温度传感器分别安装在通过载热流体的上行管和下行管上，流量计安装在流体入口或回流管上（流量计安装的位置不同，最终的测量结果也不同），流量计发出与流量成正比的脉冲信号，一对温度传感器给出表示温度高低的模拟信号，而积算仪采集来自流量和温度传感器的信号，利用积算公式算出热交换系统获得的热量。

（二）热量表的基本类型

热量表按照其的结构和原理不同，可以分为机械式、电磁式、超声波式等类型。热量表的分类实际上是以流量计的类型不同而进行区分的，理论上可用于测量热水的流量计很多，但真正应用的主要有机械式和非机械式两类。机械式热量表主要包括旋翼式和螺翼式；非机械式热量表主要包括超声波式和电磁式等。

1. 机械式热量表

机械热量表又可分为单流束和多流束两种，单流束表的性能是水在表内从一个方向单股推动叶轮转动的表为单流束表。不足之处表的磨损大，使用年限短。多流束表的性能是水在表内从多个方向推动叶轮转动的表为多流束表。该表相对磨损小，使用年限长。叶轮分为两种形式：螺翼和旋翼。一般小口径 $DN15\sim40$ 户用表使用旋翼。大口径的工艺表 $DN50\sim300$ 使用螺翼。机械表的质量保证期一般是 2 年。

机械式流量表的流量传感信号传递不需要外部电源，不需要消耗电能；压力损失小，量程比较大；安装维护方便，价格比较低廉。但是，必须适应 95℃ 以上工作需要，不可简单地用冷水表代替。

2. 超声波式热量表

超声波式流量计是利用超声波在流动的流体中传播时，顺水流传播速度与逆水流传播速度差计算流体的流速，从而计算出流体流量。对介质无特殊要求；流量测量的准确度不受被测流体温度、压力、密度等参数的影响。超声波热量表有两种形式：一种是直射式也叫对射式，工作原理是超声波换能器直接发射和接收信号确定流量；另一种是反射式也叫对流式，工作原理是超声波换能器通过反射板平面的反射速度确定流量。

3. 电磁式热量表

电磁式热量表是采用电磁式流量计的热量表的统称。由于是无机械转动元件，不易损坏，测量精度高，计量稳定可靠。但由于成本比较高，需要外加电源等原因，所以很少有热量表采用这种流量计。目前，国内有些热量表生产企业利用用户对热能表的结构和原理不了解情况，将一般机械热表当做电磁式热量表介绍给用户。此种现象需要警惕。

(三) 供热采暖系统热量测量

1. 双管水平并联式采暖系统和单管水平串联跨越式采暖系统

随着住宅功能的提高和供热收费机制的改革，新建住宅可在住户外的楼梯间设管道井，室内管道设计成水平式。这种布置形式既便于按户进行计量，又便于按户加以控制。室内双管水平并联式采暖系统如图 3-48 所示；室内单管水平串联跨越式采暖系统如图 3-49 所示。

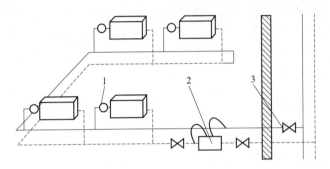

图 3-48　室内双管水平并联式采暖系统
1—温控阀；2—热量表；3—锁闭阀

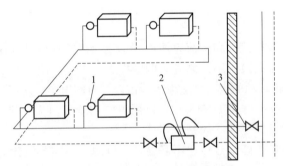

图 3-49　室内单管水平串联跨越式采暖系统
1—温控阀；2—热量表；3—锁闭阀

从图 3-48 和图 3-49 中可以看出，一户一阀、一户一表的热量计量方式，供热系统是设计成水平双管并联或单管串联形式且设置管道井。这种采暖方式的室内供热系统投资相对更高一些，但采取分户计量符合我国国情，是今后大力推广和发展的方向。

2. 室内双管上供下回式安装热分配表采暖系统和室内单管上供下回式安装热分配表采暖系统

传统的室内采暖系统，为了节省管道用材，避免双管系统因高层建筑的垂直失调，大多数为单管顺流系统。实行计量供热后，双管系统直接在散热器上加装温度控制阀和热分配表即可，而单管顺流系统需加装旁通管，改造为单管跨越式采暖系统。

室内双管上供下回式安装热分配表采暖系统如图 3-50 所示；室内单管上供下回式安装热分配表采暖系统如图 3-51 所示。

从图 3-50 和图 3-51 中可以看出，热分配式的供热计量方法，是在一栋楼或一个门栋入口处安装一块热量表，每个用户的散热器上安装热分配表的计量方法。我国老的住宅大多数宜采用这种供热系统。

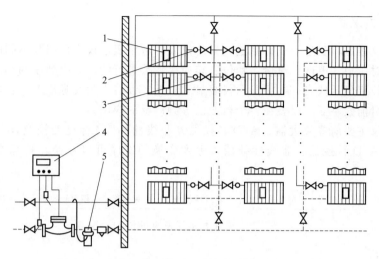

图 3-50　室内双管上供下回式安装热分配表采暖系统

1—热分配表；2—温控阀；3—锁闭阀；4—热能表；5—压差控制器

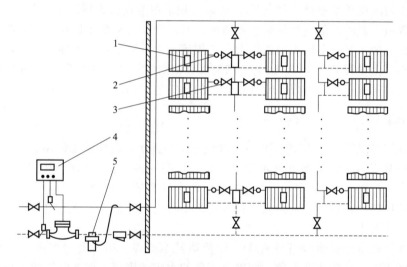

图 3-51　室内单管上供下回式安装热分配表采暖系统

1—热分配表；2—温控阀；3—锁闭阀；4—热能表；5—压差控制器

二、数据采集仪表

数据采集仪表就是将在检测过程中传感器测量出的数据，通过转换器储存到存储元件的仪表。数据采集仪表主要由测量探头、转换器、导线、存储元件、数据处理、显示器等组成。

实现数字显示的基本过程，是将连续变化的被测物理量（模拟量）通过 A/D 转换器先转换为与其成比例的断续变化的数字量，然后再进行数字编码、传输、存储、显示或打印。一般情况下，电量、直流电压和频率易于实现数字化。因此，在使用中总是将各种被测参数先通过传感器（或变送器）转换为电信号，然后再送入数字仪表。

随着科学技术的进步和建筑节能检测的要求，数据采集仪表的品种越来越多，在检测中常见的有数字显示仪表和数字巡回测量仪表等。

（一）数字显示仪表

数字显示仪表是检测过程获得测量结果的仪表，数字显示仪表可以与不同的传感器（变送器）配合，对压力、温度、流量、物位、转速等参数进行测量并以数字的形式显示被测结果，所以称为数字显示仪表。数字显示仪表显示直观、没有人为视觉误差、反应迅速、准确度高等优点。目前数字显示仪表在各个行业已等到广泛的应用。

数字显示仪主要前置放大器、A/D 转换器、非线性补偿、标度变换及计数显示器 5 部分组成。其中 A/D 转换器、非线性补偿、标度变换的次序可以互换，其基本组成方案如图 3-52 所示。

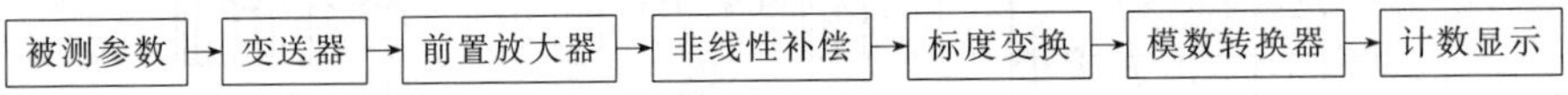

被测参数 → 变送器 → 前置放大器 → 非线性补偿 → 标度变换 → 模数转换器 → 计数显示

图 3-52　数字显示仪表的基本组成

1. 前置放大器

被测参数经变送器变换后的信号，一般只有毫伏（mV）数量级，而模/数（A/D）转换器一般要求输入电压数量级为伏（V），所以必须采用前置放大器。

由于前置放大器的性能直接影响整机指标，所以设计制造性能良好的放大器是一个非常重要的问题。一般用于数字仪表中的放大器必须满足以下要求：①线性度良好，一般要求非线性误差要小于全量程的 0.1%；②具有高精度和高稳定性的放大倍数；③具有高输入阻抗和低输出阻抗；④抗干扰能力强；⑤具有较快的反应速度和过载恢复时间。

2. A/D 转换器

A/D 转换器有多种，常用的有两种：双积分型和逐次比较反馈编码型。

（1）双积分型 A/D 转换器基本原理：将一段时间内的模拟量电压值通过两次积分变换成与其成正比的时间间隔，然后利用时钟脉冲和计数器测出此时间间隔，从而得到数字量。双积分转换器的特点：①电路元件参数要求不苛刻；②很强的抗工频干扰能力；③不宜用在快速测量系统中。

（2）逐次比较电压反馈编码型 A/D 转换器基本原理：用一套标准电压与被测电压进行比较并不断逼近，最后达到一致。标准电压值的大小就表示了被测电压的大小。将这一与被测电压相平衡的标准电压以二进制形式输出，就实现了模/数转换过程。

A/D 转换器是数字显示仪表和计算机输入通道的重要组成部分。由于大规模集成电路技术的发展，A/D 转换器现在多数已集成化。在 A/D 转换中必须有一定的量化单位使模拟量整量化，量化单位越小，整量化的误差就越小，数字量也就越接近模拟量本身的值。因此，A/D 转换器实际上是一个量化器。当其输入量为模拟信号 A，输出为数字信号 D 时，A/D 转换器的输出和输入关系可用式(3-26) 表示：

$$D = A/R \tag{3-26}$$

式中　D——输出的数字量；

A——输入的模拟量；

R——量化单位。

连续模拟量的范围非常广，测量上有各种各样的物理量，常用电压-数字转换。电压-数字转换的方法有多种，按照转换的过程不同，可分为直接法和间接法。

直接法是直接由电压转换成数字量。只需要一套基准电压，使之与被转换电压进行比较，把电压转化为数字量，所以又称为比较型 A/D 转换器，如逐次比较电压反馈编码型 A/D 转换器。

间接法是电压不直接转换成数字量，而是首先转换成一个中间量，再由中间量转换成数字量。目前应用最多的是电压-时间间隔型 A/D 转换器和电压-频率型 A/D 转换器。

3. 非线性补偿

大量的试验结果表明，多数感受件输出信号与输入被测量之间呈非线性关系。这对于指针式模拟显示仪表来说，只需将标尺刻度按对应的非线性关系进行划分即可。但是，在数字显示仪表中，不可以用非线性刻度来进行划分，这是因为二、一、十进制数码是通过等量化取得的，是线性递增或递减的，所以要消除非线性造成的误差，必须在仪表中加入非线性补偿。

补偿的目的是使输出更加接近理论值。造成非线性关系输出的原因很多，除了传感器自身的因素外，还有很多外界因素。这些外界因素很复杂，不能直接计算得到。所以要进行非线性补偿，排除其他影响因素，才能得到合理的输出。目前，非线性补偿常用方法有非线性 A/D 转换法和数字式非线性补偿法。

4. 标度变换

所谓标度变换是指将数字仪表的显示值和被测原始物理量统一起来的过程。因为放大器输出的测量值与工程实际值之间往往存在一定的比例关系，因此，测量值乘上某常数后，才能转换成数字显示仪表所能直接显示的工程实际值，这个过程称为标度变换。

通俗地说标度变换就是放大或缩小的码尺变换，对分形来说用不同的码尺所测得的结果，有随码尺的变化而变化的，也有随码尺的变化而不变的。分形理论就是基于对事物在不同标度变换下的不变性。

例如，当采用 Cu100 作为测温元件时，温度每变化 1℃，其阻值变化 0.428Ω，测量值与被测值的关系并不是一目了然，如果有一恒定电流 2.34mA 通过这个电阻，则温度每变化 1℃时，这个热电阻的两端电压变化为 1mV，这样测量值与被测物理量就统一起来了。

5. 计数显示器

数字显示仪表可以与不同的传感器（变送器）配合，对压力、温度、流量、物位、转速等参数进行测量并以数字的形式显示被测结果，所以称为数字显示仪表。数字显示仪表具有显示直观、没有人为视觉误差、反应迅速、准确度高等优点。目前数字显示仪表在各个行业已等到广泛的应用。

数字显示仪表要将测量和处理的结果直接用十进位制数的形式显示出来，所以许多集成显示器都包含二、一、十进制译码电路，将 A/D 转换器输出的二进制先转换成十进制，再通过驱动电路显示出十进制的测量结果。

数字显示器从原理上不同，可分为发光二极管（LED）显示器、液晶（LCD）显示器和等离子显示器等。数字显示器从尺寸上不同，可分为小型显示器、中型显示器、大型显示器和特大型显示器。

（二）数字巡回测量仪表

随着建筑节能检测工作的广泛开展，热工检测的项目及数量相应增多，如果再采用单一的检测仪表，已经不能满足热工检测的需要。

数字巡回测量仪表简称巡测仪，这种仪表能够对多个热工测点进行巡回测量显示，可以实现仪表多用的目的。数字巡回测量仪表的种类较多，既有十几点到几十点的单一参数或多参数小型巡测仪，也有几百点的大型巡测仪。各种巡测仪的基本组成是相同的，与单点数字显示仪表的不同之处，是在 A/D 转换器之前加了采样系统。

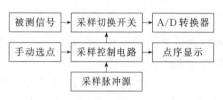

图 3-53　数字巡测仪的采样系统示意

采样系统包括控制电路、采样开关、采样保持器、点序显示等，如图 3-53 所示。自动采样时，采样控制电路在采样脉冲的作用下控制采样开关的动作，使相应的被测信号进入前置放大器；同时由点序显示电路显示点序。采用手动选点采样时，手动点序号，采样控制电路接收点序号控制采样开关，并将被选参数送至 A/D 转换器。

常用数字巡测仪的技术性能如表 3-19 所列。

表 3-19　常用数字巡测仪的技术性能

名称 项目	WLR-C智能 多点温度检测仪	WLR-C智能热水 热量采集控制仪	温度与热流巡 回自动检测仪	XMD混合可 编程巡检仪
概述	本机可以测量50路室内外温度、32路电势，可同时检测温度和热流，具有巡检、打印功能，但需设冰瓶	本仪器为建筑物供热量和室温检测的专用仪表，可检测1路热量、流量及14路室温，可定时打印	本仪器可测量56路室内外温度，20路电势，冷端自动补偿，可同时检测温度和热流，具有巡检和打印功能	本仪表采用动态校零技术自动扣除温差、时漂的影响。每路的量程、分度号等可分别设置，热偶、热阻混合可编程。可同时检测2～60点参数，随机有数据处理软件，配有RS232口
测量范围	−40～100℃ 0～±20mV	室温0～40℃ 水温0～100℃	−50～100℃ 0～±200mV	随输入信号与适配传感器的不同而不同
误差	±0.2℃,±20mV	±0.2℃	±0.5℃,±0.1%	±0.5%FS±1字
分辨率	0.1℃	—	0.1℃,10μV	1℃
巡检点数	温度50路 电势32路	室温14路	温度56路 电势20路	60路之内任意设置
巡检周期	自定	自定	自定	自定
传感元件	铜-康铜热电偶、热流计	铂电阻	铜-康铜热电偶、热流计	热电阻(Pt100、Cu50、Cu100、Cu53、BA1、BA2)，热电偶(E、K、T、EU-2)DC-mV、V、mA
选点方式	自动　手动	自动　手动	自动　手动	自动　手动

微电子技术和计算机技术的不断发展，引起了仪表结构的根本性变革，以微型计算机（单片机）为主体，将计算机技术和检测技术有机结合，组成新一代"智能化仪表"，在测量过程自动化、测量数据处理及功能多样化方面与传统仪表的常规测量电路相比较，取得了巨大进展。智能仪表不仅能解决传统仪表不易或不能解决的问题，还能简化仪表电路，提高仪表的可靠性，更容易实现高精度、高性能、多功能的目的。随着科学技术的进一步发展，仪表的智能化程度将越来越高，不但能完成多种物理量的精确显示，同时可以带变送输出、继电器控制输出、通讯、数据保持等多种功能。

第四章

建筑材料导热性能检测

随着我国建筑节能工作的不断深入开展，各类新型建筑节能材料得到广泛应用。为了正确评定建筑材料的绝热性能，确保建筑工程的节能指标达到设计要求，对建筑节能材料的导热系数进行检测势在必行。根据现行国家标准《建筑节能工程施工质量验收规范》（GB 50411—2013）规定，用于墙体、屋面及地面等节能工程的材料，在进场前必须对其导热系数等技术指标进行见证取样复验，合格的建筑材料才能用于工程中。

材料的导热系数也称为热导率，它是反映材料导热性能的重要物理量，不仅是评价材料热力学特性的依据，而且是材料在建筑工程应用时的一个重要设计依据。不同物质导热系数各不相同；相同物质的导热系数与其的 结构、密度、湿度、温度、压力等因素有关。同一物质的含水率低、温度较低时，导热系数较小。一般来说，固体的导热系数比液体的大，而液体的导热系数又要比气体的大。建筑保温材料越来越广泛地应用于各种建筑节能工程中，由于这些材料具有一系列的热物理特性，在进行建筑热工计算时，往往涉及这些热物理特性。为了使建筑热工计算准确、可靠，就必须正确地选择材料的热物理指标，使其与材料的实际使用情况相符，否则，计算所得到的结果与实际情况仍然会存在很大的差异，达不到建筑节能的目的。

导热系数是建筑保温材料主要热工性能之一，是鉴别建筑材料保温性能好坏的主要标志。近几年来，随着建筑节能一系列标准、法规的出台，我国对建筑节能越来越重视。因此，准确测定导热系数是十分必要的，对于合理选材具有十分重要意义。测定建筑材料导热系数的方法可分为两大类，稳态法和非稳态法。稳态法又可分为防护热板法、热流计法、圆管法和圆球法；非稳态法又可分为准稳态法、热线法、热带法、常功率热源法和其他方法。

测定建筑材料导热系数两类方法的各种形式都各有特点和适用条件，不同材料根据自身的特性和使用条件，可选用不同的方法测定。根据稳态导热原理建立起来的方法，在国内外已很成熟。本章将介绍建筑材料导热系数常用的测试方法、试验装置和对试件的要求等内容。

第一节　建筑材料检测防护热板法

防护热板法是运用一维稳态导热过程的基本原理来测定材料导热系数的一种测量方法，可以用测定材料的导热系数及其与温度的关系。防护热板法的检测方法及装置、试样的要求等，应当符合国家现行标准《绝热材料稳态热阻及有关特性的测定　防护热板法》（GB/T 10294—2008）中的规定。

防护热板法的检测设备是根据在一维稳态情况下，通过平板的导热量 Q 和平板两面的温度差 ΔT 成正比，与平板的厚度 δ 成反比，以及和导热系数 λ 成正比的关系进行设计的。

在稳态条件下，防护热板装置的中心计量区域内，在具有平行表面的均匀板状试件中，建立类似于以两个平行匀温平板为界的无限大平板中存在的恒定热流。

为了保证中心计量单元建立一维稳态热流和准确测量热流密度，加热单元应分为中心的计量单元和由隔缝分开的环绕计量单元的防护单元，并且需要有足够的边缘绝热和外防护套，特别是在远高于或低于室温下运行的装置，必须设置外防护套。

根据试验可知，通过薄壁平板（壁厚为壁长或壁宽的 1/10）的稳定导热量可按式（4-1）进行计算：

$$Q = A \cdot \Delta T \cdot \lambda / \delta \tag{4-1}$$

式中　Q——通过薄壁平板的热量，W；

A——薄壁平板的面积，m^2；

ΔT——薄壁平板的热端和冷端的温差，℃；

λ——薄壁平板的导热系数，W/(m·K)；

δ——薄壁平板的厚度，m。

在进行测试时，如果将平板两面温差 $\Delta T = (t_\mathrm{R} - t_\mathrm{L})$、平板厚度 δ、垂直于热流方向的导热面积 A 和通过平板的热流量 Q 测定以后，就可以根据式（4-2）得出导热系数 λ。

$$\lambda = Q \cdot \delta / \Delta T \cdot A \tag{4-2}$$

需要特别指出的是式（4-2）中所求得的导热系数，是当时的平均温度下材料的导热系数值，此平均温度可按式（4-3）计算：

$$t_\text{平} = 0.5(t_\mathrm{R} - t_\mathrm{L}) \tag{4-3}$$

式中　$t_\text{平}$——测试材料导热系数的平均温度，℃；

t_R——被测试件的热端温度，℃；

t_L——被测试件的冷端温度，℃。

一、防护热板法的测量装置

根据以上所述防护热板法的原理，可以建造两种形式的防护热板装置，即双试件式防护热板装置和单试件式防护热板装置。双试件式防护热板装置中，在两个近似相同的试件中夹一个加热单元，热流由加热单元分别经两侧试件传给两侧的冷却单元，如图 4-1(a) 所示。单试件式防护热板装置中，加热单元的一侧用绝热材料和背防护单元代替试件和冷却单元，如图 4-1(b) 所示。绝缘材料的两表面应控制温差为零，无热流通过。

图中加热单元包括：计量单元（A—计量加热器、B—计量面板）和防护单元（C—防护加热器、D—防护面板）；冷却单元（E—冷面加热器、E_s—冷却单元面板、O—绝热层、

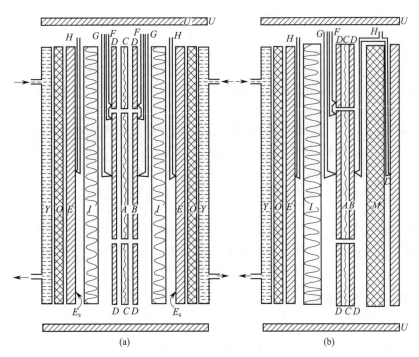

图 4-1 防护热板装置一般特点

Y—冷却水套）；U—防护外套；背防护单元（L—背防护加热器、M—绝热层）；I—被测试件；F—平衡检测温差热电偶；G—加热单元表面测温热电偶；H—冷却单元表面测温热电偶；M—背防护单元温差热电偶。

二、防护热板法装置的技术要求

（一）加热单元的技术要求

加热面板的表面温度必须是一均匀的等温面，在试件的两表面形成稳定的温度场。加热单元包括计量单元和防护单元两部分，计量单元由一个计量加热器和两块计量面板组成，防护单元由一个（或多个）防护加热器及两倍于防护加热器数量的防护面板组成。

面板通常由高导热系数的金属制成，其表面不应与试件和环境有化学反应。工作表面应加工成平面，在所有工作条件，平面度应优于 0.025%。在运行中面板的温度不均匀性应小于试件温差的 2%。双试件装置，在测定热阻不大于 0.1m·K/W 的试件时，加热单元的两个表面板之间的温差应小于 ±0.2K。所有工作表面应处理到在工作温度下的总半球辐射率大于 0.8。

1. 隔缝和计量面积的要求

加热单元的计量单元和防护单元之间应有隔缝，隔缝在面板平面上所占的面积，不应超过计量单元面积的 5%。

计量面积系指试件由计量单元供给热流量的面积，其面积大小与试件的厚度有关。当厚度很薄趋近零时，计量面板的面积趋近等于计量单元面积。厚度较大试件的计量面积为隔缝中心线包围的面积，为避免复杂的计算中的修正，如果试件的厚度大于隔缝宽度的 10 倍，应采用中心线包围的面积。

2. 隔缝两侧的温度不平衡

如果隔缝两侧的温度不平衡，必然会影响材料导热系数的测量精度，应采用适当的方法检测隔缝两侧的温度不平衡。通常多采用多接点的热电堆，热电堆的接点应对金属板绝缘。在方形防护热板装置里，当仅用有限的温差热电偶时，建议检测平均温度不平衡的位置是沿隔缝距计量单元角的距离等于计量单元边长 1/4 的地方，应避开角部和轴线位置。

当传感器装设在金属面板的沟槽里时，无论面对试件还是面对加热器，除非经细致实验和理论校核证实，测温传感器与金属面板间热阻的影响可忽略，都应避免用薄片来支承热电堆或类似的方法。温差热电偶应置于能够记录沿隔缝边上存在的温度不平衡，而不是在计量单元和防护单元金属面板上某些任意点间存在的不平衡。建议隔缝边缘到传感器间的距离应小于计量单元边长的 5%。

实际上温度平衡具有一定的不确定性，因此隔缝热阻应该尽量高。计量单元和防护单元间的机械连接应尽量减少，尽可能避免金属或连续的连接。所有的电线应斜穿过隔缝，并且应该尽量用细的、低导热系数的导线，避免用铜导线。

（二）冷却单元的技术要求

冷却单元表面尺寸至少与加热单元的尺寸相同。冷却单元可以是连续的平板，但最好与加热单元类似，它应维持在恒定的低于加热单元的温度。板面温度的不均匀性应小于试件温差 2%。冷却单元可采用金属板中通过恒温流体或冷面电加热和插入电加热器与冷却器之间绝热材料组成，或者两种方法结合起来使用。

（三）边缘绝热和边缘热损失

加热单元和试件的边缘绝热不良，是试件中热流场偏离一维热流场的主要原因。此外，加热单元和试件边缘上的热损失，会在防护单元的面板内引起侧向温度梯度，因而产生附加热流场歪曲。因此，应采用边缘绝热、控制周围环境温度、增加外防护套或线性温度梯度的防护套，或者将以上方法结合使用以限制边缘热损失。

（四）背防护单元的技术要求

单试件装置中的背防护单位，主要由加热器和面板组成。背防护单元向加热单元的表面温度，应与所对应的加热单元表面的温度相等。防止任何热流流过插入其间的绝热材料。绝热材料的厚度应进行限制，防止因侧向热损失在加热单元的计量单元中引起附加的热流造成误差。因防护单元表面与加热单元表面不平衡，以及绝热材料侧向热损失引起的测量误差应小于 ±0.5%。

（五）测量仪表的技术要求

建筑材料导热系数所用的测量仪表，主要包括温度测量仪表、厚度测量仪表和电气测量系统，所用的仪表均应满足相应的技术要求。

1. 温度测量仪表

（1）温度不平衡检测　温度不平衡检测的传感器，常用于直径小于 0.3mm 的热电偶组成的热电堆。检测系统的灵敏度应保证因隔缝不平衡引起的热性质测定误差不大于 ±0.5%。

（2）装置内的温度检测　任何能够保证测量加热和冷却单元面板间温度差的准确度达到 ±1.0% 的方法，均可以用来测量面板的温度。表面温度常用永久性埋设在面板沟槽内或放在试件接触表面下的温度传感器（热电偶）来测量。

在计量单元面板上设置的温度传感器的数量应大于 $10A^{0.5}$ 或 2（两者取大值），A 为计量单元的面积，单位为平方米。并要将一个温度传感设置在计量面积的中心。冷却单元面积上设置温度传感器的数量与计量单元相同，位置与计量单元相对应。

（3）试件温差的确定　由于试件与装置的面板之间的接触热阻影响，试件的温差用不同的方法加以确定。

① 表面平面、热阻大于 $0.5\mathrm{m^2 \cdot K/W}$ 的非刚性试件，温差由永久性埋设在加热和冷却单元面板的温度传感器（通常为热电偶）测量。

② 刚性试件则用适当的匀质薄片插入试件与面板之间。由薄片—刚性试件—薄片组成的复合试件的热阻方法①确定。薄片的热阻不应大于试件热阻的 1/10，并应在与测定时相同的平均温度、相同厚度和压力下单独测量薄片的热阻。总热阻与薄片热阻之差，应当为刚性试件的热阻。

③ 直接测量刚性试件表面温度的方法，是在试件表面或在试件表面的沟槽内装设热电偶。这种方法应使用很细的热电偶或薄片型热电偶。热电偶的数量应满足装置内温度测量的要求。此时试件的厚度应为垂直试件表面方向（热流方向）上热电偶的中心距离。

比较①和②两种方法所测得的结果，有助于减小测量的误差。

（4）温度传感器的形式和安装要求　安装在金属面板内的热电偶，其直径应小于 $0.6\mathrm{mm}$，较小尺寸的装置，宜采用直径不大小 $0.2\mathrm{mm}$ 的热电偶。低热阻试件表面的热电偶，宜埋入试件表面内，否则必须用直径更粗的热电偶。

所有热电偶必须用标定过的热偶线材进行制作，线材的性能应满足《绝热材料稳态热阻及有关特性的测定 防护热板法》（GB/T 10294—2008）附录 B.1 中专用级的要求。如果不满足要求，应对每支热电偶单独标定后筛选。

因温度传感器周围热流的扭曲、传感器的漂移和其他特性引起的温差测量误差，应当小于 $\pm 1.0\%$。使用其他温度传感器时，也应当满足上述要求。

2. 厚度测量仪表

测量试件厚度的仪表应精密，其准确度应优于 $\pm 0.5\%$。由于热膨胀和板的压力，试件的厚度会发生一定的变化，所以应当在实际的测定温度和压力下测量试件的厚度。

3. 电气测量系统

电气测量系统是材料导热系数检测的一个重要组成部分，其性能如何对测量精度影响很大。因此，要求温度和温差测量仪表的灵敏度应不低于 $\pm 0.2\%$，加热器功率测量的误差应小于 $\pm 0.1\%$。

（六）夹紧力的技术要求

材料导热系数试验系统应配备可施加恒定压紧力的装置，以改善试件与板的热接触或在板间保持一个准确的间距。压紧力装置可采用恒力弹簧、杠杆净重系统等方法。在测定绝热材料时，施加的压力一般不大于 $2.5\mathrm{kPa}$；在测定可压缩的试件时，冷板的角（或边）与防护单元的角（或边）之间需垫入小截面的低导热系数的支柱，以限制试件的压缩。

（七）对围护的技术要求

当冷却单元的温度低于室温，或平均温度显著高于室温时，防护热板装置应该放入封闭的窗中，以便控制箱内的环境温度。当冷却单元的温度低于室温时，常设置制冷器控制箱内空气的露点温度，防止冷却单元表面出现结露。如需要在不同的气体中测定，应具备控制气体及其压力的方法。

三、防护热板法的试件

(一) 试件尺寸

根据所使用装置的形式，从每个样品中选取一块或两块试件。当需要两块试件时，它们应该尽可能一样，最好是从同一试样上截取，厚度的差别应小于 2%。试件的尺寸要能够完全覆盖加热单元的表面。试件的厚度应是实际使用的厚度，或者大于能给出被测材料热性质的最小厚度。试件厚度应限制在不平衡热损失和边缘热损失误差之和小于 0.5%。

试件的制备和状态的调节，应按照被测材料的产品标准进行，无材料标准时，可按下述方法进行调节。

(二) 试件制备

1. 固体材料的试件制备

固体材料试件的表面应用适当方法加工平整，使试件与面板能够紧密接触。刚性试件的表面应制作得与面板一样平整，并且整个表面的不平行度应在试件厚度的 ±2.0%。

有的实验室将高热导率试件加工成与所用装置计量单元、防护单元尺寸相同的中心和环形两部分，或者将试件制成与中心计量单元尺寸相同，而隔缝的防护单元部分用合适的绝热材料代替。这些技术的理论误差应另行分析，在这种情况下，计算中所用的计量面积 A 应按式 (4-4) 计算：

$$A = A_m + 0.5 A_g \lambda_g / \lambda \tag{4-4}$$

式中 A_m——计量部分的面积，m^2；

A_g——隔缝的面积，m^2；

λ_g——面对隔缝部分材料的导热系数，$W/(m \cdot K)$；

λ——试件的导热系数，$W/(m \cdot K)$。

由膨胀系数大而质地较硬的材料制作的试件，在承受温度梯度时会产生极度翘曲。这种现象会引起附加热阻、产生误差或毁坏测试装置，测定这类材料需要特别设计的装置。

2. 松散材料的试件制备

在测定松散材料时，试件的厚度至少为松散材料中的颗粒直径的 10 倍。称取经状态调节过的试样，按材料产品标准的规定制成要求密度的试件，如果没有具体的规定，则按下列所述方法之一进行制作，然后将试件很快放入装置中，或者留在标准实验室中达到平衡。

(1) 方法一 当装置在垂直位置运行时采用本方法。在加热面板和各冷却面板间设立要求的间隔柱时，要组装好防护热板组件。在周围或防护单元与冷却面板的边缘之间，要用适合封闭样品的低导热系数材料围绕，以便形成一个（或两个）顶部开口的盒子，并在加热单元的两侧各设一个。

把称重过和调节好的材料分成 4 (8) 个相等部分，每个试件为 4 份。依次将每份材料放入试件的空间中，在此空间内振动、装填、压实，直到占据它相应的 1/4 空间，制成密度均匀的试件。

（2）方法二　当装置在水平位置运行时采用本方法。用1～2个外部尺寸与加热单元相同的由低导热系数材料做成的薄壁盒子，盒子的深度等于待测试件的深度。用不超过$50\mu m$的塑料薄片和不反射的薄片制作盒子开口面的盖子和底板，以粘贴或其他方法把底板固定到盒子的壁上。把具有一面盖子的盒子水平放在平整的表面上，盒子内放入试件，并注意试件要具有均匀的密度。然后盖上另一个盖板，从而形成封闭的试件。

在放置可压缩的材料时，要抖松被压缩的材料使盖子稍微凸起，这样能在要求的密度下使盖子与装置的板有良好的接触。从试件方向看，在工作温度下盖子和底板表面的半球表面辐射系数应大于0.8。如果盖子和底板有可观的热阻，可用在试件温差中所述方法测定纯试件的热阻。

某些材料在试件准备过程中的材料损失，可能要求在正式测定前重新称试件，这种情况下，测定后确定盒子和盖子的质量，以计算测定材料的密度。

3. 试件状态的调节

测定试件质量后，必须把试件置于干燥器或通风的烘箱里，以材料产品标准中规定的温度或对材料适宜的温度，将试件调节到恒定的质量。热敏感材料（如EPS板）不应暴露在能改变试件性质的温度下，当试件在给定的范围内使用时，应在这个温度范围的上限、空气流动并控制的环境下调节到恒定的质量。

当材料测量传热性质所需要的时间比试件从实验室的空气中吸收显著水分所需要的时间短时（如混凝土试件），要注意在试件干燥结束后，立即把试件快速放入装置中，以防止吸收水分而影响测量精度。反之，应将试件留在标准的实验室空气（296K±1K、50％±10％RH）中继续调节，直至与室内空气平衡。

四、防护热板法的具体测定

防护热板法的测定项目，主要包括测量质量、测量厚度、密度测定和温差选择等。

（1）测量质量　即选择合适的仪器测定试件的质量，并要准确到±0.5％，称量后立即将试件放入装置中进行测定。

（2）测量厚度　刚性材料试件（如石材、金属等试件）厚度的测定，可在放入装置前进行；容易发生变形的软材料试件（如泡沫塑料等试件）厚度的测定，由加热单元和冷却单元位确定，或记下夹紧力，在装置外重现试件上所受的压力时测定试件的厚度。

（3）密度测定　由前面测定的试件质量、试件厚度及边长等数据，通过计算确定试件的密度。有些材料（如低密度纤维材料）测量以计量面积为界的试件密度可能更精确，这样可得到比较正确的材料热性质与材料密度之间的关系。

（4）温差选择　传热过程与试件的温差有密切关系，应按照以下测定的目的来选择温差。

1）按照材料产品现行国家或行业标准中的要求；

2）按照被测定试件或样品的使用条件；

3）确定温度与热性质之间的关系时，温差要尽可能小，控制在5～10K范围内；

4）当要求试件内的传热减到最小时，按照测定温差所需的准确度选择最低温差。

五、防护热板法的环境条件

为确保材料导热系数检测的准确性，在不同的环境条件下进行检测，应具有不同环境的要求。在实际检测中常遇到以下环境条件。

(一) 在空气中的检测环境条件要求

材料导热系数在空气中的检测时，要调节环绕防护热板组件的空气的相对湿度，使其露点的温度至少比冷却单元的温度低 5K。

当把试件封入气密性的袋内避免试件吸湿时，封袋与试件冷面接触的部分不应出现凝结水现象。

(二) 在其他气体或真空中环境要求

如在低温下进行材料导热系数测定，装有试件的装置应在冷却之前用干气体吹除装置中的空气；当温度在 77～230K 之间时，用干气体作为填充气体，并将装置放入一密封箱中；冷却单元温度低于 125K 时使用氮气，应小心调节氮气压力，以避免出现凝结；冷却单元温度在 21～77K 之间时，通常使用氮气，有时也可使用氢气，必须注意使用安全。

六、防护热板法热流量测定

热流量测定施加于计量面积的平均电功率，应精确到±0.2%。输入功率的随机波动、变动引起的热板表面温度波动或变动，应小于热板和冷板间温差的±0.3%。

调节并维持防护部分的输入功率，现在所用的测量仪器基本上是自动控制，以得到符合要求的计量单元与防护单元之间的温度不平衡程度。

七、防护热板法的冷面控制

当使用双试件装置进行测量时，调节冷却面温度使两个试件的温差基本相同，差异应小于±2.0%。采用水循环冷却的测量装置，可调节水的流量来进行冷面控制。

八、防护热板法的温差检测

测量加热面板和冷却面板的温度或试件的表面温度，以及计量与防护部分的温度不平衡程度，由试件温差测量的三种方法（膨胀式温度计、电热式温度计、辐射式温度计）之一确定试件的温差。

九、防护热板法的结果计算

防护热板法的测试结果应按照有关规定进行计算，主要包括试件的密度计算和传热性质的计算两项。

(一) 试件的密度计算

测定时干试件的密度可以按式(4-5)进行计算：

$$\rho = m/V \tag{4-5}$$

式中　ρ——测定时干试件的密度，kg/m^3；

　　　m——干燥后试件的质量，kg；

　　　V——干燥后试件所占的体积，m^3。

(二) 传热性质的计算

试件的热阻可按式(4-6)进行计算：

$$R = A(T_1 - T_2)/Q \tag{4-6}$$

试件的导热系数可按式(4-7) 进行计算:

$$\lambda = Qd/A(T_1 - T_2) \tag{4-7}$$

式中　R——试件的热阻,$m^2 \cdot K/W$;

　　Q——加热单元计量部分的平均热流量,其值等于平均发热功率,W;

　　T_1——试件热面温度平均值,K;

　　T_2——试件冷面温度平均值,K;

　　A——计量面积,m^2;

　　d——试件测定时的平均厚度,m。

十、防护热板法的测试报告

防护热板法的测试报告,是材料导热系数检测最重要的组成部分,是对材料测试过程的正确性进行检查,也是对检测试验的技术总结,测试报告主要应包括以下内容:①材料的名称、标志和物理性能;②试件的制备过程和方法;③试件的厚度(分别注明由热、冷单元位置,确定或测量试件的实际厚度);④状态调节的方法和温度;⑤调节后材料的密度;⑥测定时试件的平均温差及确定温差的方法;⑦测定时的平均温度和环境温度;⑧试件的导热系数;⑨测试的日期和时间;⑩测试人员的签名等。

十一、防护热板法的检测实例

某检测单位用 DRP-1 型导热系数仪检测一组复合硅酸铝板的导热系数,其具体操作步骤、数据记录、结果计算过程如下。

(1) 试件名称　复合硅酸铝板。

(2) 试件规格　ϕ200mm×20mm,圆形双试件。

(3) 试件处理　将裁取好的复合硅酸铝板试件放入烘干箱内,在 105℃±5℃的条件下烘干至恒质量。

(4) 尺寸测量

① 用游标卡尺测量试件的厚度　在测量厚度时,两块试件分别沿四周测量 8 个点。

试件一的测量厚度:19.9mm、20.0mm、19.8mm、20.1mm、19.7mm、20.1mm、19.9mm、19.8mm,用算术平均法得到试件二的平均厚度:

$$d_1 = (19.9+20.0+19.8+20.1+19.7+20.1+19.9+19.8)/8 = 19.9125\text{mm}$$

试件二的测量厚度:19.8mm、20.1mm、19.9mm、20.0mm、19.8mm、20.0mm、19.8mm、19.7mm,用算术平均法得到试件二的平均厚度:

$$d_2 = (19.8+20.1+19.9+20.0+19.9+20.0+19.8+19.7)/8 = 19.9000\text{mm}$$

根据以上测量计算,得两块试件厚度的平均厚度为:

$$d = (d_1+d_2)/2 = (19.9125+19.9000) = 19.90625\text{mm}$$

② 用游标卡尺测量试件的直径。在相互垂直的方向分别测量试件的直径,并取算术平均值作为试件的直径。测得试件一的直径 $D_1 = 200$mm,试件二的直径 $D_2 = 200$mm。

③ 用符合精度(0.01g)要求的天平测得两块试件的质量分别为:试件一的质量 $m_1 = 24.4$g,试件二的质量 $m_2 = 24.2$g。

(5) 室内温度　测得室内环境温度为 17℃。

(6) 试件安装　将两个平板试件仔细地安装在主加热器的上下面,试件表面应与铜板严密接触,不得有任何空隙存在。在试件、加热器和水套等安装入位后,应施加一定的压力,以使它们都能紧密接触。

（7）在冰瓶中加入碎冰和水的混合物，混合物应占冰瓶高度的 2/3。

（8）进行测量 接通主加热器电源，并调节到合适的电压，开始加温，同时开启温度跟踪控制器。在进行加温的过程中，可以通过各测温点的测量来控制和了解加热情况。在开始时，可先不启动冷水泵，待试件的热面温度达到一定值后，再启动水泵，向上下水套中通入冷却水。试验经过一段时间后，试件的热面温度和冷面温度开始趋于稳定。在这个过程中可以适当调节主加热器电源、辅加热器的电压，使其更快或更利于达到稳定状态。待温度基本稳定后，就可以每隔一段时间进行一次电压 V 和电流 I 读数记录和温度测量，从而得到稳定的测试结果。当两次读数记录的数据中小数点后第三位数字变化不超过 2 时，即可判定试验已经达到稳定，可以结束试验。

测试结束后，先切断加热器的电源，并关闭跟踪器，经过 10min 左右，再关闭水泵。

（9）测试数据 如表 4-1 所列。

表 4-1 测试数据表

时间 项目	V_1 /mV	V_2 /mV	V_3 /mV	V_4 /mV	$I \times 10$ /A
10：00	3.5379	3.5330	2.1476	2.1241	3.7894
11：00	3.3683	3.3620	2.1135	2.0886	3.5023
12：00	3.3705	3.3657	2.1185	2.0964	3.6131
13：00	3.4076	3.4025	2.1438	2.1221	3.6135
14：00	3.4052	3.4014	2.1418	2.1209	3.6103
15：00	3.4037	3.3983	2.1392	2.1173	3.5850
16：00	3.3944	3.3895	2.1355	2.1132	3.5850
17：00	3.3916	3.3867	2.1363	2.1146	3.5843
18：00	3.4000	3.3950	2.1354	2.1234	3.5848
19：00	3.3922	3.3880	2.1342	2.1184	3.5757
20：00	3.3949	3.3898	2.1456	2.1235	3.5764
21：00	3.3926	3.3873	2.1436	2.1215	3.5774

（10）计算 用最后一次记录的数据进行试件导热系数的计算。首先查仪器测温热电偶的型号，找到相应的电势与温度对应关系的分度表，用表 4-1 中热电偶电动势 V_1、V_2、V_3、V_4，查附表 E 得到对应的温度值。

$$t_1 = 80.79℃，t_2 = 80.67℃，t_3 = 52.51℃，t_4 = 51.98℃$$

再计算出试件热面的平均温度 $t_热$ 和试件冷面的平均温度 $t_冷$。

$$t_热 和 = (t_1 + t_2)/2 = (80.79 + 80.67)/2 = 80.73℃，$$
$$t_冷 和 = (t_3 + t_4)/2 = (52.51 + 51.98)/2 = 52.24℃$$

根据计算出的试件热面和冷面的平均温度，进一步计算出试件的平均温度 $t_平$ 和热面与冷面的温差 Δt。

$$t_平 = (80.73 + 52.24)/2 = 66.49℃，\Delta t = 80.73 - 52.24 = 28.48℃$$

两个试件的密度分别为：

$$\rho_1 = 24.4 \times 10^{-3}/3.14 \times 0.1^2 \times 19.9125 \times 10^{-3} = 39.024 kg/m^3$$
$$\rho_2 = 24.2 \times 10^{-3}/3.14 \times 0.1^2 \times 19.9000 \times 10^{-3} = 38.729 kg/m^3$$

试件们平均密度 $\rho_平 = (39.024 + 38.729)/2 = 38.876 kg/m^3$

则试件的导热系数为：

$$\lambda = (1.03 \times I^2 \times d \times 10/\Delta t)[1 + \alpha \times (t_热 - 20)] = 0.092 W/(m \cdot K)$$

式中 α——仪器主加热器炉丝电阻温度系数，取 1.75×10^{-5}。

（11）试验注意事项

① 恒温水浴槽内应注入蒸馏水，加热器内不得进水，否则会损坏冷却及加热设备。

② 在测试过程中室温不要有较大的波动，否则对热传导过程中的温度控制将产生较大的影响。

③ 测试仪器可以连续使用，但应有适当的时间间隔，确保试件恢复正常的温度状态。

第二节 建筑材料检测热流计法

热流计法是采用国际上流行的热流计检测导热系数和热阻方法，也是目前建筑节能检测领域常用的一种方法。这种测试方法简便，快捷，重复性好，非常适用于型材等金属材料传热方面的研究和开发，也可用于塑料、橡胶、石墨、保温材料等测试。热流计法的检测方法及装置、试样的要求等应符合国家现行标准《绝热材料稳态热阻及有关特性的测定 热流计法》（GB/T 10295—2008）中的规定。

一、热流计法的基本原理

热流计是建筑能耗测定中常用仪表，该方法采用热流计及温度传感器测量通过构件的热流值和表面温度，通过计算得出其热阻和传热系数。其检测基本原理为：在被测部位布置热流计，在热流计周围的内外表面布置热电偶，通过导线把所测试的各部分连接起来，将测试信号直接输入计算机，通过计算机数据处理，可打印出热流值及温度读数。

采用热流计法的检测过程表明：当热流和冷板在恒定温度的稳定状态下，热流计装置在热流传感器中心测量部分和试件中心部分，可以建立类似于无限大平壁中存在的单向稳定热流。假定测量时具有稳定的热流密度为 q、平均温度为 T_m、温差为 ΔT。用标准试件测得的热流量为 Q_s、被测试件热流量为 Q_u，则标准试件的热阻 R_s 和被测试件的热阻 R_u 的比值，可用式(4-8) 表示：

$$R_u/R_s = Q_s/Q_u \tag{4-8}$$

如果满足能够确定材料导热系数的条件，且试件的厚度 d 为已知，则可以计算出试件的导热系数。

由于装置存在着侧向热量损失，实际上不可能在试件和热流传感器的整个面积上建立一维热流，因此在测试时要特别注意通过试件热流传感器边缘的热损失。边缘热损失与试件的材料和尺寸以及装置的构造等有关。所以，要注意标准试件与被测试件的热性能和几何尺寸（厚度）的差别，以及防护热板装置测定标准试件与用标准试件标定热流计装置时温度边界条件对标定的影响。

二、热流计法的测试装置

热流计装置的典型布置如图 4-2 所示。装置由加热单元、一个（或两个）热流传感器、一块（或两块）试件和冷却单元组成。

图 4-2(a) 为单试件不对称装置，热流传感器可以面对任一单元放置；图 4-2(b) 为单试件双热流传感器对称装置；图 4-2(c) 为双试件对称装置，其中两块试件应当基本相同，并由同一样品制备；图 4-2(d) 和图 4-2(e) 为双向装置，即在加热单元的另一侧面另加传感器，这样则与冷却单元构成双向装置。

图中的 S、S'、S'' 为试件；U'、U'' 为冷却和加热器；H'、H'' 为热流传感器。加热单元和冷却单元以及热流传感器的工作表面（与试件接触的表面）的平面度应优于 0.025%，并处理到在工作温度下的总半球辐射率应大于 0.8。

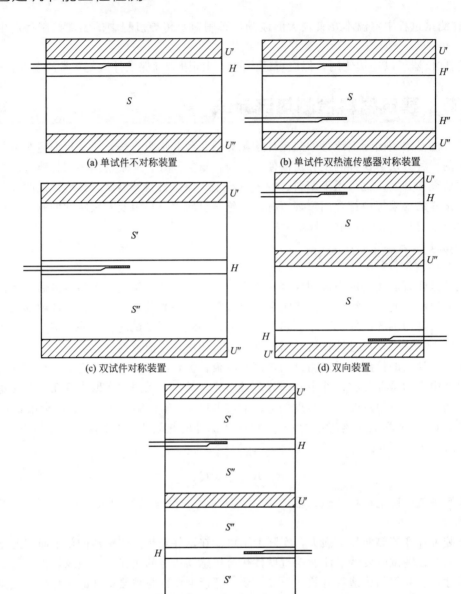

图 4-2　热流计装置的典型布置示意

（一）加热单元和冷却单元

为确保材料导热系数测量的准确性，加热单元和冷却单元的工作表面上温度不均匀性应小于试件温差的 1%。如果热流传感器直接与加热单元或冷却单元工作表面接触，并且热流传感器对沿表面的温差敏感，则温度均匀性要求更高，应保证热流密度测量误差小于0.5%，可用在两块金属板中放置均匀比功率的电热丝，或者在板中能以恒温流体来达到，也可采取二者相结合的方法。冷却单元等温面尺寸至少要和加热单元的工作表面一样大，冷却单元可以与加热单元相同。

在测定过程中，工作表面温度的波动或漂移，不应超过试件温差的 0.5%。热流传感器由于表面温度波动引起的输出波动应小于±2.0%，必要时可在热传感器与加热或冷却单元的工作表面间插入绝热材料作为阻尼。

（二）热流传感器的要求

热流传感器是测量热传递（热流密度或热通量）的基本工具，是构成热流计的最关键器件。热流传感器是利用在具有确定热阻的板材上产生温差，来测量通过它本身的热流密度的装置。

热流传感器主要由芯板、表面温差检测器、表面温度传感器和起保护及热阻尼作用的盖板组成。也可利用金属板（箔）作为均温板，以改善或简化测量，但是不应设置在会使热流传感器输出受影响的地方。

热流传感器的芯板应使用不吸湿的、热匀质的、各向同性的、长期稳定和可压缩性很小的硬质材料制作。在使用温度下以及正常的装卸后，材料的性质不应发生有影响其特性的变化。软木复合物、硬橡胶、塑料、陶瓷、酚醛层压板和环氧或硅脂填充的玻璃纤维织品等均可用于制作芯板。芯板的两个表面应平行，以保证热流均匀垂直于表面。

1. 热电堆的要求

热电堆是一种温度测量元件，由两个或多个热电偶串接组成，各热电偶输出的热电势是互相叠加的，主要用于测量小的温差或平均温度。热电堆应采用灵敏和稳定的温差检测器测量芯板上的微小温差。常用多接点的热电堆，其类型如图 4-3 所示。

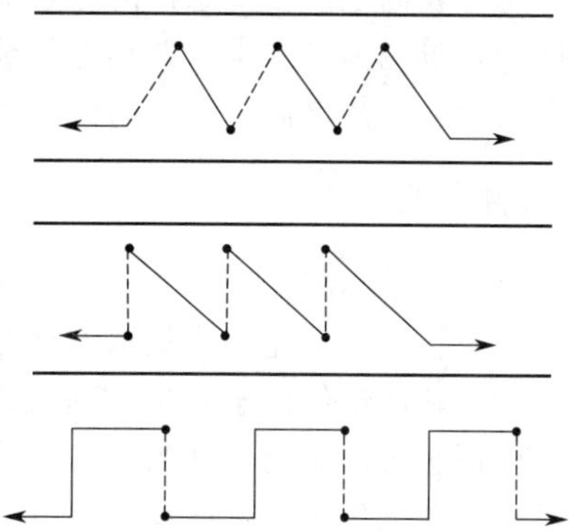

热电堆的热电势 e 与流过芯板的热流密度 q 有关，$q=f \cdot e$，其中 f 称为标定常数。它与温度有关，在一定程度上还与热流密度有关。热电堆的导线直径为 0.2mm。建议用产生热电势高、导热系数低的热电元件。

图 4-3　热电堆示意

如果热流不是垂直通过热流传感器的主表面，热流传感器的主表面上就有温度梯度。这种情况应避免用图 4-3 所示的热接点布置，它对沿垂直和平行于热流传感器主表面的温差都非常敏感。必须采取措施防止输出导线的热流对输出的影响。

当热流传感器输出小于 $200\mu V$ 时，必须采取相应的特殊技术，消除导线、测量线路和热流传感器本体中附加热电势对测量的影响。

温差检测器应均匀分布在热流传感器最中心区域，其面积为整个表面积的 10%～40%，或者集中布置在不小于 10%的区域内，并且这个区域在热流传感器中心的 40%范围内。

2. 表面板的要求

热流传感器的两个表面应予以覆盖。表面板的厚度在满足防止温差检测器导线分流的前提下应当尽量减薄。正确设计的热流传感器，在试件的导热系数大幅度变化时，其灵敏度应与试件的导热系数无关。表面板亦可起到阻尼作用减少温度波动。表面板应采用与芯板类似的材料，用黏合或易熔材料等方法粘贴到芯板上。

3. 表面温度传感器

表面温度传感器为专用的表面温度计，即应测量热流传感器试件一侧表面的平面温度。

$80\mu m$ 的铜箔能平均热流传感器计量区域的表面温度，箔片应该超出该区域大约等于热流传感器的厚度。箔片也能够作为铜-康铜热电偶的一部分或者用于安装铂电阻。热电偶的直径应不大于 $0.2mm$，康铜丝焊在箔片中心，而铜线应焊在靠近边缘的某一点，焊接后应清除热电偶丝焊接的焊锡球，以保证表面的平整。

(三) 其他测量装置的要求

其他测量装置包括很多，主要有装置的温度、试件上的温差、温度传感器、电气测量系统、厚度的测量、机械装置、边缘绝热和边缘热损失等。

1. 装置的温度测量

测量加热单元和冷却单元（或过流传感器）工作表面间的温度差应当准确到 $\pm1.0\%$。

加热单元和冷却单元工作表面间温度，可采用永久性安装在槽内或直接安装在工作表面之下的热电偶测量。当采用双试件对称测量时，置于加热单元和冷却单元工作表面上的温度传感器可用差动连接。此时温度传感器必须与板电气绝缘，建议绝缘电阻应大于 $1M\Omega$。

每一表面上温度传感器的数量应不小于 $10A^{0.5}$ 个或 2 个（取其中大值），A 为计量单元的面积，单位为平方米。如热电偶经常更换或经常标定，对于面积小于 $0.04m^2$ 的板，每个面上只用一个热电偶，但对新建立的装置至少需要两支热电偶。

2. 试件上的温差

（1）对于热阻大于 $0.5m^2\cdot K/W$、且表面能够很好贴合到工作表面的软质试件，通常采用固定在加热单元和冷却单元或热流传感器表面上的温度传感器进行测量。

（2）硬质试件由于受工作表面与试件之间的接触热阻的影响，需要采用特殊的方法测量。已证实可用于硬试件的一种方法是在试件和工作表面之间插入适当的均匀材料的薄片，然后用装在试件表面上或埋入试件表面的热电偶来测定试件温差，均匀布置的热电偶数量参见装置的温度测量。此种方法也可与试件和工作表面间插入低热阻材料的薄片结合使用。

3. 温度传感器

温度传感器是利用物质各种物理性质随温度变化的规律把温度转换为电量的传感器。使用热电偶作为温度传感器时，装在加热单元和冷却单元表面上的热电偶直径应不大于 $0.6mm$，小尺寸的装置应不大于 $0.2mm$。装在试件表面或埋入试件表面的热电偶直径应小于 $0.2mm$。热电偶应采用经过标定的偶线制成。

4. 电气测量系统

装置的整个电气测量系统（包括计算电器）应当满足下列要求。

（1）灵敏度、线性、准确度和输入阻抗，应满足测量试件温差小于 $\pm0.5\%$，测量热电堆热电势的误差小于 $\pm0.6\%$。

（2）电气测量系统的灵敏度应高于温差检测器最小输出的 0.15%。

（3）在温差检测器预期输出范围内，非线性误差应小于 $\pm0.10\%$。

（4）由于输入阻抗而引起的计数误差应小于 $\pm0.10\%$，一般情况大于 $1M\Omega$ 可满足要求。

（5）稳定性应满足在两次标定之间或者 30 天内（取大者）计数变化小于 $\pm0.2\%$ 的要求。

（6）在温差和热电堆的输出中，噪声电压的有效值应小于 $\pm0.1\%$ 的要求。

5. 厚度的测量

测量厚度的误差应小于±0.5%。为确保厚度的测量精度，应当在测试的温度和压力条件下测量试件的厚度。使用电子式传感器时必须定期进行检查，检查间隔应小于1年。

6. 机械装置

测量系统所用的框架应能在一个方向或几个方向固定装置，框架上应设置施加可重复的恒定紧力的机构，以保证良好的热接触或者在冷、热板表面间保证准确的间距。稳定的压紧力可用恒力弹簧、杠杆系统或恒重产生，对试件施加的压力一般不大于2.5kPa。测定易压缩的材料时，必须在加热单元和冷却单元的角或边缘上使用小截面的低导热系数的支柱限制试件的压缩。

7. 边缘绝热和边缘热损失

热流计装置应该用边缘绝热材料、控制周围空气温度，或者同时使用两种方法来限制边缘损失的热量。尤其在测定平均温度与试验室空气温度有显著差异时，应当用外壳包围热流计装置，以保持箱内温度等于试件的平均温度。

边缘热损失：所有布置形式的边缘热损失灵敏度与热流传感器对沿表面温差的灵敏度有关。因此，只有用实验才能检查边缘热损失对测量热流密度的影响。单试件双热流传感器对称布置的装置，可以通过比较两个热流传感器的计数来估计边缘热损失的误差。边缘热损失的误差应小于±0.5%。

为了得到较小的边缘热损失误差，通过边缘的热流量应小于通过试件热流量的20%。

三、热流计法的测定过程

（一）热流计法的试件要求

1. 试件的尺寸

根据装置的类型从每个样品中选择一块或两块试件，当需要两块试件时两块试件的厚度差应小于2.0%。

试件的尺寸应能完全覆盖加热单元和冷却单元及热流传感器的工作表面，并且应具有实际使用的厚度，或者大于可确定被测材料热性质的试件的最小厚度。

2. 试件的制备

为了取得准确的测试结果，试件表面应当用适当的方法加工平整，使试件和工作表面之间能够紧密接触。对于硬质材料，试件的表面应该做得和与其接触的工作表面一样平整，并且在整个表面上不平整度应在试件厚度的±2.0%之内。

当试件用硬质材料制成，并且（或者）其热阻小于0.1m²·K/W时，应采用在试件上的热电偶测量试件的温差，试件的厚度应该取两侧热电偶中心之间垂直于试件表面的平均距离。

3. 试件状态调节

在测定试件的质量之后，必须按被测材料的产品标准中规定或对试件合适的温度下，把试件放在干燥器中或者通风烘箱中调节到恒定的质量。热敏感材料不应暴露在会改变试件性质的温度下。如试件在给定的温度范围内使用，则应在这个温度范围的上限、空气流动控制的环境下，调节到恒定的质量。

如测量热性质所需要的时间比试件从实验室的空气中吸收显著水分所需要的时间短时（如混凝土试件等），建议在其干燥结束时，应当很快就把试件放入装置中，以防止它吸收水分。反之，如测量热性质所需要的时间比试件从实验室的空气中吸收显著水分所需要的时间长时（如低密度纤维材料或泡沫塑料等），建议把试件留在标准的实验室空气中继续调节，与实验室内的空气平衡。对于以上两种的中间情况（如高密度纤维材料）的调节过程，主要取决于操作者的经验。

把试件的质量调节至恒定状态后，试件应冷却并储存于封闭的干燥器或者封闭的部分抽真空的聚乙烯袋中，在正式试验之前将试件取出称重并立即放入装置中。

为了防止在测定过程中试件吸湿，可以将试件封闭在防水的封套中。如果采用的防水封套的热阻不可忽略，则应当单独测定封套的热阻。

（二）热流计法的测定过程

1. 热流计法的质量测定

试件质量是计算其导热系数的主要参数，在进行试件质量测定时，应当选用合适的仪器进行测量，质量的误差不应超过±0.5%。试件测定完成后，应立即把试件放入装置内。

2. 热流计法的厚度测定

试件测定时的厚度是指测定时测得的试件的厚度，或者为板和热流传感器间隙的尺寸，或者在装置之外利用能重现在测试时对试件施加压力的装置进行测量的厚度。

对于某些材料（如低密度纤维材料等），测量由计量区域所包围的部分试件的密度，可能比测量整个试件的密度更准确，这样可以得到比较正确的密度和热性质之间的关系。在可能的条件下测定时要注意监视厚度。

3. 热流计法的温差选择

传热过程与试件上的温差有关，应当按照以下测定的目的选择相应的温差。
① 按照材料产品标准的要求选择温差。
② 按照所测试件或样品的使用条件选择温差。
③ 在测定温度和热性质关系时，温差要应尽可能低 5～10℃。
④ 当要求试件中的传质现象最小时，按温差测量所需要的准确度选择最低的温差。

4. 热流计法的环境条件

使用热流计进行检测时，应根据装置的类型和测定的温度，按要求施加边缘绝热和（或）环境的特殊条件。

周围环境温度控制系统中常设置制冷器，以维持封闭空气的露点温度至少比冷却单元的温度低 5K，以防止出现冷凝和试件吸湿现象。

5. 热流计法热流和温度测量

在测试过程中，要认真观察热流传感器平均温度和输出电势、试件平均温度以及温差，从而检查热平衡状态。

热流计装置达到热平衡所需要的时间，与试样的密度、比热容、厚度和热阻的乘积，以及装置的结构有密切的关系。许多测定的计数间隔可能只需要以上乘积的 1/10，但在实际测试中要用试验对比确定。在缺少类似试件在相同仪器上测定的经验时，以等于以上乘积或 300s（两者取大值）的时间间隔进行观察，直到 5 次计数所得到的热阻值相差在 ±1％ 之内，并且不在一个方向上单调变化为止。

在热流计达到平衡以后，测量试件热面和冷面的温度。在完成上述的观察后，立即测量试件的质量。当试件厚度不是由板的间隙确定时，建议在试验结束时要重复测量其厚度。

四、热流计法的结果计算

热流计法的结果计算，主要包括试件的密度和试件热性质，其中热性质又包括单试件布置和双试件布置形式。

(一) 试件的密度计算

热流计法试件的密度，可按式(4-9) 进行计算：

$$\rho = m/V \tag{4-9}$$

式中　ρ——测定时干试件的密度，kg/m^3；

　　m——干燥后试件的质量，kg；

　　V——干燥后试件所占的体积，m^3。

(二) 试件热性质计算

1. 单试件布置形式

（1）双热流传感器的不对称布置　试件的热阻可按式(4-10) 进行计算：

$$R = \Delta T/f \cdot e \tag{4-10}$$

试件的导热系数可按式(4-11) 进行计算：

$$\lambda = f \cdot e \cdot d/\Delta T \tag{4-11}$$

式中　R——试件的热阻，$m^2 \cdot K/W$；

　　ΔT——试件热面和冷面的温度差，K 或 ℃；

　　f——热流传感器的标定系数，$W/(m^2 \cdot V)$；

　　e——热流传感器的输出，V；

　　d——试件测定时的平均厚度，m。

（2）双热流传感器的对称布置　试件的热阻可按式(4-12) 进行计算：

$$R = \Delta T/0.5(f_1 \cdot e_1 + f_2 \cdot e_2) \tag{4-12}$$

试件的导热系数可按式(4-13) 进行计算：

$$\lambda = 0.5(f_1 \cdot e_1 + f_2 \cdot e_2)d/\Delta T \tag{4-13}$$

式中　f_1——第一个热流传感器的标定系数，$W/(m^2 \cdot V)$；

　　e_1——第一个热流传感器的输出，V；

　　f_2——第二个热流传感器的标定系数，$W/(m^2 \cdot V)$；

　　e_2——第二个热流传感器的输出，V；

其他符号的含义同上。

2. 双试件布置形式

试件的总热阻可按式(4-14) 进行计算：

$$R_t = (\Delta T_1 + \Delta T_2)/f \cdot e \tag{4-14}$$

试件的平均导热系数可按式(4-15) 进行计算：

$$\lambda_{\overline{平}} = 0.5f \cdot e(d_1/\Delta T_1 + d_2/\Delta T_2) \tag{4-15}$$

式中　R_t——试件的总热阻，$m^2 \cdot K/W$；

　　　$\lambda_{\overline{平}}$——试件的平均导热系数，$W/(m \cdot K)$；

　　　ΔT_1——第一块试件的热面和冷面的温度差，K 或 ℃；

　　　ΔT_2——第二块试件的热面和冷面的温度差，K 或 ℃；

　　　d_1——第一块试件测定时的平均厚度，m。

　　　d_2——第二块试件测定时的平均厚度，m。

五、热流计法的测试报告

热流计法的测试报告，是材料导热系数检测最重要的组成部分，是对材料测试过程的正确性进行检查，也是对检测试验的技术总结，测试报告主要应包括以下内容。

① 材料的名称、标志和物理性能；

② 试件的制备过程和方法；

③ 测定时试件的厚度，在双试件布置中为两块试件的总厚度，并分别注明由热、冷单元位置，确定或测量试件的实际厚度；

④ 状态调节的方法和温度；

⑤ 调节后材料的密度；

⑥ 测定时试件的平均温差及确定温差的方法；

⑦ 测定时的平均温度；

⑧ 试件的热流密度；

⑨ 试件的导热系数；

⑩ 所用热流计装置的类型、取向、热流传感器数量及位置、减少边缘热损失的方法和在测定时板周围的环境温度；

⑪ 插入试件与装置面板之间的薄片材料或所用的防水封套及其热阻；

⑫ 测试的日期和时间；

⑬ 测试人员的签名等。

第三节　建筑材料检测圆管法和圆球法

建筑材料检测圆管法和圆球法，是测定建筑材料导热系数的两种常用方法，也是评价建筑材料节能效果的主要方法。

圆管法是根据长圆筒壁一维稳态导热原理，直接测定单层或多层圆管绝热结构导热系数的一种方法。要求被测材料应当可以卷曲成圆管状，并包裹于加热圆管的外侧，由于该方法的原理是基于一维稳态导热模型，所以在测试的过程中应尽可能在试样中维持一维稳态温度场，以确保能够获得准确的导热系数。

圆球法是以同心球壁稳定导热规律作为基础的。在球坐标中，考虑到温度仅随半径 r 而变，故是一维稳定温度场导热。实验时，在不同直径为的两个同心圆球的圆壳之间均匀地充填被测材料，内球中则装有电加热元件。从而在稳定导热条件下，只要测定被测试材料两边即内外球壁上的温度以及通过的热流，就可用公式计算被测材料的导热系数。

一、材料导热系数的圆管法

导热系数是反映物质导热性能的物理量，要确定物质的导热系数一般可通过理论计算和试验测定两种途径。其中，理论计算法是先确定物质的导热机理、分析导热的物理模型，然后通过数学分析和计算来得到物质的导热系数。但由于导热系数因物质成分、质地、结构的不同而有所差异，用理论计算法求得的导热系数，不一定符合材料的实际情况。实践证明，圆管法是测定材料导热系数的好方法。

采圆管法测定的关键是如何维持一维稳态温度场，为了减少由于圆管端部热损失产生的非一维效应，根据圆管法的测量要求，常用圆管式导热仪多数还应采用辅助加热器，即在测试的两端设置辅助加热器，以保证在允许的范围内轴向温度梯度相对于径向温度梯度的大小，从而使测量段具有良好的一维温度场特性。圆管法的结构如图 4-4 所示。

圆管法的检测方法及装置、试样要求等方面，应符合国家标准《绝热层稳态传热性质的测定　圆管法》（GB/T 10296—2008）中的规定。

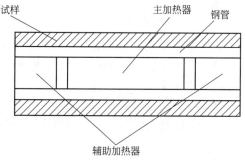

图 4-4　圆管法的结构示意

（一）圆管法的适用条件

圆管法适用于通常高于周围环境温度的圆管绝热层（包括纵、横接缝、防潮层及覆皮等）稳态热传递特性的测定。这种方法允许测定管在试件或者测定管材料的最高使用温度下运行。测定温度的下限受试件外表温度和为达到特定的测量精度所需温差的约束。通常测定装置是在 15～35℃ 控制的静止空气中运行，但也可以延伸到其他环境温度、流速和其他气体中，试件外表温度可以靠加热或冷却的外壳，或者使用一层附加绝热层来达到某一温度值。

（二）圆管法的测定装置

《绝热层稳态传热性质的测定　圆管法》（GB/T 10296—2008）中的规定，圆管法应采用圆管防护端头型测定装置，在计量段两端头处，依靠用隔缝分开个别加热的防护段使其轴向热流减到最小。测定装置由被分段加热的测定管和控制仪器、测量测定管各段温度的仪器、试件外表面温度测量仪器、环境温度及耗于计量段加热功率的仪器等组成。圆管法的防护端头型测定装置，如图 4-5 所示。

1. 圆管法的外形尺寸

圆管法应用于具有圆筒形截面，或可以卷曲成管状材料的测定管，其外径为公称管径之一。对于管子外形尺寸上没有太多的限制，但计量段应当有足够长度，以确保端头的轴向热损失与测得的总热流相比是足够的小，以达到测定所期望的精度。对于一个外径为 88.9mm 的防护端头装置，0.6m 的计量段长度与约 1m 的试件总长可以满足要求。

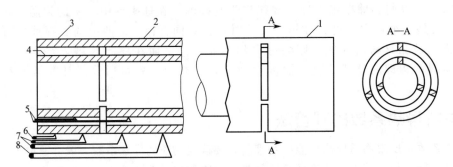

图 4-5　圆管法的防护端头型测定装置

1—测定管右防护段；2—测定管计量段；3—测定管左防护段；4—加热管左防护段；
5—跨过加热管隔缝的控制热电偶；6—防护端测量热电偶；7—跨过测定管
隔缝的控制热电偶；8—测定管计量段测量热电偶之一

在通常情况下，对于一种制品或材料，应至少在接近有关范围内的两种管径上进行测定，测得的导热系数如果误差比较大，可在不同管子尺寸测得的同一热传递特性不同值之间内插，但管子的绝热层厚度及温度均应相同。

2. 圆管法的隔缝要求

防护端头型装置在测定管和内加热管上用隔缝使计量段和防护段间的热交换减到最小。但隔缝的宽度不得超过 4mm，其间用绝热材料填满。每个隔缝内部应有隔板阻挡计量段与防护段的热交换。

测定管和加热管表面每个隔缝两侧不超过 25mm 处，应当安装温差热电偶或热电堆。在任何跨越隔缝的高导热支撑部件上也应在对应部位安装示差热电偶。

3. 方位及热电偶布置

圆管法一般应用于具有水平轴的测定管装置。测定管计量段表面温度应至少由 4 支热电偶测定其平均值，当计量段长度较长时，每 150mm 管长应有至少一支热电偶。它们被纵向设置在计量段等长度段的中心，并应以螺旋线形沿管周等间距角整圈数布置，间距角一般为 45°～90°。

4. 圆管法温度传感器

圆管法一般用热电偶作为温度传感器。热电偶应单独进行标定或取自经过标定的同一等级热电偶线材。测定金属表面温度时，热电偶线直径不得大于 0.63mm；测定非金属表面温度时，热电偶线直径不得大于 0.40mm。用几支热电偶并联测定平均温度时，各热电偶结点间应电绝缘，各支热电偶电阻应相等。

5. 温度测定系统要求

温度测定系统应具有较高的准确度，要足以把确定温差的误差限制在可接受的范围内。如假定某试件的径向温差为 20K，而温差测量误差允许范围不超过 1%，则温差测定必须准确地控制在 0.2K 以内；温度是个别测定的，假如误差是随机的，则温度的测定必须准确到 0.14K 以内。很显然，当温差较大时温度和温差测定允许的绝对误差可以大得多。

6. 圆管法的电源要求

计量段加热器所用的电源应当很好地整定，可以采用直流电，也可以采用交流电。防护段加热器所用的电源，如果不用温控仪也应当加以整定。

7. 圆管法的功率测量

计量段加热器的平均功率测量的准确度应不低于±0.5％。但必须注意使测得的功率仅是消耗于计量段加热用，未考虑其他方面用。

8. 环境温度控制测量

有温度控制的封闭室，在测定管和环境空气之间的温差不超过200℃时，环境温度变化应维持在±1℃以内；温差超过200℃时，环境温度变化应维持在±2℃以内，并能保持在适用条件中规定范围内的任何温度上。

环境气体温度传感器的设计和安置，应不会直接受测定管或其他热源的影响。可以用实验确定其合适的位置，需要时应加辐射屏蔽，不允许将温度传感器直接置于装置上部。

9. 外部或外加绝热层

用受温度控制的外套或外加绝热层将试件围起，都可用于改变试件外表面温度。在任何一种情况下，试件外表面温度测量热电偶应在外套或外加绝热层放置以前装好。外套或外加绝热层面对试件的内表面，其发射率应当大于0.80。

（三）圆管法的试件要求

圆管法测试的试件可以是刚性、半刚性、可曲折的或有适当包含的松散材料，不论是否是均质的或是否各向同性的，可包括切缝、接头、其他覆皮、金属元件或外套。试件应在其全长内，尺寸和形状比较均匀（试件本身固有的不均匀性，如接缝的错位或其他特意布置的不规则处除外）。一般试件的外形是圆的，与圆管的孔径同心。

1. 圆管法的试件预处理

为确保圆管法测定结果可靠准确，一般试件应在测定之前予以干燥或按产品规定的条件处理至稳定状态。正常情况下在102～200℃的温度下干燥到恒重。热敏感材料不应暴露在会改变试件性质的温度下。如试件在给定的温度范围内使用，则应在这个给定温度范围的上限、空气流动控制的环境下，将试件调节到恒定的质量。

2. 圆管法试件安装要求

将试件按照测定要求固定安装在测定管上。试件安装用的密封黏合剂、捆扎带等，使用时应考虑到测定的实际要求。

3. 圆管法试件外形尺寸

试件装配于测定管上以后，测量其外形尺寸的平均值，测量的误差应小于±0.5％。用软质钢尺测量试件的周长，计算求得试件的直径 d_2。

将计量段把要求分成若干等份（最少为4等份），并在每一等份的中点处进行测量。在每个防护段中心处也应进行附加测量。

以上各项测定均应避开接缝、箍带等不规则处。当每一测定值与计量段的平均值之差超过±5％时，试件就应当废弃。

4. 测试试件外表面温度

测定试件外表面平均温度 T_2 的热电偶，应按下述规定附在绝热层的表面上。

（1）热电偶的位置　计量段应至少分成 4 等份，表面的热电偶应在长度方向上位于每等份的中间。大型装置需要更多的热电偶。对于圆形，热电偶也应当在圆周上等距离的布置成整数圈的螺旋形式，且相邻位置之间的角距为 $45°\sim90°$，应尽可能避开接头或其他不规则物一个试件厚度的距离。为符合记录试件表面温度的需要，可用外加热电偶记录该处表面温度及位置。

（2）热电偶的固定　热电偶应牢固地固定在试件的表面上，这样结点和所需长度（对非金属表面不少于 100mm，金属表面不少于 10mm）的相邻导线与表面能保持良好的接触，但不应改变邻近表面的辐射发射率的特性。对于表面温度不均匀的试件，应使用与热电偶结点系牢的小金属箔片（约为 $20mm\times20mm$）。这类金属箔片的表面发射率近似于试件表面的发射率。

5. 圆管法的高热导元件

应在轴向高热导元件（如金属外套和套管）上安装热电偶，测量轴向的温度梯度，以便计算轴向传热率。有此类元件的试件应该使用防护端头型装置进行测试，这些热电偶应安装在计量段与防护段之间的隔缝两侧，每边等距约为 15mm 处的底部和顶部。

（四）圆管法的测定过程

1. 圆管法的尺寸测量

测量计量段的长度 L、试件外周长和为描述外形或另外要求的其他尺寸。通常在圆管法里常用的尺寸，应当是在 $10\sim35℃$ 的环境温度下测得的。如果要求在测定温度下的实际尺寸，可由在环境温度下测量的尺寸和用事先测量或已知热膨胀系数计算获得，或者可以在运行的温度下直接测量。任何基于运行温度下尺寸的特性也应如此定义。

2. 圆管法的计量长度

对于防护端头管装置，计量段长度 L 是计量段两端的隔缝的中心线的距离。对于标定或计算端头型管，测试长度 L 是端帽之间的距离。

3. 圆管法的直径测量

试件的外径应按照"圆管法试件外形尺寸"的方法进行测量。

4. 圆管法的环境要求

在控制到要求的环境温度的小室或密封箱中进行装置操作，在测定的过程中，温度变化不超过 $\pm1K$ 或测试管与环境温差的 $\pm1\%$，两者以大者为准。除非需要明显的流速以达到温度均匀或者空气的速度的影响是测试条件的一部分，测试应在基本静止的空气（或其他所需气体）中进行。任何强制的流速应进行测量，并在报告中给出其大小和方向。

5. 圆管法测试管温度

如果在测定管温度范围内进行测定，至少应在这个温度范围上限、下限和中值附近做 3

次测定。如果只需要某一温度时的数据，可在该温度下进行测定；或者在略高于或略低于所需温度下进行测定，然后用内插法求得所需值。

6. 圆管法的防护平衡

当采用防护端头法时，调整每个防护段的温度，使测量段与防护段之间隔缝的温差（在测定管表面隔缝处测得）趋近于零，或者不大于导致测得热流量误差为 ±1% 的数值。经常会要求进行两个测试，一个为防护段的温度略高于计量段；另一个为防护段的温度略低于计量段。对这两次测试进行内插，得到沿着内部连接桥的平衡热流为零的准确值和计量段功率输入的准确值。并提供符合 1% 判据最大允许不平衡值的信息。一个经常被使用的判据，是不平衡不大于试件温度差的 0.5%。

（五）圆管法的结果计算

圆管法的结果计算，主要包括线传热率、线热阻、线导热系数、表面传热系数和圆管绝热层导热系数等。

（1）圆管法的线传热率　线传热率可按式（4-16）进行计算：

$$T_{rL} = q_L/(T_0 - T_a) = Q/L/(T_0 - T_a) \tag{4-16}$$

式中　T_{rL}——线传热率，$W/(m \cdot K)$；

q_L——线热流密度，W/m；

T_0——测定管计量段的平均温度，即圆管的表面温度，K；

T_a——环境空气的温度，K；

Q——热流量，W；

L——计量段的长度，m。

（2）圆管法的线热阻　线热阻可按式（4-17）进行计算：

$$R_L = (T_0 - T_2)/q_L \tag{4-17}$$

式中　R_L——线热阻，$(m \cdot K)/W$；

T_2——试件外表面（即绝热层外表面）的平均温度，K。

（3）圆管法的线导热系数　线导热系数可按式（4-18）进行计算：

$$C_L = 1/R_L = Q/L/(T_0 - T_2) \tag{4-18}$$

式中　C_L——线导热系数，$(m \cdot K)/W$。

（4）圆管法的表面传热系数　表面传热系数可按式（4-19）进行计算：

$$h_2 = Q/\pi dL(T_0 - T_2) \tag{4-19}$$

式中　h_2——表面传热系数，$W/(m^2 \cdot K)$。

（5）圆管绝热层导热系数　圆管绝热层导热系数可按式（4-20）进行计算：

$$\lambda_p = Q \ln(d_2/d_0)/2\pi L(T_0 - T_2) \tag{4-20}$$

式中　λ_p——圆管绝热层导热系数，$W/(m \cdot K)$；

d_2——绝热层外直径，m；

d_0——测定管的直径，m。

（六）圆管法的测试报告

圆管法的测试报告，是材料导热系数检测最重要的组成部分，是对材料测试过程的正确性进行检查，也是对检测试验的技术总结。

测试报告主要应包括以下内容。

① 材料的名称、公称尺寸、形状和密度；

② 试件的预处理或干燥方法；

③ 计量段的平均温度；

④ 试件表面的平均温度；

⑤ 环境条件：包括平均温度和强制流动时的风速和方向、控制外表面温度的方法；

⑥ 计量段的平均输入功率；

⑦ 测试的日期和时间；

⑧ 测试人员的签名等。

二、材料导热系数的圆球法

采用圆球法测定绝热材料稳态传热性质时，内球发出的热流径向通过试样传到外球，这种方法没有单试件护热板法测定中的侧向热量损失和背向热量损失，其理论误差比较小，测定装置的构造和操作都比较简单。因此，圆球法是测定颗粒状绝热材料传热性质的一种较好方法。

颗粒状绝热材料是典型的多孔性材料，其传热性质的特点是除具有固体传导传热外，还存在气体传导、辐射和对流传热。所以，测定结果为被测材料的综合传热性质，称为表观导热系数。在使用测定结果时必须充分考虑到上述因素。

圆球法只适用于测定干燥的材料。试样表观导热系数的测定范围为 0.02～1.0W/(m·K)。由于圆球法的测定结果为给定平均温度和温差下试样的表观导热系数，当表观导热系数与测定温差无关时，测定的结果为试件的平均可测导热系数；当试件的径向尺寸（外球与内球半径之差）大于确定被测材料导热系数所需的最小厚度，且测定结果与测定温差无关时，测定结果为材料的导热系数。

圆球法的检测方法及装置、试样要求等方面，应当符合国家标准《绝热材料稳态传热性质的测定 圆球法》（GB/T 11833—2014）中的有关规定。

（一）圆球法的基本原理

圆球传热装置主要由同心设置的发热内球和冷却外球两部分组成，其装置示意如图 4-6 所示。

内球和外球的温度稳定时，内球发出的热流量 Q 径向通过试件传到外球，测定内球发热功率、内球外表面与外球内表面的温度和球体的几何尺寸，然后可计算被测材料的表观导热系数。可用式(4-21)进行计算：

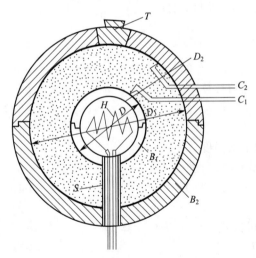

图 4-6　圆球装置示意

B_1—内球；B_2—外球；C_1—内球测温热电偶；C_2—外球测温热电偶；H—发热器；S—支撑管；T—加料口盖；D_1—外球外径；D_2—外球内径；D—发热器内径

$$\lambda_a = Q(D_2 - D_1)/2\pi D_1 D_2(T_1 - T_2) \qquad (4\text{-}21)$$

式中　λ_a——被测材料的导热系数，W/(m·K)；

　　　Q——内球发出的热流量，数值上等于施加在内球发热器的电功率，W；

　　　D_1——内球外径，m；

D_2——外球内径，m；

T_1——内球外表面温度，K；

T_2——外球内表面温度，K。

（二）圆球法的测定装置

1. 测定装置的尺寸

圆球法测定装置的尺寸，随着材料的颗粒尺寸而确定。外球内径与内球外径之差的 $1/2$，即 $0.5(D_2-D_1)$ 应至少为试件颗粒直径的 10 倍。外球内径和内球外径的比值，一般应控制在 $1.4\sim2.5$ 之间。

2. 测定的加热单元

内连体为空心厚壁球，由高导热系数的金属材料制成。球面在工作温度下不应与试件和环境有任何化学反应。圆球的外表面应加工到圆度小于外径的 $\pm0.2\%$。在运行过程中内球表面的温度不均匀性，应当小于内球和外球温度差的 $\pm2\%$。所有工作表面均应进行处理，使在工作温度下的总半球辐射率大于 0.80。

内球的空腔部分装有电加热器，加热器用绝缘支架制成球形，加热器引线在内球出口处应接成四线制，以便准确地测定内球的发热功率。引线应避免使用铜线，防止因引线散热而造成显著误差。适当选择电流和电压导线的材料和直径，由电流导线的发热量补偿电压导线的传热损失，可使导线传热引起的误差降低至最小。

3. 测定的冷却单元

圆球法的外球体应分为上、下两个半球。上半球的顶部应设有加料孔，加料孔应配有密闭的盖子。当加料孔面积较大时，盖子应采取专门的措施防止其温度偏离外球温度。外球体应控制在恒定的低于加热单元的温度。内表面温度不均匀性应小于测定温差的 2%。金属球体可用通过恒温的流体来保持恒温。当温度较高时，也可用电加热器进行控温或二者并用。内表面的半球发射率大于 0.80。

内、外球应保持同心，其偏心距离应小于内球外径的 2.5%。可采用支撑管保持内外球的同心，以防止内球自重压迫试件而造成变形。支撑管应用低导热系数的材料进行制作，其横断面应尽量小。在任何情况下，由支撑管传递的热量应当小于内球发热量的 5%，并应按式（4-21）计算表观导热系数。如外球温度低于环境空气的露足，外球上半球、下半球及盖子的接缝处应设置"O"形的密封圈或其他密封措施，以防止试件出现吸潮。

4. 圆球法的防护罩

为了减少室内空气波动对外球温度的影响，圆球部分应当用防护罩与室内空气加以隔离。当外球温度显著高于室温或低于室温时，防护罩内还应设置保温层。

5. 圆球法测定仪表

圆球法测定所用的仪表，主要有温度测定传感器、温度测定仪表和功率测定仪表。

（1）温度测定传感器　内球和外球温度用埋设在内、外球球体内或球面沟槽中的热电偶进行测定。热电偶线的直径应小于 $0.3mm$，所有热电偶丝误差极限应满足附录 B 中专用级的要求，应避免使用铜-康铜热电偶。否则，应单独校正筛选，并制定热电对照表。内球埋设热电偶的数量应不少于 4 个，上半球和下半球各 2 个。

热电偶位置应避开支撑管和上、下半球接缝等温度场可能被扭曲的部位。外球埋设的热电偶数量与内球应当相同。内、外球热电偶也可以接成温差式，这样可以直接测量内外球的温度差。此时热电偶必须与内外球体电气绝缘。

（2）温度测定仪表　温度和温差测定仪表是圆球法中的主要仪器，其灵敏度和准确度如何决定测量结果的精度，因此，要求其灵敏度和准确度应优于温差的 ±0.20％ 或 ±0.1℃（两者取大者）。

（3）功率测定仪表　内球加热功率测定仪表的灵敏度和准确度应优于 ±0.10％。

6. 温度的控制系统

圆球法中内球加热方式可以采用恒热流法或恒温度法。当采用恒温流法时，供热电压的波动应小于 ±0.10％，每 2h 的漂移应小于 ±0.10％。当采用恒温度法时，内球外表面温度波动和漂移引起的测试误差应小于 ±0.30％，加热功率的波动也应小于 ±0.30％。实践证明，采用恒温度法可显著缩短测试的时间。

（三）圆球法的试件准备

试件是进行材料导热系数测定不可缺少的，试件制作与准备对测定结果有重要影响，因此，在正式进行测定之前必须按照以下规定进行试件准备。

（1）试件应当按照材料的产品标准所规定的方法进行抽样，并尽可能缩小到所需数量。

（2）均匀颗粒材料的粒径应小于试料层厚度的 1/10。对于混合级配的材料，当大颗粒材料的含量少于 10％ 时，最大颗粒的粒径可以放宽到试料层厚度的 1/5。

（3）抽取的试样应在 105℃±5℃ 通风的烘箱中调节到恒重，即 4h 的质量变化小于 0.5％。烘干后的试样应放入干燥器中冷却备用。

（4）按照被测材料的产品标准所规定的方法测定试样的堆积密度。

（5）在试样整个准备的过程中，要注意对试样的保护，应防止试样表面被污染，尤其是较高导热系数的试样更应注意。

（四）圆球法的测定步骤

圆球法的测定步骤，主要包括对测定试件进行安装、选择确定测定的温差、外球内表面温度控制和内球发热流量的测定。

1. 对测定试件进行安装

按照装置的试料腔容积和测定时密度计算试件应装填的质量，测定时密度一般为松散密度的 1.1 倍。按规定称取试样并将其分为两份，先打开上半球装填下半球，装填量为试件质量的 1/2；然后安装上半球，从球顶的加料孔装入另一份试样。试样应填满腔体，特别要注意顶部不应有空隙。称量试样装料前的质量和装料后的剩余质量，以确定试件的质量，其准确度应优于 ±0.5％。

2. 选择确定测定的温差

颗粒材料的传热性质与温差密切有关，在选择确定测定温差时，应按下述条件之一选择：

①按照材料产品标准中的要求；②按照被测定试件或样品的使用条件；③确定温度与热性质之间的关系时，温差要尽可能小（10～20K）；④当要求试件内的传热减到最小时，按照测定温差所需的准确度选择最低温差。

3. 外球内表面温度控制

调节上半球和下半球的液体流量或电功率，控制上、下两个半球的温度，使上、下两个半球的温度之差不超过测定温差的±1.0%。

4. 内球发热流量的测定

在以上各测定步骤完成的基础上，对内球发热量进行测定。内球发热量在数值上等于施加在内球发热器上的电功率。在测定施加于内球发热器的平均电功率时一般要精确到±0.2%。

（五）圆球法的结果计算

圆球法的测定结果计算，主要包括料腔的装填密度、表观导热系数和测定时平均温度的计算等。

（1）料腔的装填密度　根据称量、装入料腔内试件的质量和试件料腔的容积，用式(4-22)可计算出试件的装填密度：

$$\rho = 6m/(D_1^3 - D_2^3) \tag{4-22}$$

式中　ρ——试件的装填密度，kg/m^3；

m——试件的质量，kg。

（2）表观导热系数　试件的表观导热系数可按式(4-23)进行计算：

$$\lambda_{a1} = \frac{Q(D_2 - D_1)}{2\pi(T_1 - T_2)D_2 D_1} - \frac{\lambda' F'}{2\pi L} \times \frac{D_2 - D_1}{D_2 D} \tag{4-23}$$

式中　λ_{a1}——试件的表观导热系数，W/(m·K)；

λ'——支撑管材料的导热系数，W/(m·K)；

F'——支撑管横截面面积，m^2；

L——支撑管的长度，一般情况其数值 $L = 0.5(D_2 - D_1)$，m。

（3）测定时平均温度　利用测定的平均值，按式(4-24)计算测定时的平均温度：

$$T_{\Psi} = \frac{T_1 + T_2}{2} - \frac{T_1 - T_2}{2} \left\{ \frac{\left[\left(\frac{D_2}{D_1}\right)^2 - 1\right] \times \left(\frac{D_2}{D_1} - 1\right)}{(D_2/D_1)^3 - 1} \right\} - \frac{\lambda' F'}{2\pi L} \times \frac{D_2 - D_1}{D_2 D} \tag{4-24}$$

（六）圆球法的测试报告

圆球法的测试报告，是材料导热系数检测最重要的组成部分，是对材料测试过程的正确性进行检查，也是对检测试验的技术总结。测试报告主要应包括以下内容。

① 材料的名称、标志及物理性质说明（如松散材料的颗粒级配等）；

② 状态调节的方法和温度；

③ 测定时试件的密度；

④ 测定时的平均温度和温差；

⑤ 测定日期和测定持续时间；

⑥ 装置的尺寸；

⑦ 必要时给出热性质的值为纵坐标，相应的测试平均温度为横坐标的图或表；

⑧ 给出所测热性质数值的最大预计误差；

⑨ 测试人员的签名等。

第四节　建筑材料检测准稳态法

材料测试结果表明，材料结构的变化与含杂质等因素都会对导热系数产生明显的影响，因此，材料的导热系数常常需要通过试验来具体测定。测量导热系数的方法比较多，但可以归并为两类基本方法：一类是稳态法；另一类为动态法。

稳态导热系数的测定方法不仅需要较长的稳定时间，而且只能测定干燥材料的导热系数。对于工程上实际应用的含有一定水分的材料的导热系数则无法进行测定。基于不稳态原理的准稳态导热系数测定方法，由于测定所需时间短（10～20min），不仅可以弥补上述稳态方法的不足，而且可同时测出材料的导热系数、导温系数、比热容，所以在材料热物性测定中得到广泛的应用。

不稳定导热的过程实质上就是加热或冷却的过程。非稳态法测定隔热材料的导热系数是建立在不稳定导热理论基础上的。根据不稳定导热过程的不同阶段的规律而建立起来的测试方法有正规工况法、准稳态法和热线法。

不稳态法与稳态法相比，这些方法具有对热源的选择上要求较低、所需的测定时间短（不需要热稳定时间），并可降低对试样的保温要求等优点。不足之处在于很难保证实验中的边界条件与理论分析中给定的边界条件相一致，且难以精确获得所要求的温度变化规律。但由于该法的实用价值，且已广泛地应用于工程材料的测试上，特别是在高温、低温或伴随内部物质传递过程时的材料热物性测试中具有显著的优势。

一、准稳态法的基本原理

准稳态法是根据第二类边界条件、无限大平板的导热问题来设计的。设平板的厚度为 2δ，初始温度为 T_0，平板两面受恒定的热流密度 q_c 均匀加热。准稳态法示意如图 4-7 所示。

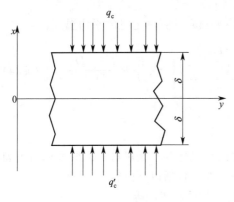

图 4-7　准稳态法示意

根据导热微分方程式、初始条件和第二类边界条件，对于任一瞬间沿平板厚度方向的温度分布 $T(x,\tau)$ 可由方程组解得。

如果平板两面的温差为：

$$\Delta T = 0.5 q_c \delta / \lambda \qquad (4\text{-}25)$$

就可用式（4-26）求得导热系数：

$$\lambda = 0.5 q_c \delta / \Delta T \qquad (4\text{-}26)$$

在理想的情况下，这种动态稳定状态可以一直保持。但是在实际上，无限大平板是无法实现的，且由于温度随着时间而升高，绝热层的热损失及四周散热逐渐显著而使试件两端温度差 ΔT 发生变化，整个系统会脱离准稳态。

在进行实际的测定中，试件的尺寸总是有限的，一般可认为试件的横向尺寸为厚度的 6 倍以上时，两侧散热对试件中心的温度影响可以忽略不计。试件两端面中心处的温差就等于无限大平板时两端正的温差。

二、准稳态法的测试装置

图 4-8 是准稳态法热物性测定仪、计算机和实验控制软件的实验装置系统。

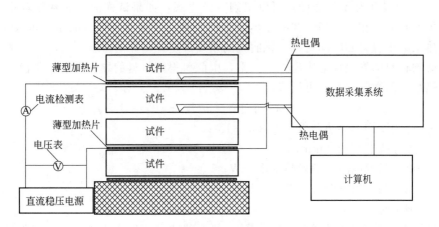

图 4-8　准稳态法实验装置系统

我国西安交通大学研制成功了一种全自动的准稳态法导热系数测量装置。在对准稳态法测量导热系数原理分析的基础上，研制了一套用准稳态法测量导热系数的实验装置，克服了以往准稳态法导热系数测量装置中存在的一些不足，同时开发了运行于 Windows 环境下的全自动测量软件。最后利用已知热物性数据的标准试样有机玻璃对装置进行了检验。实验结果表明，所研制的实验装置能够准确地测得一定范围内固体试样的导热系数，并可满足实际工程导热系数测量的需要。

准稳态法热物性测定仪内的试样由 4 块厚度均为 δ、面积均为 F 的被测试试件重叠在一起组成。在第一块与第二块试件之间夹着一个薄型的片状电加热器；在第三块与第四块试件之间也夹着一个相同的片状电加热器；在第二块与第三块试件的交界面中心和一个电加热器中心处，各安置一对热电偶；这 4 块重叠在一起的试件的顶面和底面，各加上一块具有良好保温特性的绝热层。然后用机械的方法均匀地把它们压紧。电加热器由直流稳压电源供电，加热功率由计算机进行检测。两灯热电偶所测量到的温度，由计算机进行采集处理，并绘制出试件中心面和加热面的温度变化曲线。

第五节　非金属固体材料检测热线法

热线法是一种应用广泛的材料导热系数测量的方法，属于非稳态测试法，它具有简便、快速、精确等优点。按照现行国家标准《非金属固体材料导热系数的测定方法》（GB/T 10297—2015）中的规定，热线法适用于导热系数小于 2W/(m·K) 的各向同性均质材料的导热系数的测定。对于耐火材料导热系数的测定方法，应符合现行国家标准《耐火材料导热系数试验方法（热线法）》（GB/T 5990—2006）中的规定。

一、热线法的基本原理

热线法是一种应用广泛的材料导热系数测量方法，是非稳态测试法，它具有简便、快速、精确等优点。热线法的基本原理是在匀温的各向同性的匀质试样中放置一根电阻丝，即

"热线"，当热线以恒定的功率放电时，热线和其附近试样的温度将随时间升高，根据其温度随时间的 变化关系，可确定试样的导热系数。

热线法的测量器包括一条热导线和一个热电偶，一旦热线在恒定的功率的作用下放热，则热线及热线附近试样的温度将会升高，热线温度的升高将以指数级数变化。以时间的对数为 X 轴，相应的温升为 Y 轴作图，可以得到一条直线，如果试样的导热系数较小，那么所得直线的角度较大；相反，当试样的导热系数较大时，其相对应直线的角度也较小。因此，样品的导热系数由温升随时间对数变化曲线的角度决定。

由于被测材料的导热性能决定这一关系，由此可得到材料的导热系数。非稳定热线法测定材料导热系数的数学模型，可用式(4-27) 表达：

$$\lambda = qd\ln\tau/4\pi d\theta_w(\tau) \tag{4-27}$$

式中　λ——待测试样的导热系数，W/(m·K)；

　　d——热导线的直径，mm；

　　q——单位长度电阻丝的发热功率，W；

　　θ_w——测得的电阻丝温升的总体平均值；

　　τ——测定时间，s。

测量热线温升的方法常用的有交叉线法、平行线法和热阻法 3 种。其中，交叉线法是焊接在热线上的热电偶直接测热线的温升；平行线法是测量与热线隔着一定距离的一定位置上的温升；热阻法是利用热线（多为铂丝）电阻与温度之间的关系得出热线本身的温升。热线法主要适用于测量不同形状的各向同性的固体材料和液体。

热线法是测定材料导热系数的一种常用非稳定方法，其基本原理是在均温的各向同性均质试样中放置一根电阻丝，这根电阻丝即所谓的"热线"。当热线以恒定功率放热时，热线和其附近试样的温度将会随着时间而升高。根据其温度随时间变化的关系，可以确定试样的导热系数。由于热线与试样的热容量不同，以恒定功率对热线进行加热时，热线不是以恒定功率放热，其放热功率也不等于加热功率，这样会造成测量误差。特别是轻质绝热材料的测量误差比较大，不能对其忽视，可按假定热线性升温的简化方法进行修正。

二、热线法的测定装置

常用的测定材料导热系数的热线法的装置，主要有带补偿器的测量仪器和带差热电偶的测量仪器两类。图 4-9 为带补偿器的测定电路示意，图 4-10 为带差接热电偶的测定电路示意。图中的

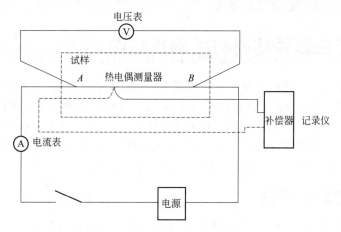

图 4-9　带补偿器的测定电路示意

A、B 两点距试样边缘的距离应不小于 5mm，距测温热电偶的距离应不小于 60mm。

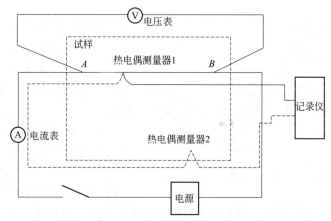

图 4-10 带差接热电偶的测定电路示意

(一) 测定装置的电路要求

热线法测定装置电路中稳定的直流（或交流）稳流（或稳压）电源，其输出值的变化应小于 0.5%。

(二) 热线法测温仪表要求

热线法所用测量温升仪表的分辨率不应低于 0.02℃（对于 K 型热电偶相当于 $1\mu V$），其时间常数应小于 2s。

(三) 热线法测量探头要求

热线法所用的测量探头由热线和焊在其上面的热电偶组成，如图 4-11 所示。为消除加热电流对热电偶输出的干扰，热电偶应当用单根"+"（或"−"）极线与热线焊接，热电偶接点与热线之间的距离约为 0.3～0.5mm。

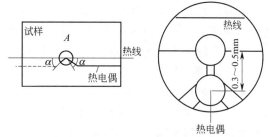

图 4-11 测量探头及布置示意

热线由低电阻温度系数的合金材料制成，其直径不得大于 0.35mm。热线在测量过程中，其电阻值随温度的变化不应大于 0.5%。

热电偶丝的直径应当尽可能小，不得大于热线的直径。热电偶丝与热线之间的夹角 α 不应大于 45°，引出线的走向应与热线保持平行。热电偶制成后，需要经过退火处理，否则需重新标定其热电势与温度的关系。

电压引出线应当采用与热线相同的材料，其直径也应当尽可能小。

(四) 热电偶冷端温度补偿器

热线法所用的热电偶冷端温度补偿器，其漂移不得大于 $1\mu V/(K \cdot min)$。在无冷端温度补偿器的情况下，可借助热电偶 2 与热电偶 1 的差接起补偿器的作用。

三、试样的制备和尺寸要求

热线法的试样为两块尺寸不小于 40mm×80mm×114mm 的互相叠合的长方体，或者为两块横断面直径不小于80mm、长度不小于114mm的半圆柱体叠合成为的圆柱体，试样的形状和尺寸如图4-12所示。

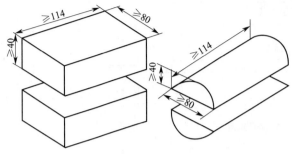

图4-12　试样的形状和尺寸（单位：mm）

试样互相叠合的两个平面应比较平整，其不平度应小于0.2%，且不大于0.3mm，以保证热线与试样及两试样的接触平面贴合良好，确保测量结果的准确度。

对于材料致密、坚硬的试样，需要事先在其叠合面上铣出沟槽，以便用来安放测量探头。沟槽的宽度与深度必须与测量探头的热线和热电偶直径相适应。用从被测量试样上取下的细粉末加少量的水调成胶黏剂，将测量探头嵌粘在沟槽内，以保证具有良好的热接触。粘好测量探头的试样，必须在完全干燥后才能进行测试。

对于有面层或表皮层的材料，应当取其芯料进行测量。

四、粉末状和颗粒材料的测定

采用热线法对粉末状和颗粒材料的测定，使用两个内部尺寸不小于80mm×114mm×140mm的盒子，试样盒如图4-13所示。试样盒的下层是一个带底的盒子，将待测定的材料装填到盒中，并与盒子的上口平齐，然后将测量探头放在试样上。上层的盒子无底，其尺寸与下层的内部尺寸相同。将上层盒子放置在下层盒子上，将待测定的材料装填到盒中，并与盒子的上口平齐。用与盒子相同材料的盖板盖上盒子，但不允许盖板对试样施加压力。

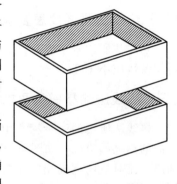

图4-13　试样盒示意

在通常情况下，测试的粉末状或颗粒材料要松散填充，当需要在不同密度下测量时，允许以一定的加压或振动的方式，使粉末状或颗粒材料达到要求的密度。为保证测量结果的准确性，上、下两个盒子中的试样装填密度应均匀一致。要分别测定和记录试样的装填密度和松散密度。

要想测定粉末状或颗粒材料干燥状态的导热系数时，应将试件在烘箱中烘至恒重，然后用塑料袋密封放入干燥器内降至室温。待试件中内外温度均匀一致后，迅速将其取出，安放上测量探头，并在2h内完成测定工作。

五、热线法的具体测定过程

(一) 测定时的环境控制

在室温情况下进行测定时，用隔热罩将试样与周围空间隔离，以减少周围空气温度变化对试件的影响。在高于或低于室温条件下测定时，试样与测量探头的组合体应放置在加热炉或低温箱中。

为保证试样测试结果符合精确的要求，在测定中应注意以下方面。

① 测定用的加热炉（或低温箱）应进行恒温控制，恒温控制的感温元件应安放在发热元件的附近。

② 试样应放置在加热炉（或低温箱）中的均温带内。

③ 在测定中应防止加热炉发热元件对试样的直接辐射热。

（二）热线法的测量步骤

将试样与测量探头的组合体置于加热炉（或低温箱）内，把加热炉（或低温箱）内的温度调至测定温度。接通热线加热电源，同时开始记录热线温升情况。在测定过程中，热线的总温升宜控制在 20℃ 左右，最高不应超过 50℃。如热线的总温升超过 50℃，则必须考虑热线电阻变化对测定结果的影响。

测定含湿材料时，热线的总温升不得大于 15℃。当焊在热线中部的热电偶输出随时间的变化小于每 5min 变化 0.1℃，且试样表面的温度与焊在热丝上的热电偶的指示温度的差值，在热线最大温升的 1% 以内时，即认为试样达到了测定的温度。此时，测量热线的加热功率（即电流 I 和电压 V）。加热时间达到预定测量时间（一般为 5min 左右）时，可切断加热电源。每一测量温度下，应当重装测量探头测定 3 次。

第六节　建筑材料检测其他测试方法

材料导热系数的测定，除了以上几个常用的测试方法外，还有很多其他测试方法，在实际工程中常用的还有热带法、常功率热源法、非稳态平面热源法和闪光扩散法等。

一、热带法

导热系数是反映物质导热能力的重要热物性数据，由于导热系数随物质的成分和结构千变万化，用实验方法确定导热系数几乎成为研究物质导热系数的唯一途径。热带法就是测定材料导热系数的其中一种方法。

热带法全称为瞬态热带法（Transienthot stripmethod），也是一种非稳态热物性测量方法，这种方法现已被广泛应用于液体材料、松散材料、多孔介质材料及非金属固体材料导热系数的测量，具有测试材料范围广、测量精度高、实验装置简单、使用非常方便等优点。与圆柱状电加热体相比，由于薄带状电加热体与被测固体材料有更好的接触状态，所以热带法比热线法更适宜于测量固体材料的导热系数。在热带的表面覆盖很薄的导热绝缘层后，还可以测量金属材料的导热系数。

热带法测量原理类似于瞬态热线法（Transienthot wiremethod）。热带法是取两块尺寸相同的待测样品，在两者之间夹入一条很薄的金属片（即热带），在热带上施加恒定的加热功率，作为测试的恒定热源，其具体结构组成如图 4-14 所示。

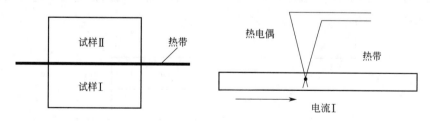

图 4-14　热带法组成示意

热带的温度变化可以通过测量热带电阻的变化获得，也可以直接用热电偶测得。由于热带法测量材料的导热系数的数学模型与热线法类似，所以在获得温度响应曲线后，就可以得出待测物的导热系数。

在热带法实验测试中，合理选择加热功率至关重要。如果加热功率太低，将使热带温升不够而影响温度的测量精度，进而影响导热系数的测量精度；由于导热系数是温度的函数，如果加热功率过大，必将使得热带和试样的温度有较大变化，从而使测得的导热系数不是指定温度下的导热系数。

二、常功率平面热源法

非稳态平面热源法（包括脉冲平面热源法和阶跃平面热源法）是由斯洛伐克科学院物理研究所的 Ludovit Kubicar 提出并加以规范化的，适合导热系数在 $0.05\sim50\mathrm{W/(m \cdot K)}$ 范围内的材料，可以测量均质固体材料、非均质材料以及多孔材料。实际上，我国的王补宣等学者早在 20 世纪 80 年代也独立开发过类似阶跃平面热源法的测量方法，称为常功率平面热源法。

常功率平面热源法与非稳态平面热源法区别在于需测量热源处和试样内某一点的温度变化，才能同时得到材料的导热系数和热扩散率；如果只测量热源处的温度变化，仅能得到蓄热系数。而按照 Ludovit Kubicar 的方法，只需测量试样内某一点的温度变化就可同时得到材料的导热系数和热扩散率以及体积热容等热物性参数。

常功率平面热源法简称为常功率热源法，其基本原理是根据一种不稳定导热理论而拟定的测试方法，其过程属于第二类边界条件，半无限大物体常热流通量作用下的分析解和它在工程实际中的应用。试样导温系数和导热系数的解，可分别用式(4-28) 和式(4-29) 表示：

$$\alpha = \frac{x_1^2}{4Y_{x_1}^2 \tau_{x_1}} \tag{4-28}$$

$$\lambda = \frac{2Q_c}{\theta_0 \tau_0}\sqrt{\alpha\tau_0}\frac{1}{\sqrt{\pi}} \tag{4-29}$$

式中 α——被测试样的导温系数，$\mathrm{m^2/s}$；

     λ——被测试样的导热系数，$\mathrm{W/(m \cdot K)}$；

   x_1——被测试样的厚度，m；

   Q_c——加热器发热面发出的热源强度，W；

   τ_{x_1}——当被测试样下表面过余温度达到 θ_{x1}、τ_x 时所需要的时间，s；

   τ_0——当被测试样下表面过余温度达到 θ_0、τ_0 时所需要的时间，s；

  $\theta_0\tau_0$——当被测试样下表面对应于 τ_0 时刻的过余温度，K

   Y_{x_1}——高斯误差补函数的一次积分中的变量值。

常功率平面热源法的装置结构如图 4-15 所示。平面加热器用恒定功率进行加热，以维

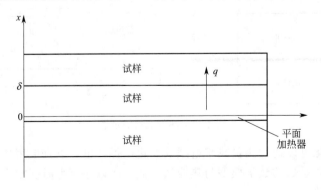

图 4-15 平面热源法结构原理示意

持恒定的热流量，在试验时间足够短的条件下，试样可以看作是半无限大物体。根据不稳定导热过程的基本理论，当半无限大均质物体表面被常功率热流 q 加热时，求解其导热微分方程和定值条件组成方程组可得。

$$\theta_{x\tau} = \frac{2q}{\lambda}\sqrt{\alpha\tau} \cdot ierfc\left(\frac{x}{2\sqrt{\alpha\tau}}\right) \tag{4-30}$$

式中　$ierfc\left(\dfrac{x}{2\sqrt{\alpha\tau}}\right)$——高斯补差函数的一次积值；

　　　　α——热扩散率（导温系数），m^2/s；

　　　　τ——测定时间，s。

由边界条件可得 τ_1 时 $x=0$ 处的温度分布方程和 $x=\delta$ 处的温度分布方程，将两式联立可用式(4-31) 表示：

$$ierfc\left(\frac{x}{2\sqrt{\alpha\tau_2}}\right) = \frac{\theta\partial\tau_2}{\theta\partial\tau_1}\frac{1}{\sqrt{\pi}}\sqrt{\frac{\tau_1}{\tau_2}} \tag{4-31}$$

在测得 τ_1 时的 $\theta_{\delta\tau 1}$ 和 τ_2 时的 $\theta_{\delta\tau 2}$ 后，可求得热扩散率（导温系数）α。根据热扩散率（导温系数）$\alpha = pc_p/\lambda$ 的定义，即可求得导热系数。这种方法的不足之处是忽略了试样的侧面散热损失，没有考虑加热器容量对测定结果的影响。在考虑热容量影响后，对平面热源法进行一定的改进，用改进后的平面热源法对聚苯乙烯泡沫塑料测定后发现，加热器的容量越大，试样的温升越小，所测得的导热系数也相对比前者小一些。

三、非稳态平面热源法

非稳态平面热源法（包括脉冲平面热源法和阶跃平面热源法）是一种非稳态测定热性质的常田方法，这种方法不仅可以测量均质固体材料、非均质材料以及多孔材料，而且只需要试样内某一点的温度变化就可以同时得到材料的导热系数和导温系数以及比热容等多个热物性参数。

(一) 脉冲平面热源法

脉冲平面热源法常用于测量轻质材料的热物性，下面以测量轻集料混凝土的导热系数为例，介绍这种方法的测试装置及测试方法。

1. 脉冲平面热源法的仪器设备

脉冲平面热源法所用的仪器设备主要有加热器、热电偶、冰瓶、检测仪表、标准电阻和直流电源等。加热器、热电偶、冰瓶、检测仪表等应符合下列具体规定。

（1）加热器　加热器的厚度不应大于 $0.4mm$，并具有良好的弹性，其面热容量应小于 $0.42kJ/(m^2 \cdot ℃)$。加热器应选用康铜、锰铜等电阻温度系数小的材料作为加热丝，加热丝的间距宜小于 $2mm$。加热器整个面积所发出的热量应均匀，对试件应当对称加热，加热器的尺寸与试件的尺寸应相同，且不应有吸湿性。

（2）热电偶　热电偶的直径宜选用 $0.1mm$ 的，电势测量仪表的精度为 $\pm 1\mu V$。

（3）冰瓶　在脉冲平面热源法中，冰瓶主要是用于调整冷端温度零点用。

（4）检测仪表　在脉冲平面热源法中所用的检测仪表，主要由电流计、电位计和电阻计等组成，它们的技术性能必须符合测试的要求。

2. 脉冲平面热源法的试验步骤

（1）制作试件　以相同配合比的轻集料混凝土配制成一组试件（共 3 块），其中一块为薄试件，其尺寸为 200mm×200mm×（20~30）mm；另外两块为厚试件，尺寸为 200mm×200mm×（60~100）mm。试件的厚度要均匀，薄试件的不平行度应小于其厚度的 1%。

（2）测量干燥状态热物理性能的试件　先将试件置于烘箱中，在 105~110℃ 的温度下烘干至恒重。如果测量不同含湿状态下物理性能的试件，则应将干燥试件培养至所需湿度。一组试件的湿度差应不大于±1%，且在同一试件内的湿度应分布均匀。

（3）称量试件的质量，测量试件的尺寸，然后计算其干表观密度（干燥试件）与质量含水率（不同湿度的试件）。

（4）按照图 4-16 所示将试件安装于测试装置中，当试件初始温度在 10min 内变化小于 0.05℃，且薄试件上下表面温度差小于 0.1℃，即可开始测量。

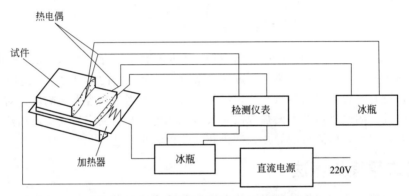

图 4-16　用热脉冲法测量导热系数装置示意

（5）接通加热器的电源，同时启动计时秒表，并测量加热回路的电流。

（6）加热 4~6min，当薄试件上表面温度升高 1~2℃ 时，记录上表面热电势及相对应的时间 τ'。

（7）测量热源面上的热电势及相对应的时间 τ_2'，τ' 和 τ_2' 的之差不宜超过 1min。

（8）关闭加热器，经 4~6min 后再测量一次热源面上的热电势及相对应的时间，到此整个测试工作结束。

3. 脉冲平面热源法的结果计算

热脉冲平面热源法测定结束后，应对试件的干表观密度、试件质量含水率和导热系数的结果进行计算。

（1）试件的干表观密度　试件的干表观密度可用式（4-32）进行计算：

$$\rho_d = m_1/V \tag{4-32}$$

式中　ρ_d——轻集料混凝土干表观密度，kg/m^3；

　　　m_1——试件的烘干质量，kg；

　　　V——试件的体积，m^3。

（2）试件质量含水率　试件质量含水率可用式（4-33）进行计算：

$$W_{wc} = (m_2 - m_1)/m_1 \times 100\% \tag{4-33}$$

式中　W_{wc}——轻集料混凝土试件质量含水率，%；

m_1——试件烘干后的质量，kg；

m_2——试件烘干前的质量，kg。

（3）试件的导热系数　试件的导热系数可用式(4-34)进行计算：

$$\lambda = \frac{I^2 R \sqrt{\alpha}\,(\sqrt{\tau_2} - \sqrt{\tau_2 - \tau_1})}{A\theta(0,\tau_2)\sqrt{\pi}} \tag{4-34}$$

式中　λ——试件的导热系数，W/(m·K)；

　　　α——试件的导温系数，m²/s；

$\theta(0,\tau_2)$——降温过程中热源面上的过余温度，℃；

　　　τ_2——降温过程中热源面上相对应的时间，s；

　　　τ_1——关闭热源相对应的时间，s；

　　　A——加热器的面积，m²；

　　　I——通过加热器的电流，A；

　　　R——加热器的电阻，Ω。

（二）阶跃平面热源法

阶跃平面热源法的测量原理如图 4-17 所示。

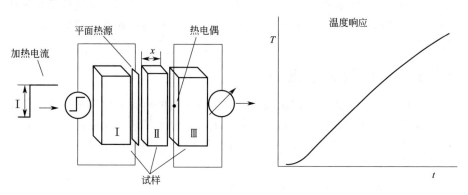

图 4-17　阶跃平面热源法示意

给平面热源通以阶跃式的加热电流，同时用热电偶或热电阻元件测量距热源为 x 位置处材料的温度变化 $T(x,t)$，根据热源-试样测量系统的传热数学模型及其非稳定导热方程的解析解，可以确定被测定材料试样的热物理性能参数。由于在建筑节能检测中这种方法很少应用，所以不再进行详细介绍。

四、闪光扩散法

闪光扩散法又称为激光闪射法，是一种用于测量高导热材料与小体积样品的技术。该方法直接测量材料的热扩散性能。在已知样品比热与密度的情况下，便可以得到样品的导热系数。闪光扩散法能够用比较法直接测量样品的比热；但推荐使用差示扫描量热仪，该方法的比热测量精确度更高。密度随温度的改变可使用膨胀仪进行测试。

应用闪光扩散法时，平板形样品在炉体中被加热到所需的测试温度。随后，由激光仿生器或闪光灯产生的一束短促光脉冲（<1ms）对样品的前表面进行加热。热量在样品中扩散，使样品背部温度上升。用红外探测器测量温度随时间上升的关系。必须注意，重要的是测量信号随时间的变化，测量信号的绝对高度并不重要。

由于闪光扩散法具有精确度高（<3%）与所需样品尺寸小等特点，闪光扩散法已经进

入陶瓷工业等许多领域。这一方法的成功主要应归因于其测量时间短（仪器在一天以内能从室温升至2000℃）。闪光扩散技术的应用领域十分广泛，从导热系数小于0.05W/(m·K)的压制纤维板到导热系数大于2000W/(m·K)的金刚石。该法还能测量多层系统，如对于涡轮叶片上的热保护涂层的检测。

闪光扩散法的检测方法及装置、试样要求等方面，应当符合国家标准《闪光法测量热扩散系数或导热系数》(GB/T 22588—2008)中的要求。

第七节 材料导热性能的影响因素

试件的热性质可能受材料性能和成分的可变性、含水率、时间、平均温度、温差和经历的热状态等因素而变化。因此，不应将测定值不加修改地应用于所有的使用情况。

代表材料的热性质需要要有足够数量的测定数据，只有样品能代表材料、试件又能代表样品时，才能用一个试件的测量结果来确定材料的热性质。

材料导热性能测定结果的准确度与装置的设计、所用的测量仪表以及试件的类型等有关。当测定的平均温度接近室温时，测量热性质能够准确到±2%。与其他类似装置进行大量的测量校对后，一套装置在全部测定范围内，任何情况都应得到大约±5%的准确度。

材料导热性能测定实践证明，影响导热性能的主要因素有材料分子结构及化学成分、材料的表观密度、固体材料的湿度、材料温度的影响、松散材料的粒度、热流方向的影响、填充气体孔型的影响等。

一、材料分子结构及化学成分

建筑材料的应用与其性质是紧密相关的，而建筑材料的所具有的各项性质又是由材料的组分、结构与构造等内部因素所决定的。材料的组成、分子结构与构造是决定材料性质的内部因素。材料的化学成分，不仅直接影响材料的化学性质，而且也是决定材料物理性质、力学性质及导热性能的重要因素。

根据建筑材料的化学成分和分子结构的不同，一般可分为结晶体构造（如建筑用钢、石英石、金刚石等）、微晶体构造（如花岗石、普通混凝土等）和玻璃体构造（如普通玻璃、膨胀矿渣珠混凝土等）。这些不同分子结构与构造的材料，其导热系数有很大的差别。如玻璃体物质由于其结构没有规律，以致不能形成晶格，各向相同的平均自由程度很小，因此，其导热系数值要比结晶体和微结晶体材料低得多。

但是，对于多孔型保温材料来说，无论固体成分的性质是玻璃体还是结晶体，对于导热系数的影响均不大。这是因为多孔型保温材料的孔隙率很高，在颗粒或纤维之间充满空气，气体的导热系数起着主要作用，因此固体部分的影响自然变得较小。

二、材料的表观密度

材料的表观密度是指材料在自然状态下单位体积的质量。测定表观密度时，必须注明其含水情况。表观密度一般是指材料在气干状态（长期在空气中干燥）下表观密度。在烘干状态下的表现密度称为干表观密度。

材料的表观密度是影响材料导热系数的重要因素之一。材料的表观密度实际上也是材料气孔率的直接反映，由于气相材料的导热系数通常要小于固相材料的导热系数，所以保温材料一般都具有很大的气孔率，也就是表观密度比较小。在一般情况下，增大气孔率或者减小表观密度都能够降低材料的导热系数。

导热性能试验证明，具有独立气泡的材料，由于气泡中含有静止的空气，从而具有低导热系数的性后。在正常情况下，保温材料中气泡内的气体应以不发生对流为必要条件，因此气泡的大小，只能控制在 0.1～1mm 范围内。如泡沫混凝土的总孔隙率大约为 56%～88%，而 44%～12% 是由固体所组成的；轻集料混凝土总孔隙率大约为 30%～60%，而 70%～40% 是由固体所组成的。由此可见，材料的表观密度主要取决于其孔隙率。

当材料的体积一定时，其孔隙率越大，则表观密度越小，导热系数也越小。但是，由于材料中有气孔的存在，所以材料的传热方式不单纯是导热，同时还存在着孔隙中气体的对流和孔壁之间的辐射传热。严格地讲，多孔材料的导热系数应当称为"当量导热系数"，由于多孔材料的孔隙率增大，其当量导热系数也就明显增大。在生产加气混凝土、泡沫玻璃等自重轻、孔隙多的材料时，从工艺上保证孔隙率大、气体尺寸小、气泡独立封闭，是改善材料热物理特性的重要特性。

图 4-18 所示是混凝土表观密度与导热系数的关系，从图中可以看出随着材料表观密度的提高，材料的导热系数也随之增加，基本上呈正比例关系。

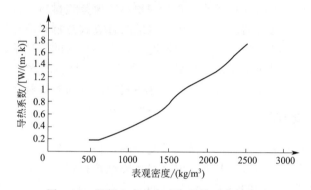

图 4-18　混凝土表观密度与导热系数的关系

建筑工程中所用绝热材料的主要传热方式是导热，即形成气泡的固体壳及壳内气体的导热。按照这一传热方式而言，由于大部分热流是经固体壳而流过去的，所以固体壳的数量越少，流出的热量自然也越少，即材料的导热系数与材料的密度是成正比的。

另外，还应当特别指出，在材料导热的同时，还存在着辐射换热的传热方式。辐射换热是指形成气泡的固体壳，由高温侧壳面向与它存在温差的低温壳面辐射，这是一个反复相互换热的过程。因此，这种传热方式妨碍了材料的传热，辐射换热经过多次反复后，必然使波动能逐渐衰减，即固体壳的所占比例越来越大，材料中气泡、气孔所占比例越来越小，辐射换热量也随之减少，而所谓的"辐射隔膜"增加，材料的导热系数变大。

在实际工程中，绝热材料的传热往往是以上两种方式同时进行的，当绝热材料的密度减小到某一数值之后，导热系数的减小值与辐射换热量的增大值相比，可能辐射换热的效果更为明显，这样就会使材料的导热系数趋向于增大。由此可见，在某一表观密度下绝热材料的导热系数为最小，其余不论密度增大或减小，材料的导热系数均会增大。

三、固体材料的湿度

当固体材料中有水蒸气通过时，材料内部的状态是非常复杂的。材料试验表明，形成固体材料的粒子，相互之间紧密的程度越强，则水蒸气就越不容易通过。实际上，固体材料的内部总存在着联系粒子的微小孔隙，水蒸气也就很容易从微小孔隙中通过。

当固体材料中有水蒸气通过时，由于材料的组分、结构与构造等不同，水蒸气可以直接通过，也可能附着于粒子上成为半自由水分而固定水分，或者变成材料内部的水分，以致使粒子间空隙产生移动等，情况是非常复杂的。

由于形成绝热材料的种类不同，使材料的性质各不相同，所以绝热材料对湿度的反应也是各种各样的。在建筑工程中，一般将材料分为吸湿材料和不吸湿材料两类。不吸湿材料的导热系数不随湿度而变化，而吸湿材料的导热系数随着材料周围湿度变化而发生相应的变化，且变化的比率很大，所以在使用中对此应特别注意。

建筑材料在储存、运输、施工和使用的过程中，由于气候和周围环境等方面的影响，都将引起材料含水量的变化。在材料受潮后，材料的孔隙中则含有一定的水分，包括水蒸气和液态水。水的导热系数为 $0.580W/(m \cdot K)$，静态空气的导热系数为 $0.026W/(m \cdot K)$，两者几乎相差 20 倍，孔隙中由水代替空气后，材料的导热系数必然增大。如果孔隙中的液态水冻结成冰，冰的导热系数为 $2.330W/(m \cdot K)$，是水导热系数的 4 倍，材料的导热系数变得更大。所以，在实验室中所测得的干试件材料的导热系数，不能直接用于建筑围护结构的热工计算，而应该根据当地的气候条件和施工条件，选取一定湿度下材料的导热系数。

有些材料在干燥状态下的导热系数彼此差别很小，但是当材料中含有一定水分时，它们的导热系数差别就增大，这说明水分与物体骨架的结合方式对材料的导热系数有很大影响。

另外，还有一种现象必须注意：在通常情况下，干燥材料的导热系数随着温度的降低而减小，但潮湿材料与干燥材料不同，当其温度在 0℃ 以下，材料的水分会随着温度的下降而发生变化，即液态水在零度以下变成固态冰，这时材料的导热系数就会增大。

四、材料温度的影响

材料导热系数与温度之间的关系也是比较复杂的，很难从数量上详细地描述导热系数在温度影响下的变化情况。在一般情况下，温度对各类绝热材料导热系数均有直接影响，随着温度的升高，材料中固体分子的热运动增加，而且孔隙中的空气的导热和孔壁辐射换热也增强，这就使材料导热系数的增大。

但是，对于晶体材料来说，与以上绝热材料正好相反，它们的导热系数反而随着温度升高而减小。此外，气孔的尺寸对当量导热系数也会引起较大的影响。例如，对于直径为 5mm 的气孔来说，当温度从 0℃ 升至 500℃ 时，空气当量导热系数将会增大 11.7 倍；然而在直径为 1mm 的气孔中，其空气当量导热系数增大仅 5.3 倍。但是，当温度在 70～80℃ 范围内时，材料的导热系数受温度的影响很小。

根据我国的地理位置和气候特点，对于多数房屋围护结构的热工建筑中，都不考虑温度变化对导热系数的影响，只有对处于高温或者很低的负温条件下，才会考虑采用相应温度下的导热系数。

对于绝大多数材料来说，导热系数与温度的关系近似于线性关系，可用式（4-35）表示：

$$\lambda_t = \lambda_0 + \delta_t \cdot t \tag{4-35}$$

式中　λ_t——材料温度为 t 时的导热系数，$W/(m \cdot K)$；

　　　λ_0——材料温度为 0℃ 时的导热系数，$W/(m \cdot K)$；

　　　δ_t——当材料温度升高 1℃ 时，导热系数的增值。

温度对各类绝热材料导热系数均有直接的影响，随意环境温度的提高，材料的导热系数上升。

五、松散材料的粒度

在常温情况下，松散材料的导热系数随着材料粒度减小而降低。这是因为材料粒度大时，颗粒之间的空隙尺寸增大，其间空气含量也随之增多，材料的导热系数必然增大。材料粒度小时，颗粒之间的空隙尺寸减小，其间空气含量也随之减少，材料的导热系数必然减小。

六、热流方向的影响

导热系数与热流方向的关系，仅仅存在于各向异性的材料中，即在各个方向上构造不同的材料中。

（1）纤维质材料，从排列状态来看分为传热方向和纤维方向垂直与传热方向与纤维方向平行两种情况。当传热方向和纤维方向垂直时，其绝热性能比传热方向和纤维方向平行时要好一些。

一般情况下纤维保温材料的纤维排列是后者或接近后者，在同样密度的条件下，其导热系数要比其他形态的多孔质保温材料的导热系数小得多。

（2）气孔质材料又进一步分成固体物质中有气泡和固体粒子相互轻微接触两种。具有大量封闭气孔的材料的绝热性能也比具大量有开口气孔的要好一些。

七、填充气体孔型的影响

在绝热材料中，大部分热量是从孔隙中的气体传导的，材料的气孔形状对导热系数也有一定的影响。一般来说，封闭型气孔内的气体不流通，其导热系数要比敞开型气孔的导热系数小。由于敞开型气孔的毛细管吸湿能力极强，很容易使材料的含水率发生增大变化，从而使其导热系数增大，这对保温材料来说是非常不利的。

松散状的纤维材料，其表观密度的变化幅度比较大，一般是表观密度增大，材料的导热系数也增大；然而表观密度小到一定程度，材料内产生空气循环对流换热，反而会增大材料的导热系数。因此，对于松散状的纤维材料来说，不要一味地追求材料的低表观密度，这种材料存在着一个导热系数最小的最佳表观密度。

八、材料比热容的影响

绝热材料的比热容对于计算绝热结构在冷却与加热时所需要冷量（或热量）有关。在低温下，所有固体的比热容变化都很大。在常温常压下，空气的质量不超过绝热材料的 5%，但随着温度的下降，气体所占的比重越来越大。因此，在计算常压下工作的绝热材料时，应当考虑这一因素。

九、材料线膨胀系数影响

计算绝热结构在降温（或升温）过程中的牢固性及稳定性时，需要知道绝热材料的线膨胀系数。如果绝热材料的线膨胀系数越小，则绝热结构在使用过程中受热胀冷缩影响而损坏的可能性就越小。大多数绝热材料的线膨胀系数值随温度下降而显著下降。

第五章

建筑构件热工性能检测

在现行行业标准《公共建筑节能检测标准》（JGJ/T 177—2009）中的第 5.1.1 条规定："非透光外围结构热工性能检测包括外围结构的保温性能、隔热性能和热工缺陷等检测"。第 5.1.2 条规定："建筑物外围结构热工缺陷、热桥部位内表面温度和隔热性能的检测应按照现行行业标准《居住建筑节能检测标准》（JGJ/T 132—2009）中的有关规定进行"。由此可见建筑构件热工性能检测是非常重要的一项任务，也是建筑节能检测中不可缺少的工作。

第一节　建筑构件热工性能概述

均质材料的传热性能通常是用导热系数来表征，它仅反映材料本身的性能，与材料的形状、规格和厚度等无关，只与材料的种类、密度、含水率、温度有关，另外还取决于基础材料的导热系数、构件的形状、三维尺寸等。在一般情况下，材料的热阻越大，构件传热的能力越小，即保温隔热的能力越强。从传热的角度来讲，建筑构件基本上是非均质的。本章介绍的砌体、门窗等建筑构件的热工性能通常均以热阻表示，如果以传热系数来表示，应先经过检测得到热阻值，然后再经计算得出传热系数值。

实验室检测建筑构件的热工性能，是建筑传热学研究和工程实践中最重要、最基础的手段，也是世界各国在建筑节能检测中最常用的方法。新的建筑材料、新的保温结构和新的施工方法，都要在实验室中进行系统的研究测试，得出完整而满意的研究成果，才能应用于实际工程。同时，由于现场检测围护结构传热性能要求条件比较严格，技术比较复杂，所用测试设备较多，所以一般均制作同条件的试样在实验室进行检测，以该结果用来评价建筑物围护结构的热工性能。

根据建筑节能检测实践证明，目前在实验室检测传热性能的建筑构件有砌块砌筑的砌体、与实际建筑工程构造相同的外墙系统、屋顶系统、分户墙体、地板和门窗等。

一、外墙的热工性能

外墙是组成建筑物外围结构的重点部分，也是建筑节能检测中的重点项目。据有关资料介绍，目前大多数国家规定建筑物的传热系数应小于 $0.60W/(m^2 \cdot K)$，如瑞典规定外墙传热系数为 $0.17W/(m^2 \cdot K)$，加拿大规定外墙传热系数为 $0.27 \sim 0.38W/(m^2 \cdot K)$，英国规定外墙传热系数为 $0.45W/(m^2 \cdot K)$，北欧、丹麦规定外墙传热系数为 $0.29 \sim 0.41W/(m^2 \cdot K)$ 等。我国也提出了外墙传热系数为 $0.45 \sim 0.60W/(m^2 \cdot K)$ 的标准。

我国很多地区由于建筑外墙传热系数确定不当的事实，也有力地说明了正确确定外墙传热系数的设计标准是非常重要的。如我国在 20 世纪 80 年代，曾经大力推广大板建筑，由于设计对保温性能重视不够，加上大板建筑保温性能很差，同样的供暖热量和强度，房间温度却远低于 370 砖混建筑结构的房间温度。再如，我国东北地区对某些既有建筑进行保温改造，由于未认真确定外墙传热系数，结果使房间内的温度过高，用户又不能自由调节，只好开窗进行降温，严重浪费了热能。

由此可见，准确地检测外墙的传热系数是判定建筑物是否节能的关键指标。在实验室可以检测主体外墙的传热系数，也可以做成与实际建筑物一致的热桥，检测热桥部位外墙的传热系数，作为评估建筑物节能的依据。这是因为在现场检测热桥的难度很大，甚至有些热桥不能进行检测。

二、屋顶的热工性能

屋顶是建筑物的重要组成部分，既是房屋建筑中起覆盖作用的承重、围护结构，也是表现建筑体型和外观形象的重要元素，对建筑整体效果具有较大影响；另一方面，屋顶作为建筑物最上部的围护结构，是建筑物的外围护结构中受室外热作用影响最大的部位，对顶层房间室内的热环境的影响极大。

建筑节能技术比较先进的国家，都非常重视屋顶的保温性能，规定了相应的屋顶传热系数。如瑞典规定屋顶的传热系数为 $0.12W/(m^2 \cdot K)$，加拿大规定屋顶的传热系数为 $0.17 \sim 0.40W/(m^2 \cdot K)$，丹麦规定屋顶的传热系数为 $0.20W/(m^2 \cdot K)$，英国规定屋顶的传热系数为 $0.45W/(m^2 \cdot K)$ 等。

实施建筑达到节能 65% 的标准，是近年来世界建筑发展的基本趋势，是当代建筑科学的一个新的增长点，也是我国提出的"十三五"建筑节能的奋斗目标。作为建筑可持续发展的一个最普通、最明显的特征，建筑节能已成为我国建筑行业科技发展与产业建设的一个重要领域。目前，我国还未颁布 65% 节能目标的国家设计标准，各地制定的地方节能设计标准，具体规定了屋顶传热系数限值：例如北京 4 层及以下的建筑屋顶传热系数小于 $0.45W/(m^2 \cdot K)$，5 层及以上的建筑屋顶传热系数小于 $0.60W/(m^2 \cdot K)$；甘肃的兰州市体形系数小于 0.30 的建筑屋顶传热系数小于 $0.60W/(m^2 \cdot K)$，体形系数 $0.30 \sim 0.33$ 的建筑屋顶传热系数小于 $0.40W/(m^2 \cdot K)$ 等。

屋顶传热系数的实验室检测方法，与外墙的检测方法完全相同，可以参照外墙的检测方法进行检测。

三、分户墙的热工性能

分户墙就是两户之间的分隔墙，实际上就是相邻两户之间共有的墙体。在以往的建筑工程设计和施工中，多数重视分户墙的隔音效果，而对分户墙的热工性能尚未引起人们的重视，在居住建筑和公共建筑的节能设计标准中，都没有提出对其传热系数的限值要求，因此分户墙的节能目前仍未作为节能验收和检测的内容。

近年来，随着我国供热体制的改革和供热收费方式的变化，以及人们对室内供暖要求的提高，分户墙的热工性能逐渐被重视，发生这样变化的原因是：第一，供热体制由原来的福利供热逐步走向市场化,"热商品"的概念被人们认识和接受,集中供热的受热用户从原来的按面积收费变为按用热量收费;第二,壁挂炉分户自采暖的建筑物越来越多,已成为今后供暖的发展趋势。

在这种情况下,我国的住房和城乡建设部等部门明确提出供热计量是推进供热机制改革的主要方向,是非常及时和正确的。这样,热计量技术和邻室传热的问题则成为实施这个策略的重点,而分户墙的传热问题将成为节能检测中的一个重点关注的内容,如果分户墙的节能效果不好,分户计量的政策、技术也就没有实施的基础。

目前,很多地区和单位已对分户墙的传热系数提出具体规定。如重庆市建委提出:"新建建筑必须达到65%的节能标准,至2010年年底,对窗户面积超过墙体面积50%的建筑将强制对分户墙、楼底板使用墙体保温节能技术"。

分户墙传热系数的实验室检测方法,与外墙的检测方法完全相同。

四、地板的热工性能

采暖房屋地板的热工性能对室内热环境的质量,对人体的热舒适度有着重要的影响。对于底层地板和屋顶、外墙一样,也应有必要的保温能力。地板是与人脚直接接触而传热的,经验证明,在室内各种不同材料的地面,即使它们的温度完全相同,人站在上面的感觉也会不一样。

试验证明,地面对人体热舒适及健康影响最大的是厚度约为3~4mm面层材料。地面舒适条件取决于地面的吸热指数B值,根据吸热指数B值的大小可将地面分为Ⅰ、Ⅱ、Ⅲ类,Ⅰ类地面吸热指数B<17,Ⅱ类地面吸热指数B=17~23,Ⅲ类地面吸热指数B>23。

近年来,随着人们对室内环境要求的提高,开始重视地板的供暖方式和热工性能的研究,并出现了很多新的地板供暖方式,如太阳能供暖、地板辐射供暖、低温热水地板采暖、发热电缆低温辐射供暖等,已经将地板节能作为建筑节能的重要组成部分。地板传热系数的实验室检测方法,与外墙的检测方法完全相同。

五、门窗的热工性能

门窗是建筑围护结构至关重要的两大组成部分之一,也是住宅能耗散失的最薄弱部位,通常相同面积的窗户传热耗热量是外墙的4~6倍,其能耗占住宅总能耗的比例较大,因此,在建筑节能的技术措施中占有重大比例。其中传热损失为1/3,冷风渗透为1/3,所以在保证日照、采光、通风、观景要求的条件下,尽量减小住宅外门窗洞口的面积,提高外门窗的气密性,减少冷风渗透,提高外门窗本身的保温性能,减少外门窗本身的传热量。

建筑工程中所用的门窗多数是定型的建筑构件,也是建筑节能工程检测中的重点。在实验室检测的门窗有关建筑节能的技术指标主要有传热系数、水密性、气密性、抗风压性能等,其检测方法应按照现行的国家标准《建筑外门窗保温性能分级及检测方法》(GB/T 8484— 2008)中的规定进行。

第二节　砌体热阻性能的检测方法

通过以上所述可知,外墙、分户墙、地板、屋顶等建筑构件热工性能检测方法基本相同,其中外墙是其他建筑构件检测的基础,只要热练地掌握外墙的检测技求,其他建筑构件的检测方法可参照进行。外墙的结构形式很多,各种构造中最复杂的是混凝土砌块体系,为掌握外墙热工性能的检测方法,现以混凝土空心砌块墙体为例,重点介绍其热阻、传热阻、传热系数的检测方法。

混凝土空心砌块是由水泥与集料按一定比例配合和水经搅拌、经成型机械加工成型，并在一定温湿条件下养护硬化，成为建筑墙体和其工程所用的砌块材料。混凝土空心砌块的分类方法很多：按尺寸偏差、外观质量不同，可分为优等品（A）、一等品（B）、合格品（C）；按制作材料不同，可分为普通混凝土砌块、工业废渣骨料混凝土砌块、天然轻骨料混凝土砌块、人造轻骨料混凝土砌块；按砌块的体积大小不同，可分为小型混凝土砌块和中型混凝土砌块；按承重能力不同，可分为承重混凝土砌块和非承重混凝土砌块；按强度等级不同，可分为 MU3.5、MU5.0、MU7.5、MU10、MU15 和 MU20 6 个等级。

国外应用混凝土空心砌块已有 140 年的历史，我国应用混凝土空心砌块也有 70 多年。近年来，随着墙体材料革新、建筑节能政策的逐步推进，实践充分证明混凝土空心砌块是理想的墙体材料。随着节能技术和人们对环境要求的不断提高，建筑节能设计标准提出更高的要求，我国提出的"十三五"节能减排综合工作方案是："到 2020 年，全国万元国内生产总值能耗比 2015 年下降 15％，能源消费总量控制在 50×10^8 t 标准煤以内。全国化学需氧量、氨氮、二氧化硫、氮氧化物排放总量分别控制在 2.001×10^7 t、2.07×10^6 t、1.58×10^7 t、1.574×10^7 t 以内，比 2015 年分别下降 10％、10％、15％和 15％。全国挥发性有机物排放总量比 2015 年下降 10％以上。"

要实施和实现以上节能的目标，对建筑物围护结构的传热性能的要求越来越严格，作为目前应用最广泛的混凝土空心砌块，遇到了前所未有的机遇和挑战。为了满足建筑节能的要求，各种结构形式的砌块应运而生，在正式用于建筑结构之前，必须对这些新型砌块的节能性能进行试验和检测。

从材料组成和传热的角度来看，任何混凝土砌块都是不均匀的材料，所以混凝土砌块没有一个严格意义上的导热系数，只能针对某种具体的块型计算一个平均导热系数或热阻。在设计砌块形状时，用计算热阻来确定模具的大小；在进行工程设计时，则采用计算热阻或砌块砌体的实测热阻值。

用混凝土空心砌块砌筑的砌体的热阻检测，目前最常用的检测方法有两种：一种是按标准规定的方法直接检测得到砌体的热阻值（如热箱法和热流计法等）；另一种是先检测混凝土空心砌块基材的导热系数，然后按照《民用建筑热工设计规范》（GB 50176—2016）规定的计算方法计算砌体的热阻值。

一、热箱法检测

热箱法作为实验室检测建筑构件热工性能的方法使用由来已久，通过检测单位面积通过的热流量，计算出被测对象的热阻。目前在实验室检测砌体热阻的方法按现行的国家标准《绝热 稳态传热性质的测定 标定和防护热箱法》（GB/T 13475—2008）中的规定进行。

热箱法是基于一维稳态传热的原理，在试件两侧的箱体（热箱和冷箱）内，分别建立所需的温度、风速和辐射条件，在达到稳定状态后，测量空气温度、试件和箱体内壁的表面温度及输入到计量箱的功率，就可以根据式(5-1)计算出试件的热传递性质——传热系数。

$$K = Q / A(T_i - T_e) \tag{5-1}$$

式中　K——试件的传热系数，$W/(m^2 \cdot K)$；

Q——通过试件的功率，W；

A——热箱的开口面积，m^2；

T_i——热箱的空气温度，K 或℃；

T_e——冷箱的空气温度，K 或℃。

由于要检测通过被测对象的热量，所以必须要

把传向别处的热量加以剔除，根据处理的方式不同，热箱法又分为标定热箱法和防护热箱法。

(一) 标定热箱法

标定热箱法是一种热工试验法，试验箱分为冷室和热室，两室之间放置待测对象的组件，然后测量稳态条件下的热量传递。标定热箱法的检测原理示意如图 5-1 所示。

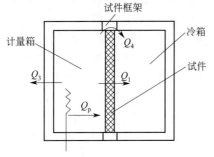

图 5-1　标定热箱法的检测原理示意

将标定热箱法的装置置于一个温度受到控制的空间内，这个空间的温度可与计量箱的温度不同。采用高比热阻的箱壁使得流过箱壁的热流量 Q_3 应当尽量小。输入的总功率 Q_p 应根据箱壁热流量 Q_3 和侧面迁回热量损失 Q_4 进行修正。Q_3 和 Q_4 应该用已知比热阻的试件进行标定，标定试件的厚度、比热阻范围，应同被测试件的范围相同，其温度范围也应当与被测试件试验的温度范围相同。根据测试的结果，按式(5-2)～式(5-4) 分别计算被测试件的通过功率、热阻和传热系数。

$$Q_1 = Q_p - Q_3 - Q_4 \tag{5-2}$$
$$R = A(T_{si} - T_{se})/Q_1 \tag{5-3}$$
$$K = Q_1/A(T_{ni} - T_{ne}) \tag{5-4}$$

式中　Q_p——输入的总功率，W；

Q_1——通过试件的功率，W；

Q_3——箱壁的热流量，W；

Q_4——侧面迁回热量损失，W；

A——热箱的开口面积，m^2；

T_{si}——试件热侧的表温度，K；

T_{se}——试件冷侧的表面温度，K；

T_{ni}——试件热侧的环境温度，K；

T_{ne}——试件冷侧的环境温度，K。

(二) 防护热箱法

防护热箱法中，计量箱置于防护箱内。防护箱的作用是在计量箱周围建立适当的空气温度和表面换热系数，使流过计量箱壁的热流量 Q_3 及试件不平衡热流量 Q_2 减到最小。在测试中要控制防护箱的环境温度，使防护箱内的温度与计量箱内的温度相同，使试件内不平衡热流量 Q_2 和流过计量箱壁的热流量 Q_3 减至最小，直至可以忽略。防护热箱法的检测原理示意如图 5-2 所示。

根据测试的结果，按式(5-5)～式(5-7) 分别计算被测试件的通过功率、热阻和传热系数。

$$Q_1 = Q_p - Q_3 - Q_2 \tag{5-5}$$
$$R = A(T_{si} - T_{se})/Q_1 \tag{5-6}$$
$$K = Q_1/A(T_{ni} - T_{ne}) \tag{5-7}$$

式中　Q_2——试件内的不平衡热流，W；

其他符号的含义同上。

（三）热箱法的装置

由于被测构件种类和测试条件是多种多样的，因此，在建筑节能检测中没有一个通用的定型设备。根据实验室条件和检测试件的规格尺寸，只要满足检测要求就可以。图 5-1 及图 5-2 表示被测试件的典型布置型式及装置的主要组成部分；图 5-3 表示另外一些可供选择的布置型式。

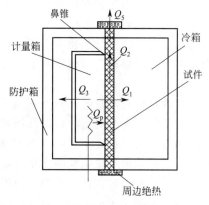

图 5-2　防护热箱法的检测原理示意

热箱法试验的测量误差部分，正比于计量区域周边的长度。随着计量区域的增大，其相对影响减小。在防护热箱法中，计量区域的最小尺寸是试件厚度的 3 倍或者 1m×1m，取两者的大值。标定热箱法的试件最小尺寸为 1.5m×1.5m。

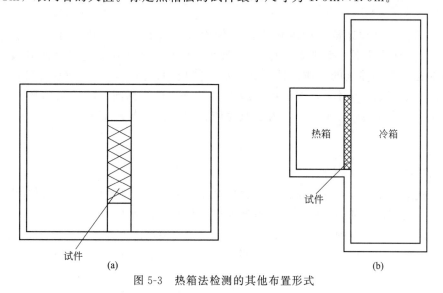

(a)　　　　　　　　　　　　(b)

图 5-3　热箱法检测的其他布置形式

1. 计量箱

计量面积必须具有足够大，使试验面积具有代表性。对于有模数的构件，计量箱尺寸应精确地为模数的整倍数。计量面积的尺寸取决于试件的最大厚度，参照现行国家标准《绝热 稳态传热性质的测定　标定和防护热箱法》（GB/T 13475—2008）中规定的原则，确定试件大小同厚度的比例关系。

计量箱壁应该是热均匀体，以保证箱壁内表面温度均匀，便于用热电堆或其他热流传感器测量流过箱壁的热流量 Q_3。Q_3 的不确定性引起 Q_1 的误差不应大于 ±0.5%。箱壁应是气密性的绝热体。可以用泡沫塑料或者用中间为泡沫塑料并有适当面层的夹心板做成。箱壁的表面辐射率应大于 0.8。防护热箱装置中的计量箱的鼻锥应紧贴试件表面以形成一个气密性的连接。鼻锥密封垫的宽度不应超过计量宽度的 2%，最大不超过 20mm。

供热及空气循环装置应保证试件表面具有均匀的空气温度分布，沿着气流方向的空气温度梯度不得超过 2℃/m。平行于试件表面气流的横向温度差不应超过热、冷侧空气温差的 2%。

通常采用电阻加热器作为加热的热源，热源应用绝热反射罩屏蔽。使得辐射到计量箱壁和试件上的辐射热量减至最小。采用强迫对流时，建议在计量箱中设置平行于试件表面的导流屏，导流屏应与计量箱内面同宽，而上下端有空隙以便空气能够循环。导流屏在垂直其表面方向上可以移动，以便于调节平行于试件表面的空气速度，导流屏表面的辐射率亦应当大于0.8。

在垂直位置测量时，自然对流所形成的循环应能达到所需的温度均匀性和表面换热系数。当空气为自然对流时，试件同导流屏之间的距离应远大于边界层的厚度，或者不用导流屏。当自然对流循环不能满足所要求的条件时，应安装风扇。风扇电动机安装在计量箱中时，必须测量电动机消耗的功率并加到加热器消耗的功率上。

如果只有风叶在计量箱内，应准确测量轴功率并加到加热器消耗的功率上，使得试件热流量测量误差小于±0.5%，建议气流方向与自然对流方向相同，计量箱的深度在满足边界层厚度和容纳设备的前提下应尽量小。

2. 防护箱

防护箱的作用是在计量箱周围建立适当的空气温度和表面换热系数，使流过计量箱壁的热流量 Q_3 及试件不平衡热流量 Q_2 减到最小。防护面积大小及边界绝热应满足：当测试最大预期比热阻和厚度的均质试件时，由周边热损 Q_5 引起的热流量 Q_1 的误差应小于±0.5%。防护箱内壁的辐射率，加热器屏蔽等要求与计量箱相同。防护箱内环境的不均匀性引起不平衡误差应小于±0.5%。为了避免防护箱中的空气停滞不动，通常需要安装循环风扇。

3. 试件框架

试件框架的作用主要是支承试件。标定热箱装置中试件框架是侧面迂回热损的通路，因此是一个重要的部件，朝向试件的面应由低导热系数的材料做成。

典型的防护热箱装置中，可不用试件框架，用边界绝热的方式将周边热损 Q_5 减到最小。如果使用试件框架，应按照"2. 防护箱"的要求，使周边热损 Q_5 减到最小。

4. 冷箱

标定热箱装置中，冷箱的大小取决于计量箱的大小；防护热箱装置中，冷箱的大小取决于防护箱的大小。可采用如图5-1、图5-2所示的布置方式。箱壁应绝热良好并防止出现结露，箱壁内表面的辐射率、加热器的热辐射屏蔽及温度均匀件的要求与计量箱相同。

制冷系统的蒸发器出口处可以设置电阻加热器，以精确调节冷箱的温度。为了使箱内空气温度均匀分布，可以设置导流屏。建议气流方向与自然对流方向相同。电机、风扇和蒸发器应进行辐射屏蔽。空气速度应可以调节，测量建筑构件时，风速一般为0.1～10m/s。

(四) 温度测量

需要温度测量记录的主要有空气温度和装置及试件表面温度，一般应用铜-康铜热电偶温度传感器进行。

1. 空气温度测量

测量空气温度和试件表面温度的温度传感器（一般采用热电偶）应该尽量均匀分布在试

件表面上，并且热侧和冷侧互相对应布置。测量所有与试件进行辐射换热表面的温度，以便计算平均辐射温度。除非已知道温度的分布，各种用途的温度传感器数量至少为每平方米布置两支，并且总数不得少于 9 支。同时应对热电偶进行热辐射屏蔽。

为了提高温度测量的精度，可用示差接法测量试件两侧的空气温差、表面的温差和计量箱壁两侧的表面温差。

2. 热流量的测量

采用热电偶时其线径应小于 0.5mm，热电偶的接点及至少 100mm 长的偶丝应沿等温面布置，用黏结剂或胶带固定在被测表面，以便形成良好的热接触，其表面用辐射率与被测表面相同的材料覆盖。

（五）热流量的测量

热箱法计量的热流量包括两部分：一部分是热箱加热器的功率；另一部分是通过箱壁试件迂回的热量损失。加热器的功率用功率表或电流电压表测量，热量损失用热电偶、热流计测量。温度测量仪表的精度要达到 0.1℃，功率测量仪表的精度应能够保证流过试件热流量的误差小于 3.0%。

（六）检测仪器要求

温差测量的准确度应高于试件两侧空气温差的 ±1.0%，建议测量仪表增加的不确定性应小于 ±0.05K。绝对温度测量的准确度为两侧空气温差的 ±5.0%。

热电堆的输出、加热器及风扇的输入功率等的测量仪器的准确度应该使得被测试件的热流量 Q_1 的准确度高于 ±3.0%。

为保证测量结果准确、可靠，当建成一台新的装置或对原有装置进行改进后，在开始正常工作之前，必须细致地进行一系列检验。

（七）检测温度控制

要求稳态时，至少在两个连续的测量周期内计量箱内温度的随机波动和漂移应小于试件两侧空气温差的 ±1.0%，此要求原则上亦适用于防护箱和冷箱。防护箱的温度控制引起的附加不平衡误差应小于 ±0.5%。

（八）检测试件安装

1. 对检测试件的要求

检测试验表明，试件的含水率对其传热性能影响很大，为了消除这个附加误差，使检测结果能够更加真实地反映试件的传热性能，在正式检测前应将试件调节到气干状态。选用的试件规格、品质应具有代表性，即能代表试件在正常使用状况下的试件。

2. 检测试件安装要求

对于均质试件可直接安装在试件夹上，然后做好周边的密封即可。

对于非均质试件应做如下考虑。

（1）防护热箱法中，如有可能应将热桥对称地布置在计量面积和防护面积的分界线上，这样，热桥面积的一半在计量箱内，另一半在防护箱内。

如果试件是有模数的，计量箱的周边应同模数线外形重合或在模数线的中间。如果不能满足这些要求，可将计量箱放在不同位置做几次试验，并且要非常谨慎地考虑这些结果，必要时，辅以温度、热流的测量和计算。

（2）标定热箱法中，应考虑试件边缘的热桥对侧面迂回传热的影响。试件安装时周边应密封，不让空气或水汽从边缘进入试件，也不从热的一侧传到冷的一侧，反之亦然。试件的边缘应绝热，使周边热损 Q_5 减小到符合准确度的要求。

（3）在防护热箱法中，试件中连续的空腔可用隔板将其分成防护空腔和计量空腔，试件表面为高导热性的饰面时，可在计量箱周边将饰面切断。

如果试件表面不平整，可用砂浆、嵌缝材料或其他适当的材料将同计量箱周边密封接触的面积填平。

如果试件尺寸小于计量箱所要求的试件尺寸，将试件镶嵌在一堵辅助墙板的中间。这种情况下，辅助墙板与试件之间的边界范围内的热流将不是一维的，辅助墙板的比热阻和厚度应与试件相同。

测量试件表面温度的传感器的数量、位置及要求与"（七）检测温度控制"所述相同。

（4）对于非均质试件，上述所要求的温度传感器数目将不能保证得到可靠的平均表面温度。对于中等非均质试件，每一个温度变化区域应该放置辅助温度传感器。试件的表面平均温度是每个区域的表面平均温度的面积加权平均值。

上述情况不能用于极为不均质的试件。在此情况下，不能测量试件的比热阻 R，只能根据试件两侧的环境温度差确定传热系数 K。

当试件不均匀性引起的表面温度的局部差值超过试件两侧表面平均温差的 20% 时，可认为是不均质的。

（5）防护热箱装置中监视计量面积与防护面积间试计表面的不平衡热流量 Q_2 的热电堆，除要求计量面积边长上每 0.5m 设置一对接点外，安装要求与"（五）热流量的测量"相同。热电堆接点的位置不能太靠近鼻锥，也不能远离鼻锥。

（九）测量必备条件

测量条件的选择应考虑最终的使用条件和对准确度的影响。箱内的最小温差为 20℃，冷、热箱的温度控制应满足"（七）检测温度控制"的要求。热、冷箱内的空气流速根据试验要求进行调节。如果用防护热箱法检测时，保证防护热箱和计量热箱的温度保持一致，使两者之间不产生热量传递，使试件不平衡热流量 Q_2 和计量箱壁的热流量 Q_3 尽可能接近零，否则检测的结果会产生较大偏差。

当防护箱温度高于计量箱温度时，防护箱内的热量向计量箱传递，检测得到的试件传热系数值偏低；当防护箱温度低于计量箱温度时，计量箱内的热量向防护箱传递，计量箱加热器发出的功率没有完全通过试件，检测得到的试件传热系数值偏高。

（十）测量持续时间

接近达到稳态后，测量两个至少为 3h（1h 一次）周期内功率和温度测量值，及其计算的热阻 R 或传热系数 K 平均值偏差小于 1%，并且每小时的数值不是单方向变化时，表示已经得到试件的稳态热传递性质—热阻或传热系数，这样才能结束测量。如果试件的热容量很大或传热系数很小，此要求是不够的，必须还要延长试验的持续时间。

(十一) 检测结果计算

试件的稳态传热性质的参数（热阻 R、传热系数 K）可按照式（5-2）～式（5-7）和"（十）测量持续时间"中最后两个至少为 3h 的平均值进行计算。同时，如果检测计算需要，根据这些数据按式（5-8）～式（5-10），计算出试件的传热阻 R_0、内表面（试件的热侧面）换热阻 R_i 和外表面（试件的冷侧面）换热阻 R_e。

$$R_0 = 1/K \tag{5-8}$$

$$R_i = A(T_{ni} - T_{si})/Q_1 \tag{5-9}$$

$$R_e = A(T_{se} - T_{ne})/Q_1 \tag{5-10}$$

式中符号的意义同前。

均质试件或不均匀度小于 20% 的试件，可根据表面温度计算出热阻 R，再根据环境温度计算传热系数 K 和表面换热系数 R_i、R_e。如超出上面所述的均匀性或者试件有特殊的几何形状，仅能根据环境温度计算传热系数 K。

(十二) 试件检测报告

（1）试件检测报告应包括下述内容：①试件名称和描述（包括各种传感器的位置）；②试验室的名称、地址及试验日期；③试件方位及传热的方向；④热、冷侧空气的平均速度及方向；⑤总输入功率及流过试件的纯传热量；⑥试件试验前后的质量、含湿量；⑦测量装置的尺寸及内表面的辐射率；⑧试验条件与本标准有不符时的说明。

（2）均质试件比热阻的试验，除上述试件检测报告当内容外，还应报告下述各项：①热、冷侧的空气温度；②热、冷侧的表面温度；③热、冷侧的加权表面温度；④计算的比热阻和为计算传热系数由建筑规范推荐的常用表面传热系数；⑤估计的准确度；⑥测量的持续时间；⑦附加测量，即作为试件一部分的材料的导热系数和含湿量测量的持续时间；⑧试验结果同初始估计值明显或不能解释的偏差。试件的检查结果及对偏差的可能解释。

（3）非均质试件的传热系数 K 值的测量，除试件检测报告所述内容外，还应报告下述各项：①热、冷侧的空气温度；②热、冷侧计算的环境温度；③根据均质试件计算的传热系数和表面换热系数；④估计的准确度；⑤测量的持续时间；⑥附加测量，即作为试件一部分的材料的导热系数和含湿量测量的持续时间；⑦试验结果同初始估计值明显或不能解释的偏差。即试件的检查结果和对偏差的可能解释。

二、热流计法检测

热流计是热能转移过程的量化检测仪器，国外已经大量应用在发电、炼钢、化工产品的分解与合成、建筑采暖、空调等热力过程的能耗检测与热能设施的安全保护检测，而我国还处于推广初期。

(一) 热流计法的基本原理

热流计是由热流传感器（或称热流测头）连接测量指示仪表组成的热工仪表，使用时将其传感器埋设在绝热结构内或贴敷在绝热结构的外表面，可直接测量得到热（冷）损失值。

热流测定的探头是由包埋在可绕性材料中的串联的热电偶组成的温差式温度计，其输出量为探头两面的温差所产生的热电势。因探头的形状和热阻值是已知的，根据傅立叶定律，探头两面的温差与热流密度成正比，故而测定热流量。

从以上所述可知，热流计法检测墙体热阻的基本原理，与物理学中测量电阻的原理基本相同。在测量电阻时只要测出电阻两端的电位差（电压）和通过电阻的电流，就可以计算出电阻值。

对于墙体的传热问题而言，温度类似电路中的电位，温差类似于电路中的电压，热流则类似于电路中的电流。同样的道理，如果要检测墙体的热阻，只要检测出墙体两侧的温差和通过墙体的热流量，那么就可以计算出墙体的热阻值，并能够进一步算出墙体的传热阻和传热系数。

(二) 热流计法的试验条件

热流计法的试验条件和试件安装处理，与热箱法基本相同。在进行检测时可在实验室中砌墙，墙体的两侧分别为热室和冷室，模拟采暖期时的气候条件，使实验室检测的结果与实际情况相吻合。

(三) 热流计法测热阻的原理

采用热流计法检测的前提条件必须是一维稳态传热，其要求是通过热流计的热流 E（即是通过被检测对象的热流），并且使这个热流平行于温度梯度方向，不考虑向四周的扩散。这样，就可以同时测出热流计冷端温度和热端温度，然后用式(5-11)～式(5-13)计算出被测对象的热阻 R、传热阻 R_0 和传热系数 K：

$$R = (t_2 - t_1)/EC \tag{5-11}$$

$$R_0 = R_i + R + R_e \tag{5-12}$$

$$K = 1/R_0 \tag{5-13}$$

式中　R——被测物的热阻，$m^2 \cdot K/W$；

t_2——冷端的温度，K；

t_1——热端的温度，K；

E——热流计的读数，mV；

C——热流计测头系数，$W/(m^2 \cdot mV)$，热流计出厂时已标定；

R_0——被测物的传热阻，$m^2 \cdot K/W$；

R_i——内表面换热阻，$m^2 \cdot K/W$；

R_e——外表面换热阻，$m^2 \cdot K/W$；

K——传热系数，$W/(m^2 \cdot K)$。

(四) 热流计法所用仪器及材料

热流计法所用主要设备仪器是温度传感器、热流传感器和数据采集仪等，具体包括温度热流自动巡回检测仪、WYP 型热流计、温度传感器、温度控制仪、数字温度计和其他仪器及材料。

(1) 温度热流自动巡回检测仪　简称为巡检仪，这种仪器为智能型的数据采集仪表。采用最新单片机系统，能够测量 55 路温度值和 20 路热流的热电势值，可以实现巡回或定点显示、存储、打印等多种功能，并且可将存储数据上传给微型计算机进行处理。巡检仪有很多型号，其型号不同，功能也不完全相同。

（2）WYP 型热流计　WYP 型热流计即 WYP 建筑热流传感器（板式），它是根据温度梯度原理制成的。这种热流计主要技术性能：尺寸为 $110mm \times 110mm \times 2.5mm$，测头系数：$11.63W/m^2 \cdot mV$（$10kcal/m^2 \cdot h \cdot mV$），使用温度范围为 $100℃$ 以下，标定误差为 $\leqslant 5\%$。

（3）温度传感器　一般宜采用铜-康铜热电偶作为温度传感器，测温范围为 $-50 \sim 100℃$，分辨率为 $0.1℃$，不确定度应不大于 $0.5℃$。

（4）温度控制仪　热流计法检测墙体热工性能，应采取制冷和加热双向控制，可以选用 PID 控制模式精确进行控温，控温范围为 $-20 \sim 45℃$。

（5）数字温度计　热流计法检测墙体热工性能所用的数字温度计，其分辨率为 $0.1℃$，量程为 $-50 \sim 199.9℃$，测量精度为 $0.2℃$。

（6）其他仪器及材料　热流计法所用的其他仪器及材料有电烙铁、万用表、黄油、双面胶带、透明胶带等。

（五）热流计法的检测步骤

（1）首先将试样按要求进行处理安装，如果试样上做了砂浆等砌筑或抹面材料，要待其含水率达到气干状态。

（2）在规定的方法粘贴传感器，热流计应贴在试件的中间部位，布置在热室的一侧；热电偶应贴在热流计的周围，一片热流计的周围粘贴 4 片热电偶，并在另一侧（即冷室）对应位置粘贴相同数量的热电偶。

（3）将粘贴好的热流计和热电偶分别进行编号，然后连接到数据采集仪上。

（4）以上各项工作完成后，便可开机进行检测，并要随时监控数据采集仪的工作状态是否正常。

（5）在检测的过程中，随时对采集的数据进行热阻或传热系数的计算。如果数据采集仪自身具有计算功能，可直接看出计算结果。

如果数据采集仪不具备自动计算的功能，要用上位机在线或离线检测，用通信软件将数据传给上位机，然后代入式(5-11)～式(5-13) 计算热阻或传热系数。直到热阻或传热系数不再随时间变化，达到稳定的状态，试验结束。

（六）热流计法的数据处理

当检测试验达到稳定后，利用计算出的热阻或传热系数绘图，绘制出热阻-时间曲线或传热系数-时间曲线，取稳定段数值的平均值作为测量结果。

（七）热流计法的检测报告

热流计法检测报告的内容，与热箱法检测报告中的内容基本相同。

三、墙砌体的间接检测方法

建筑物的墙体除了采用热箱法和热流计法在实验室直接检测外，还可以以间接的方式对其进行检测。即先测出组成材料的导热系数，再经过计算得到砌体的热阻值。首先按照第四章的方法测得砌体基础材料的导热系数，然后结合砌体使用过程中的热流特征，根据现行国家标准《民用建筑热工设计规范》（GB 50176—2016）中复合结构热阻值的计算公式进行计算，从而得到墙砌体的热阻值。

（一）间接检测的检测步骤

采用间接方法检测砌体的热阻，应按照以下 4 个步骤完成：即选择材料导热系数检测方法、制作基材导热系数检测试样、检测基材的导热系数、计算砌体的热阻。各检测步骤的具体内容如下。

（1）按照"第四章　建筑材料导热性能检测"中介绍的检测材料导热多数的方法，根据设备条件、试验经验、精度要求和具体情况选择合适的检测方法。

（2）根据选定的方法和设备的要求，制作检测砌体基材导热系数检测试样。砌块材质的导热系数试样有两种制作方法：一种方法是砌块生产过程中同时制作同条件养护至规定的龄期，将试样的周边和两个大面打磨平整后待检测；另一种方法是在已经制好的砌块上制取试样，用钢锯截取完整的砌块制作试样，将试样的周边和两个大面打磨平整后待检测。

（3）选用适宜的方法检测基材试样的导热系数，以便计算砌块的热工性能有关系数。

（4）按照现行国家标准和规范，依据有关计算公式，计算砌块的热阻或传热系数。

（二）间接检测的计算依据

根据国家标准《民用建筑热工设计规范》（GB 50176—2015）中的规定，复合结构的热阻可用式(5-14) 计算得出，热阻计算示意如图 5-4 所示。

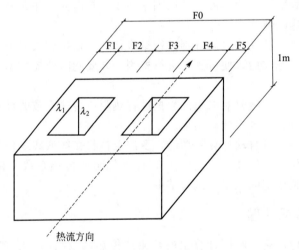

图 5-4　热阻计算示意

$$\overline{R} = \left[\frac{F_0}{\dfrac{F_1}{R_1} + \dfrac{F_2}{R_2} + \cdots + \dfrac{F_n}{R_n}} - (R_i + R_e) \right] \varphi \qquad (5\text{-}14)$$

式中　　　　　$\overline{R}$——平均热阻，$m^2 \cdot K/W$；

F_0——与热流方向垂直的总传热面积，m^2；

F_1、F_2、$\cdots$、F_n——按平行于热流方向划分的各传热面积，m^2；

R_1、R_2、$\cdots$、R_n——各个传热面部位的传热阻，$m^2 \cdot K/W$；

R_i——内表面的换热阻，取 $0.11 m^2 \cdot K/W$；

R_e——外表面的换热阻，取 $0.04\text{m}^2 \cdot \text{K/W}$；

φ——计算修正系数，如表 5-1 所列。

表 5-1　修正系数 φ 值

λ_2/λ_1 或 $0.5(\lambda_2+\lambda_1)/\lambda_1$	φ	λ_2/λ_1 或 $0.5(\lambda_2+\lambda_1)/\lambda_1$	φ
0.09~0.10	0.86	0.40~0.69	0.96
0.20~0.30	0.93	0.70~0.99	0.98

其中 R_1、R_2、$\cdots$、R_n 的值可按式（5-15）计算：

$$R = d/\lambda \tag{5-15}$$

式中　R——材料层的热阻，$\text{m}^2 \cdot \text{K/W}$；

d——材料层的厚度，m；

λ——材料的导热系数，$\text{W/(m} \cdot \text{K)}$。

空气层可视为特殊的绝热材料，由于存在对流传热等方面的原因，空气层的热阻不能简单地由式（5-15）计算得出，而需要采用经验值从表 5-2 中选取。

表 5-2　空气间层热阻值　　　　　　　　单位：$\text{m}^2 \cdot \text{K/W}$

位置、热流状况及材料特性		间层厚度/mm												
		冬季状况						夏季状况						
		5	10	20	30	40	50	60以上	5	10	20	30	40	50	60以上
一般空气间层	热流向下（水平、倾斜）	0.10	0.14	0.17	0.18	0.19	0.20	0.20	0.09	0.12	0.15	0.15	0.16	0.16	0.16
	热流向上（水平、倾斜）	0.10	0.14	0.15	0.16	0.17	0.17	0.17	0.09	0.11	0.13	0.13	0.13	0.13	0.13
	垂直空气间层	0.10	0.14	0.16	0.17	0.18	0.18	0.18	0.09	0.12	0.14	0.14	0.15	0.15	0.15
单面铝箔空气间层	热流向下（水平、倾斜）	0.16	0.28	0.43	0.51	0.57	0.60	0.64	0.15	0.25	0.37	0.44	0.48	0.52	0.54
	热流向上（水平、倾斜）	0.16	0.26	0.35	0.40	0.42	0.42	0.43	0.14	0.20	0.28	0.29	0.30	0.30	0.28
	垂直空气间层	0.16	0.26	0.39	0.44	0.47	0.49	0.50	0.15	0.22	0.31	0.34	0.36	0.37	0.37
双面铝箔空气间层	热流向下（水平、倾斜）	0.18	0.34	0.56	0.71	0.84	0.94	1.01	0.16	0.30	0.49	0.63	0.73	0.81	0.86
	热流向上（水平、倾斜）	0.17	0.29	0.45	0.52	0.55	0.56	0.57	0.15	0.25	0.34	0.37	0.38	0.38	0.35
	垂直空气间层	0.18	0.31	0.49	0.59	0.65	0.69	0.71	0.15	0.27	0.39	0.46	0.49	0.50	0.50

根据检测试验结果，砌体的传热阻 R_0 由式（5-16）计算得出，砌体的传热系数 K 由式（5-17）计算得出：

$$R_0 = R_i + R + R_e \tag{5-16}$$

$$K = 1/R_0 = 1/(R_i + R + R_e) \tag{5-17}$$

式中　R_0——砌体的传热阻，$\text{m}^2 \cdot \text{K/W}$；

K——砌体的传热系数，$\text{W/(m}^2 \cdot \text{K)}$。

通过以上介绍而得到砌块基材的导热系数 λ，根据砌块的形状从表 5-1 中选取适宜的修正系数 φ，然后代入式（5-14）即可得到砌块的热阻。

用同样的砌块建造的砌体，由于砌筑的形式不同、使用的砌筑砂浆不同，砌体的热阻也不同。然后还应根据砌块的砌筑形式、砌筑砂浆的性能，按照面积加权的方法计算出砌体的热阻。砌筑砂浆的导热系数根据材料物理性能手册选取，或者按照"第四章　建筑材料导热性能检测"中介绍的检测材料导热多数的方法通过实测得到。

第三节　外墙外保温系统耐候性检测方法

外墙外保温系统由保温层、保护层和固定材料（胶黏剂、锚固件等）构成，并且适用于安装在外墙外表面的非承重保温构造总称。由于现有的保温材料品种繁多，加之各种外墙外保温系统施工工艺不同，使得现有的外墙外保温工程材料及施工质量参差不齐，有的保温层在较短的时间就产生脱落和开裂，有的则经久耐用、性能不变。

为了确保外墙外保温系统满足设计功能和使用年限的要求，对于外墙保温系统所用的保温材料，应根据现行行业标准《外墙外保温工程技术规程》（JGJ 144—2004），需对外墙保温系统进行耐候性检测。

一、外墙外保温系统的试样

（一）试样的制备的要求

外墙外保温系统的试样，应按照生产厂家的说明书规定的系统构造和施工方法进行制备。材料试样应按照产品说明书中的规定进行配制。

外墙外保温系统试样应由混凝土墙体和被测外保温系统构成，混凝土墙用作外保温系统的基层墙体。

实验室检测对试样有如下要求。

（1）试样的尺寸　试样的宽度应不小于 2.5m，高度应不小于 2.0m，面积应不小于 6.0m²。混凝土墙的上角处应预留一个宽 0.4m、高 0.6m 的洞口，洞口距离墙边缘为 0.4m。外保温系统耐候性检测试件制备如图 5-5 所示。

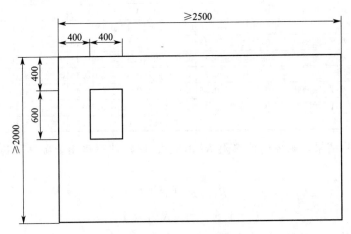

图 5-5　外保温系统耐候性检测试件制备示意（单位：mm）

（2）试样的制备　外墙外保温系统的试样应包住混凝土墙体的侧边。侧边保温层的最大厚度一般为 20mm。在预留的洞口处应安装上窗框，如有必要时可对洞口的四角做特殊加固处理。

（二）试样的养护和状态调节

对于制备的外墙外保温系统的试样应及时进行养护和状态调节。试样养护和状态调节的环境条件为：温度 10～25℃，相对湿度应不低于 50%。试样的养护时间应为 28d。

二、外墙外保温系统的试验步骤

外墙外保温系统试样的试验应当按照以下程序依次完成。

1. 高温-淋水循环试验

高温-淋水循环试验，是外墙外保温系统试样的重要试验步骤，一般应进行 80 次，每次 6h 的时间。每个循环的具体做法如下。

（1）升温 3h　使试样表面升温至 70℃，并恒温在 70℃±5℃，恒温的时间应不小于 1h。

（2）淋水 1h　向试样表面均匀进行淋水，水温为 15℃±5℃，水量为 1.0～1.5L/(m²·min)。

（3）静置 2h　以上各步骤操作完成后，将试验的试样静置 2h，然后再进行下一循环的试验。

2. 对试样进行状态调节

高温-淋水循环试验完成后，应对外墙外保温系统试样进行状态调节，其调节时间不得少于 48h。

3. 加热-冷冻循环试验

加热-冷冻循环试验，也是外墙外保温系统试样的重要试验步骤，一般应进行 20 次，每次 24h 的时间。每个循环的具体做法如下。

（1）升温 8h　使试样表面升温至 50℃，并恒温在 50℃±5℃，恒温的时间应不小于 5h。

（2）降温 16h。使试样表面降温至 −20℃，并恒温在 −20℃±5℃，恒温的时间应不小于 12h。

4. 试验过程中的检查记录

在以上试验过程中，应每 4 次高温-淋水循环试验、每次加热-冷冻循环试验后，均应认真观察试样是否出现裂缝、空鼓、脱落等破坏情况，并应按照规定做好记录。

5. 对试样进行强度检验

在以上各项试验结束后，对试样的状态调节 7d，然后检验其拉伸黏结强度和抗冲击强度。

三、外墙外保温系统试验结果评定

经过 80 次高温—淋水循环试验和 20 次加热-冷冻循环试验后，如果系统未出现裂缝、空鼓、脱落等破坏，抗裂防护层与保温层的拉伸黏结强度不小于 0.1MPa 且破坏界面位于保温层，则外墙外保温系统合格。

由于外墙外保温系统耐候性检测需要时间较长，冷热循环的次数较多，控制系统宜采用 PLC 控制方式。可编程逻辑控制器（简称 PLC），是一种采用一类可编程的存储器，用于其内部存储程序，执行逻辑运算、顺序控制、定时、计数与算术操作等面向用户的指令，并通过数字或模拟式输入/输出控制各种类型的机械或生产过程。PLC 是计算机技术与工业控制技术相结合的产物，PLC 依靠基于计算机技术的控制器完成控制运算、并通过 I/O 卡件完成与一次元件和执行装置的数据交换，被称之为网络的通信系统。

PLC 具有可靠性高、抗干扰能力强、配套齐全、功能完善、适用性强、系统设计简单、维护方便、容易改造、体积小。质量轻、能耗低等优点。20 世纪 60 代美国推出 PLC 控制器取代传统继电器控制装置以来，PLC 得到了快速发展，在世界各地得到了广泛应用。

四、砌体热阻检测实例

(一) 砌体热阻直接检测

　　某墙体的砌筑材料为轻质混凝土空心砌块，其基材是陶粒混凝土。砌块的规格为（长×厚×高）390mm×190mm×190mm，肋厚和壁厚均按 30mm 计，单排双孔。

　　先将砌块烘干，测量其表观密度。然后按使用状态在试件框中砌筑一堵试验墙。待砌体达到气干状态后，然后粘贴热电偶、连接数据采集仪，检查完全合格后，开机进行检测。

　　以下是该砌块热阻检测的结果。

　　（1）测试过程热端环境空气温度变化趋势如图 5-6 所示。

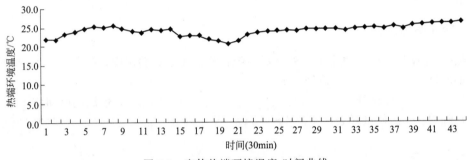

图 5-6　砌体热端环境温度-时间曲线

　　（2）测试过程砌体表面温度变化趋势如图 5-7 所示。

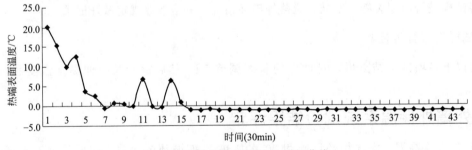

图 5-7　砌体热端表面温度-时间曲线

　　（3）测试过程冷端环境空气温度变化趋势如图 5-8 所示。

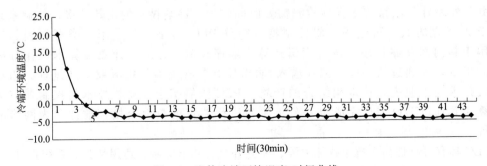

图 5-8　砌体冷端环境温度-时间曲线

（4）测试过程砌体冷端表面温度变化趋势如图 5-9 所示。

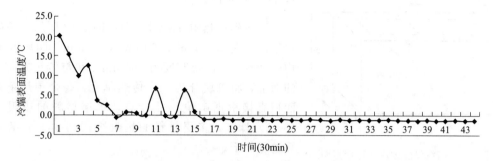

图 5-9　砌体冷端表面温度-时间关系曲线

（5）砌体热阻测试结果如图 5-10 所示。

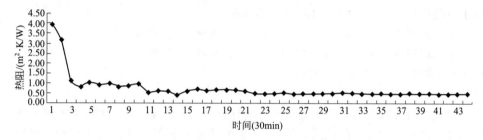

图 5-10　砌体热阻-时间关系曲线

从图 5-10 中可以看出达到稳定状态后，砌体热阻基本上不随时间变化。计算稳定区段的平均值，便得到砌体的热阻值为 $0.46\text{m}^2 \cdot \text{K/W}$。

在工程设计和节能审查等阶段常用传热系数指标，砌体计算传热系数的变化趋势如图 5-11 所示。计算稳定段传热系数平均值，得到砌体的传热系数值为 $1.90\text{W/(m}^2 \cdot \text{K)}$。

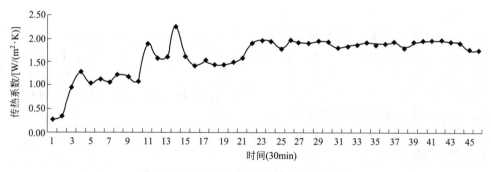

图 5-11　砌体计算传热系数-时间曲线

（二）砌体热阻间接检测

1. 先测试材料导热系数

首先制作砌块基材陶粒混凝土的导热系数试样，按照第四章介绍的材料导热系数检测方法，可以得到砌块陶粒混凝土基材的导热系数为 $0.23\text{W/(m} \cdot \text{K)}$，陶粒混凝土的干密度为 568kg/m^3。

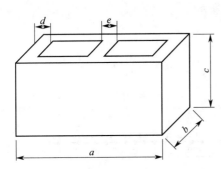

图 5-12 陶粒保温砌块计算示意图

2. 计算砌块的热阻

陶粒砌块热阻计算示意图如图 5-12 所示。该砌块规格尺寸为 390mm×190mm×190mm，肋厚和壁厚均按 30mm，砌块宽度为 190mm。在与传热方向垂直的面上，将砌块分为 5 个传热单元，每个传热单元的面积直接根据砌块尺寸计算，单层材料的热阻按式(5-15)计算，多层材料的热阻按式(5-18)计算，计算过程如下。

$$R = R_1 + R_2 + \cdots + R_n \qquad (5\text{-}18)$$

（1）传热面积的计算

传热总面积 $F_0 = 0.39 \times 0.19 = 0.0741 m^2$；

第 1 单元面积 $F_1 = 0.03 \times 0.19 = 0.0057 m^2$；

第 2 单元面积 $F_2 = (0.39 - 0.03 \times 3) \div 2 \times 0.19 = 0.00285 m^2$；

第 3 单元面积 $F_3 = F_1 = 0.03 \times 0.19 = 0.0057 m^2$；

第 4 单元面积 $F_4 = F_2 = 0.00285 m^2$；

第 5 单元面积 $F_5 = F_3 = F_1 = 0.0057 m^2$。

（2）砌块热阻计算　通过以上传热面积的计算可知，第 1、3、5 单元的热阻相等，其值为砌块厚度方向陶粒混凝土的热阻；第 2、4 单元的热阻相等，其值为砌块两个壁厚陶粒混凝土的热阻和 130mm 厚空气层热阻的和，查表 5-2 得到一般垂直空气间层冬季状况的热阻 R_g 为 $0.18 m^2 \cdot K/W$。

第 1 单元热阻 $R_1 = 0.19 \div 0.23 = 0.826 m^2 \cdot K/W$；

第 2 单元热阻 $R_2 = 0.03 \div 0.23 + R_g + 0.03 \div 0.23 = 0.440 m^2 \cdot K/W$；

第 3 单元热阻 $R_3 = R_1 = 0.826 m^2 \cdot K/W$；

第 4 单元热阻 $R_4 = R_2 = 0.440 m^2 \cdot K/W$；

第 5 单元热阻 $R_5 = R_1 = 0.826 m^2 \cdot K/W$。

（3）内表面换热阻 R_i、外表面换热阻 R_e 按《民用建筑热工设计规范》（GB 50176—2015）取值，R_i 取 $0.11 m^2 \cdot K/W$，R_e 取 $0.04 m^2 \cdot K/W$。修正系数 φ 按表 5-1 取值，取 0.98。

（4）将 F_1、F_2、F_3、F_4、F_5、R_1、R_2、R_3、R_4、R_5、φ、R_i、R_e 的值代入式(5-14)，经计算得到砌块的平均热阻 R：

$$R = 0.336 m^2 \cdot K/W$$

砌块的传热阻 R_0：

$$R_0 = R_i + R + R_e = 0.11 + 0.336 + 0.04 = 0.486 m^2 \cdot K/W$$

砌块的传热系数 K：

$$K = 1/R_0 = 1/0.486 = 2.06 W/(m^2 \cdot K)$$

至此，砌块的传热系数已经通过检测计算得出，可以作为设计、检测验收的基础数据使用。

第四节　建筑门窗保温性能的检测方法

建筑外窗是建筑物围护结构的主要组成部分，是指与室外空气直接接触的窗户，主要包括外窗、天窗、阳台门连窗上部镶嵌玻璃的透明部分，建筑外窗也是围护结构保温最薄弱化的部位。建筑外窗的面积大小和保温性能如何，对于建筑节能的效果有很大影响，因此是建筑节能检测的重要内容。建筑外窗的保温性能以传热系数 K 值表征。

一、外窗保温性能级别

根据国家标准《建筑外门窗保温性能分级及检测方法》（GB/T 8484—2008）中的规定，建筑外门外窗的保温性能按其传热系数大小分为 10 级，分级方法和具体指标如表 5-3 所列。按玻璃门、外窗抗结露因子 CRF 值的不同也分为 10 级，分级方法和具体指标如表 5-4 所列。外窗保温性能分级如表 5-5 所列。

表 5-3　外门外窗传热系数分级

分　级	1	2	3	4	5
分级指标值 W/(m²·K)	$K \geqslant 5.0$	$5.0 > K \geqslant 4.0$	$4.0 > K \geqslant 3.5$	$3.5 > K \geqslant 3.0$	$3.0 > K \geqslant 2.5$
分级	6	7	8	9	10
分级指标值 W/(m²·K)	$2.5 > K \geqslant 2.0$	$2.0 > K \geqslant 1.6$	$1.6 > K \geqslant 1.3$	$1.3 > K \geqslant 1.1$	$K < 1.1$

表 5-4　玻璃门、外窗抗结露因子分级

分级	1	2	3	4	5
分级指标值	$CRF \leqslant 35$	$35 < CRF \leqslant 40$	$40 < CRF \leqslant 45$	$45 < CRF \leqslant 50$	$50 < CRF \leqslant 55$
分级	6	7	8	9	10
分级指标值	$55 < CRF \leqslant 60$	$60 < CRF \leqslant 65$	$65 < CRF \leqslant 70$	$70 < CRF \leqslant 75$	$CRF > 75$

注：抗结露因子是由试件框表面温度的加权值或玻璃的平均温度与冷箱空气温度的差值除以热箱空气温度与冷箱空气温度的差值计算得到，在乘以 100 后，取得的两个数值中较低的一个值。

表 5-5　外窗保温性能分级

分级	1	2	3	4	5
分级指标值 W/(m²·K)	$K \geqslant 5.5$	$5.5 > K \geqslant 5.0$	$5.0 > K \geqslant 4.5$	$4.5 > K \geqslant 4.0$	$4.0 > K \geqslant 3.5$
分级	6	7	8	9	10
分级指标值 W/(m²·K)	$3.5 > K \geqslant 3.0$	$3.0 > K \geqslant 2.5$	$2.5 > K \geqslant 2.0$	$2.0 > K \geqslant 1.5$	$K < 1.5$

二、外窗保温性能检测原理

外窗保温性能检测的原理和方法是基于稳定传热原理的标定热箱法，与砌体热阻检测中的标定热箱法的原理和方法相同。根据国家标准《建筑外门窗保温性能分级及检测方法》（GB/T 8484—2008）中的规定，外窗保温性能检测的原理，又分为传热系数的检测原理和抗结露因子检测原理。

（一）传热系数的检测原理

现行国家标准《建筑外门窗保温性能分级及检测方法》（GB/T 8484—2008）中的规定：传热系数基于稳定传热原理，采用标定热箱法检测建筑门窗传热系数，试件的一侧为热箱，模拟采暖建筑冬季室内气候条件，另一侧为冷箱，模拟冬季室外气温和气流速度，在对试件缝隙进行密封处理，试件两侧各自保持稳定的空气温度、气流速度和热辐射条件下，测量热箱中加热器的发热量，减去透过热箱外壁和试件框的热损失（两者均由标定试验确定，标定试验应符合附录 A 的规定），除以试件面积与两侧空气温差的乘积，即可计算出试件的传热系数 K 值。

（二）抗结露因子检测原理

现行国家标准《建筑外门窗保温性能分级及检测方法》（GB/T 8484—2008）中的规定：基于稳定传热传质原理，采用标定热箱法检测建筑门窗抗结露因子，试件的一侧为热箱，模拟采暖建筑冬季室内气候条件，同时控制相对湿度不大于 20%；另一侧为冷箱，模拟冬季室外气温条件，在稳定传热状态下，测量冷热箱空气平均温度和试件热侧的表面温度，计算试件的抗结露因子。抗结露因子是由试件框表面温度的加权值或玻璃的平均温度与冷箱空气温度的差值除以热箱空气温度与冷箱空气温度的差值计算得到，再乘以 100 后，所取得的两个数值中较低的一个值。

三、建筑门窗保温性能检测装置

建筑外门窗保温性能的检测装置，主要由热箱、冷箱、试件框、控温系统和环境空间 5 部分组成，外窗保温性能检测装置如图 5-13 所示。检测仪器主要由温度传感器、功率表、风速仪、数据记录仪等组成。

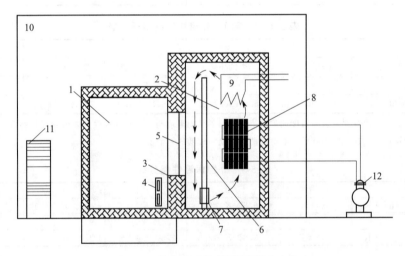

图 5-13　外窗保温性能检测装置示意

1—热箱；2—冷箱；3—试件框；4—电暖气；5—被检测试件；6—隔风板；7—风机；
8—蒸发器；9—加热器；10—环境空间；11—空调器；12—冷冻机

（一）检测用的热箱

检测用的热箱开口尺寸不宜小于 2100mm×2400mm（宽度×高度），进深尺寸不宜小于 2000mm，外壁构造应是热均匀体，其热阻值不得小于 3.5m² · K/W，内表面总的半球发射率 ε 应大于 0.85。热箱采用交流稳压电源供电暖气加热，窗台板至少应当高于电暖气的顶部。

（二）检测用的冷箱

检测用的冷箱开口尺寸应与试件框外边缘尺寸相同，进深尺寸以能容纳制冷、加热及气流设备为宜，外壁应采用不透气的保温材料，其热阻值不得小于 3.5m² · K/W，内表面应采用不吸水、耐腐蚀的材料。

冷箱通过安装在冷箱内的蒸发器或引入冷空气进行降温。利用隔风板和风机进行强制对流，形成沿试件表面自上而下的均匀气流，隔风板与试件框冷侧表面的距离应能进行调节。隔风板宜采用热阻值不得小于 $1.0m^2 \cdot K/W$ 的板材，隔风板面向试件的表面，其总的半球发射率 ε 应大于 0.85。隔风板的宽度与冷箱净宽度相同。蒸发器下部应设置排水孔或盛水盘。

(三) 试件框的要求

试件框的外缘尺寸应不小于热箱开口处的内缘尺寸，试件框应采用不透气、构造均匀的保温材料，其热阻值不得小于 $7.0m^2 \cdot K/W$，其密度应控制在 $20\sim40kg/m^3$ 之间。安装试件的洞口尺寸不应小于 $1500mm\times1500mm$。洞口下部应留有不小于 600mm 高的窗台，窗台及洞口周围应采用不吸水、导热系数小于 $0.25W/(m \cdot K)$ 的材料。

(四) 检测环境空间

外门窗的检测装置应放在装有空调器的试验室内，并保证热箱内、外表面面积加权平均温差小于 1.0K，试验室空气温度波动不应大于 0.5K。试验室围护结构应有良好的保温性能和热稳定性，应避免太阳光通过窗户进入室内，试验室内表面应进行绝热处理。热箱外壁与周边壁面之间，至少应留有 500mm 的空间。

(五) 测试和记录的物理量

在外窗保温性能的检测过程中，需要直接测量和记录的参数有冷箱风速、温度和功率，其中冷箱风速是用来控制设备运行状态的参数，并不参与最终的结果计算，参与结果计算的有温度和功率。

测量温度的温度传感器应采用铜-康铜热电偶，必须使用同批生产、有绝缘包皮、丝径为 $0.2\sim0.4mm$ 的铜丝和康铜丝制作，其测量不确定度应小于 0.25K。铜-康铜热电偶感应头应进行绝缘处理。铜-康铜热电偶应定期进行校验，校验方法应符合《建筑外门窗保温性能分级及检测方法》（GB/T 8484—2008）中附录 B 的规定。

热箱的加热功率应用功率表计量，功率表的准确度等级不得低于 0.5 级，且应根据被测值的大小能够转换量程，使仪表示值处于满量程的 70% 以上。

冷箱风速可用热球风速仪进行测量，测点的位置与冷箱空气温度测点的位置相同。不必每次试验都测定冷箱风速。当风机的型号、安装位置、数量及隔风板的位置发生变化时，应重新进行测量。

检测系统宜采用除湿系统控制热箱空气湿度，保证在整个测试过程中，热箱内的相对湿度小于 20%。要设置一个湿度计测量热箱内空气的相对湿度，湿度计的测量精度不应低于 3%。

四、建筑门窗保温性能试件安装

(一) 试件安装的要求

根据《建筑外门窗保温性能分级及检测方法》（GB/T 8484—2008）中的规定，建筑外门窗保温性能试件安装，应当符合下列要求。

（1）被测试的试件为一件，试件的尺寸及构造应符合产品设计和组装的要求，试件在进行检测时的状态，应当与建筑上使用的正常状态相同，不得附加任何多余配件或特殊组装工艺。

（2）试件安装时单层窗及双层窗外窗的外表面，应位于距试件框冷侧表面 50mm 处；双层内窗的内表面距试件框热侧表面不应小于 50mm，两玻璃间距应与标定一致。

（3）试件与洞口周边之间的缝隙宜用聚苯乙烯泡沫塑料条填塞并密封，试件开启缝应采用塑料胶带双面密封。

（4）当试件面积小于试件洞口面积时，应用与试件厚度相近、已知导热系数的聚苯乙烯泡沫塑料板填堵。在聚苯乙烯泡沫塑料板两侧表面粘贴适量的铜-康铜热电偶，测量两表面的平均温差，计算通过该聚苯乙烯泡沫塑料板的热损失。

（5）当进行传热系数检测时，宜在试件的热侧表面适当部位布置热电偶，作为参考的温度点。

（6）当进行抗结露因子检测时，应当在试件窗框和玻璃热侧面共布置 20 个热电偶供计算使用。热电偶的布置应符合《建筑外门窗保温性能分级及检测方法》（GB/T 8484—2008）中附录 C 的规定。

（二）温度传感器的布置

将待测试的试件安装好后，紧接着就要在测温点粘贴铜-康铜热电偶，测温点分为空气测温点和表面测温点。

在热箱空间内设置两层热电偶作为空气温度测点，每层均匀布置 4 个点。冷箱空气温度测点在试件安装洞口对应的面积上均匀布置 9 个点。测量热箱和冷箱空气温度的热电偶可分别并联，测量空气温度的热电偶感应头均应进行热辐射屏蔽。

热箱两表面、试件表面和试件框两侧面要布置表面温度测点。热箱每个外壁的内、外表面分别对应布置 6 个温度测点；试件框热侧表面温度测点不宜少于 20 个，试件框冷侧表面温度测点不宜少于 14 个。热箱外壁及试件框每个表面温度测点的热电偶可以分别并联。测量表面温度的热电偶感应头应连同至少长 100mm 的铜、康铜引线一起紧贴在被测表面上。在试件热侧的表面应适当布置一些热电偶。

测量空气温度和表面温度的热电偶如果采取并联方式，各热电偶的引线电阻必须相等，各点所代表的被测面积相同。

五、建筑门窗保温性能的检测

（一）外窗保温性能的检测条件

1. 传热系数的检测条件

（1）热箱空气平均温度设定在 19～21℃，温度波动幅度不应大于 0.2K。

（2）热箱内的空气应为自然对流。

（3）冷箱空气平均温度设定在 −19～−21℃，温度波动幅度不应大于 0.3K。

（4）与试件冷侧表面的距离应符合国家标准《绝热　稳态传热性质的测定　标定和防护热箱法》（GB/T 13475—2008）规定，平面内的平均风速为 3.0m/s±0.2m/s。

2. 抗结露因子检测条件

（1）热箱空气平均温度设定在 20℃±0.5℃，温度波动幅度不应大于 0.2K。

（2）热箱内的空气应为自然对流，其相对湿度不大于 20%。

（3）冷箱空气平均温度设定在 −20℃±0.5℃，温度波动幅度不应大于 0.3K。

（4）与试件冷侧表面的距离应符合国家标准《绝热　稳态传热性质的测定　标定和防护热箱法》（GB/T 13475—2008）规定，平面内的平均风速为 3.0m/s±0.2m/s。

（5）试件冷侧总压力与热侧静压力之差应在 0Pa±10Pa 范围内。

（二）外窗保温性能的检测程序

1. 传热系数的检测程序

（1）首先应认真逐个检查用于温度检测的热电偶是否完好，检查不合格的热电偶不得用于传热系数的检测。

（2）启动检测装置，按照《建筑外门窗保温性能分级及检测方法》（GB/T 8484—2008）中的规定，设定冷箱、热箱和环境空气温度。

（3）当冷箱、热箱和环境空气温度达到设定值时，监控各控温点的温度，使冷箱、热箱和环境空气温度维持稳定。达到稳传状态后，如果逐时测得到热箱和冷箱的空气平均温度 t_h 和 t_e 每小时变化的绝对值，分别不大于 0.1℃ 和 0.3℃，温差 $\Delta\theta_1$ 和 $\Delta\theta_2$ 每小时变化的绝对值分别不大于 0.1K 和 0.3K，且上述温度和温差的变化不是单向变化，则表示传热过程已达到稳定过程。

（4）传热过程稳定之后，每隔 30min 测量一次参数 t_h、t_e、$\Delta\theta_1$、$\Delta\theta_2$、$\Delta\theta_3$、Q，一共需要测量 6 次。

（5）以上各项测量完成之后，记录热箱内空气的相对湿度，试件热侧表面及玻璃表面夹层结露或结霜状况。

2. 抗结露因子检测程序

（1）首先应认真逐个检查用于温度检测的热电偶是否完好。

（2）启动检测装置，按照《建筑外门窗保温性能分级及检测方法》（GB/T 8484—2008）中的规定，设定冷箱、热箱和环境空气温度。

（3）调节压力控制装置，使热箱的静压力和冷箱总压力之间的净压着在 0Pa±10Pa 范围内。

（4）当冷箱、热箱和环境空气温度达到设定值时，每隔 30min 测量各温控点的温度，检查是否稳定。如果逐时测得到热箱和冷箱的空气平均温度 t_h 和 t_e 每小时变化的绝对值与标准条件下相比不超过 0.3℃，总热量输入变化不超过 ±2%，则表示抗结露因子检测已经处于稳定状态。

（5）当冷箱和热箱的空气温度达到稳定后，启动热箱的湿控装置，保证热箱内的相对湿度 φ 不大于 20%。

（6）热箱内的相对湿度 φ 满足要求后，每 5min 测量一次参数 t_h、t_e、t_1、t_2、…、t_{20}、φ，一共需要测量 6 次。

（7）测量结束之后，记录试件热侧表面结露或结霜状况。

六、门窗保温性能检测结果计算

根据国家标准《建筑外门窗保温性能分级及检测方法》（GB/T 8484—2008）中的规定，门窗保温性能检测结果的计算，主要包括试件传热系数 K 和抗结露因子 CRF。

1. 试件传热系数 K

试件传热系数 K 可按式（5-19）进行计算：

$$K = (Q - M_1 \cdot \Delta\theta_1 - M_2 \cdot \Delta\theta_2 - S \cdot \lambda \cdot \Delta\theta_2) / A \cdot \Delta t \qquad (5\text{-}19)$$

式中　Q——电暖气的加热功率，W；

　　　M_1——由标定试验确定的热箱外壁热流系数，W/K，其值见《建筑外门窗保温性能分级及检测方法》（GB/T 8484—2008）中的附录 A；

　　　M_2——由标定试验确定的试件框的热流系数，W/K，其值见《建筑外门窗保温性能分级及检测方法》（GB/T 8484—2008）中的附录 A；

　　　$\Delta\theta_1$——热箱外壁内、外表面面积加权平均温度之差，K；

　　　$\Delta\theta_2$——试件框热侧、冷侧表面面积加权平均温度之差，K；

　　　$\Delta\theta_3$——填充板两表面的平均温差，K；

　　　S——填充板的面积，m^2；

　　　λ——填充板的导热系数，$\mathrm{W/(m^2 \cdot K)}$；

　　　A——试件的面积，m^2，按试件外缘尺寸计算，如试件为采光罩，其面积按采光罩水平投影面积计算；

　　　Δt——热箱空气平均温度 t_h 与冷箱空气平均温度 t_e 之差，K。

$\Delta\theta_1$、$\Delta\theta_2$ 的计算可参见国家标准《建筑外门窗保温性能分级及检测方法》（GB/T 8484—2008）中的附录 C。如果试件面积小于试件洞口面积时，式(5-19)中分子项为聚苯乙烯泡沫塑料填充板的热损失。

试件的传热系数 K 值计算结果应保留两位有效数字。

2. 抗结露因子 CRF

试件的抗结露因子 CRF 值可按式(5-20)和式(5-21)进行计算：

$$CRF_g = (t_g - t_c)/(t_h - t_c) \times 100\% \qquad (5\text{-}20)$$

$$CRF_f = (t_f - t_c)/(t_h - t_c) \times 100\% \qquad (5\text{-}21)$$

式中　CRF_g——试件玻璃的抗结露因子；

　　　CRF_f——试件框的抗结露因子；

　　　t_h——热箱空气平均温度，℃；

　　　t_c——冷箱空气平均温度，℃；

　　　t_g——试件玻璃热侧表面平均温度，℃；

　　　t_f——试件的框热侧表面平均温度的加权值，℃。

试件的抗结露因子 CRF 值，应取 CRF_g 和 CRF_f 中的较低值，并且 CRF 值计算结果应保留两位有效数字。

试件的框热侧表面平均温度的加权值 t_f 由 14 个规定位置的内表面温度平均值（t_{fp}）和 4 个位置非确定的、相对较低的框温度平均值（t_{fr}）计算得到：

$$t_f = t_{fp}(1 - W) + W \cdot t_{fr} \qquad (5\text{-}22)$$

式中　W——加权系数，由 t_{fp} 和 t_{fr} 之间的比例关系确定，可用式(5-23)进行计算：

$$W = 0.4(t_{fp} - t_{fr})/[t_{fp}(t_c + 10)] \qquad (5\text{-}23)$$

其中：t_c 为冷箱的空气平均温度，10 为温度的修正系数，0.4 为温度修正系数取 10 时的加权因子。

七、门窗保温性能检测报告

门窗保温性能检测报告应反映检测的全部信息，应包括以下内容。

（1）机构信息　委托和生产单位名称，检测单位名称和地址等。

（2）试件信息　试件名称、编号、规格、玻璃品种、玻璃及双玻空气层厚度、窗框面积与窗的面积之比。

（3）检测条件　热箱空气温度和空气相对湿度、冷箱空气温度和气流速度。

（4）检测信息　检测依据、检测设备、检测项目、检测类别和检测时间。

（5）检测结果　试件传热系数 K 值和保温性能等级，试件热侧表面温度、结露和结霜情况。

（6）报告责任人　测试人、审核人及签发人等。

八、建筑外门保温性能检测

（一）建筑外门保温性能分级

建筑外门的传热系数 K 值作为其保温性能的分级指标，按照其传热系数 K 值大小可分为 10 级，分级方法和具体指标如表 5-3 所列。

（二）建筑外门保温性能检测

建筑外门保温性能检测方法与建筑外窗的保温性能检测方法一样。只是洞口尺寸变为 1800mm×2100mm，洞口周边的面板应当采用不吸水、导热系数小于 0.25W/(m·K) 的材料。

第五节　建筑门窗"三性"的检测方法

建筑外门窗用于建筑物的采光、通风、通行等，是建筑物中不可缺少的组成构件之一。随着建筑行业科技水平的不断提高，建筑物的各种功能质量也不断提高，这就对建筑外窗的各项性能指标提出了更高的要求。从使用安全、环境保护与建筑节能等方面综合考虑，对建筑外门窗的性能指标要求主要有气密性能、水密性能、抗风压性能、保温性能、隔声性能和采光性能等，其中气密性能、水密性能、抗风压性能通常称为建筑外窗的"三性"，它是建筑外窗在质量检测过程中最常见的检测项目，也是控制建筑外窗性能和建筑节能的重要 3 项性能指标。

门窗三性检测是指抗风压性能（风压变形性能）、气密性能（空气渗透性能）、水密性能（雨水渗透性能）3 个指标的检测。我国于 1986 年就颁布了建筑外窗物理三性检测的标准，即《建筑外窗抗风压性能分级及其检测方法》（GB/T 7106—1986）、《建筑外窗空气渗透性能分级及其检测方法》（GB/T 7107—1986）、《建筑外窗雨水渗漏性能分级及其检测方法》（GB/T 7108—1986），为建筑外窗物理三性检测提供了国家标准和方法。

为推动我国建筑节迅速开展，2002 年对以上 3 个标准进行了局部修订，改为《建筑外窗抗风压性能分级及其检测方法》（GB/T 7106—2002）、《建筑外窗空气渗透性能分级及其检测方法》（GB/T 7107—2002）、《建筑外窗雨水渗漏性能分级及其检测方法》（GB/T 7108—2002）；建筑外门三性标准有：《建筑外门的风压变形性能分级及其检测方法》（GB/T 13685—1992）和《建筑外门的空气渗透性能和雨水渗漏性能分级及其检测方法》（GB/T 13686—1992）。这样，使建筑外窗物理三性检测的标准更加细化、更便于掌握。

现在执行的标准是 2008 年重新修订的门窗三性检测标准，即《建筑外门窗气密、水密、抗风压性能分级及检测方法》（GB/T 7106—2008），代替《建筑外窗抗风压性能分级及其检测方法》（GB/T 7106—2002）、《建筑外窗空气渗透性能分级及其检测方法》（GB/T 7107—2002）、《建筑外窗雨水渗漏性能分级及其检测方法》（GB/T 7108—2002）、《建筑外门的风压变形性能分级及其检测方法》（GB/T 13685—1992）和《建筑外门的空气渗透性能和雨水渗漏性能分级及其检测方法》（GB/T 13686—1992）以上所有的外门窗三性检测标准。

一、建筑外门窗的分级方法

建筑外门窗的分级，主要是按照气密性能（空气渗透性能）、水密性能（雨水渗漏性能）和抗风压性能（风压变形性能）3 个方面进行分级的。

1. 建筑外门窗气密性能的分级

建筑外门窗气密性能的分级指标，采用在标准状态下，压力差为 10Pa 时单位开启缝长空气渗透量 q_1 和单位面空气渗透量 q_2 作为分级指标。建筑外门窗气密性能分级表如表 5-6 所列。

表 5-6　建筑外门窗气密性能分级表

分级	1	2	3	4	5	6	7	8
单位缝长分级指标值 q_1 /[m³/(m·h)]	$4.0 \geqslant q_1$ >3.5	$3.5 \geqslant q_1$ >3.0	$3.0 \geqslant q_1$ >2.5	$2.5 \geqslant q_1$ >2.0	$2.0 \geqslant q_1$ >1.5	$1.5 \geqslant q_1$ >1.0	$1.0 \geqslant q_1$ >0.5	$q_1 \leqslant 0.5$
单位面积分级指标值 q_2 /[m³/(m·h)]	$12.0 \geqslant q_2$ >10.5	$10.5 \geqslant q_2$ >9.0	$9.0 \geqslant q_2$ >7.5	$7.5 \geqslant q_2$ >6.0	$6.0 \geqslant q_2$ >4.5	$4.5 \geqslant q_2$ >3.0	$3.0 \geqslant q_2$ >1.5	$q_2 \leqslant 1.5$

2. 建筑外门窗水密性能的分级

建筑外门窗水密性能的分级指标，采用严重渗漏压力差值的前一级压力差值作为分级指标。水密性能分级指标值 ΔP 的分级如表 5-7 所列。

表 5-7　建筑外门窗水密性能的分级表　　　　　　单位：Pa

分级	1	2	3	4	5	6
分级指标 ΔP	$100 \leqslant \Delta P < 150$	$150 \leqslant \Delta P < 250$	$250 \leqslant \Delta P < 350$	$350 \leqslant \Delta P < 500$	$500 \leqslant \Delta P < 700$	$\Delta P > 700$

注：第 6 级应在分级后同时注明具体检测压力值。

3. 建筑外门窗抗风压性能的分级

建筑外门窗抗风压性能的分级指标，采用定级检测压力差值 P_3 为分级指标。抗风压性能分级指标值 P_3 的分级如表 5-8 所列。

表 5-8　建筑外门窗抗风压性能的分级表　　　　　　单位：Pa

分级	1	2	3	4	5	6	7	8	9
分级指标 P_3	$1.0 \leqslant P_3$ <1.5	$1.5 \leqslant P_3$ <2.0	$2.0 \leqslant P_3$ <2.5	$1.0 \leqslant P_3$ <3.0	$2.5 \leqslant P_3$ <3.5	$3.0 \leqslant P_3$ <4.0	$3.5 \leqslant P_3$ <4.5	$4.0 \leqslant P_3$ <5.0	$P_3 \geqslant 5.0$

注：第 9 级应在分级后同时注明具体检测压力值。

二、建筑外门窗的检测装置及试件

建筑外门窗的抗风压性能、空气渗透性能和雨水渗漏性能的检测装置，分别如图

5-14～图 5-16 所示。

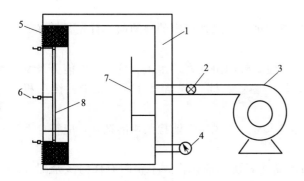

图 5-14　建筑外窗抗风压性能检测装置示意
1—压力箱；2—调压系统；3—供压设备；
4—压力监测仪器；5—镶嵌框；6—位移针；
7—进门挡板；8—试件

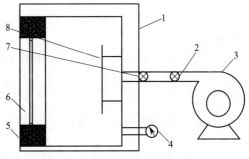

图 5-15　建筑外窗空气渗透性能检测装置示意
1—压力箱；2—调压系统；3—供压设备；
4—压力监测仪器；5—镶嵌框；6—试件；
7—流量测量装置；8—进气口挡板

（一）检测装置组成及要求

建筑外门窗的抗风压性能、空气渗透性能和雨水渗漏性能的检测装置，一般是集中在一套装置里面，对各个检测装置组件主要有以下要求。

（1）压力箱　压力箱的一侧开口部位可以安装试件，箱体应有足够的刚度和良好的密封性能。箱体开口部位的构件在承受检测过程中可能出现的最大压力差作用下，开口部位的最大挠度值不应超过5mm 或 1/1000，同时具有良好的密封性能，且以不影响观察试件的水密性为最低要求。

（2）供压和压力控制系统　供压系统应具备施加正负双向压力差的能力，静态压力控制装置应能调节出稳定的气流，动态压力控制装置应能稳定的提供 3～5s 周期的波动风压，波动风压的波峰值、波谷值应满足检测的要求。供压和压力控制能力必须满足检测的要求。

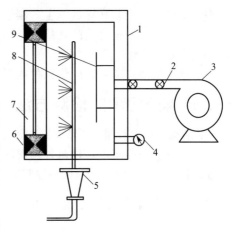

图 5-16　建筑外窗空气渗透
性能检测装置示意
1—压力箱；2—调压系统；3—供压设备；
4—压力监测仪器；5—水流量计；6—镶嵌框；
7—试件；8—淋水装置；9—进气口挡板

（3）位移测量仪器　位移计的精度应达到满量程的 0.25%，位移测量仪表的安装支架在测试过程中应确保牢固，并保证位移的测量不变试件及支承设施的变形、移动所影响。

（4）压力测量仪器　差压计的两个探测点应在试件两端就近布置，差压计的误差应小于示值的 2.0%。

（5）空气流量测量装置　空气流量测量系统的测量误差应小于示值的 5.0%，响应速度应满足波动风压测量的要求。

（6）喷淋装置　喷淋装置必须满足在窗试件的全部面积上形成连续水膜并达到规定淋水量的要求。喷嘴布置应均匀，各喷嘴与试件的距离宜相等，并且不小于 500mm；装置的喷水量应能够进行调节，并有措施保证喷水量的均匀性。

(二) 建筑外门窗的检测准备

为确保检测顺利进行和要求的精确度，在正式进行建筑外门窗的检测前，首先要做好如下准备工作。

（1）试件的数量要求　根据现行国家标准《建筑外门窗气密、水密、抗风压性能分级及检测方法》（GB/T 7106—2008）中的规定，同一窗型、同一规格尺寸，应至少检测三樘试件。

（2）试件的制作要求　建筑外门窗的气密、水密、抗风压性能检测用的试件，应符合下列要求。

① 试件应为按所提供的图样生产的合格产品或者研制的试件，不得附有任何多余配件或采用特殊的组装工艺或改善措施；

② 试件镶嵌必须符合设计的要求；

③ 试件必须严格按照设计要求进行组合、装配完好，并保持清洁和干燥状态。

（3）试件的安装要求　根据现行国家标准《建筑外门窗气密、水密、抗风压性能分级及检测方法》（GB/T 7106—2008）中的规定，在进行试件安装时应符合下列要求。

① 试件应当安装在镶嵌框上，镶嵌框应具有足够的刚度；

② 试件与镶嵌框之间的连接应牢固并密封，安装好的试件要求垂直，下框要求应水平，不允许因安装而出现任何变形；

③ 试件安装完毕后，应将试件或开启部分开关 5 次，最后将其关紧。

三、建筑外门窗的检测方法

根据现行国家标准《建筑外门窗气密、水密、抗风压性能分级及检测方法》（GB/T 7106— 2008）中的规定，建筑外门窗应按照气密性能、水密性能、抗风压变形 P_1、抗风压反复受压 P_2、安全检测 P_3 的顺序进行。

(一) 建筑外窗抗风压性能检测

1. 建筑外窗的检测项目

外窗检测项目主要包括试件的变形检测、试件反复加压检测和定级检测或工程检测等。

（1）试件的变形检测　变形检测是指试件在逐步递增的风压力作用下，测试杆件相对面法线挠度的变化，从而得出检测压力 P_1。

（2）试件反复加压检测　试件反复加压检测是指试件在压力差 P_2（定级检测时）或 P'（工程检测时）的反复作用下，是否发生损坏和功能障碍。

（3）定级检测或工程检测　定级检测或工程检测是指试件在瞬时风压作用下，抵抗损坏和功能障碍的能力。定级检测是为了确定产品的抗风压性能分级的检测，检测压力差为 P_3。工程检测是考核实际工程的外窗能否满足工程设计要求的检测，检测压力差为 P'_3。

2. 建筑外窗的检测方法

建筑外窗的检测加压顺序如图 5-17 所示。

（1）确定测点和安装位移计　将位移计安装在规定的位置上，测点的位置规定为：中间测点在测试杆件中点位置，两端测点在距该杆件端点向中点方向 10mm 处，如图 5-18（a）所示，当试件的相对挠度最大的杆件难以判定时，也可选取两根或多根测试杆件，分别布点

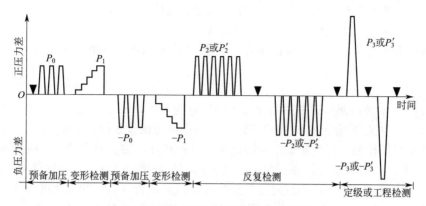

图 5-17 建筑外门窗的检测加压顺序示意

测量，如图 5-18(b) 所示。

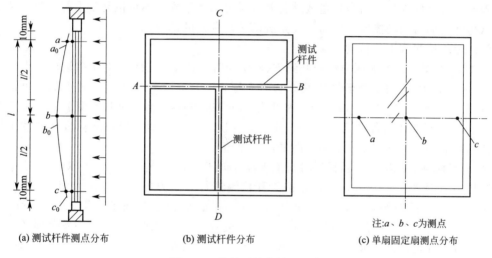

(a) 测试杆件测点分布　　(b) 测试杆件分布　　(c) 单扇固定扇测点分布

注:a、b、c 为测点

图 5-18 抗风压性能检测示意

（2）预备加压　在进行正负变形检测之前，分别提供 3 个压力脉冲，压力差 P_0 绝对值为 500Pa，加载速度约为 100Pa/s，压力稳定作用时间为 3s，泄压时间应不少于 1s。

（3）变形检测　建筑外门窗一般先进行正压检测，后进行负压检测，检测压应逐渐升高或降低，每级升降压力差值不超过 250Pa，每级检测压力差稳定作用约为 10s。不同类型试件变形检测时对应的最大面法线挠度（角位移值）应符合表 5-9 中的要求。

表 5-9　不同类型试件变形检测时对应的最大面法线挠度（角位移值）

试件类型	主要构件(面板)允许挠度	变形检测最大面法线挠度(角位移值)
窗(门)面板为单层玻璃或夹层玻璃	$\pm l/120$	$\pm l/300$
窗(门)面板为中空玻璃	$\pm l/180$	$\pm l/450$
单扇固定扇	$\pm l/60$	$\pm l/150$
单扇单锁点平开窗(门)	20mm	10mm

求取杆件中点面法线挠度，可用式(5-23)进行计算：

$$B=(b-b_0)-0.5[(a-a_0)+(c-c_0)] \tag{5-23}$$

式中　　B——杆件中间测点的面法线挠度；

a、b、c——某级检测压力差作用过程中的稳定读数值，mm；

a_0、b_0、c_0——各测点预备加压后的稳定初始读数值，mm。

单扇单锁点平开窗（门）的角位移值为 E 测点和 F 测点位移值之差，可按式(5-24)进行计算：

$$\delta = (e - e_0) - (f - f_0) \tag{5-24}$$

式中　e、f——某级检测压力差作用过程中的稳定读数值，mm；

e_0、f_0——测点 E 和测点 F 在预备加压后的稳定初始读数值，mm。

（4）反复加压检测　在反复加压检测前可取下位移计，装上安全设施。检测压力从零升到 P_2 后降至零，$P_2 = 1.5P_1$，且不宜超过 3000Pa，反复进行 5 次。再由零降至 $-P_2$ 后，再升至零，$-P_2 = 1.5(-P_1)$，不宜超过 -3000Pa，反复进行 5 次。加压速度为 $300 \sim 500$Pa/s，降压时间不少于 1s，每次压力差作用时间为 3s。当工程设计值小于 P_1 的 2.5 倍时，以工程设计值的 0.6 倍进行反复加压检测。

正负反复加压后各将试件开关部分开关 5 次，最后关紧。记录试验过程中发生损坏（指玻璃破裂、五金件损坏、窗扇掉落或被打开以及可以观察到的不可恢复变形等现象）和功能障碍（指外窗的启闭功能发生障碍、胶条脱落等现象）的部位。

（5）定级检测或工程检测

① 定级检测。使检测压力从零升到 P_3 后降至零，$P_3 = 2.5P_1$；对于单扇单锁点平开窗（门），$P_3 = 2.0P_1$。由零降至 $-P_3$ 后，再升至零，$-P_3 = 2.5(-P_1)$，对于单扇单锁点平开窗（门），$-P_3 = 2.0(-P_1)$。加压速度为 $300 \sim 500$Pa/s，泄压时间不少于 1s，持续时间为 3s。正负反复加压后各将试件开关部分开关 5 次，最后关紧。记录试验过程中发生损坏和功能障碍的部位，并记录试件破坏时的压力差值。

② 工程检测。在进行工程检测时当工程设计值 P_3' 小于或等于 $2.5P_1$（对于单扇平开窗或门，P_3' 小于或等于 $2.0P_1$）时，才按工程检测进行。压力加至工程设计值 P_3' 以后降至零，再降至 $-P_3'$ 后升至零，加压速度为 $300 \sim 500$Pa/s，泄压时间不少于 1s，持续时间为 3s。加正负压后各将将试件开关部分开关 5 次，最后关紧。记录试验过程中发生损坏和功能障碍的部位，并记录试件破坏时的压力差值。当工程设计值 P_3' 大于 $2.5P_1$（对于单扇平开窗或门，P_3' 大于 $2.0P_1$）时，以定级检测取代工程检测。

3. 建筑外窗检测结果评定

建筑外窗检测结果评定，主要包括变形检测结果的评定、反复加压检测的评定和定级检测的评定。

（1）变形检测结果的评定　变形检测结果的评定，是以试件杆件或面板达到变形检测最大面法线挠度时对应的压力差值为 $\pm P_1$。对于单扇单锁点平开窗（门），以角位移值为 10mm 时对应的压力差值为 $\pm P_1$。

（2）反复加压检测的评定　经反复加压检测，如果试件未出现损坏和功能障碍，可注明 $\pm P_2$ 值或 $\pm P_2'$；如果试件出现损坏和功能障碍，记录试验过程中发生损坏和功能障碍的部位，并以试件出现功能障碍或损坏压力差值的前一级压力差进行定级。在工程检测时，如果出现功能障碍或损坏时的压力差值低于或等于工程设计值，该外窗判定为不满足工程设计要求。

（3）定级检测的评定　试件经检测未出现功能障碍和损坏时，可注明 $\pm P_3$ 值，按 $\pm P_3$ 中绝对值较小者定级。如果试件出现损坏和功能障碍，记录试验过程中发生损坏和功能障碍的情况及部位，并以试件出现功能障碍或损坏压力差值的前一级压力差进行定级。

4. 外窗的三试件综合评定

在进行定级检测时，以3试件定级值的最小值为该组试件的定级值。在进行工程检测时3试件必须全部满足工程设计要求。

（二）建筑外窗气密性能检测

1. 气密性检测项目

检测外窗试件的气密性能，以在10Pa压力差下和单位缝长空气渗透量或单位面积空气渗透量进行评价。

2. 气密性检测方法

外窗气密性能检测压差顺序如图5-19所示。

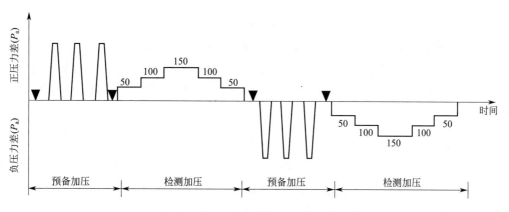

图5-19 建筑外窗气密性能检测压差顺序

（1）预备加压 在进行正负压检测前，分别施加3个压力脉冲。压力差值的绝对值为500Pa，加载速度约为100Pa/s。压力稳定作用时间为3s，泄压时间不少于1s。待压力差回零后，将试件所有部分开关5次，最后关紧。

（2）检测程序 外窗试件的气密性能检测，包括附加渗透量的测定和总渗透量的测定。

① 附加空气渗透量的测定。附加空气渗透量是指除通过试件本身渗透量以外的通过设备和镶嵌框，以及各部分之间连接缝等部位的空气渗透量。在进行测定前，要充分密封试件上的可开启缝隙和镶嵌缝隙，或用不透气的盖板将箱体开口部分盖严，然后按照图逐级进行加压，每级压力作用时间约为10s，先逐渐施加正压，后逐渐施加负压，并记录各级压力下的测量值。

② 总空气渗透量的测定。总空气渗透量的测定，就是去除试件上所加密封措施或打开密封盖板后测定的空气渗透量。其检测程序与附加空气渗透量的测定相同。

3. 检测值的处理

（1）对检测值进行计算 分别计算出升压和降压过程中，在100Pa压差下的两个附加空气渗透量测定值的平均值 $q_{f平}$ 和两个总空气渗透量 $q_{z平}$，则可按式(5-25)计算窗试件本身在100Pa压差下的空气渗透量 q_t：

$$q_t = q_{z\overline{\Psi}} - q_{f\overline{\Psi}} \tag{5-25}$$

然后再按式（5-26）将 q_t 换算成标准状态下的渗透量 q'：

$$q' = 293 q_t P / 101.3T \tag{5-26}$$

式中 q'——标准状态下通过试件的空气渗透量，m^3/h；

　　q_t——试件渗透量测定值，m^3/h；

　　P——试验室的气压值，kPa；

　　T——试验室空气温度值，K。

将标准状态下的渗透量 q' 除以开启缝隙长度 l，即可得出在 100Pa 的压力差下，单位开启缝长空气渗透量 q'_1 值，即：

$$q'_1 = q'/l \tag{5-27}$$

或者将标准状态下的渗透量 q' 除以试件面积 A，即可得出在 100Pa 的压力差下，单位面积空气渗透量 q'_2 值，即：

$$q'_2 = q'/A \tag{5-28}$$

正压、负压可分别按式（5-25）～式（5-28）进行计算。

（2）分级指标值的确定　为了保证分级指标值的准确度，采用由 100Pa 检测压力差下的检测值 $\pm q'_1$ 或 $\pm q'_2$，按式（5-29）或式（5-30）换算 10Pa 检测压力差下的相应值 $\pm q_1$ 或 $\pm q_2$。

$$\pm q_1 = \pm q'_1 / 4.65 \tag{5-29}$$

$$\pm q_2 = \pm q'_2 / 4.65 \tag{5-30}$$

式中 q'_1——100Pa 压力差下单位缝长空气渗透量，$m^3/(m \cdot h)$；

　　q'_2——100Pa 压力差下单位面积空气渗透量，$m^3/(m^2 \cdot h)$；

　　q_1——10Pa 压力差下单位缝长空气渗透量，$m^3/(m \cdot h)$；

　　q_2——10Pa 压力差下单位面积空气渗透量，$m^3/(m^2 \cdot h)$。

将三樘试件的 $\pm q_1$ 和 $\pm q_2$ 分别平均后对照表 5-6，确定按单位缝长和按单位面积各自所属等级。最后取二者中的不利级别为该组试件所属等级。正压和负压检测值应分别定级。

（三）建筑外窗水密性能检测

建筑外窗水密性能检测方法，可分别采用稳定加压法和波动加压法。当定级检测和工程所在地为非热带风暴或台风地区时，宜采用稳定加压法。如工程所在地为热带风暴或台风地区时，宜采用波动加压法。已进行波动加压法检测的，可不再进行稳定加压法检测。建筑外窗水密性能最大检测压力峰值应小于抗风压定级检测压力差值 P_3。

1. 稳定加压法

建筑外窗水密性能检测的稳定加压法，应按图 5-20 和表 5-10 所列顺序进行加压。

表 5-10　建筑外窗水密性能检测的稳定加压顺序

加压顺序	1	2	3	4	5	6	7	8	9	10	11
检测压力/Pa	0	100	150	200	250	300	350	400	500	600	700
持续时间/s	10	5	5	5	5	5	5	5	5	5	5

注：检测压力超过 700Pa 时，每压力级间的间隔仍是 100Pa。

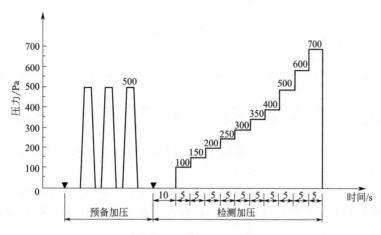

图 5-20　建筑外窗水密性能检测的稳定加压顺序

（1）预备加压　施加 3 个压力脉冲，压力差值为 500Pa，加载速度约为 100Pa/s，压力稳定作用时间为 3s，泄压时间不少于 1s。待压力差回零后，将试件所有部分开关 5 次，最后关紧。

（2）淋水　对整个试件均匀地进行淋水，淋水量为 2L/（m² · min）。

（3）加压　在稳定淋水的同时，进行定级检测时，加压至出现严重渗漏；进行工程检测时，加压至高度指标值。

（4）观察　在逐渐升压及持续作用过程中，观察并记录试件的渗漏情况。

2. 波动加压法

建筑外窗水密性能检测的波动加压法，应按图 5-21 和表 5-11 所示顺序进行加压。

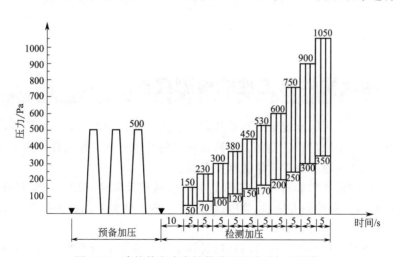

图 5-21　建筑外窗水密性能检测的波动加压顺序

（1）预备加压　施加 3 个压力脉冲，压力差值为 500Pa，加载速度约为 100Pa/s，压力稳定作用时间为 3s，泄压时间不少于 1s。待压力差回零后，将试件所有部分开关 5 次，最后关紧。

（2）淋水　对整个试件均匀地进行淋水，淋水量为 3L/（m² · min）。

表 5-11 建筑外窗水密性能检测的波动加压顺序

加压顺序		1	2	3	4	5	6	7	8	9	10	11
波动压力值	上限值/Pa	0	150	230	300	380	450	530	600	750	900	1050
	平均值/Pa	0	100	150	200	250	300	350	400	500	600	700
	下限值/Pa	0	50	70	100	120	150	170	200	250	300	350
波动周期/s		3~5										
每级加压时间/min		5										

注：检测压力超过 700Pa 时，每压力级间的间隔仍是 100Pa。

（3）加压 在稳定淋水的同时，进行定级检测时，加压至出现严重渗漏；进行工程检测时，加压至平均值指标值，波动周期为 3~5s。

（4）观察 在各级波动加压的过程中，观察并记录被测试件的渗漏情况，直到出现严重的渗漏为止。在逐级升压及持续作用过程中，可按照表 5-12 的符号记录渗漏状态。

表 5-12 渗漏状态符号表

渗漏状态	代表符号	渗漏状态	代表符号
试件的内侧出现水滴	○	持续喷溅出试件的界面	▲
水珠联成线,但未渗出试件界面	□	持续流出试件的界面	●
试件局部出现少量喷溅	△		

注：1. 后两项为严重渗漏；2. 稳定加压和波动加压检测结果均采用此表。

3. 检测值的处理

在进行外窗水密性检测的过程中，要认真记录每个试件出现严重渗漏时的检测压力差值。以严重渗漏时所受压力差值的前一级检测压力差值作为该试件水密性能检测值。如果检测至委托方确认的检测值还未出现渗漏，则此值为该试件的检测值。

建筑外窗三试件水密性检测值，一般取三樘试件检测值的算术平均值。当三樘试件检测值中最高值和中间值相差两个检测压力级以上时，将最高值降至比中间值高两个检测压力级后，再进行算术平均。

第六节 建筑构件热工性能检测报告

建筑节能检测，是用国家规定的标准和方法、适合的仪器设备和环境条件，由专业技术人员对节能建筑中使用原材料、设备、设施和建筑物等进行热工性能及与热工性能有关的技术操作，它是保证节能建筑施工质量的重要手段。

建筑构件节能的检测内容很多，实际上主要包括建筑砌体热阻、门窗传热性能和门窗"三性"的节能检测。在检测完毕后，要对建筑构件热工性能列出检测报告，对建筑节能做出正确的评价，以便进行改正和有效管理。

由于检测的节能工程不同、所用的建筑材料不同、各施工企业的技术水平不同、各地的气候特点不同、各类工程的检测标准不同，因此检测报告的内容不一定完全相同，在具体使用时可根据需要增删条目，以更加符合工程的实际情况。

一、建筑砌体热工性能检测报告

建筑砌体热工性能检测报告主要应包括以下内容。

1. 砌体组成材料

砌体组成材料主要包括砌体的主体材料名称、规格、构造图，如混凝土墙体、混凝土空心砌块、加气混凝土砌块等；砌体的构造，如砌筑方式、砌筑砂浆种类及性能指标、抹面砂浆种类及性能指标等。

2. 检测过程信息

检测过程信息主要包括检测方法、检测依据、检测日期、测定时的平均温度和环境温度、检测结论和签发日期等。

3. 委托单位信息

委托单位信息主要包括委托单位名称、具体地址、联系方式；送样人员（委托检测时）、送样时间；样品数量等。

4. 检测机构信息

检测机构信息主要包括检测机构名称、检测资质、具体地址、机构资质印章（如中国计量认证 CMA、中国质量监督检验机构认证 CAL、中国合格评定国家认可委员会 CNAL 等）、联系方式；检测责任人（如抽样人、检测人、审核人和签发人等）。

5. 检测报告样式

建筑砌体热工性能检测报告没有固定的样式，可以根据各检测单位的实践经验和委托方要求列出。建筑砌体热工性能检测报告总的原则是内容齐全、形式简单、数据准确、结论可靠、符合规定。在一般情况下，可按下面所示示例的报告样式列出。

砌体热阻检测报告

报告编号：节能 2016-×××   第×页/共×页

检测项目	砌体热阻		
样品名称（商标）	复合保温砌块	样品规格/mm	390×290×190
委托单位	××××公司	联系方式	地址、邮编、电话等
抽样（送样）人	×××	抽样（送样数量）	1m²
抽样日期	年 月 日	来样日期	年 月 日
砌体尺寸/mm	1000×1000×310		
测试方法	热流计法（或标定热箱法）		
检测依据	《居住建筑节能检测标准》(JGJ/T 132—2009) 或《绝热 稳态传热性质的测定 标定和防护热箱法》(GB/T 13475—2008)		
检测日期	××××年××月××日～××××年××月××日		
其他需要说明的事项	抹灰层厚度	砌体两面均为 1:3 水泥砂浆，厚度均为 10mm	
	砌体的厚度	310mm（包括砌块厚度 290mm，两面砂浆各 10mm）	
	测试室温	26.0℃	
	灰缝的宽度	10mm	
	冷热端温度	热端温度:24.3℃；冷端温度:−3.0℃	
测试结论	经检测，该复合保温砌块按上述砌筑方法砌筑的砌体热阻 1.45m²·K/W。 （检测报告专用章） ××××年××月××日		
备注	砌筑砂浆和抹面砂浆为普通砂浆，密度为 1800kg/m³，导热系数为 0.93W/(m·K)；被检测的砌块产品和砌块结构示意如附图 1 所示。		

批准人：   审核人：   试验人：

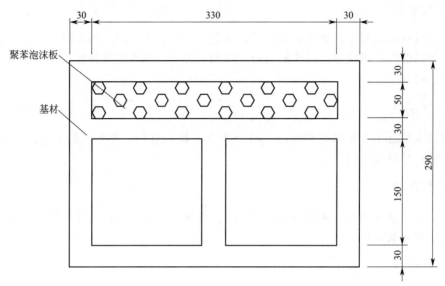

附图1　砌块结构示意（单位：mm）

砌体的砌筑方式示意如附图 2 所示；砌体检测结果（砌体热阻-时间曲线）如附图 3 所示。

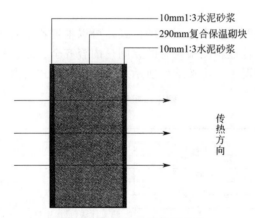

附图2　砌体的砌筑方式示意

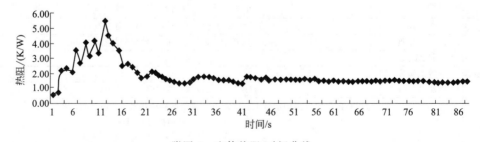

附图3　砌体热阻-时间曲线

建筑砌体热工性能检测报告是否有效，是砌体热工性能检测报告的核心，应特别注意以下几个方面：①检测报告中无"检测报告专用章"或检测单位公章无效；②复制的检测报告未重新加盖"检测报告专用章"或检测单位公章无效；③检测报告中无主检、审核和批准人的签字无效；④检测报告中有涂改现象无效。

二、建筑门窗保温性能检测报告

建筑门窗是建筑外围护结构保温性能最薄弱的部位，提高门窗保温性能是降低建筑物长期使用能耗的重要途径。随着国民经济的发展和人民生活水平的提高，节能减排工作的深入开展，对建筑门窗的质量使用功能和装饰效果要求会更高。

工程实践证明，建筑门窗保温性能检测报告所包含的内容，与砌体热阻检测报告基本相同，只是门窗的检测对象多为定型产品，对其描述相对简单一些。

1. 检测过程信息

检测过程信息主要包括检测方法、检测依据、检测日期、测定时的平均温度和环境温度、检测结果（如门窗的传热系数）、检测结论（保温性能等级）和签发日期等。

2. 委托单位信息

委托单位信息主要包括：委托单位名称、具体地址、联系方式；送样人员（委托检测时）、送样时间；样品数量等。

3. 检测机构信息

检测机构信息主要包括：检测机构名称、检测资质、具体地址、机构资质印章（如 CMA、CAL、CNAL 等）、联系方式；检测责任人（如抽样人、检测人、审核人和签发人等）。

4. 检测报告样式

建筑门窗保温性能检测报告没有固定的样式，可以根据各检测单位的实践经验和委托方要求列出。总的原则是内容齐全、形式简单、数据准确、符合规定。在一般情况下，可按下面所示示例的报告样式列出。

门窗保温性能检测报告

报告编号：节能 2011-×××　　　　　　　　　　　　　　　第 1 页/共×页

检测项目	建筑外窗保温性能		
检测类别	（监督）委托检测		
生产单位	××××有限公司	委托单位	××××公司
工程名称	××××小区		
样品名称	塑钢窗（60 系列内平开窗）	样品基数	98 樘
规格型号	1150×1350（mm）	检测数量	3 樘
取样人及证书号	×××　×××××	见证人及证书号	×××　×××××
送样或抽样人	×××	来样日期	××××年××月××日
检测依据	《建筑外门窗保温性能分级及检测方法》（GB/T 8484—2008）		
检测设备	BHR-Ⅲ型		
检测日期	××××年××月××日～××××年××月××日		
检测结果	被测试件的传热系数 $K = 1.828 W/(m^2 \cdot K)$		
检测结论	经检测，该批外窗的保温性能为 9 级。 （检测报告专用章） 签发日期：××××年××月××日		
备注			

批准人：　　　　　　　审核人：　　　　　　　试验人：

门窗保温性能检测条件

热室气温	20.20℃	冷室气温	−10.00℃
热冷室空气温差 Δt	30.02℃	热室内外表面温差 $\Delta\theta_1$	−0.08℃
试件框热冷表面温差 $\Delta\theta_2$	28.90℃	填充物热冷表面温差 $\Delta\theta_3$	29.16℃
试件面积 A	1.55m²	电暖气加热功率 Q	93.66W
热空气流动状态	自然对流	气流速度	3m/s
热室外壁热流系数 M_1	8.348W/K	试件框热流系数 M_2	0.069W/K
填充物面积 S	1.76m²	填充物导热系数 λ	0.14W/(m·K)

建筑门窗保温性能检测报告是否有效，是门窗保温性能检测报告的核心，应特别注意以下几个方面：①检测报告中无"检测报告专用章"或检测单位公章无效；②复制的检测报告未重新加盖"检测报告专用章"或检测单位公章无效；③检测报告中无主检、审核和批准人的签字无效；④检测报告中有涂改现象无效。

三、建筑门窗"三性"检测报告

建筑门窗"三性"检测具体是指门窗的抗风压性能、空气渗透性能、雨水渗漏性能的检测，在建筑节能工程施工中简称为抗风压、气密性、水密性。抗风压性能实际上考核的是外门窗在外力作用下的受力杆件达到规定变形量即挠度值时的风压值；空气渗透性能也称气密性，考核的是外门窗在关闭状态下，阻止空气渗透的能力；水密性是：外门窗正常关闭状态时，在风雨同时作用下，阻止雨水渗漏的能力。

建筑门窗"三性"检测是围护结构节能检测中的主要项目，是评价建筑门窗节能效果的主要技术指标。建筑门窗"三性"检测报告所包含的内容，与砌体热阻检测报告基本相同，只是门窗的三性检测更加复杂一些。

1. 检测过程信息

检测过程信息主要包括检测方法、检测依据、检测日期、测定时的平均温度和环境温度、检测结果（如门窗的传热系数）、检测结论（门窗三性等级）和签发日期等。

2. 委托单位信息

委托单位信息主要包括：委托单位名称、具体地址、联系方式；送样人员（委托检测时）、送样时间；样品数量等。

3. 检测机构信息

检测机构信息主要包括：检测机构名称、检测资质、具体地址、机构资质印章（如 CMA、CAL、CNAL 等）、联系方式；检测责任人（如抽样人、检测人、审核人和签发人等）。

4. 检测报告样式

建筑门窗保温性能检测报告没有固定的样式，可以根据各检测单位的实践经验和委托方要求列出。总的原则是内容齐全、形式简单、数据准确、符合规定。在一般情况下，可按下面所示示例的报告样式列出。被检测外窗的窗型如附图 4 所示。

建筑外窗三性检测报告

报告编号：节能 2016-×××　　　　　　　　　　　　　第 1 页/共×页

检测项目	建筑外窗气密性、水密性、抗风压性能		
检测类别	（监督）委托检测		
生产单位	××××有限公司		
委托单位	××××公司	委托日期	××××年××月××日
工程名称	××××小区		
样品名称	塑钢窗（60 系列内平开窗）	样品基数	××樘
规格型号	1150×1350/mm	检测数量	3 樘
取样人及证书号	×××　×××××	见证人及证书号	×××　×××××
送样或抽样人	×××	来样日期	××××年××月××日
检测依据	《建筑外门窗气密、水密、抗风压性能分级及检测方法》（GB/T 7106—2008）		
检测设备	MCD 建筑门窗动风压性能检测设备		
检测日期	××××年××月××日～××××年××月××日		
检测结论	经检测，该批外窗达到《建筑外门窗气密、水密、抗风压性能分级及检测方法》（GB/T 7106—2008）规定的气密性能 X 级、水密性能 X 级、抗风压性能 X 级。 （检测报告专用章） 签发日期：××××年××月××日		
备注			

批准人：　　　　　审核人：　　　　　试验人：

建筑外窗三性检测条件和检测结果

报告编号：节能 2016-×××　　　　　　　　　　　　　第 2 页/共×页

开启缝长/m	6.8	面积/m²	1.92
玻璃品种	普通平板玻璃	镶嵌方式	干法
玻璃密封材料	橡胶密封条	气温/℃	25
框扇密封材料	胶条	气压/kPa	100.5
最大玻璃尺寸	1100mm×720mm×5mm		

检测结果			分级
气密性	$10Pa$ 下，单位缝长每小时渗透量为 $4.3m^3/(m \cdot h)$ $10Pa$ 下，单位面积每小时渗透量为 $15.1m^3/(m^2 \cdot h)$		1
	$-10Pa$，单位缝长每小时渗透量为 $4.2m^3/(m \cdot h)$ $-10Pa$ 下，单位面积每小时渗透量为 $14.9m^3/(m^2 \cdot h)$		1
水密性	保持未发生渗漏的最高压力为 200Pa		2
试件编号	第 1 樘	第 2 樘	第 3 樘	—
风压变形性 P_1	$P_1=1106Pa$ $-P_1=-1064Pa$	$P_1=1130Pa$ $-P_1=-1132Pa$	$P_1=1036Pa$ $-P_1=-1155Pa$	—
反复加压检测 P_2	$P_2=1659Pa$ $-P_2=-1969Pa$	$P_2=1695Pa$ $-P_2=-1598Pa$	$P_2=1554Pa$ $-P_2=-1732Pa$	—
定级检测 P_3	$P_3=2.5kPa$ $-P_3=-2.7kPa$	$P_3=2.8kPa$ $-P_2=-2.8kPa$	$P_3=2.6kPa$ $-P_3=-2.9kPa$	4

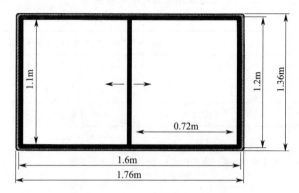

附图 4　被检测外窗的窗型示意

建筑门窗三性检测报告是否有效，是门窗三性检测报告的核心，应特别注意以下几个方面：①检测报告中无"检测报告专用章"或检测单位公章无效；②复制的检测报告未重新加盖"检测报告专用章"或检测单位公章无效；③检测报告中无主检、审核和批准人的签字无效；④检测报告中有涂改现象无效。

第六章

建筑物热工性能现场检测

建筑物的热工性能受许多因素的影响,如建筑材料的化学成分、质量、密度、温度、湿度等。建筑物在实际使用中,由于受气候、施工、生产和使用状况等各方面的影响,建筑材料往往会含有一定水分,这样将会导致建筑物的热工性能会发生变化。

目前,建筑材料的热工性能检测主要在实验室完成,在稳态状态下测试材料的热工性能,实验室测试数据是建筑材料干燥至恒重状态下的测试结果,而工程实际使用的材料因使用环境的不同,其热工性能及节能效果会有很大差异。因此,为验证建筑物的节能效果,对建筑物的热工性能进行现场检测是非常必要的。

建筑节能工作从流程上可分为设计审查、现场检测、竣工验收3个大的阶段。对节能建筑的评价,从建设前期对施工图纸审查计算阶段、向现场检测和竣工验收转移是大势所趋。建筑节能现场检测也是落实建筑节能政策的重要保证手段。

通常说的建筑物现场热工检测是指围护结构热阻(传热系数)检测,除有关标准外出现下列情况才进行围护结构热阻检测:①现场实体检测出现不符合要求的情况;②有证据显示节能工程质量可能存在某些严重问题;③出于某种原因需要直接得到围护结构的传热系数。

目前,全国范围内建筑节能检测都执行《居住建筑节能检验标准》(JGJ 132—2008),在国家标准尚未颁布之前,它是最具权威性的检测方法。《居住建筑节能检验标准》的发布实施,为建筑节能政策的执行提供了一个科学的依据,使得建筑节能由传统的间接计算、目测定性评判到现在的现场直接测量,从此这项工作进入了由定性到定量、由间接到直接、由感性判断到科学检测的新阶段。

第一节 热工性能现场检测内容

按照我国现行的建筑节能现场检测标准《居住建筑节能检验标准》(JGJ 132—2008)中的规定,建筑物的热工性能现场检测的项目主要包括以下内容:①年采暖耗热量以及建筑物单位面积采暖耗热量；②小区单位面积采暖耗煤量；③建筑物室内平均温度；④建筑物围护结构的传热系数；⑤建筑物围护结构热桥部位内表面温度；⑥建筑物围护结构热工缺陷；⑦窗口整体气密性能；⑧外围护结构隔热性能；⑨建筑物外窗遮阳设施等。

第二节　建筑物室内外温度检测

建筑节能现场温度的检测，是评价建筑物节能效果的主要技术指标，也是进行建筑物节能检测的一项重要工作，室内外温度检测主要包括室内平均温度、外围结构热桥部位内表面温度和室外温度等的检测。

一、室内平均温度检测

室内温度是衡量建筑物热舒适度和节能效果的重要指标，是判定建筑物系统供热（或供冷）质量的决定性指标，也是对能耗用户供热（或供冷）计量收费的基础性指标，因此室内温度的检测是一项非常重要的工作。

（一）室内温度的检测方法

建筑物的平均温度应以户内平均室温的检测为基础，以房间室温计算出户内室温，进而再计算出建筑物的平均室温。户内平均室温的检测时段和持续时间应符合表 6-1 中的规定。如果该项检测是为了配合其他物理量的检测而进行的，则其检测的起止时间和要求应当符合现行标准的有关规定。

表 6-1　户内平均室温的检测时段和持续时间

序号	范围分类	时段	持续时间
1	试点居住建筑/试点居住小区	整个采暖期	整个采暖期
2	非试点居住建筑/非试点居住小区	冬季最冷月份	≥72h

（二）室内温度的检测仪表

检测室内温度时所用的仪表，主要是温度传感器和温度记录仪。温度传感器一般用铜-康铜热电偶。用于温度测量时，热电偶的不确定度应小于 0.5℃；用一对温度传感器直接测量温差时，其不确定度应小于 2％；用两个温度值相减求取温差时，其不确定度应小于 0.2℃。

近年来，研制成的单点自记式温度记录仪具有温度传感器和数据记录仪的双重功能，利用电池进行供电，温度采集时间可调，数据存储量比较大，特别适合于电力不能保证的现场检测室内外的温度。

（三）室温检测对象的确定

（1）室温检测面积不应少于总建筑面积的 0.5％；当总建筑面积不超过 200m² 时，应全数进行检测；当建筑面积超过 200m² 时，应随机抽取受检房间或受检住户，但受检房间或受检住户的建筑面积之积不应少于 200m²。

（2）对于 3 层以下的居住建筑，应逐层布置测点；3 层和 3 层以上的居住建筑，首层、中间层和顶层均应布置测点。

（3）室温检测对象的数量应适宜，不得过少，每层应至少选取 3 个代表房间或代表户。

(4) 在检测户内平均温度时，除厨房、设有浴盆或淋浴器的卫生间、淋浴室、储物间、封闭阳台和使用面积不足5m²的自然间外，其他每个自然间内均应布置测点，单间使用面积大于或等于30m²的宜设置两个测点。

(5) 户内平均温度应以房间平均室温的检测为基础。房间平均室温应采用温度巡检仪进行连续检测，数据记录时间间隔最长不得超过60min。

(6) 房间内平均室温测点应设置于室内活动区域内，且距楼面700~1800mm的范围内恰当的位置，但不应受太阳辐射或室内热源的直接影响。

(四) 建筑物的室温计算

建筑物平均室温是通过检测和计算得是的。首先对随机抽样的住户房间直接检测得到房间的室温，然后计算出该住户的平均室温，再通过计算得到该建筑物的平均室温，在计算中应按照式(6-1)~式(6-3) 进行。

$$t_{rm} = \frac{\sum_{i=1}^{p}\left(\sum_{j=1}^{n} t_{i,j}\right)}{p \cdot n} \tag{6-1}$$

$$t_{hh} = \frac{\sum_{k=1}^{m} t_{rm,k} \cdot A_{rm,k}}{\sum_{k=1}^{m} A_{rm,k}} \tag{6-2}$$

$$t_{ia} = \frac{\sum_{L=1}^{M} t_{hh,L} \cdot A_{hh,L}}{\sum_{L=1}^{M} A_{hh,L}} \tag{6-3}$$

式中　t_{ia}——检测持续时间内建筑物的平均温度，℃；

t_{hh}——检测持续时间内户内的平均温度，℃；

t_{rm}——检测持续时间内房间的平均温度，℃；

$t_{hh,l}$——检测持续时间内第 l 户受检住户的户内平均温度，℃；

$t_{hh,k}$——检测持续时间内第 k 向受检房间的房间平均温度，℃；

$t_{i,j}$——检测持续时间内某房间内第 j 个测点第 i 个逐时温度检测值，℃；

n——检测持续时间内某一房间某一测点的有效检测温度值的个数；

p——检测持续时间内某一房间布置的温度检测点的数量；

m——某一住户内受检房间的个数；

M——某栋居住建筑内受检住户的个数；

$A_{rm,k}$——第 k 间受检房间的建筑面积，m²；

$A_{hh,l}$——第 l 户受检住户的建筑面积，m²；

i——某受检房间内布置的温度检测点的顺序号；

j——某温度巡检仪记录的逐时温度检测值的顺序号；

k——某受检住户中受检房间的顺序号；

L——居住建筑中受检住户的顺序号。

（五）建筑物室温结果评定

1. 合格标准

建筑物冬季平均室温应在设计范围内，且所有的受检房间逐时平均温度的最低值不应低于 16℃（对于已实行按热量计费、室内散热设施装有恒温阀且住户出于经济的考虑，自觉调低室内温度的除外），同时检测持续时间内房间平均室温不得大于 23℃。

2. 结果评定

如果受检居住建筑的建筑物平均室温检测结果满足以上规定，则判该受检居住建筑室温合格。如果所有受检居住建筑的建筑物平均室温均检测合格，则判该申请检验批的居住建筑室温合格，否则判不合格。

二、热桥部位内表面温度检测

热桥是指围护结构中包含金属、钢筋混凝土梁（如圈梁、门窗过梁、钢框架梁等）、柱、挑阳台、遮阳板、挑出线条，以钢筋混凝土或金属屋面板中的边肋或小肋、金属玻璃窗幕墙中和金属窗中的金属框和框料，也包括因保温层施工所产生的缝隙和设置过多的金属构件等部位。这些部位为热量容易通过的桥梁，传热能力强，热流较密集，内表面温度较低，故称为热桥。热桥对室内温度有很大的影响，所以应对热桥部位内表面温度进行检测。

（一）热桥部位内表面温度检测方法

热桥部位内表面温度可以直接采用热电偶等温度传感器贴于受检表面上进行检测。室内外计算温度条件下，热桥部位内表面温度应按式(6-4) 计算得到：

$$\theta_1 = t_{di} - \frac{t_m - \theta_{Im}}{t_{rm} - t_{em}}(t_{di} - t_{de}) \tag{6-4}$$

式中 θ_1——室内外计算温度下热桥部位的表面温度，℃；

     θ_{Im}——检测持续时间内热桥部位的表面温度逐次测量值的算术平均值，℃；

     t_{em}——检测持续时间内室外空气温度逐次测量值的算术平均值，℃；

     t_{di}——室内计算温度，℃，应根据具体设计图纸确定或按国家标准《民用建筑热工设计规范》（GB 50176—2015）中的规定采用；

     t_{de}——室外计算温度，℃，应根据具体设计图纸确定或按国家标准《民用建筑热工设计规范》（GB 50176—2015）中的规定采用；

     t_{rm}——检测持续时间内房间的平均温度，℃。

（二）热桥部位内表面温度检测仪器

热桥部位内表面温度所用的检测仪表，主要有温度传感器和温度记录仪。温度传感器一般应采用铜-康铜热电偶。用于温度测量时，热电偶的不确定度应小于 0.5℃；用一对温度传感器直接测量温差时，热电偶的不确定度应小于 2.0%；用两个温度值相减求取温差时，热电偶的不确定度应小于 0.2℃。

温度记录仪应采用巡检仪，数据存储方式应当适用于计算机分析。测量仪表的附加误差应小于 4μV 或 0.1℃。

（三）热桥内表面温度检测对象确定

（1）热桥内表面温度检测数量，应以一个检测批中住户套数或间数为单位进行随机抽取确定。

（2）对于住宅，一个检验批中的检测数量不宜超过总套数的 1%，对于住宅以外的其他居住建筑，不宜超过总间数的 0.2%，但不得少于 3 套（间）。当检验批中住宅套数或间数不足 3 套（间）时，应全额进行检测，顶层不得少于 1 套（间）。

（3）热桥内表面温度检测部位，应在受检住户或房间内综合选取，每一受检住户或房间的检测部位不得少于 1 处。

（4）在检测热桥内表面温度时，内表面温度测点应选在热桥部位温度最低处，具体位置可采用红外热像仪协助确定。

（5）热桥部位内表面温度检测，应在采暖系统正常运行工况下进行，检测时间宜选在最冷月份，并应避开气温剧烈变化的天气。热桥部位内表面温度检测持续时间不应少于 72h，数据应每小时记录一次。

（四）热桥部位内表面温度检测步骤

（1）进行室内空气平均温度检测，室内空气平均温度测点布置和方法参见"一、室内空气温度检测"部分。

（2）进行室外空气温度检测，室外空气温度的检测应当按照"三、室外空气温度的检测"的规定进行。

（3）将热桥部位内表面温度传感器（铜-康铜热电偶）连同 0.1m 长引线与受检表面紧密接触，传感器表面的辐射系数应与受检表面基本相同。

（五）热桥部位内表面温度检测判定

在室内外计算温度条件下，围护结构热桥部位的内表面温度，不应低于室内空气相对湿度按 60% 计算时的室内空气露点温度。

当所有的受检部位的检测结果均分别满足上述规定时，则判定该申请检验批合格，否则判定不合格。

三、室外空气温度的检测

室外空气温度的检测，应采用温度巡检仪，并逐时进行采集和记录。采集时间间隔宜短于传感器最小时间常数，数据记录时间间隔不应长于 20min。

室外空气温度传感器应设置在外表面为白色的百叶箱内，百叶箱应当放置在距离建筑物 5～10m 的范围内。当无百叶箱时，室外空气温度传感器应设置防辐射罩，安装位置距外墙外表面应大于 0.20m，且宜在建筑物两个不同方向同时设置测点。

对于超过十层的建筑宜在屋顶加设 1～2 个测点。温度传感器距地面的高度宜在 1.5～2.0m 的范围内，且应避免直接照射和室外固有冷热源的影响。在正式开始采集数据之前，温度传感器在现场应有不少于 30min 的环境适应时间。

第三节　围护结构传热系数检测

随着能源和环境形势日益严峻，建筑节能将是我国的一项长期国策。传热系数是建筑热工节能设计中的重要参数。建筑构件（如门、窗等）的传热系数，可在实验室条件下对其进行测试。而建筑围护结构是在建造过程中形成的，其传热系数需要现场检测才能确定。通过检测建筑的实际传热性能来判定建筑保温隔热系统的产品、技术是否符合节能设计要求，以此来鉴定新系统的产品、技术的优缺点等，同时对分析建筑物实际运行中的能耗状况和施工过程的偏差也起着非常重要的作用。

围护结构传热系数是表征围护结构传热量大小的一个物理量，是围护结构保温性能的评价指标，也是隔热性能的指标之一。为改善居住建筑室内热环境质量，提高人民居住水平，提高采暖、空调能源利用效率，贯彻执行国家可持续发展战略，2001年《夏热冬冷地区居住建筑节能设计标准》颁布实施。该标准在提出节能50％的同时，对建筑物围护结构的热工性能也进行了相应规定。

《夏热冬冷地区居住建筑节能设计标准》虽然能在设计阶段保证建筑物围护结构的热工性能达到目标要求，但并不能保证建筑物建造完后也能达到节能要求，因为围护结构的外墙和屋顶是在建筑物建造过程中形成的，由于施工过程的复杂性和诸多人为因素，所以建筑的施工质量同样非常关键。因此，判定建筑物围护结构热工性能是否达到标准要求，仅依靠设计和施工的技术资料并不能给出准确的结论，这就需要进行现场检测。

围护结构热工性能检测实践证明，在现场对其传热系数进行科学而精确的测量，是建筑节能检测验收的关键和重点。

一、围护结构传热系数现场检测方法

目前现场检测围护结构（主要指检测外墙、屋顶和架室地板）的传热系数检测方法主要有热流计法、热箱法、控温箱-热流计法、非稳态法（常功率平面热源法）、遗传辨识算法5种。

（一）热流计法

热流计是热能转移过程的量化检测仪器，也是目前现场检测围护结构传热系数的方法中应用最广泛的方法之一，国际标准《绝热建筑构件热阻和热传热系数的现场测量　第1部分：热流计法》（ISO 9869—2014）、《建筑构件热阻和传热系数的现场测量》（ISO 9869—1994）、美国标准《建筑围护结构构件热流和温度的现场测量》（ASTM C1046—1995）和《由现场数据确定建筑围护结构构件热阻》（ASTM C1155—1995）中，对热流计法做了详细规定，并被多数国家接受。

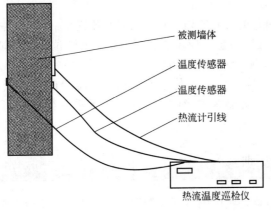

被测墙体
温度传感器
温度传感器
热流计引线
热流温度巡检仪

图6-1　热流计法现场检测示意

我国根据建筑围护结构实际情况也颁布了国家标准《建筑物围护结构传热系数及采暖供热量检测方法》（GB/T 23483—2009）和《居住建筑节能检测标准》（JGJ/T 132—2009），实现了与国际标准的接轨。

1. 热流计法的基本原理

热流计法是通过检测被测对象的热流E，冷端温度T_1和热端温度T_2，即可以根据式(6-5)～式(6-7)计算出被测对象的热阻和传热系数。热流计法现场检测示意如图6-1所示。

$$R=(t_2-t_1)/EC \tag{6-5}$$

$$R_0=R_i+R+R_e \tag{6-6}$$

$$K=1/R_0 \tag{6-7}$$

式中　R——被测围护结构的热阻，$m^2 \cdot K/W$；

　　　t_2——被测围护结构的冷端温度，K；

　　　t_1——被测围护结构的热端温度，K；

　　　E——热流计的读数，mV；

　　　C——热流计测头系数，$W/(m^2 \cdot mV)$；

　　　R_0——被测围护结构的传热阻，$m^2 \cdot K/W$；

　　　R_i——被测围护结构的内表面换热阻，$m^2 \cdot K/W$，按照国家标准《民用建筑热工设计规范》（GB 50176—2015）中的规定取值；

　　　R_e——被测围护结构的外表面换热阻，$m^2 \cdot K/W$，按照国家标准《民用建筑热工设计规范》（GB 50176—2015）中的规定取值；

　　　K——被测围护结构的传热系数，$W/(m^2 \cdot K)$。

热流计法就是用热流计作为热流（温度）传感器，通过它来测量建筑物围护结构或各种保温材料的传热量及物理性能参数。热流计法的基本原理是：采用热流计、热电偶在现场检测被测围护结构的热流量和其内、外表面温度，通过数据采集系统处理计算出该围护结构的传热系数。

2. 热流计法的仪器设备

热流计法检测围护结构传热系数时用的仪器设备比较少，主要仪器设备包括温度传感器和数据采集系统等。

温度传感器利用物质各种物理性质随温度变化的规律把温度转换为电量的传感器。温度传感器是温度测量仪表的核心部分，品种繁多。按测量方式可分为接触式和非接触式两大类，按照传感器材料及电子元件特性分为热电阻和热电偶两类。

数据采集是指从传感器和其他待测设备等模拟和数字被测单元中自动采集信息的过程。数据采集系统是结合基于计算机的测量软硬件产品来实现灵活的、用户自定义的测量系统。数据采集系统一般多采用温度热流巡回检测仪，其具体性能与控温箱热流计法中所用的数据采集仪相同。

3. 热流计法的检测方法

在被测部位布置热流计，在热流计的周围布置铜-康铜热电偶，对应的冷表面上也相应布置相同数量的热电偶，并将它们均连接到数据采集仪。其他检测步骤与控温箱-热流计法相同。通过瞬变期，达到稳定状态后，计量时间包括足够数量的测量周期，以获得所要求精度的测试数值。

为了使测试结果具有客观性，在测试时应在连续采暖稳定至少 7d 的房间中进行，检测时间宜选择在最冷的月份，并应避开气温剧烈变化的天气。

4. 热流计法的数据记录及处理

热流计法检测围护结构传热系数时，采用温度热流巡回检测仪在线、连续、自动采集和记录。温度热流巡回检测仪的温度值直接在巡检仪上显示，在采集围护结构的两侧环境温度、表面温度、通过墙体被测部位的热流后，即可用有关公式计算出被测围护结构的热阻 R、传热系数 K。

5. 热流计法的注意事项

（1）太阳辐射对围护结构的传热系数影响较大，如某围护结构工程的东向外墙检测时，因太阳光直接照射电势值异常而升高，一直升高到 16mV，而经遮挡后却回落到 13mV，因此，在外墙围护结构检测过程中要注意遮挡。

（2）要精心选择粘贴热流计的黄油，太硬的黄油空气不容易排出，传热系数偏小；太软的黄油又容易被墙体吸收产生缝隙，会直接导致检测结果的失真。因此，所选用的黄油要预先进行试验，合适后才能用于热流计法的测试。

6. 热流计法的主要特点

热流计法是国内外现场检测围护结构传热系数的方法中应用最广泛的方法，也是我国建筑节能检测标准中首选的方法，热流计法主要的优点是仪器设备少、检测原理简单、易于理解掌握。但是，热流计法用于现场测试存在严重的局限性。这是因为使用热流计法的前提条件是必须在采暖期才能进行测试。我国的南方地区现实情况是基本不采暖、北方采暖地区的有些工程又在非采暖期竣工，即使在采暖期有的采用的是壁挂锅炉分户采暖等，这样就限制了热流计法的使用。

在最新修订的《居住建筑节能检测标准》（JGJ/T 132—2009）中，对热流计法的使用重新做了规定，检测时间宜选在最冷月，且应避开气温剧烈变化的天气。对于设置采暖系统的地区，冬季检测应在采暖系统正常运行后进行；对于未设置采暖系统的地区，应在人为适当提高室内温度后进行检测。在其他季节，可采取人工加热或制冷的方式建立室内外温差。

围护结构高温侧的表面温度，应当高于低温侧 10℃以上，且在检测过程中的任何时刻均不得等于或低于低温侧的表面温度。当导热系数 K 小于 1.0W/(m·K) 时，高温侧表面温度宜高于低温侧（10/K）℃（K 为围护结构传热系数的数值）以上。检测持续时间不应少于 96h。检测期间，室内空气温度应保持稳定，受检区域外表面宜避免雨雪侵袭和太阳光直射。

（二）热箱法

热箱法作为实验室检测建筑构件的热工性能使用已久，是一种比较成熟的试验方法，已颁布有国际标准和国内标准。但是，热箱法用来进行现场检测建筑物热阻或传热系数是最近几年才出现的。近年来，我国的北京中建建筑科学技术研究院在热箱法研究方面取得了较大成果；2008 年，我国又颁布了《绝热 稳态传热性质的测定 标定和防护热箱法》（GB/T 13475—2008），为进行热箱法检测提供了依据和标准。

1. 热箱法的基本原理

热箱法是测定热箱内电加热器所发出的全部通过围护结构的热量及围护结构冷热表面温度。其基本检测原理是用人工制造一个一维传热环境，被测部位的内侧用热箱模拟采暖建筑室内条件并使热箱内和室内空气温度保持一致，另一侧为室外自然条件，维持热箱内温度高于室外温度 8℃以上，这样被测部位的热流总是从室内向室外传递，当热箱内加热量与通过被测部位的传递热量达平衡时，通过测量热箱的加热量得到被测部位的传热量，经计算得到被测部位的传热系数。

但是，在现场检测围护结构的热工性能，由于实验条件不确定，无法用标定的方法消除误差,只能用防护热箱法,这时被检测的房间就是防护箱。热箱法现场检测传热系数示意如图 6-2 所示。

热箱法传热系数检验仪是采用热箱法对围护结构传热系数进行检测的,这种检测仪基于"一维传热"的基本假定,即围护结构被测部位具有基本平行的两个表面,其长度和宽度远远大于其厚度,可以将其视为无限大平板。在人工制造的一个一维传热的环境下,被测部位的内侧用热箱模拟采暖建筑室内条件,并使热箱内和室内空气温度保持一致,另一侧为室外自然条件。维持热箱内的温度高于室外温度。这样,被测部位的热流总是从室内向室外传递,从而形成一维传热,当热箱内加热量与通过被测部位传递的热量达到平衡时,热箱的加热量就是被测部位的传热量。

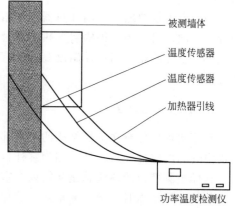

被测墙体
温度传感器
温度传感器
加热器引线

功率温度检测仪

图 6-2 热箱法现场检测传热系数示意

实时控制热箱内空气温度和室内温度,精确测量热箱内消耗的电能并进行积累,定时记录热箱的发热量及热箱内和室外温度,经运算就可以得到被测部位的传热系数值。

建筑物围护(墙体)结构的传热系数,可用式(6-8)和式(6-9)进行计算:

$$K = \sum K_n / n \qquad (6\text{-}8)$$
$$K_n = Q_n / A_i (T_i - T_e) \qquad (6\text{-}9)$$

式中　K——围护结构被测墙体的传热系数,$W/(m^2 \cdot K)$;

　　　Q_n——单位测试时间的传热量,W;

　　　K_n——单位测试时间的传热系数值,$W/(m^2 \cdot K)$;

　　　A_i——热箱开口处的面积,m^2;

　　　T_i——室内(热箱)空气温度,℃;

　　　T_e——室外空气温度,℃;

　　　n——连续测试的次数。

2. 热箱法的仪器设备

热箱法现场检测所用的仪器设备主要有计量箱、温度传感器、功率表、数据记录仪,辅助设备有加热器等。先进的现场检测围护结构传热系数的热箱,是将以上几个仪器集成在一起,设备的集成化程度高,使用起来更加方便。

国内该项技术和配套检测设备,是由北京中建建筑科学技术研究院技术人员首先研究推出的,用于建筑围护结构的仪器为 RX 型系列传热系数检测仪。RX 型系列传热系数检测仪主要由热箱、控制箱、温度传感器、室内加热器和室外冷箱等组成。

(1)热箱　RX 型系列传热系数检测仪中的热箱,其开口尺寸 1000mm×1200mm,进深为 300mm,外壁的热阻值应大于 2.0m²·K/W,内表面黑度 ε 值应大于 0.85,加热功率为 130~150W。

(2)控制箱　RX 型系列传热系数检测仪中的控制箱,其尺寸为 400mm×300mm×150mm,采用 PID 自整定控制算法。主要是用来采集各测点温度、热箱功率等,并进行控制、运算和存储。其中,热箱内温度控制精度为±0.2℃,功率的计量精度为±1‰FS,数据读取时间间隔为 10s,数据记录及计算时间间隔为 10min,通信接口为 RS232。

（3）温度传感器　RX 型系列传热系数检测仪，宜采用铂电阻温度传感器，其计量精度为 ±0.1℃。

（4）室内加热器　室内加热器是热箱法检测中不可缺少的仪器，室内加热器的按照工作原理的不同，可分为红外辐射加热型和对流加热型两大类。

（5）室外冷箱　当室外温度高于 25℃时，应将冷箱扣在热箱对应面，以降低围护结构的温度。

3. 热箱法的检测方法

热箱法现场检测在围护结构的被测部位内侧用热箱模拟建筑室内的条件，并使热箱内和室内空气温度保持一致，另一侧为室外自然条件，维持热箱内的温度高于室外温度在 8℃以上，这样被测部位的热流总是从室内向室外进行传递，当热箱内的加热量与通过被测部位的传递热量达到平衡时，通过测量热箱的加热量得到围护结构（墙体）的传热量，经计算即可得到被测部位的传热系数 K。

热箱法检测现场布置示意如图 6-3 所示。

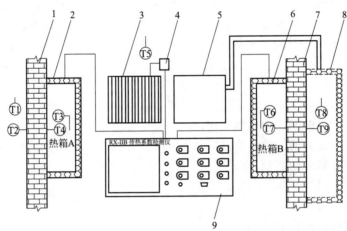

图 6-3　热箱法检测现场布置示意
1—墙体1；2—热箱A；3—室内加热器；4—加热控制器；5—冷箱水浴；6—热箱B；7—墙体2；8—冷箱；9—控制仪

4. 热箱法的主要特点

（1）热箱法基本不受温度的限制，只要在室外空气平均温度 25℃以下，相对湿度在 60％以下，热箱内温度大于室外最高温度 8℃以上就可以测试。

（2）热箱法的检测设备比较简单，自动化程度比较高，目前热箱法已有定型成套的检测仪器，可以实现自动计算结果。

（3）由于现场采用的防护热箱法，这样就必须把整个被测房间当作防护箱，房间温度和箱体的温度要保持一致，如果房间的面积较大，则在检测时温度控制的难度更大，且有时要浪费大量的能源。

（三）控温箱-热流计法

近年来，我国对建筑节能检测进行了广泛而深入地研究，其中控温箱-热流计法就是比较成功的一例。用该种方法测试装置进行了实际检测验证研究，在实验室通过与热箱法对比，检测多种材料和砌体的传热性能；并在不同季节对实际建筑物的围护结构传热系数进行了现场检测，与热流计法做了对比。实测结果证明，控温箱-热流计法的检测装置可以在现场准确地测量建筑围护结构的传热系数，不仅重复性很好，而且检测过程不受季节的影响，是一种值得推广的围护结构传热系数的检测方法。

1. 控温箱-热流计法的基本原理

控温箱-热流计法的基本原理与热流计法相同，它利用控温箱控制温度，模拟采暖期建筑物的热工状况，用热流计法测定被测对象的传热系数。控温箱-热流计法综合了热流计法和热箱法两种方法的特点。用热流计法作为基本的检测方法，同时用热箱来人工制造一个模拟采暖期的热工环境，这样既避免了热流计法受季节限制的问题，又不用校准热箱的误差，因为此热箱仅是温

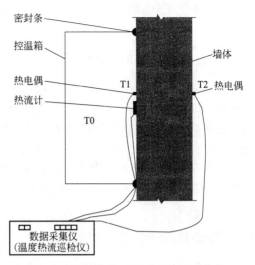

图 6-4　控温箱-热流计法现场检测示意

度控制装置，不计算输入热箱和热箱向各个方向传递的功率。因此不用庞大的防护箱在现场消除边界热损失，也不用标定其边界热损失。从热量传递的物理过程来看，材料导热系数的测试过程和建筑物围护结构传热系数检测过程是相同的。这种方法问世时间较短，还需要严密的理论推导和实践检验。控温箱-热流计法现场检测示意图，如图 6-4 所示。

在这个热环境中测量通过围护结构的热流量、箱体内的温度、墙体被测部位的内外表面温度、室内外环境温度，根据式(6-5)～式(6-7) 计算被测部位的热阻、传热阻和传热系数。

2. 控温箱-热流计法的仪器设备

控温箱-热流计法检测围护结构传热系数时用的主要仪器设备有温度控制系统、传感器和数据采集系统等。

（1）温度控制系统　温度控制系统即控温箱，控温箱是一套自动控温装置，可以模拟采暖期建筑物的热工特征，根据检测者的要求设定温度进行自动控制。控温设备由双层框构成，层间填充发泡聚氨酯或其他高热阻的绝热材料，具有制冷和加热的功能，可以根据季节进行双向切换使用，夏季高温时期用制冷方式运行，其他季节采用加热方式运行。同时，采用先进的 PID 调节方式控制箱内的温度，以实现精确稳定地控温。

（2）传感器　传感器主要包括温度传感器和热流传感器两种。温度由温度传感器进行测量，通常采用铜-康铜热电偶或热电阻；热流由热流传感器进行测量，热流计测得的值是热电势，通过测头系数，转换成热流密度。

（3）数据采集系统　数据采集系统是指从传感器和其他待测设备等模拟和数字被测单元中自动采集信息的过程。温度值和热电势值是由与之连接的温度、热流自动巡回检测仪自动完成数据的采集记录，并可以设定巡检的时间间隔。

3. 控温箱-热流计法的检测步骤

控温箱-热流计法的检测步骤比较简单，首先要选取有代表性的墙体，按要求粘贴温度传感器和热流计，在对应面的相应位置粘贴温度传感器，然后将温度控制仪箱体紧靠在墙体被测位置，使得热流计位于温度控制仪箱体的中心部位，并布置在墙体温度高的一侧。以上

工作完成后，开机开始检测，在线或离线监控传热系数动态值，等达到稳定状态后，检测工作结束。

4. 控温箱-热流计法的数据处理

控温箱-热流计法的数据处理过程与方法，主要与所使用的自动巡回检测仪的功能有关。有些自动巡回检测仪在盘式仪表的基础上进行了升级强化，在原有的功能上扩展存储、打印、计算功能，可以直接计算结果、打印检测报告。有些自动巡回检测仪自身没有这些功能，只是完成数据的采集和储存，这时候要用专用的通信软件将数据传给计算机，再用数据处理软件进行数据处理。用软件的函数计算功能，把式（6-5）～式（6-7）置入，然后计算出被测部位的热阻、传热阻和传热系数。计算结果以表格、图表、曲线或数字的形式显示。

5. 控温箱-热流计法的主要特点

控温箱-热流计法综合了热流计法和热箱法两种方法的优点。用热流计法作为基本的检测方法，同时用热箱来人工制造一个模拟采暖期的热工环境，这样既避免了热流计法受季节限制的缺陷，又不用校准热箱的误差。控温箱-热流计法中的热箱仅是一个温度控制装置，由于其发热功率不参与结果计算，因此不计算输入热箱和热箱向各个方向传递的功率。这样就不需要将整个房间加热至箱体同样的温度，也不用设置庞大的防护箱在现场消除边界热损失，也不用标定其边界热损失。

（四）常功率平面热源法

1. 常功率平面热源法的检测原理

常功率平面热源法是非稳态法中一种比较常用的方法，适用于建筑材料和其他隔热材料热物理性能的测试。常功率平面热源法现场检测的方法，是在墙体内表面人为地加上一个合适的平面恒定热源，对墙体进行一定时间的加热，通过测定墙体内外表面的温度响应，辨识出墙体的传热系数，其基本原理如图 6-5 所示。

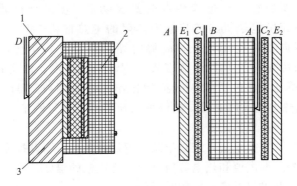

图 6-5　常功率平面热源法现场检测墙体传热系数示意
1—试验墙体；2—绝热盖板；3—绝热层；A—墙体内表面测温热电偶；
B—绝热层两侧测温热电偶；C_1、C_2—加热板；D—墙体外表面测温热电偶；E_1、E_2—金属板

绝热盖板和墙体之间的加热部分由 5 层材料组成，即加热板 C_1、C_2 和金属板 E_1、E_2 对称地各布置两块，控制绝热层两侧的温度相等，以保证加热板 C_1 发出的热量都流向墙体，

E_1 板起到对墙体表面均匀加热的作用。墙体内表面测温热电偶 A 和墙体外表面测温热电偶 D 记录逐时温度值。

2. 常功率平面热源法的检测步骤

常功率平面热源法系统是用人工神经网络方法（简称 ANN）仿真求解的，其过程分为以下几个步骤。

（1）常功率平面热源法系统设计的墙体传热过程是非稳态三维传热过程，这一过程受到墙体内侧平面热源的作用和室内外空气温度变化的影响，要有针对性地编制非稳态导热墙体的传热程序。建立墙体传热的求解模型，输入多种边界条件和初始条件，利用已编制的三维非稳态导热墙体的传热程序进行求解，可以得到加热后墙体的温度场数据。

（2）将得到的墙体温度场数据和对应的边界条件、初始条件共同构成样本集对网络进行训练。由于实验能测得的墙体温度场数据只是墙体内外表面的温度，因此将测试时间中的 5 个参数（室内平均温度、室外平均温度、热流密度、墙体内表面温度和墙体外表面温度）作为神经网络的输入样本，将墙体的传热系数作为输出样本进行训练。

（3）网络经过一定时间的训练达到稳定状态后，将各温度值和热流密度值输入，由网络即可映射出墙体的传热系数。

3. 常功率平面热源法的主要特点

由于常功率平面热源法是非稳态法检测物体热性能的一种方法，所以不仅可以大大缩短实际检测的时间，而且能够减小室外空气温度变化给传热过程带来的影响。

采用常功率平面热源法在实验室检测材料热性能比较广泛，但是用来进行现场检测还需要做大量的工作才行，如设备开发、系统编程、神经网络训练和训练效果评定等，这些工作技术性都很高，对其要求相应也较高，其测试结果的稳定性和重复性，都要有大量、可靠的数据来支撑。

（五）遗传辨识算法

遗传算法是一种基于自然选择和基因遗传学原理的优化搜索方法，它是模仿生物进化过程来进行寻优。遗传算法是将"优胜劣汰、适者生存"的生物进化原理引入优化参数形成的编码串联群体中，按所选择的适应度函数并通过遗传中的复制，交叉及变异对个体进行筛选，使适应度高的个体被保留下来，从而组成新的群体，新的群体既继承了上一代的信息，又优于上一代。这样周而复始，群体中个体适应度不断提高，直到满足一定的条件。遗传算法的算法简单，可并行处理，并能到全局最优解。

1. 遗传算法的特点

（1）遗传算法是对参数的编码进行操作，而非对参数本身，这就是使得我们在优化计算过程中可以借鉴生物学中染色体和基因等概念，模仿自然界中生物的遗传算和进化等机理。

（2）遗传算法同时使用多个搜索点的搜索信息。传统的优化方法往往是从解空间的单个初始点开始最优解的迭代搜索过程，单个搜索点所提供的信息不多，搜索效率不高，有时甚至使搜索过程局限于局部最优解而停滞不前。

（3）遗传算法从由很多个体组成的一个初始群体开始最优解的搜索过程，而不是从一个单一的个体开始搜索，这是遗传算法所特有的一种隐含并行性，因此遗传算法的搜索效率较高。

（4）遗传算法直接以目标函数作为搜索信息。传统的优化算法不仅需要利用目标函数值，而且需要目标函数的导数值等辅助信息才能确定搜索方向，而遗传算法仅使用由目标函数值变换来的适应度函数值，就可以确定进一步的搜索方向和搜索范围，无需目标函数的导数值等其他一些辅助信息。遗传算法可应用于目标函数无法求导数或导数不存在的函数的优化问题，以及组合优化问题等。

（5）遗传算法使用概率搜索技术。遗传算法的选择、交叉、变异等运算都是以一种概率的方式来进行的，因而遗传算法的搜索过程具有很好的灵活性。随着进化过程的进行，遗传算法新的群体会更多地产生出许多新的优良的个体。

（6）遗传算法在解空间进行高效启发式搜索，而非盲目地穷举或完全随机搜索。

（7）遗传算法对于待寻优的函数基本无限制，它既不要求函数连续，也不要求函数可微，既可以是数学解析式所表示的显函数，又可以是映射矩阵甚至是神经网络的隐函数，因而应用范围较广。

（8）遗传算法具有并行计算的特点，因而可通过大规模并行计算来提高计算速度，适合大规模复杂问题的优化。

2. 遗传辨识算法的方法原理

我国东南大学程建杰等人研制的围护结构传热系数快速测试仪，利用实测的数据，用遗传算法和最小二乘法辨识分别得到了墙体的传热系数估计值。由此可知遗传算法是一种利用墙体的动态实验数据获得墙体传热系数的有效方法，并且具有较高精度。

遗传辨识算法把围护结构的传热看成一个热力系统，输入输出的温度波、热流波，可以很方便地检测到，这样则对围护结构传热系数的检测就成为系统的辨识问题。墙体热力系统及输入输出的关系如图 6-6 所示。

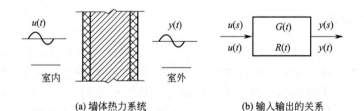

(a) 墙体热力系统   (b) 输入输出的关系

图 6-6　墙体热力系统及输入输出的关系

由于墙体传热受到许多因素的影响，检测和计算都非常复杂，为了简单起见，将传热过程看作一个黑盒模型，只关心其输入（墙体内外两侧表面温差）与输出（热流密度），通过辨识输入与输出之间的关系来确定墙体的传热系数 K。

根据以上所述的原理，可建立如下数学模型：

$$A(z^{-1})Q(k)=B(z^{-1})\Delta T(k) \tag{6-10}$$

则
$$Q(k)=B(z^{-1})\Delta T(k)/A(z^{-1})+n(k) \tag{6-11}$$

即
$$Q(k)=G(z^{-1})\Delta T(k)+n(k) \tag{6-12}$$

$$G(z^{-1}) = \frac{(b_1 z^{-1} + b_2 z^{-2} + \lambda b_{nb} z^{-nb}) z^{-nk}}{a_1 z^{-1} + a_2 z^{-2} + \lambda + a_{na} z^{-na}} \qquad (6\text{-}13)$$

$$K = \frac{B(z^{-1})}{A(z^{-1})} \bigg|_{z=1} \qquad (6\text{-}14)$$

式中　　　　$Q(k)$——实验测得的墙体热流序列；

　　　　　　$\Delta T(k)$——实验测得的墙体内外表面温差热流序列；

$A(z^{-1})$、$B(z^{-1})$——各自对应过程 Z 传递函数；

　　　　　　z^{-1}——时间延迟算子，s^{-1}；

　　　　　　$n(k)$——自噪声；

　　　　　　K——墙体的传热系数，$\mathrm{W/(m^2 \cdot K)}$；

na、nb、$nk = 0$，1，2，3，$\cdots$，且 $na < nb$。

东南大学的程建杰等人，对于遗传辨识算法介绍了两种方法来辨识墙体的传热系数，即传统的最小二乘法和遗传算法，并对两种方法的检测结果进行了比较。

3. 遗传辨识算法的最小二乘法辨识

最小二乘法又称最小平方法，这是一种较好的数学优化技术。它通过最小化误差的平方和寻找数据的最佳函数匹配，利用最小二乘法可以简便地求得未知的数据，并使得这些求得的数据与实际数据之间误差的平方和为最小。

最小二乘法是按照计算机的特点，对于收敛性好的模型使用递推的方法求得各个系数。采用最小二乘法的辨识过程如下。

① 确定过程的初始状态，选择模型的阶次。

② 选择终止条件，若模型所有的参数估计值达到比较稳定时可以终止计算。

③ 根据最小二乘法的公式计算数学模型各系数的估计值，直至完全符合终止条件。

④ 判断模型的阶次是否合理，如果不合理则重新选择模型的阶次，继续进行计算。

4. 遗传辨识算法的遗传算法辨识

遗传算法（Genetic Algorithm）是模拟达尔文生物进化论的自然选择和遗传学机理的生物进化过程的计算模型，是一种通过模拟自然进化过程搜索最优解的方法。

遗传算法将问题的求解表示成"染色体"（在计算机内一般用二进制串表示），并将众多的求解构成一群"染色体"，将它们均置于问题的"环境"中，根据适者生存的原则从中选择出适应环境的"染色体"进行复制，通过交换、变异、倒序等操作，产生出新的一代更适应环境的"染色体群"，这样一代一代不断地进化，最后收敛到一个最适应环境的个体上，从而求得问题的最优解。遗传算法的求解过程如下。

（1）基因的确定　按照检测工程应用的需要，假设数值精确到千分位。采用 8 位二进制数值表示整数部分，8 位表示小数部分，则一个数字可以用两个字节来表示，可以把这两个字节称为"染色体"，要求的系数一共 12 个，也就是 12 个染色体分别表示 12 个形状，它们共同作用下可以反映这个物种的优良。

（2）种群的初始化　假设这个物种的种群大小为 60，那么种群的初始化比较简单，就是随机填满这些二进制位即可。

（3）物种的淘汰与选择　用不适应度函数来判断个体的不适应程度。即用拟合值所组成的式(6-14)算得的热流密度 Q_1 与实测的热流密度 Q_s 的均方差之和为目的排序，将排在最后的 20 个最不适应的基因淘汰掉，剩下 40 个个体两两交叉，基因再生出 20 个后代，同时按照一定的比率让某位发生变异，即翻转该位，以产生更好的后代，如式(6-15)所列：

$$not\, fit = \sum (\Delta Q^2)\pi\varepsilon \tag{6-15}$$

其中 $$\Delta Q = Q_s - Q_1$$

（4）执行算法的各个算子，直到满足终止条件并得到最终结果为止。

5. 对检测条件的具体要求

检测实践充分证明，系统辨识对室外气候的变化具有较好的适应性。在夏季进行测试时，门窗开启保持自然的通风方式；在冬季进行测试时，将门窗关闭，测试房间如未采暖，则应设置必要的取暖器。因此，系统辨识法具有很强的使用灵活性，尤其是对气候的要求程度比较低。

同时，辨识用的输入和输出数据量不大，通常对于日周期温度波，围护结构的延时在 8h 以内，只要连续测试两个昼夜就可以覆盖 6 个传热周期。由于不存在起始工况，所以这 6 个周期的数据都是真实有效的，从而可以大大缩短测试时间。

6. 遗传辨识算法的实验仪器

采用遗传辨识算法检测墙体的热工性能，所用的仪器主要有温度传感器（铜-康铜热电偶）；数据记录仪采用 DR090L 温度巡回检测仪。

7. 遗传辨识算法的主要特点

遗传辨识算法的可靠性较高，不仅适合在复杂区域内寻找期望值较高的检测，而且可以达到很高的精度，是快速精确确定墙体热阻和传热系数的一种新方法。由于该方法理论性较强，不易被一般的工程监测人员所接受和应用，另外还需要专门的检测设备或计算软件，目前在建筑节能的检测中应用还不十分广泛。

二、围护结构传热系数的现场检测

围护结构传热系数的现场检测，主要包括外墙、屋顶和地板，其中外墙的检测比较复杂，屋面和地板的检测方法基本相同。

(一) 外墙的检测方法

（1）首先察看具体的建筑物，以便选择检测的位置。在选择检测房间时，既要符合随机抽样检测的原则（主要包括不同朝向外墙、楼梯间等有代表性的测点），又要充分考虑室外粘贴传感器的安全性。其次，对照图纸进一步确认测点的具体位置，不使其处在梁、板、柱节点、裂缝、空气渗透等位置。

（2）粘贴传感器。用适宜的黄油将热流计平整地粘贴在墙面上，并用胶带加以固定，热流计四周用双面胶带或黄油粘贴热电偶，并在墙的对应面用同样的方法粘贴热电偶。

（3）将各路热流计和热电偶进行编号，并按顺序号连接到巡检仪。热电偶从第 2 路开始依次接入，显示温度信号，单位为℃；热流计从第 57 路开始依次接入，显示热电势阻，单位为 mV。

（4）安装温控仪。根据季节气候的特点，视不同的气温确定温控仪的安装方式和运行模式。如果室外温度高于 25℃，应将温控仪安装在热流计的相对面，并要紧靠墙面，用泡沫绝热带密封周边，将运行模式开关置于制冷挡，根据具体环境设定控制温度为 −10～−5℃。如果室外温度低于 25℃，应将温控仪安装在热流计的同侧，并将热流计罩住，将运行模式开关置于加热档，根据具体环境设定控制温度为 32～40℃。

（5）开机进行检测。依次开启温控仪、巡检仪，并开始记录各控制参数，巡检仪显示各路温度和热流数值，并每隔 30min 自动存储一次当前各路信号的参数，在线或离线跟踪监测温度和热流值的变化，达到稳定状态时停止检测。

(二) 屋顶的检测方法

屋顶传热系数的检测方法与外墙的检测方法基本相同。用热流计检测屋顶传热系数时，如果受到现场条件的限制（如采用页岩颗粒防水卷材的屋顶不兄滑），如果不进行处理就不能够精确测得外表面温度。有的用石膏、快硬水泥等材料先抹出一块光滑的表面，再粘贴温度传感器测量温度，这样不可避免地会带来附加热阻，并且由其引起的误差无法精确消除。

另外，还有一种较为可行的做法是在内外表面温度不易测定时，可以利用百叶箱测得内外环境温度 T_a、T_b，以及通过热流计的热流 E，检测屋顶两侧的环境温度，便可用环境温度以式(6-16) 和式(6-17) 计算传热阻 R_0 和传热系数 K。

$$R_0 = (T_a - T_b)/EC \tag{6-16}$$

$$K = 1/R_0 \tag{6-17}$$

式中　T_a——热端环境温度，℃；

　　　　T_b——冷端环境温度，℃。

其余符号含义同前。

三、围护结构传热系数的判定方法

在进行围护结构传热系数的判定时，一般应遵守以下原则。

① 当建筑物的围护结构传热系数有设计指标时，经检测得到的各部位的传热系数应当满足设计指标的要求。

② 当建筑物的围护结构传热系数无设计指标时，经检测得到的各部位的传热系数应不大于当地建筑节能设计标准中规定的限值要求。

③ 对上部为住宅建筑，下部为商业建筑的综合商住楼进行节能判定时，应分别满足住宅建筑和公共建筑节能设计要求。

四、围护结构传热系数的结果评定

（1）当受检住户或房间内围护结构主体部位传热系数的检测值，均分别满足以上判定原则中的规定时，则判该申请检验批合格。

（2）如果检测结果不能满足以上判定原则中的规定时，应对不合格的部位重新进行检测。受检面仍维持不变，但具体检测的部位可以变化。如果重新受检部位的检测结果均满足以上判定原则中的规定时，则判该申请检验批合格。如果仍有受检部位的检测结果不满足以上判定原则中的规定时，则应计算不合格部位数占受检部位数的比例，若该比例值不超过

15％。则判该申请检验批合格，否则判该申请检验批不合格。

五、围护结构传热系数的检测报告

（一）检测报告的内容

围护结构传热系数的检测报告，主要应包含以下内容。

（1）机构信息　设计单位、建设单位、施工单位、监理单位及本次委托单位的名称，建筑建围护结构检测单位名称、资质、地址等方面的信息。

（2）工程特征　工程名称、建设地址、建筑面积、建筑高度、建筑层数、体形系数、窗墙面积比、窗户规格类型、设计节能措施、执行的节能标准等。

（3）检测条件　围护结构传热系数的检测条件，主要包括项目编号、检测依据、检测方法、检测设备、检测项目和检测时间等。

（4）检测结果　围护结构传热系数的检测结果，主要是指围护结构传热系数 K 和其他需要说明的情况。

（5）检测结果计算过程。

（6）报告责任人　主要包括测试人、审核人及签发人等有关人员的签名。

（二）检验报告的示例

建筑物围护结构传热系数检测报告没有固定的样式，可以根据各检测单位的实践经验和委托方要求列出。总的原则是：内容齐全、形式简单、数据准确、符合规定。在一般情况下，可按下面所示示例的报告格式列出。

建筑物围护结构传热系数检测报告

报告编号：节能 2011-×××　　　　　　　　　　　　　　　　第 1 页/共×页

检测项目	围护结构传热系数				
工程名称	×××住宅楼				
检测依据	《居住建筑节能检测标准》 （JGJ/T 132—2009）		检测时间	××××年××月××日～ ××××年××月××日	
检测位显	热流密度/（W/m²）	ΔT/℃	传热系数/[W/(m²·K)]		
			标准限值	设计值	实测值
外墙					
内墙					
屋顶					
底板					
楼梯间					
分户墙					
检测结论	经现场检测该建筑物围护结构的传热系数达到××-××(标准)设计要求。 （检测报告专用章） ××××年××月××日				
备注					

批准人：　　　　　　　　审核人：　　　　　　　　试验人：

建筑物围护结构传热系数检测报告的内容

受××××单位的委托，××××检测站（中心、公司）对××××工程的围护结构传热系数 K 进行现场检测，检测报告主要包括以下内容。

(一) 检测依据

(1)《居住建筑节能检测标准》(JGJ/T 132—2009)；

(2)《严寒和寒冷地区居住建筑节能设计标准》(JGJ 26—2010)；

(3)《民用建筑热工设计规范》(GB 50176—2015)；

(4)《民用建筑节能设计标准（采暖建筑居住部分）甘肃省实施细则》(DBJ 25-20-1997)。

(二) 检测方法

本工程的围护结构传热系数 K 进行现场检测，采用热流计法。

(三) 检测仪器

本工程的围护结构传热系数 K 进行现场检测，所用的主要检测仪器有温度热流巡回自动检测仪、热流计、温度传感器、便携式数字温度计。

(1) 温度热流巡回自动检测仪　采用北京××仪器有限公司生产的温度与热流巡回自动检测仪，这种检测仪的特点之一能存储十昼夜的测量数据及其处理结果。特点之二是采用了国际上通用的铜-康铜热电偶作为测温传感元件，这种热电偶测温元件经久耐用，粘贴方便，价格低廉。

本仪器可测量76路信号，其中56路测量温度；第1路应用Pt100铂热电阻，该铂热电阻用于测量热电偶冷端温度（即室温），作为另外55路热电偶测量的冷端温度补偿用；其余20路测量热流，可直接测量热流计的热电势值。

(2) BYTSI-1A型热流计　这种热流计是与热流传感器配套使用的手持仪表，将其测得数据经过换算后，显示单位热流的值。其具有检测精度高、便携式设计、性能稳定、功能丰富等方面特点，是对热流测试方面的理想仪器。

BYTSI-1A型热流计性能指标为：①测试范围 $0\sim500W/m^2$；②检测精度<5％；③显示数值为4位液晶显示；④使用温度 $-20\sim+50℃$；⑤电池供电为9V电池，连续使用小于7d；⑥相对湿度为80％；⑦质量<600g。

(3) 温度传感器　采用数字温度传感器，这种传感器就是能把温度物理量和湿度物理量，通过温度、湿度敏感元件和相应电路转换成方便计算机、plc、智能仪表等数据采集设备直接读取得数字量的传感器。

(4) 便携式数字温度计　便携式数字温度计为接触式测温仪表，测量的前提是传感器和敏感部位（多在前端10mm以内）要与被测物体充分接触以迅速传导热量，使传感器敏感元件的温度与被测物的温度尽快相同，并输出相应物体温度的电信号，从而达到测温的目的。

(四) 检测日期

根据工程委托单位对检测的要求，确定检测日期为：××××年××月××日～××××年××月××日。

(五) 建筑物简介

1. 建筑物简介

建筑物简介主要包括：①建设地址；②设计单位；③建设单位；④施工单位；⑤监理单位；⑥建筑总面积；⑦建筑层数；⑧建筑高度；⑨窗墙面积比；⑩体形系数等。

2. 设计围护结构保温方案

设计围护结构保温方案主要包括：①外墙保温方案；②屋顶保温方案；③外窗保温方案；④楼梯间墙保温方案。

3. 检测位置示意图

检测位置示意图主要包括：①建筑物平面图；②检测房间布置位置图；③传感器布置位置图。

(六) 计算方法

1. 围护结构热阻计算

$$R = \frac{\sum\limits_{j=1}^{n}(T_{ij} - T_{ej})}{\sum\limits_{j=1}^{n} q_j}$$

式中　R——围护结构热阻值，$m^2 \cdot K/W$；

　　T_{ij}——围护结构内表面温度第 j 次测量值，℃；

　　T_{ej}——围护结构外表面温度第 j 次测量值，℃；

　　q_j——热流量第 j 次测量值，W/m^2。

2. 围护结构传热阻计算

$$R_0 = R_i + R + R_e$$

式中　R_0——围护结构传热阻，$m^2 \cdot K/W$；

　　R_i——围护结构内表面换热阻，$m^2 \cdot K/W$；

　　R_e——围护结构外表面换热阻，$m^2 \cdot K/W$。

3. 围护结构传热系数计算

$$K = 1/R_0$$

式中　K——围护结构传热系数，$W/(m^2 \cdot K)$。

(七) 各种关系曲线

××××工程的围护结构传热系数 K 进行现场检测后，可根据检测结果绘制如下关系曲线。

(1) 外墙传热系数-时间关系曲线；(2) 屋顶传热系数-时间关系曲线；(3) 分户墙传热系数-时间关系曲线；(4) 楼梯间传热系数-时间关系曲线。

外墙传热系数—时间关系曲线（1）和外墙传热系数—时间关系曲线（2），如附图一和附图二所示。

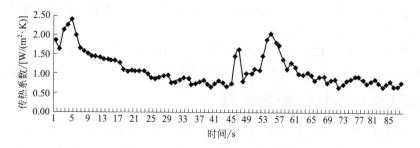

附图一　外墙传热系数-时间关系曲线（1）

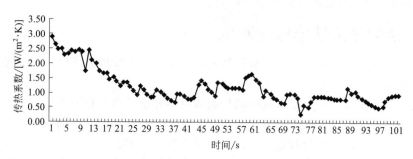

附图二　外墙传热系数-时间关系曲线（2）

建筑节能现场检测技术是推行建筑节能政策、标准的重要内容，因为我国地域广阔，各地气候条件和建筑特色各异，且传热复杂，容易受环境影响，各地都针对地方特点展开了积极而深入地研究，从测试到数据处理均逐步得到改进，测试条件也由稳态向非稳态，由复杂限制条件到适合现场测试的简单条件，由忽略环境影响到研究环境影响发展。虽然目前还没有一种受到大家广泛认可、简便易行、设备投资小、适合现场检测的方法，但也取得了一定的成果，这些成果必将对落实建筑节能起到一定的促进作用。

第四节　围护结构热工缺陷检测

在居住建筑施工过程中，主要应控制对保温节能有影响的保温材料的导热系数，组成外墙、屋顶和楼板等构件的热阻或传热系数，以及外窗（含阳台门）的保温和气密性能。如果使用的保温材料和外窗等构件的保温、气密性能质量合格，但施工不当或不合理仍然会影响建筑节能效果。因此，应对建筑物节能效果有影响的围护结构传热系数、热桥部位内表面温度、室内平均温度、屋顶和东、西外墙内表面最高温度以及建筑物耗热量指标进行抽查检测。当有条件或有争议时，应对建筑物围护结构进行热工缺陷检测分析。围护结构热工缺陷检测是一项重要的检测，也是技术要求较高的热工性能检测。

建筑物外围护结构热工缺陷是影响建筑物节能效果和热舒适性的关键因素之一。建筑物外围护结构热工缺陷，主要分为外围护结构外表面和内表面热工缺陷。通过热工缺陷的检测，剔出存在严重热工缺陷的建筑，以减小节能检测的工作量。建筑物外围护结构热工缺陷检测的方法、所用仪器、检测对象、检测条件、检测步骤、判定方法和结果评定等，在现行行业规范《居住建筑节能检测标准》（JGJ/T 132—2009）中有详细而明确的规定，应严格按照有关规定执行。

一、围护结构热工缺陷检测方法

（1）建筑物外围护结构热工缺陷检测，主要应包括建筑物围护结构外表面热工缺陷检测和建筑物围护结构内表面热工缺陷检测。

（2）外围护结构热工缺陷宜采用红外热像仪进行检测，检测流程应当符合《居住建筑节能检测标准》（JGJ/T 132—2009）中附录 E 的规定。

二、围护结构热工缺陷检测仪器

红外热像仪及其温度测量范围应符合现场检测要求。红外热像仪设计适用波长范围应为 8.0～14.0μm，传感器温度分辨率（NETD）应小于 0.08℃，温差检测不确定度应小于 0.5℃，红外热像仪的像素不应少于 76800 点。

三、围护结构热工缺陷检测对象

（1）建筑物外围护结构热工缺陷检测数量，应以一个检验批中住户套数或间数为单位进行随机抽取确定。

（2）对于住宅建筑，一个检验批中的检测数量不宜超过总套数的 1％，对于住宅以外的其他居住建筑，不宜超过总间数的 0.2％，但不得少于 3 套（间）。当检验批中住户套数或间数不足 3 套（间）时，应全数进行检测。顶层不得少于 1 套（间）。

（3）外墙或屋面的面数应以建筑内部分格为依据。受检外表面应从受检住户或房间的外墙或层面中综合选取，每一受检住户或房间外围护结构受检面数不得少于 1 面，不多于 5 面。

四、围护结构热工缺陷检测条件

检测前及检测期间，环境条件应符合下列规定。

（1）检测前至少 24h 内室外空气温度的逐时值与开始检测时的室外空气温度相比，其变化不应大于 10℃。

（2）检测前至少 24h 内和检测期间，建筑物外围护结构内外平均空气温度差不宜小于 10℃。

（3）检测期间与开始检测时的空气温度相比，室外空气温度逐时值变化不应大于 5℃，室内空气温度逐时值的变化不应大于 2℃。

（4）当 1h 内室外风速（采样时间间隔为 30min）变化大于 2 级（含 2 级）时，不应当再进行检测。

（5）检测开始前至少 12h 内受检的外表面不应受到太阳直接照射，受检的内表面不应受到灯光的直接照射。

（6）当室外空气相对湿度大于 75％或空气中粉尘含量异常时，不得进行外表面的热工缺陷检测。

五、围护结构热工缺陷检测步骤

（1）建筑物外围护结构热工缺陷检测的流程如图 6-7 所示。

（2）当用红外热像仪对外围护结构进行检测时，应首先对受检外围护结构的表面进行普测，然后再对异常部位进行详细检测。

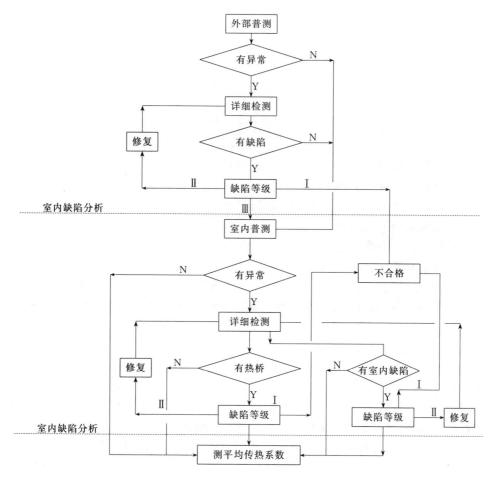

图 6-7 建筑物外围护结构热工缺陷检测的流程

（3）检测前宜采用表面式温度计在受检表面上测出参照温度，调整红外热像仪的发射率，使红外热像仪的测定结果等于该参照温度；宜在与目标距离相等的不同方位扫描同一个部位，以评估临近物体对受检外围护结构表面造成的影响；必要时可采取遮挡措施或关闭室内辐射源，或在合适的时间段进行检测。

（4）受检表面同一个部位的红外热像图，不应少于 2 张。当拍摄的红外热像图中，主体区域过小时，应单独拍摄 1 张以上（含 1 张）主体部位红外热像图。应用图说明受检部位的红外热像图在建筑中的位置，并应附上可见光照片。红外热像图上应标明参照温度的位置，并随红外热像图一起提供参照温度的数据。

六、围护结构热工缺陷检测判定方法

（1）受检外表面的热工缺陷应采用相对面积 ψ 评价，受检内表面的热工缺陷应采用能耗增加比 β 评价。ψ 和 β 应根据式(6-18)～式(6-22)进行计算：

$$\psi = \frac{\sum_{i=1}^{n} A_{2,i}}{A_1} \tag{6-18}$$

$$\beta = \psi \left| \frac{T_1 - T_2}{T_1 - T_0} \right| \times 100\% \tag{6-19}$$

$$\Delta T = |T_1 - T_2| \tag{6-20}$$

$$A_{2,i} = \frac{\sum\limits_{j=1}^{m} A_{2,i,j}}{m} \tag{6-21}$$

$$T_1 = \frac{\sum\limits_{i=1}^{n} \sum\limits_{j=1}^{m} T_{1,i,j}}{m \cdot n} \tag{6-22}$$

式中　ψ——缺陷区域面积与受检表面面积的比值，%；

β——受检内表面由于热工缺陷所带来的能耗增加比，%；

ΔT——受检表面平均温度与缺陷区域表面均温度之差，K；

T_1——受检表面平均温度，℃；

T_2——缺陷区域平均温度，℃；

T_0——环境参照体的温度，℃；

A_2——缺陷区域面积，指与 T_1 的温度差大于等于 1℃的点所组成的面积，m^2；

A_1——受检表面的面积，指受检外墙墙面的面积（不包括门窗）或受检屋面面积，m^2；

i——热谱图的幅数，$i = 1 \sim n$；

j——每一幅热谱图的张数，$j = 1 \sim m$。

（2）热谱图中的异常部位，宜通过将实测热谱图与被测部分的预期温度分布进行比较确定。实测热谱图中出现的异常，如果不是围护结构设计或热（冷）源、测试方法等原因而造成，则可认为是缺陷，必要时可采用其他方法进一步确认。

（3）建筑物围护结构外表面和内表面的热工缺陷等级，应分别符合表 6-2 和表 6-3 中的规定。

表 6-2　围护结构外表面热工缺陷等级

等级	I	II	III
缺陷名称	严重缺陷	缺陷	合格
ψ/%	$\psi \geqslant 40$	$20 \leqslant \psi < 40$	$\psi < 20$，且单块缺陷面积$<0.5\text{m}^2$

表 6-3　围护结构内表面热工缺陷等级

等级	I	II	III
缺陷名称	严重缺陷	缺陷	合格
β/%	$\beta \geqslant 10$	$5 \leqslant \beta < 10$	$\beta < 5$，且单块缺陷面积$<0.5\text{m}^2$

七、围护结构热工缺陷检测结果评定

（1）受检外围护结构外表面缺陷区域与主体区域面积的比值应小于 20%，且单块缺陷面积应小于 0.5m^2。

（2）受检外围护结构内表面因缺陷区域导致的能耗增加比值应小于 5%，且单块缺陷面积应小于 0.5m^2。

（3）热像图中的异常部位，宜通过将实测热像图与受检部分的预期温度分布进行比较确定。必要时可采用内窥镜、取样等方法进行确定。

（4）当受检外表面的检测结果满足本标准第（1）、（2）条规定时应判为合格，否则应判为不合格。

（5）当受检内表面的检测结果满足本标准第（2）条规定时应判为合格，否则应判为不合格。

第五节　围护结构隔热性能检测

建筑围护结构指建筑物及房间各面的围挡物，如墙体、门窗、屋顶、地面等。其中直接与外界空气环境接触的围护结构称为外围护结构，如外墙、外窗、屋顶等；反之即为内围护结构，如内墙、楼地面等。降低采暖和空调能耗的前提是满足居民的居住舒适度的要求，主要措施就是尽量保持室内的温度、减少室内热量或冷量通过围护结构散失，所以提高建筑围护结构保温隔热性能是建筑节能工作的重要措施。

建筑外围护结构隔热性能是由组成围护结构的各部分材料性能所决定的，材料的隔热性能通常用传热系数 K 来衡量，传热系数越大，则表明材料传热的能力越强，那么保温隔热的效果就越差。提高建筑围护结构隔热性能就是要尽量降低围护结构各个部分的传热系数。

要想使建筑围护结构的隔热性能符合设计要求，必须按照国家的现行标准对建筑物的外围护结构的隔热性能进行检测，根据实际检测结果判定其隔热性能是否合格。在《居住建筑节能检测标准》（JGJ/T 132—2009）中，对建筑外围护结构隔热性能的检测方法、检测仪器、检测对象、检测条件、检测步骤、判定方法和结果评定均有明确规定，在检测中应严格执行。

一、外围护结构隔热性能检测方法

（1）对居住建筑东（西）外墙和屋面的内表面，应进行隔热性能的现场检测。

（2）隔热性能检测应在外围护结构施工完成 12 个月后进行，检测的持续时间不应少于 24h。

（3）按照随机抽样的规定抽取检验批中的房间，检测记录屋顶和东西墙内表面最高温度的逐时值，同时检测室外气温的逐时值，然后根据这两个温度判定建筑物外围护结构隔热性能是否合格。

二、外围护结构隔热性能检测仪器

建筑物外围护结构隔热性能现场检测的参数，主要包括室内外空气温度、围护结构内外表面温度、室外风速和室外太阳辐射强度等。

温度测量用铜-康铜热电偶检测，配以温度巡检仪作数据显示记录仪；室外风速测量用热球风速仪检测；室外太阳辐射强度用天空辐射表检测。

室外风速测量用热球风速仪为智能热球风速仪，这种风速仪是以测量风速为主，同时将风温、相对湿度测量功能组合在一起，是一种便携式、智能化的低风速测量仪表，在测量管道环境及采暖、空调制冷、环境保护、节能监测等方面有广泛用途。

天空辐射表是一种测定地平面上的太阳直接辐射、天空散射辐射和地面反射辐射仪器。一般在总辐射表上使用遮日盘或遮日环遮住太阳的直接辐射，即可测得散射辐射。建筑物外围护结构隔热性能现场检测中常用的有 DFY2 型天空辐射表和 DWCFY-2 型天空辐射表。

三、外围护结构隔热性能检测对象

（1）建筑物外围护结构隔热性能现场检测数量，应以一个检验批中住户套数或间数为单位进行随机抽取确定。

（2）对于住宅建筑，一个检验批中的检测数量不宜超过总套数的 1%，对于住宅以外的其他居住建筑，不宜超过总间数的 0.2%，但不得少于 3 套（间）。当检验批中住户套数或间数不足 3 套（间）时，应全数进行检测。顶层不得少于 1 套（间）。

（3）检测部位应在受检住户或房间内综合进行选取，每一受检住户或房间的检测部位不得少于 1 处。

四、外围护结构隔热性能检测条件

（1）在进行外围护结构隔热性能的检测期间，室外气候条件应符合下列规定。

① 为确保检测结果符合工程实际情况，在正式开始检测的前 2 天应为晴天或少云的天气，不得在雨雪后或潮湿环境的天气下进行检测。

② 在检测日应为为晴天或少云的天气，水平面的太阳辐射照度最高值不宜低于《民用建筑热工设计规范》（GB 50176—2015）中附录给出的当地夏季太阳辐射照度最高值的 90%。

③ 检测日室外最高逐时空气温度不宜低于《民用建筑热工设计规范》（GB 50176—2015）中附录中给出的当地夏季室外计算温度最高值 2.0℃。

④ 检测日工作高度处的室外风速不应超过 5.4m/s，室外风速超过 5.4m/s 时应停止检测。

（2）外围护结构隔热性能的检测，仅限于居住建筑物的屋面和东西外墙。

（3）为获得比较真实可靠的检测数据，外围护结构隔热性能的检测，应当在围护结构施工完成 12 个月后进行。

五、外围护结构隔热性能检测步骤

（1）受检外围护结构内表面所在房间应具有良好的自然通风环境，围护结构外表面的直射阳光在白天不应被其他物体遮挡，进行检测时房间的窗户应全部开启，并且应有自然通风在室内形成。

（2）在进行检测时应同时检测室内外空气温度、受检外围护结构内外表面温度、室外风速、室外太阳辐射强度。室内空气温度、内外表面温度和室外气象参数的检测，应符合《居住建筑节能检测标准》（JGJ/T 132—2009）中附录 F 的有关规定。室外太阳辐射强度的检测，应当按"（6）太阳辐射强度检测"中的规定进行。

（3）内外表面温度的测点应对称布置在受检外围护结构主体部位的两侧，且应当避开热桥。每侧至少应布置 3 个点，其中 1 个点应布置在接近检测面中央的位置。

（4）内表面逐时温度应当取所有相应测点检测持续时间内逐时检测结果的平均值。

（5）检测持续时间不应少于 24h，白天室外太阳辐射强度的检测数据记录时间间隔不应大于 15min，夜间可不记录。

（6）太阳辐射强度检测

① 水平面太阳辐射照度的测量，应符合现行行业《地面气象观测规范》（QX/T 50—2007）中的有关规定。

② 水平面太阳辐射照度的测试场地，应选择在没有显著倾斜的平坦地方，东、南、西 3 面及北回归线以南的测试地点的北面离开障碍物的距离，应为障碍物高度的 10 倍以上。在测试场地范围内，应避免有吸收或反射能力较强的材料。

③ 水平面太阳辐射照度用天空辐射表测量。为了便于读数和记录，测试仪表宜配用电位差计或自动毫伏记录仪，室外太阳总辐射的检测应配有自动记录仪，以便逐时采集和记

录。仪表的精度与世界气象组织（WMO）划分的一级仪表相当。

④ 在日照时间内，根据需要在当地太阳正点时进行观测。

⑤ 天空辐射表在使用的一年内，需要经过标定或与不确定的辐射表进行对比，天空辐射表的时间常数应小于 5s，天空辐射表的读数分辨率在 ±1% 以内，非线性误差应不大于 ±1%。

⑥ 天空辐射表的玻璃罩壳应保持清洁及干燥，引线柱应避免太阳光的直接照射。天空辐射表的环境适应时间不得少于 30min。

六、外围护结构隔热性能判定方法

建筑物屋顶和东（西）外墙的内表面逐时最高温度应不大于室外逐时空气温度的最高值为合格。

七、外围护结构隔热性能结果评定

外围护结构隔热性能结果评定是比较简单的，当所有受检部位的检测结束均满足"判定方法"中的规定时则判定该检验批的隔热性能合格，否则判定不合格。

八、提高外围护结构隔热性能措施

（1）尽量减小建筑物体形系数 体形系数是建筑物的表面积和体积之比。它的大小实际上反映了建筑物表面积的大小。通过对两栋体形系数分别为 0.349 和 0.293 的同类型建筑的能耗量计算分析可知：体形系数大的建筑物能耗量高 13.8%～15.5%。以上对比结果表明，体形系数越大，表明同等体积的房间，表面积越大，那么建筑物能量损失的途径就越多；同时体形系数越小，意味着建筑物外墙、外窗的面积较小，造价相对较低。因此，建筑设计应尽量减小建筑物的体形系数。

（2）提高外门窗保温隔热性能 外门窗负担了建筑物主要的采光、通风的功能，选择适当的窗墙面积比、采用 传热系数小的窗户、解决好东西向外窗的外遮阳问题，是提高外窗保温隔热性能的重要途径。由于窗户的传热系数 4.7～2.5W/(m²·K) 成倍大于外墙的传热系数 1.5～1.0W/(m²·K)，从建筑节能这个层面考虑，合适的窗墙面积比应该以满足室内采光需要（即住宅设计规范所要求的窗地面积比值）为限。在经济条件许可的情况下，应采用中空玻璃塑料窗或采用断热桥的铝合金中空窗。对体形系数超标较多的别墅建筑，采用低传热系数的窗户则是必须的。在炎热的夏季，有些地区的日照强度大、时间长，中空玻璃窗户并不能阻挡阳光射入室内；如采用反射阳光的镀膜玻璃虽能遮挡部分阳光，但冬季也把需要进入室内的阳光给遮挡了。因此，东、西或东南、西南朝向墙面的窗户，唯有设置垂直式的活动外遮阳挡板的遮阳效果最好。垂直式活动挡板遮阳设施，包括平开、推拉、折叠型式的百叶窗或挡板，带铝塑卷帘的塑料窗等，当将东西朝向建筑的东、西向窗户增加一道铝塑卷帘遮阳之后，窗户的空调耗能量降低了 54.2% 到 56.2%，可见垂直外遮阳的效果极佳。

另外，节能建筑不宜设置凸窗和转角窗。不宜设置的主要原因有：①增大了建筑物的表面积，即增大了建筑物的体形系数（因凸窗和转角窗凸出外墙面的空气空间已与室内空气连通，通过空气对流传热使二者融为一体，故凸出空间已成为室内的一部分），从而增大了建筑能耗；②增大了窗墙面积比，即增大了建筑能耗；③夏季暑天因日照时间较长，阳光可以从多方向进入室内，不但增大空调能耗，还会降低室内舒适度；④窗顶板和窗台板直接与室外空气接触，等同于外墙，但要达到外墙的保温隔热性能很难实施；⑤增大了工程造价。凸窗和转角窗只在冬季因日照时间短，能使室内获得较多的阳光。但是在南方某些地区，冬季日照非常少，但夜间的采暖能耗会增大，还是得不偿失。

（3）尽量减小屋面和外墙的传热系数，增强屋面和外墙的保温隔热性能。我国现行节能设计标准中所规定的围护结构传热系数的限值，只是建筑节能现阶段的目标值。随着经济的发展和社会的进步，建筑节能设计标准将分阶段进行修改，围护结构传热系数的限值也会逐步要求降低。由于建筑的设计使用周期一般为 50 年，几十年后再来对既有建筑进行节能改造是很困难的，特别是高层建筑更加困难。因此，对建筑节能标准较高的住宅，特别是高层住宅，其围护结构的传热系数宜适当低于现行标准所规定的限值，即贯彻建筑节能的超前性原则。由于炎热地区夏季屋顶水平面上的太阳总辐射照度日总量是北向墙面上日总量的 2.97 倍，是南向墙面上日总量的 2.59 倍，是东、西向墙面上日总量的 1.96 倍，因此，顶层房间的空调能耗中屋面占的比例较大，屋面是提高顶层房间室内热环境质量的重点，必须对屋面的保温隔热性能严格控制。

对于建筑外墙，采取合理的外保温体系既可有效的提高保温隔热性能，同时还可以解决外墙常见的开裂、渗水等现象。通过对武汉大量各类型建筑的计算分析，在目前大多数的建筑中都要采取外保温才能达到节能标准的要求。另外，利用攀藤植被或落叶乔木对外墙予以遮阳（仅适用于低层或多层建筑），用绿化屋面对屋面实施遮阳；通过采用浅色饰面面层材料反射阳光，也可从一定程度上增强外墙和屋面夏季隔热的能力。

（4）建立对工程项目上采用的保温隔热材料的抽检制度，保证使用材料的质量。目前在质检体系中，居住建筑项目中采用材料的保温隔热相关指标不属于强制性检测的范围，这样就为各种劣质保温材料提供了可乘之机。对于建筑物的室内外温差不像设备、管道的温差大，即便采用不合格的保温材料不会出大的质量事故，所以许多建设单位、施工单位不太重视材料的质量，只求价格低。因此，必须把材料的保温隔热性能指标重点控制，才能切实提高建筑物的保温隔热性能，实实在在的节约能源和节省费用。

（5）对建筑物围护结构各部分采用各种类型的保温体系和选择门窗部位，必须按照保障整体节能保温效果的思路，合理选择经济性好、方便施工、质量控制容易的方式和材料。这些必须通过适当的政策引导，并配合一定的行政手段（如施工图审查等）、技术手段（如节能性能评估等）来保证实施。目前在建筑设计中有片面追求开大窗或盲目选择高档隔热玻璃等趋势，这些并不一定适合本地的气候特点，应针对本地区的实际气候条件，综合各方面因素，通过科学的节能设计方案比较、评估，建造美观、实用、经济、环保的新一代舒适型建筑。

第六节　建筑物室内气密性检测

建筑节能检测的实践证明，建筑物的气密性不仅直接关系到冷风渗透和热量损失，而且也关系到室内空气品质。如果单纯提高建筑物室内的气密性，对减少渗风量和节能作用是很明显的，但这也带来了一个很明显的问题：即进入室内的新风量明显减小，不能满足室内通风要求。室内空气经过空调系统的处理，可以保证室内人员对热舒适要求，但如果没有足够新风量的保证，人长期处于密闭的环境中，由于缺少足够的氧气，很容易产生胸闷、头晕、头痛等一系列病状，形成"病态建筑综合征"。

由此可见，正确加强对建筑物室内气密性检测，不仅是建筑节能检测中的一项重要工作，同时也是关系居住者健康的一项不可缺少工作。

一、建筑物的气密性检测方法

建筑物气密性检测的方法有 2 种，即示踪气体浓度衰减法（简称为示踪气体法）和鼓风门法（简称为气压法）。

1. 示踪气体法

示踪气体是在研究空气运动中，一种气体能与空气混合，而且本身不能发生任何改变，并在很低的浓度时就能被测出的气体总称。所谓示踪气体法是指在自然条件下，向待检测的室内通入适量能与空气混合，而本身不发生任何改变，并在很低的浓度时就被能测出的气体，在室内、外空气通过围护结构缝隙等部位进行交换时，示踪气体的浓度衰减。根据示踪气体浓度随着时间的变化值，计算出室内的换气量和换气次数，从而测试出建筑物围护结构的气密性。

2. 气压法

鼓风门是检测建筑物气密性和帮助确定漏气点的精密仪器。利用鼓风门检测建筑物的气密性，主要完成如下工作：记录建筑物围护结构的气密性；厨房排烟风道的通风性能的测量；卫生间排风道通风性能的测量。

鼓风门系统是将电动的、带刻度的风机密封在一扇外门中，通过风机向建筑物吹进空气或从建筑物内抽出空气，使建筑物内外形成一个小的压差。这个压差使得空气通过外表层的小洞，并同时可测量空气通过风机的量和对建筑物内气压的建筑物气密性检测影响，鼓风门系统能够较准确地测量建筑物整个外围护结构的气密性。

二、建筑物的气密性检测仪器

由于建筑物的气密性检测多采用示踪气体法和气压法，所以常用的仪器和物质主要有示踪气体（SF_6、CO_2、六氟环丁烷、三氟溴甲烷等）、气体分析仪、温度表、风速仪、流量表、鼓风门等。

三、建筑物的气密性检测对象

每个单位工程抽检的房间应位于不同的楼层，每个户型应抽检 1 套房间，首层底层不得少于 1 套，抽检的总数量不应少于 3 套房间。

四、室内气密性检测操作方法

（一）示踪气体法操作方法

（1）首先应记录被检测房间的室内空气温度，并测量被检测房间的体积。

（2）接通检测仪器的电源，打开气体分析仪的开关，并调整至零点。图 6-8 是一种检测 SF_6 浓度的气体分析仪，具体的工作原理、操作方法、使用说明等，在生产厂家提供的产品说明书中有详细叙述。

（3）向被检测室内释放示踪气体，并使其分散均匀，待气体分析仪读数稳定后，每分钟记录一次气体的浓度，稳定后要获得不少于 50 组数据。

（4）以上检测步骤完成，并经检查符合要求后关闭仪器。

（二）气压法操作方法

（1）首先安装固定活动门，然后再安装风机仪表。

（2）接通检测仪器的电源，调节风速控制器，根据情况对室内加压（减压），当室内外

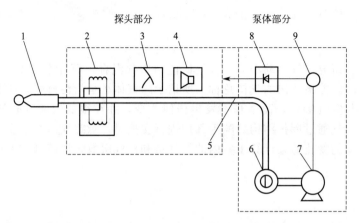

图 6-8　SF$_6$ 浓度的气体分析仪原理示意

1—针阀；2—电离腔振荡电路；3—指示仪表放大电路；4—音频报警电路；5—真空软管；
6—高速真空泵；7—交流电动机；8—直流稳压电源；9—交流电源

的压差达到 60Pa 并稳定后，停止加压（减压），记录空气的流量。

（3）在检测过程中，压差每递减 5Pa，记录一次空气流量。

五、建筑物的气密性判定方法

（一）示踪气体法的判定方法

当采用示踪气体法检测室内气密性时，自然条件下房间的气密性可按式(6-23) 计算：

$$N = \ln(C_0 / C_1) / t \qquad (6\text{-}23)$$

式中　N——自然条件下房间的换气次数，1/h；

　　　C_0——测试时的示踪气体的浓度，vpm；

　　　C_1——测试初始时示踪气体的浓度，vpm；

　　　t——测试的时间，h。

为了减少测试误差，对每组测试数据都要进行回归，回归后的值为测试值。

（二）气压法的判定方法

当采用气压法检测室内气密性时，房间的气密性可按式(6-24) 和式(6-25) 计算：

$$N_{50} = L / V \qquad (6\text{-}24)$$

$$N = N_{50} / 17 \qquad (6\text{-}25)$$

式中　N_{50}——房间的压差为 50Pa 时的换气次数，1/h；

　　　N——自然条件下房间的换气次数，1/h；

　　　L——压差为 50Pa 时空气流量的平均值，m^3/h；

　　　V——被测房间的换气体积，m^3。

六、建筑物的气密性结果评定

（1）当房间的气密性检测结果满足建筑物设计要求时，则判定被测建筑物该项指标
合格。

（2）如果建筑物没有气密性设计要求，当房间气密性检测结果满足当地建筑节能设计标

准中有关气密性的规定时，则判定被测建筑物该项指标合格，否则判定被测建筑物该项指标不合格。

第七节　外窗口整体气密性检测

建筑外窗作为房屋建筑的主要组成部分，其质量如何不仅直接影响房屋的使用功能和建筑节能效果，而且也影响室内热环境质量和人体健康。在建筑节能中经常提到的门窗三性检测抗风压性能、气密性能及水密性能，是对建筑外窗在风压作用下不发生损坏和功能障碍、阻止空气渗透以及在风雨同时作用下阻止雨水渗漏的能力检验。

在现行标准《居住建筑节能检测标准》（JGJ/T 132—2009）和《建筑外门窗气密、水密、抗风压性能分级及检测方法》（GB/T 7106— 2008）中，对建筑外窗的气密性检测提出了具体方法和要求，在检测过程中应当严格执行。

一、外窗窗口气密性检测方法

（1）在正式检测开始前，应在首层受检外窗中选择一樘窗户，进行检测系统附加渗透量的现场标定。附加渗透量不得超过总空气渗透量的15%。

（2）在检测装置、现场操作人员和操作规程完全相同的情况下，当检测其他受检外窗时，检测系统本身的附加渗透量，可以直接采用首层受检外窗的标定数据，不必要再另行标定。每个检验批检测开始时，均应对检测系统本身的附加渗透量进行一次现场标定。

（3）对于检测现场的环境参数（例如室内外温度、室外风速和大气压力等）也应进行同步检测。

二、外窗窗口气密性检测仪器

（一）外窗窗口气密性检测仪器

外窗窗口气密性检测过程中应用的主要仪表有差压表、空气流量表、环境参数检测仪表，这些仪表应分别满足下列要求。

（1）用于外窗窗口气密性检测的差压表，其不确定度应不超过2.5Pa。

（2）用于外窗窗口气密性检测的空气流量测量装置的不确定度，按测量的空气流量不同应分别满足以下要求：

① 当检测的空气流量不大于3.5m³/h时，空气流量测量装置的不确定度不应大于测量值的10%。

② 当检测的空气流量大于3.5m³/h时，空气流量测量装置的不确定度不应大于测量值的5%。

（3）室内外温度用热电偶进行检测，用数据记录仪记录，仪器仪表的具体要求同前面所述；室外风速用热球风速仪测量；大气压力用气压计检测。

（二）外窗窗口气密性检测装备

外窗窗口气密性检测装备的安装位置如图6-9所示。当受检外窗洞口尺寸过大或形状特殊，按图6-9（a）布置有困难时，宜以受检外窗所在房间作为测试单元进行检测，检测装置的安装如图6-9（b）所示。

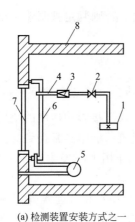 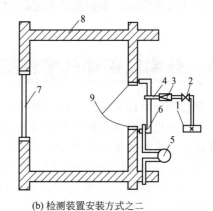

(a) 检测装置安装方式之一　　　　　(b) 检测装置安装方式之二

图 6-9　窗口气密性现场检测装置的布置示意

1—送风机或排风机；2—风量调节阀；3—流量计；4—送风管或排风管；5—差压表；
6—密封板或塑料膜；7—外窗；8—墙体；9—住户内门

三、外窗窗口气密性检测对象

（1）建筑物外窗窗口气密性现场检测数量，应以一个检验批中住户套数或间数为单位进行随机抽取确定。

（2）对于住宅建筑，一个检验批中的检测数量不宜超过总套数的 3%，对于住宅以外的其他居住建筑，不宜超过总间数的 0.6%，但不得少于 3 套（间）。当检验批中住户套数或间数不足 3 套（间）时，应全数进行检测。

（3）每栋建筑物内受检住户或房间不得少于 1 套（间），当多于 1 套（间）时，则应位于不同的楼层，当同一楼层内受检住户或房间多于 1 套（间）时，应当依现场条件根据朝向的不同，来确定受检住户或房间。在每个检验批中位于首层的受检住户或房间不得少于 1 套（间）。

（4）应从受检住户或房间内的所有外窗中综合选取一樘作为受检窗，当受检住户或房间内外窗的种类、规格多于一种时，应确定一种有代表性的外窗作为检测对象。

（5）受检的外窗应为同系列、同规格、同材料、同生产单位的产品。

（6）由于不同施工单位的技术水平不同，他们安装的外窗应分批进行检验。

四、外窗窗口气密性检测条件

对于外窗窗口气密性检测条件还是比较简单的，一般应在室外风速不超过 3.3m/s 的条件下即可进行。

五、外窗窗口气密性检测步骤

（1）检查抽样确定被检测外窗的完好程度，经目检不存在明显的缺陷，连续开启和关闭受检外窗 5 次，受检外窗应能工作正常。核查受检外窗的工程质量验收文件，并对受检外窗的观感质量进行检测。如果抽样外窗质量不能满足气密性检测要求，则应另行选择受检外窗。

（2）在确认受检外窗已完全关闭后，按照图 6-9 安装检测装置。透明薄膜与墙面采用胶带密封，胶带宽度不得小于 50mm，胶带与墙面的粘接宽度应为 80～100mm。

（3）在外窗气密性检测前，首先对室内外温度、室外风速和大气压力进行检测。

（4）在每樘窗正式检测前，应向密闭腔（室）中充气加压，使内外压差达到150Pa，稳定时间至少达10min，期间应采用目测、手感或微风速仪对胶粘处进行复检，复检合格后可转入正式检测。

（5）利用首层受检外窗对检测装置的附加渗透量进行标定，受检外窗窗口本身的缝隙应采用胶带从室外进行密封处理，密封质量的检查程序和方法应符合第（4）条的规定。

（6）按照图6-10中的减压顺序进行逐级减压，每级压差稳定作用时间不少于3min，记录逐级作用压差下系统的空气渗透量，利用该组检测数据通过回归方程求得在减压工况下，压差为10Pa时，检测装置本身的附加空气渗透量。

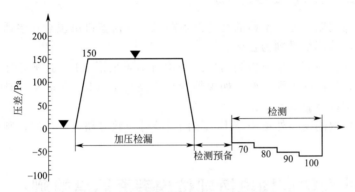

图6-10　外窗窗口气密性能检测操作顺序示意

注：图中▼表示检查密封处的密封质量

（7）将首层受检外窗室外侧的胶带揭去，然后再按照第（6）条进行重复操作，计算压差为10Pa时，受检外窗窗口的总空气渗透量。

（8）每樘外窗检测结束时，应对室内外温度、室外风速和大气压力进行检测并记录，取前后两次的平均值作为环境参数的检测最终结果。

六、外窗窗口气密性判定方法

（1）每樘受检外窗的检测结果应取连续3次检测值的平均值作为计算的依据。

（2）根据检测结果回归受检外窗的空气渗透量方程，空气渗透量方程应采用式（6-26）。

$$L = a(\Delta P)^c \tag{6-26}$$

式中　L——现场检测条件下检测系统本身的附加渗透量或总空气渗透量，m^3/h；

　　　ΔP——受检外窗的内外压差，Pa；

　a，c——空气渗透量方程回归系数。

（3）建筑物外窗单位空气渗透量可按式（6-27）～式（6-30）进行计算：

$$q_a = Q_{st}/A_w \tag{6-27}$$

$$Q_{st} = Q_z - Q_f \tag{6-28}$$

$$Q_z = 293 B Q_{za}/101.3(t+273) \tag{6-29}$$

$$Q_f = 293 B Q_{fa}/101.3(t+273) \tag{6-30}$$

式中　q_a——在标准空气状态下，受检外窗内外压差为10Pa时建筑物外窗窗口单位空气渗透量，$m^3/(m^2 \cdot h)$；

Q_{fa}——在现场检测条件和标准空气状态下，受检外窗内外压差为 10Pa 时，检测系统的附加渗透量，m^3/h；

Q_{za}——在现场检测条件和标准空气状态下，受检外窗内外压差为 10Pa 时，受检外窗窗口（包括检测系统在内）的总空气渗透量，m^3/h；

Q_{st}——在标准空气状态下，受检外窗内外压差为 10Pa 时，受检外窗窗口本身的空气渗透量，m^3/h；

B——检测现场的大气压力，Pa；

t——检测装置附近的室内空气温度，℃。

七、外窗窗口气密性结果判定

（1）建筑物窗洞墙与外窗本体的结合部不漏风，外窗窗口单位空气渗透量不应大于外窗本体的相应指标，检测结果判为合格。

（2）当受检外窗中有 1 樘窗检测结果的平均值不满足第（1）条规定时，应另外随机抽取 1 樘受检外窗，抽样的规则不变，如果检测结果满足第（1）条要求，则应判定该检验批合格，否则应判定该检验批不合格。

（3）第一次抽取的受检外窗中，不合格的受检外窗数量超过一樘时，则应判定该检验批不合格。

第八节 外围护结构热桥部位内表面温度检测

围护结构保温设计是建筑节能设计的基本内容之一。在按照国家和地方的节能设计标准进行设计、采取保温措施后，还需要进行外围护结构热桥部位内表面温度检测和验算。进行这项工作的目的，是防止热桥部位内表面结露，使围护结构内表面材料受潮，影响室内环境；同时也可减少该部位的传热损失，降低建筑采暖和空调能耗。

外围护结构热桥部位内表面温度的检测，其检测方法、判定方法和合格指标等，在现行行业标准《居住建筑节能检测标准》（JGJ/T 132—2009）中有非常明确规定，在检测过程中应严格执行。

一、外围护结构热桥部位内表面温度的检测方法

（1）外围护结构热桥部位内表面温度，宜采用热电偶等温度传感器贴于受检表面进行检测，所用的检测仪表应当符合《居住建筑节能检测标准》（JGJ/T 132—2009）中第 7.1.4 条的规定。

（2）在检测外围护结构热桥部位内表面温度时，内表面温度的测点应选在热桥部位温度最低处，具体位置可采用红外线热像仪协助确定，室外空气温度测点布置应符合《居住建筑节能检测标准》（JGJ/T 132—2009）中第 4.1.2 条的规定，室内空气温度测点布置应符合《居住建筑节能检测标准》（JGJ/T 132—2009）中附录 F 的规定。

（3）内表面温度传感器连同 0.1m 长引线应与受检的表面紧密接触，传感器表面的辐射系数应与受检表面基本相同。

（4）外围护结构热桥部位内表面温度检测应符合以下条件：①应在采暖系统正常运行的工况下进行；②检测时间宜选在最冷月；③应避开气温剧烈变化的天气。

外围护结构热桥部位内表面温度检测持续时间不应少于 72h，检测数据应每小时记录一次。

（5）室内外计算温度下热桥部位内表面温度可按式（6-31）计算：

$$\theta_\mathrm{I} = t_\mathrm{di} - \frac{t_\mathrm{rm} - \theta_\mathrm{Im}}{t_\mathrm{rm} - t_\mathrm{cm}}(t_\mathrm{di} - t_\mathrm{dc}) \tag{6-31}$$

式中　　θ_I——室内外计算温度下热桥部位内表面温度，℃；

　　　　θ_Im——检测持续时间内热桥部位内表面温度逐时值的算术平均值，℃；

　　　　t_cm——检测持续时间内室外空气温度逐时值的算术平均值，℃；

　　　　t_di——室内计算温度，℃，应根据具体设计图纸确定或按国家标准《民用建筑热工设计规范》（GB 50176—2015）中的规定采用；

　　　　t_dc——室外计算温度，℃，应根据具体设计图纸确定或按国家标准《民用建筑热工设计规范》（GB 50176—2015）中的规定采用；

　　　　t_rm——受检房间检测持续时间内的平均温度，℃。

二、外围护结构热桥部位内表面温度的判定方法

（1）在室内外计算温度的条件下，围护结构热桥部位的内表面温度不应低于室内空气露点的温度，且在确定室内空气露点温度时，室内空气相对湿度应按 60％计算。

（2）当外围护结构热桥部位内表面温度受检部位的检测结果满足第（1）条的规定时，应判定为合格，否则判定为不合格。

第九节　采暖系统耗热量的检测

准确确定建筑物的采暖耗热量指标，是检验建筑节能技术研究与推广的重要手段。在进行建筑节能的检测中，建筑物的采暖耗热量指标分为：实时采暖耗热量指标和建筑物年采暖耗热量指标。这两种指标的检测方法是有所区别的。

一、建筑物实时采暖耗热量检测

（一）实时采暖耗热量检测方法

（1）实时采暖耗热量检测在待测建筑物处实际测量，在采暖系统正常运行 120h 后进行。检测持续的时间：非试点建筑和非试点小区不应少于 24h，试点建筑和试点小区不应为整个采暖期。

（2）在正式检测期间，采暖系统应处于正常运行工况，但当检测持续时间为整个采暖期时，采暖系统的运行应以实际工况为准。

（二）实时采暖耗热量检测对象

（1）建筑物实时采暖耗热量的检测，应当以单栋建筑物为一个检验批，以受检建筑热力入口为基本单位。

（2）当建筑面积小于或等于 2000m² 时，应对整栋建筑进行检验；当建筑面积大于 2000m² 或热力入口数多于 1 个时，应按总受检建筑面积不小于该单体建筑面积的 50％为原则进行随机抽样，但不得少于 2 个热力入口。

（三）实时采暖耗热量检测仪器

实时采暖耗热量应采用热流量计装置进行测量，热流量计装置中包括温度计和流量计。温度计和流量计的技术要求应符合检测的需要。

(四) 实时采暖耗热量判定方法

建筑物实时采暖耗热量可按式(6-32) 计算：

$$q_{ha} = 278Q_{ha}/A_0H_r \tag{6-32}$$

式中　q_{ha}——建筑物实时采暖耗热量，W/m^2；

Q_{ha}——检测持续时间内在建筑物热力入口处测得的累计供热量，MJ；

A_0——建筑物总建筑面积（该建筑面积应按各层外墙轴线围成面积的总和计算），m^2；

H_r——检测持续时间，h；

278——单位换算系数。

(五) 实时采暖耗热量结果评定

对于单栋建筑，当检测期间室外逐时温度平均值不低于室外采暖设计温度时，如果所有受检热力入口的检测得到的建筑物实时采暖耗热量不超过建筑物采暖设计热负荷指标，则判定该受检建筑物合格，否则判定为不合格。

二、建筑物年采暖耗热量的检测

(一) 建筑物年采暖耗热量检测方法

通过对被测建筑物基本参数（如围护结构传热系数、建筑面积、气密性等）的检测，计算出建筑物采暖年耗热量指标，并与参照建筑物年采暖耗热量值进行比较，根据比较结果判定被测建筑物该项指标是否合格。

(二) 建筑物年采暖耗热量检测对象

(1) 以单栋建筑为一个检验批，受检建筑物年采暖耗热量的检验，应当以栋为基本单位。

(2) 当受检建筑物带有地下室时，应按不带地下室处理。受检建筑物首层设置的店铺应按居住建筑处理。

(三) 建筑物年采暖耗热量检测步骤

(1) 受检建筑物外围护结构的尺寸应以建筑竣工图纸为准，并要参照现场的实际。建筑面积及体积的计算方法应符合我国现行建筑节能设计标准中的有关规定。

(2) 受检建筑物外墙和屋面主体部位的传热系数应优先采用现场检测数据，其检测方法应按"第六章　第三节　围护结构传热系数检测"的有关规定进行，也可以根据建筑物的实际做法经计算确定。外窗、外门的传热系数应以实验室复检结果为依据，其检测方法应按"第五章　第四节　建筑门窗保温性能的检测方法"的有关规定进行。

(3) 室外计算气象资料应优先采用当地典型气象年的逐时数据。

(四) 建筑物年采暖耗热量计算条件

(1) 室内计算条件应符合下列规定：①室内计算温度为 16℃；②换气次数为 0.5 次/h；③室内不考虑照明得热或其他内部得热。

(2) 参照建筑物的确定原则

① 所选的参照建筑物结构、形状、尺寸、朝向等均应与受检建筑物完全相同，以便对

受检建筑物进行准确判定。

②　参照建筑物各朝向和屋顶的开窗面积应与受检建筑物相同，但当受检建筑物某个朝向的窗（包括屋面的天窗）面积超过我国现行建筑节能设计标准的规定时，参照建筑物该朝向（或屋面）的窗面积应修正到符合有关节能设计标准的规定。

③　参照建筑物外墙、屋面、地面、外窗、外门等的各项性能指标，均应符合我国现行节能设计标准的规定。对于我国现行建筑节能设计标准中未做规定的部分，一律按受检建筑物的性能指标进行考虑。

（五）建筑物年采暖耗热量判定方法

采暖年耗热量应优先采用具有自主知识产权的国内权威软件进行动态计算，在条件不具备时，可采用稳态计算法等其他简易计算方法。

（六）建筑物年采暖耗热量结果评定

当受检建筑采暖年耗热量小于或等于参照建筑物的相应值时，则判定为该受检建筑物合格，否则判定不合格。

第十节　空调系统耗冷量的检测

随着现代建筑温度调节中用电量的增加，空调系统耗冷量的检测是建筑节能检测中的重要内容之一，在现行行业《居住建筑节能检测标准》（JGJ/T 132—2009）的附录 D 中，对空调系统耗冷量的验算方法、室内计算条件、参照物确定原则、判定方法等均有具体规定，在检测过程中应严格执行。

一、空调系统耗冷量的检测方法

建筑物年空调系统耗冷量的检测方法，与建筑物年采暖耗热量的检测方法基本相同。通过对被测建筑物基本参数（如围护结构传热系数、建筑面积、气密性等）的检测，计算出建筑物年空调系统耗冷量指标，并与参照建筑物的年空调系统耗冷量指标进行比较，根据比较结果判定被测建筑物该项指标是否合格。

二、空调系统耗冷量的检测对象

（1）以单栋建筑为一个检验批，受检建筑物年空调系统耗冷量的检验，应当以栋为基本单位。

（2）当受检建筑物带有地下室时，应按不带地下室处理。受检建筑物首层设置的店铺应按居住建筑处理。

三、空调系统耗冷量的检测步骤

（1）受检建筑物外围护结构的尺寸应以建筑竣工图纸为准，并要参照现场的实际。建筑面积及体积的计算方法应符合我国现行建筑节能设计标准中的有关规定。

（2）受检建筑物外墙和屋面主体部位的传热系数应优先采用现场检测数据，其检测方法应按"第六章　第三节　围护结构传热系数检测"的有关规定进行，也可以根据建筑物的实际做法经计算确定。外窗、外门的传热系数应以实验室复检结果为依据，其检测方法应按"第五章　第四节　建筑门窗保温性能的检测方法"的有关规定进行。

（3）室外计算气象资料应优先采用当地典型气象年的逐时数据。

四、空调系统耗冷量的计算条件

年空调系统耗冷量的室内计算条件应符合下列规定：①室内计算温度为 26℃；②换气次数为 1.0 次/h；③室内不考虑照明得热或其他内部得热。

五、空调耗冷量检测参照建筑物

年空调系统耗冷量指标检测中参照物确定原则，与年采暖耗热量参照物确定原则相同。

① 所选的参照建筑物结构、形状、尺寸、朝向等均应与受检建筑物完全相同，以便对受检建筑物进行准确判定。

② 参照建筑物各朝向和屋顶的开窗面积应与受检建筑物相同，但当受检建筑物某个朝向的窗（包括屋面的天窗）面积超过我国现行建筑节能设计标准的规定时，参照建筑物该朝向（或屋面）的窗面积应修正到符合有关节能设计标准的规定。

③ 参照建筑物外墙、屋面、地面、外窗、外门等的各项性能指标，均应符合我国现行节能设计标准的规定。对于我国现行建筑节能设计标准中未作规定的部分，一律按受检建筑物的性能指标进行考虑。

六、空调系统耗冷量的判定方法

建筑物年空调系统耗冷量应优先采用具有自主知识产权的国内权威软件进行动态计算，在条件不具备时，可采用稳态计算法等其他简易计算方法。

七、空调系统耗冷量的结果评定

当受检建筑物年空调系统耗冷量小于或等于参照建筑物的相应值时，则判定为该受检建筑物合格，否则判定不合格。

第十一节　外保温层现场检测方法

外墙外保温系统是在以混凝土空心砌块、混凝土多孔砖、混凝土剪力墙、黏土多孔砖等为基材的外墙，采用膨胀聚苯板、发泡聚氨酯、挤塑聚苯板薄抹灰技术，以及胶粉聚苯颗粒保温料浆、泡沫玻璃砖等材料作为外墙复合保温材料。外墙外保温是一种把保温层放置在主体墙材外面的保温做法，因其可以减少一定影响，同时保护主体墙材不受过大的温度变形应力，是建筑工程中目前应用最广泛的保温做法，也是目前国家大力倡导的保温做法。

一、外墙外保温系统概述

外墙外保温是目前 4 种外墙保温方式之一，并且是现在主流外墙保温方式，是框架结构、木医剪结构的混凝土墙体首选的保温方式，尤其是在高层建筑、超高层建筑中得到广泛应用。外墙外保温系统是目前国外建筑和我国北方地区采用较多的一种外围护系统保温技术，它集保温和外装饰为一体，能延长建筑主体结构的使用寿命，具有保温层整体性好、阻断热桥、不占用室内使用面积、不影响室内装饰等显著优点，深受设计和使用单位的欢迎。

在由中国建筑标准设计研究院主编的"国家建筑标准设计节能系列图集"中，外墙外保温系统编入了聚苯板薄抹灰、胶粉聚苯颗粒、聚苯板现浇混凝土、钢丝网架聚苯板、喷涂硬质聚氨酯泡沫塑料和保温装饰复合板 6 种外墙外保温系统。不论是哪种形式，其基本结构相同，都是由基层、粘接层、绝热层、饰面层组成，外墙外保温结构形式如图 6-11 所示。由于外墙外保温施工方法是几层不同性质的材料进行复合，因此其施工质量直接决定了外保温工程的成败。外保温系统的性能指标主要有保温性能、稳定性、防火处理、热湿性能、耐撞击性能、受主体结构变形的影响、耐久性等。

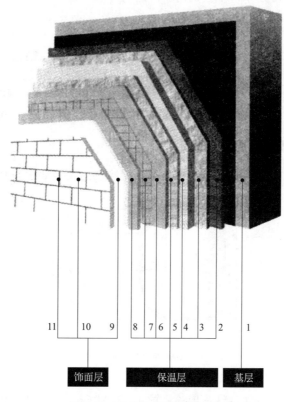

图 6-11　外墙外保温结构形式

近几年，由于外墙外保温馨工程引起的外保温层脱落和开裂等事故时有发生，轻则影响墙体的节能效果，重则影响人们的生命安全。因此，对外墙外保温的施工质量进行专门检测是非常重要的。在现行国家标准《建筑节能工程施工质量验收规范》（GB 50411—2007）中规定，对外墙外保温系统要进行拉拔试验，"保温板材与基层及各构造层之间的黏结或连接必须牢固，黏结强度和连接方式应符合设计要求，保温板材与基层的黏结强度应做现场拉拔试验"，并且强制执行。

二、外墙外保温系统现场拉拔试验

按照《建筑节能工程施工质量验收规范》（GB 50411—2007）中的要求，保温板材与基层及各构造层的黏结或连接必须牢固，黏结强度和连接方式应符合设计要求，保温板材与基层的黏结强度应作现场拉拔试验。但是，目前对保温板材与基层的黏结强度的现场拉拔试验方法和要求却没有专门的检测依据。根据现场试验特点，结合《建筑工程饰面砖黏结强度检验标准》（JGJ 110—2008）的试验方法，下面介绍一种检测方法。

(一) 试样及取样要求

（1）保温已经施工完成，养护时间达到黏结材料要求的龄期。

（2）每 500～1000m² 划分为一个检验批，不足 500m² 的也划分一个检验批。每个批次取样不少于 3 处，每处测一点。

（3）为使检测具有代表性，检验点必须选在满粘处。

（4）取样部位宜均匀分布，不宜在同一房间的外墙上选取。

(二) 检测仪器及辅助工具

拉拔试验所用的主要工器具有拉拔仪、钢直尺、标准块、切割锯、胶黏剂、穿心式千斤顶等。拉拔仪应符合国家现行行业标准《数显式黏结强度检测仪》（JG 3056—1999）的规定；钢直尺的分度值为 1mm；标准块应用 45 号钢或铬钢制作；手持切割锯宜采用树脂安全锯片；胶黏剂宜采用型号为 914 的快速胶黏剂，其黏结强度宜大于 3.0MPa。

(三) 外保温拉拔试验步骤

外保温拉拔试验采用黏结强度检测仪，这种检测仪的安装如图 6-12 所示。

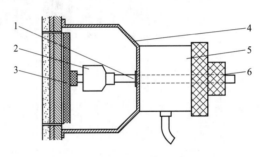

图 6-12　黏结强度检测仪安装示意

1—拉力杆；2—万向接头；3—标准块；4—支架 5—穿心式千斤顶；6—拉力杆螺母

（1）切割断缝　断缝宜在黏结强度检测前 1～2d 进行切割，且断缝应从保温板材表面切割至基层的表面。

（2）标准块粘贴　在进行标准块粘贴时应注意以下事项：

① 标准块在进行粘贴前，保温板材的表面应清除污渍并保持干燥。

② 胶黏剂应搅拌均匀，随用随配，涂布均匀，涂层厚度不得大于 1mm。

③ 在标准块粘贴完毕后，应及时用胶带十字形固定。

④ 胶黏剂硬化前的养护时间，当气温高于 15℃时不得小于 24h；当气温在 5～15℃时不得小于 48h；当气温低于 5℃时不得小于 72h；在养护期不得浸水；在低于 5 ℃时，标准块应预热再进行粘贴。

（3）在现场拉拔检测前，应在标准块上安装带有万向接头的拉力杆。

（4）安装专用穿心式千斤顶。使拉力杆通过穿心式千斤顶中心并与标准块垂直。

（5）调整千斤顶活塞，使活塞升出 2mm 左右，将数字显示器调零，再拧紧拉力杆螺母。

（6）检测保温板材黏结力时，匀速摇转手柄升压，直至保温板材断裂，并记录黏结强度检测仪的数据显示器峰值及破坏界面位置。

（7）检测完毕后降压至千斤顶复位，取下拉力杆螺母及拉杆。

（四）外保温黏结强度计算

单个测点保温板材试样黏结强度可按式(6-33) 计算，精确至 0.01MPa：

$$R = P/A \tag{6-33}$$

式中　R——单个测点保温板材试样黏结强度，MPa；

　　　P——单个测点保温板材试样黏结力，N；

　　　A——单个测点保温板材试样受拉面积，mm^2。

整个检测工程的外保温黏结强度按各测点的平均值计算。

（五）检测结果判定

当设计给出黏结强度时，应符合设计要求；当设计无要求时可遵照《外墙外保温工程技术规程》(JGJ 144—2004) 的规定，检测黏结强度平均值和单值不应小于 0.1MPa，且破坏界面不得位于界面层。当符合以上要求时，判定外保温工程拉拔试验合格。

三、外墙外保温构造实体检验

外墙外保温系统另一项现场检验指标是进行节能构造实体检验，主要是为了验证墙体保温材料的种类是否符合设计要求、保温层厚度是否符合设计要求、保温层构造做法是否符合设计和施工方案要求。

（一）检测对象及数量

（1）取样部位应选取节能构造有代表性的外墙上相对隐蔽的部位，并宜兼顾不同朝向和楼层，取样部位必须确保钻芯操作安全，并且应方便操作。

（2）每个单位工程的外墙至少应抽查 3 处，每处一个检查点。当一个单位工程外墙有 2 种以上节能保温做法时，每种节能做法的外墙应抽查不少于 3 处。

（3）取样的部位宜分布均匀，不宜在同一房间外墙上取 2 个或 2 个以上芯样。

（二）检测所用工器具

外墙外保温节能构造实体检验所用工器具主要有：空心钻头，钻头直径 70mm；钢直尺，分度为 1mm；数码相机等。

（三）检测的操作步骤

（1）对照设计图纸并结合工程实际，现场选取钻芯取样的具体位置。

（2）从保温层一侧用空心钻头垂直墙面钻取芯样，芯样直径在 50～100mm 范围内选取，一般选取 70mm。钻取深度为钻透保温层到达结构层或基层表面。

（3）在钻取芯样的过程中，应尽量避免冷却水流入墙体内及污染墙面。

（4）钻取的芯样必须完整，当芯样严重破损难以判断节能构造或保温层厚度时，应当重新进行取样。

（5）认真记录芯样状态。观察记录保温材料种类，用钢直尺测量保温材料层厚度，精确到 1mm。

（6）用数码相机拍照记录。用相机拍带有标尺的芯样照片，并在照片上注明每个芯样的取样具体位置。

（7）修补恢复。外墙取样部位的修补可采用聚苯板或其他保温材料制成的圆柱形塞填充，并用建筑密封胶进行密封。

（四）检测结果的判定

外墙外保温节能构造实体检测结果的判定，主要包括保温材料种类、保温层厚度、保温构造做法 3 项内容。

保温材料种类和保温构造做法，应观察芯样并与设计图纸进行比较，即可直观判断是否符合要求，与设计图纸一致该项为合格，否则为不合格。

在垂直于外墙面方向上的实测芯样保温层的厚度平均值达到设计厚度的 95％ 及以上，且最小值不低于设计厚度的 90％时，应判定保温层厚度符合设计要求；否则，应判定保温层厚度不符合设计要求。

以上 3 项均合格时判定外墙节能构造符合设计要求，否则判定不符合设计要求。

Chapter 07

第七章

采暖系统热工性能现场检测

采暖工程就是将热源（锅炉房）所产生的热量通过室外供热管网输送到建筑物内的室内采暖系统。采暖工程根据载热体的不同一般分为热水采暖系统和蒸汽采暖系统两大类。热水采暖系统是以水为"热媒"的采暖系统，热水采暖的特点是节省燃料，效果良好，温度变化小，热惰性大，通常适用于一般民用建筑。蒸汽采暖系统是以水蒸气为"热媒"的采暖系统采暖系统，蒸汽采暖的特点是温度变化大，热惰性小，易造成室内干燥，卫生效果差，适用于需要集中而短暂采暖的公共建筑。

采暖的目的是为了满足人们正常生活和工作要求而维持房间有适宜的环境温度。采暖的任务就是不断地向采暖房间供给相应的热量，以弥补热耗的失量，创造适宜的室内气温，达到生活、工作以及生产工艺对气温的要求。无论哪种类型的采暖系统，都是由热源、输送管道和热用户三部分组成的，所以采暖系统能耗的大小是以上三部分综合作用的结果。因此，要全面衡量建筑节能的效果，必须对采暖系统中的有关热工性能进行检测评定。

根据《居住建筑节能检测标准》（JGJ/T 132—2009）中的有关规定，结合建筑节能检测的实际，应主要检测以下项目：①室外管网水力平衡度；②采暖系统补水率；③室外管网热输送效率；④室外管网供水温降；⑤采暖锅炉运行效率；⑥采暖系统实际耗电输热比期望值。

第一节　室外管网水力平衡度检测

室外管网水力平衡度检测是采暖系统热工性能现场检测的主要项目之一，对于采暖系统的供热效果起着重要作用。在现行标准《居住建筑节能检测标准》（JGJ/T 132—2009）中对检测方法、检测仪器、检测对象、判定方法和结果评定等均有具体规定。

室外管网水力平衡度是指采暖居住建筑热力入口处循环水量（质量流量）的测量值与设计值的比。所谓水力平衡是指采暖系统运行时，所有用户都能获得设计水量，而水力不平衡则意味着水力失调，即流经用户或机组的实际流量与设计流量不相符合，并且各用户室温不一致，即靠近热源处室温偏高，而远离热源处室温偏低，从而造成能耗虽然高，供暖的品质比较差。为了保证供暖质量，对室外管网水力平衡度检测是很有必要的。

一、室外管网水力平衡度检测方法

（1）室外管网水力平衡度的检测，应当在采暖系统正常运行的工况下进行。

（2）在室外管网水力平衡度检测期间，采暖系统循环水泵的总循环水量，应当维持恒定且为设计值的 $100\% \sim 110\%$。

（3）管网流量计量装置应安装在建筑物相应的热力入口处，并且应符合相应产品的使用要求。

（4）循环水量的检测值应以相同的检测时间（一般为 10min）内各热力入口处测得的结果为依据进行计算。

二、室外管网水力平衡度检测仪器

室外管网水力平衡度检测所用的流量计量装置，应根据具体情况选用涡轮流量计、涡旋流量计、涡街流量计、电磁汽量计、超声波流量计和水表等。流量计量装置的总精度均优于 2.0 级，总不确定度不大于 5%。二次仪表应能显示瞬时流量或累计流量，能自动存储、打印数据，或者可以与计算机连接。在使用中应按使用说明书的要求进行操作。

三、室外管网水力平衡度检测对象

（1）室外管网水力平衡度检测，应以独立的供热系统为对象。

（2）每个采暖系统均应进行室外管网水力平衡度检测，且宜以建筑物热力入口为限。

（3）室外管网水力平衡度受检的热力入口位置和数量的确定，应当符合下列规定：

① 当采暖系统热力入口的总数不超过 6 个时，应全额进行检测。

② 当采暖系统热力入口的总数超过 6 个时，应根据各个热力入口距热源中心距离的远近，按照近端 2 处、末端 2 处、中间区域 2 处的原则确定受检热力入口的位置。

（4）室外管网水力平衡度受检的热力出口的管径不应小于 DN40。

四、室外管网水力平衡度判定方法

室外管网水力平衡度可按式(7-1) 进行计算：

$$HB_j = G_{wm,j} / G_{wd,j} \qquad (7\text{-}1)$$

式中　　HB_j——第 j 个热力入口处的水力平衡度；

　　$G_{wm,j}$——第 j 个热力入口处循环水量的检测值，kg/s；

　　$G_{wd,j}$——第 j 个热力入口处循环水量的设计值，kg/s；

　　　j——热力入口的编号。

五、室外管网水力平衡度结果评定

在全部受检的热力入口中，各入口水力平衡度的检测结果满足下列条件之一时，应判定该受检系统合格，否则判定不合格。

① 所有受检热力入口水力平衡度的检测结果均为 0.90～1.15。

② 水力平衡度的检测结果大于 1.15 的热力入口数不超过所有受检热力入口处数的 10%，且没有一个热力入口的水力平衡度小于 0.90。

第二节　采暖系统的补水率检测

在热水循环采暖系统中，由于管路、阀门有泄漏及正常的排污，都会造成管网水量的损耗，从而引起管网压力下降，影响采暖系统正常工作。为了保持管网的工作压力，使采暖系统正常循环，及时补足水非常重要的。

一、采暖系统补水率的概念

采暖系统的补水率是热水循环系统中常用的概念，但在我国现行标准中有以下 3 种定义和规定：在《锅炉房设计规范》（GB 50041—2008）中规定"热水系统的小时泄漏量，应根据系统的规模和供水温度等条件确定，宜为系统水容量的 1‰"；在《城市热力网设计规范》（CJJ 34—2002）中规定"闭式热水热力网的补水率，不宜大于总循环水量的 1％"；在《居住建筑节能检测标准》（JGJ 132—2009）中规定"供热系统在正常运行条件下，检测持续时间内系统的补水量与设计循环水量之比"。

从上面介绍可以看出，第一种定义以系统水容量为基础来计算系统的补水率；第二种定义以系统循环水量为基础来计算系统的补水率；第三种定义以采暖系统的设计循环水量为基础来计算系统的补水率。设计循水量是指设计人员根据系统设计热负荷和设计水温确定的理论循环水量。

根据我国对"十三五"期间的建筑节能要求，对于采暖系统的补水率也应执行高标准，因此，采暖系统的补水率检测应执行《居住建筑节能检测标准》（JGJ 132—2009）中规定，采暖系统补水率不宜大于 0.5％。

二、采暖系统的补水率检测方法

（1）采暖系统的补水率检测，应在供热系统运行稳定且室外管网水力平衡度检测合格后的基础上进行。

（2）采暖系统的补水率检测持续时间，非试点小区不应少于 72h，试点小区应为整个采暖期。

（3）首先用流量计测得检测时间段内系统的补水量，然后根据系统的设计循环水量计算系统的补水率。

三、采暖系统的补水率检测仪器

采暖系统的补水率检测的主要参数是流量，应采用具有累计流量显示功能的流量计量装置进行测量。流量计量装置应安装在系统补水管上适宜的位置，且应符合相应产品的使用要求，一般用流量仪表计算时，可以设在补水泵出口管路上。

补水的温度用电阻温度计或热电偶温度计，并设在水箱中进行测量。当采暖系统中固有的流量计量装置在检定有效期内时，可以直接利用该测量装置进行检测。

四、采暖系统的补水率检测对象

进行采暖系统的补水率检测，应当以独立的供热系统为对象。

五、采暖系统的补水率判定方法

采暖系统的补水率应以式(7-2)～式(7-5) 进行计算：

$$R_{mu} = (G_{mu}/G_{wt}) \times 100\%$$

(7-2)

$$R_{mp} = (g_a / g_d) \times 100\% \tag{7-3}$$

$$g_a = G_a / A_0 \tag{7-4}$$

$$g_d = 0.861 q_q / (t_s - t_r) \tag{7-5}$$

式中　R_{mu}——供热系统补水率，%；

　　　G_{mu}——检测持续时间内系统的总补水量，kg；

　　　G_{wt}——检测持续时间内系统的设计循环水量的累计值，kg；

　　　R_{mp}——采暖系统的补水率，%；

　　　g_a——检测持续时间内采暖系统单位建筑面积单位时间内的补水量，$kg/(m^2 \cdot h)$；

　　　g_d——供热系统单位建筑面积单位时间内设计循环水量，$kg/(m^2 \cdot h)$；

　　　G_a——检测持续时间内采暖系统平均单位时间内的补水量，kg/h；

　　　A_0——居住小区内所有采暖建筑物（含小区内配套公共建筑和采暖地下室）的总建筑面积（该建筑面积应按各层外墙轴线围成面积的总和计算），m^2；

　　　q_q——居住小区采暖设计热负荷指标，W/m^2；

　　　t_s——采暖系统设计供水温度，℃；

　　　t_r——采暖系统设计回水温度，℃。

六、采暖系统的补水率结果评定

经检测采暖系统的补水率不大于 0.5% 时，应判定该采暖系统的补水率合格，否则判定该采暖系统的补水率不合格。

第三节　室外管网输送效率的检测

建筑节能是通过加强围护结构的保温和门窗的气密性以及提高供热采暖系统（主要指锅炉和管网供热部分）的综合能效来实现的。一般来讲，建筑物的"耗热量指标"是评价建筑物能耗水平的一项重要指标；而"锅炉运行效率"和"室外管网输送效率"则是评价供热采暖系统节能的两项重要指标。

一、室外管网输送效率的概念

室外管网输送效率也称为室外管网热损失率。室外管网输送效率是指在检测时间内，全部热力入口测得的热量累计值与锅炉房或热力站总管处测得的热量累计值之比，这是建筑能耗的一项重要参数，也是评价室外管网输送效率高低的主要指标。

二、室外管网输送效率的检测方法

（1）采暖系统室外管网输送效率的检测应在采暖系统正常运行 120h 后进行，检测持续时间不应少于 72h。

（2）检测期间，采暖系统应处于正常运行工况，热源供水温度的逐时值不应低于 35℃。

（3）热计量装置的安装应符合《居住建筑节能检测标准》（JGJ 132—2009）中附录 B 第 B.0.2 条的规定。

（4）采暖系统室外管网供水温降应采用温度自动检测仪进行同步检测，温度传感器的安装应符合《居住建筑节能检测标准》（JGJ 132—2009）中附录 B 第 B.0.2 条的规定，数据记录时间间隔不应大于 60min。

三、室外管网输送效率的检测条件

（1）在室外管网输送效率检测期间，室外管网应处于水力平衡且系统的补水率处于正常的状况下。

（2）当检测时间为整个采暖期时，采暖系统运行工况应以实际为准，且应符合以下要求：①在 24h 内热源供水温度的波动值不应超过 15℃；②锅炉或换热器出力的波动不应超过 10%；③锅炉或换热器的进出水的温度与设计值之差不应大于 10℃。

（3）建筑物的采暖供热量应采用热计量装置在建筑物热力入口处测量，热计量装置中的温度计和流量计安装应符合相关产品的使用规定，供水回水温度传感器宜位于受检建筑物外墙外侧且距外墙轴线 2.5m 以内的地方。

（4）采暖系统总采暖供热量应在采暖热源出口处测量，热量计量装置中的供水回水温度传感器宜安装在采暖锅炉房或换热站内，安装在室外时，距锅炉房或换热站或热泵机房外墙轴线的垂直距离不应超过 2.5m。

四、室外管网输送效率的检测仪器

采暖系统室外管网输送效率检测所用的仪表主要是热量表，热量表是计算热量的仪表。热量表的性能应符合所检测采暖系统室外管网输送效率的要求。

五、室外管网输送效率的检测对象

进行采暖系统的室外管网输送效率检测，应当以独立的供热系统为对象。

六、室外管网输送效率的判定方法

室外管网输送效率可以按式(7-6)进行计算：

$$a_{ht} = (1 - \sum_{j=1}^{n} Q_{m,j}/Q_{m,t}) \times 100\% \tag{7-6}$$

式中　a_{ht}——采暖系统室外管网热损失率；

　　$Q_{m,j}$——检测持续时间内第 j 个热力入口处测得的热量累计值，MJ；

　　$Q_{m,t}$——检测持续时间内在锅炉房或换热站总管处测得的热量累计值，MJ；

　　j——热力入口的序号。

七、室外管网输送效率的结果评定

（1）采暖系统室外管网热损失率不应大于 10%，即室外管网实测热输送效率不应小于 0.90。

（2）当采暖系统室外管网热损失率满足本标准第（1）条的规定时，应判为该采暖系统合格，否则应判为不合格。

第四节　室外管网供水温降的检测

室外管网在供水过程中，由于管道本身和环境的影响，水温必然出现温降现象，最终供水温度是否符合设计要求，涉及供暖质量高低。由此可见，对采暖系统室外管网实时供水温降的检测，是确保室内供暖质量的一项重要技术检测。通过对室外管网供水温降的检测，可以及时掌握采暖系统供水温度和回水温度，以便及时调节管网中的水温，使供水温降不大于设计供水温降的 10%。

一、室外管网供水温降的检测方法

（1）通过检测采暖系统供水和回水温度，计算管网实时供水的温降。

（2）非试点小区采暖系统室外管网实时供水温降的检测应在采暖系统处于正常运行工况下连续运行 10d 后进行，检测持续时间宜取 24h，试点小区应为整个采暖期。

（3）检测期间，采暖系统应处于正常运行工况，24h 内热源供水温度的波动值不应超过 15℃。当检测期间为整个采暖期时，采暖系统的运行工况应以实际为准。

（4）热用户侧最末端热力入口和热源出口处供水温度应同时检测。

二、室外管网供水温降的检测仪器

室外管网供水温降检测的主要参数是系统的供水温度和回水温度，所用的仪表主要应采用带有数据采集、记录功能的温度巡检仪，数据记录时间间隔不应超过 60min。

三、室外管网供水温降的检测对象

每个采暖系统均应当进行室外管网供水温降检测。

四、室外管网供水温降的判定方法

室外管网实时供水温降可按式（7-7）进行计算：

$$T_{dp} = T_{ss} - T_{us} \tag{7-7}$$

式中　T_{dp}——室外管网实时供水温降，℃；

T_{ss}——检测持续时间内热源出口处供水温度逐时检测值的平均值，℃；

T_{us}——检测持续时间内热用户最远端热力入口处供水温度逐时检测值的平均值，℃。

五、室外管网供水温降的结果评定

当采暖系统室外管网实时供水温降不大于设计供回水温降的 10% 时，则判定该采暖系统的该项指标合格，否则判定该采暖系统的该项指标不合格。

第五节　采暖系统耗电输热比检测

热水采暖系统耗电输热比（EHR），系指在采暖室内外计算温度条件下，集中热水采暖系统热水循环泵在设计工况点的轴功率、建筑物的供热负荷与水泵在设计工况点的效率乘积的比值。

在《居住建筑节能检测标准》（JGJ 132—2009）中，对于热水采暖系统耗电输热比的检测方法、检测条件、检测仪表、检测对象、结果计算、判定方法和结果评定均有明确规定，应按要求进行检测和判定。

一、采暖系统耗电输热比的检测方法

（1）采暖系统耗电输热比的检测，应在采暖系统正常运行 120h 后进行。

（2）采暖热源的输出热量应在热源机房（锅炉房或换热站或热泵机房）内采用热计算装置进行连续检测累计计量热量。循环水泵的用电量应当独立计量。

（3）检测持续时间不应少于 24h，建议具有研究性质的项目检测时间为整个采暖期。当检验持续时间为整个采暖期，采暖系统的运行工况应以实际为准。

二、采暖系统耗电输热比的检测条件

采暖系统耗电输热比的检测时，应满足下列检测条件。

（1）采暖热源和循环水泵的铭牌参数应当满足设计要求。

（2）采暖系统瞬时供热负荷不应小于设计值的50％。

（3）采暖系统循环水泵运行方式应满足下列条件：①对于变频系统，应当按工频运行且启泵台数满足设计工况的要求；②对于多台工频泵并联系统，启泵台数应当满足设计工况的要求；③对于大小泵制系统，检测时应当启动大泵运行；④对于一用一备制系统，应当确保有一台泵正常运行。

三、采暖系统耗电输热比的检测仪表

采暖系统耗电输热比检测时，记录的主要参数是热源输出热量和循环水泵的耗电量。热源输出热量用热计量装置检测，其技术性能和安装要求与"第三节　室外管网输送效率的检测"相同。循环水泵的耗电量用电表（电度表）测量，电表的性能应当满足相应的要求。

四、采暖系统耗电输热比的检测对象

每个采暖系统均应当进行耗电输热比的检测。

五、采暖系统耗电输热比的结果计算

采暖系统耗电输热比，可根据不同情况用下列公式进行计算：

$$EHR_{a,e} = 3.6\varepsilon_a \eta_m / \sum Q_{a,e} \tag{7-8}$$

当 $\sum Q_a < \sum Q$ 时，

$$\sum Q_{a,e} = \min(\sum Q_p, \sum Q) \tag{7-9}$$

当 $\sum Q_a \leqslant \sum Q$ 时，

$$\sum Q_{a,e} = \sum Q_a \tag{7-10}$$

$$\sum Q_p = 0.3612 \times 10^6 \times G_a \times \Delta t \tag{7-11}$$

$$\sum Q = 0.0864 q_q A_0 \tag{7-12}$$

式中　$EHR_{a,e}$——采暖系统耗电输热比（无因次）；

　　　ε_a——检测持续时间内采暖系统循环水泵的日耗电量，kW·h；

　　　η_m——电机效率与传动效率之和，直联传动取0.85，联轴器传动取0.83；

　　　$\sum Q_{a,e}$——检测持续时间内采暖系统日最大有效供热能力，MJ；

　　　$\sum Q_a$——检测持续时间内采暖系统的日实际供热量，MJ；

　　　$\sum Q_p$——在循环水量不变的情况下，检测持续时间内采暖系统可能的日最大供热能力，MJ；

　　　$\sum Q$——采暖热源的设计日供热量，MJ；

　　　G_a——检测持续时间内采暖系统的平均循环水量，m³/s；

　　　Δt——采暖热源的设计供回水温差，℃。

其他符号含义同前。

六、采暖系统耗电输热比的判定方法

采暖系统耗电输热比（$EHR_{a,e}$）应满足式（7-13）中的要求：

$$EHR_{a,e} \leqslant 0.0062(14+\alpha \cdot L)/\Delta t \qquad (7\text{-}13)$$

式中　L——室外管网干线（从采暖管道进出热源机房外墙处算起，至最不利环路末端热用户热力入口止）包括供回水管道的总长度，m；

　　　α——计算系数，当 $L \leqslant 500\text{m}$ 时 $\alpha = 0.0115$，当 $500\text{m} < L \leqslant 1000\text{m}$ 时 $\alpha = 0.0092$，当 $L \geqslant 1000\text{m}$ 时 $\alpha = 0.0069$。

七、采暖系统耗电输热比的结果评定

当采暖系统耗电输热比满足上述要求时，则判定采暖系统该项指标合格，否则判定采暖系统该项指标不合格。

第六节　采暖锅炉热效率的检测

采暖锅炉是指以煤、燃油、燃气、动力电等燃料为加热源，把水或其他介质加热到一定温度通过泵、阀并依靠散热器把局部环境换热而达到采暖目的的一种热能设备。采暖锅炉热效率是指单位时间内锅炉有效利用热量占锅炉输入热量的百分比，或相应于每千克燃料（固体和液体燃料），或每标准立方米（气体燃料）所对应的输入热量中有效利用热量所占百分比。

采暖锅炉热效率是采暖建筑节能检测中的重要内容，不仅直接影响建筑物的采暖能耗和供热质量，而且也直接影响采暖环境质量和用户的费用负担，尤其是集中供暖的建筑表现更加突出。在不同节能目标的各个阶段，采暖锅炉热效率都承担一定的比例。因此，采暖锅炉热效率检测是挖掘节能潜力、改善供热质量、提高系统运行效率的基础。

一、采暖锅炉热效率的检测方法

采暖锅炉的热效率检测应按现行国家标准《生活锅炉热效率及热工试验方法》（GB/T 10820—2002）中的规定进行。

（1）锅炉热效率通过正平衡法测得，取两次热效率的算术平均值。

（2）锅炉热功率（或供热量）由实测决定。

（3）饱和蒸汽湿度由实测决定。

二、采暖锅炉热效率的检测条件

（1）锅炉热工试验的测试方应当具备第三方公正检测资格，不具备第三方公正检测相应资格者不得检测。

（2）蒸汽发生器、热水机组及使用其他固体燃料生活锅炉的热工试验可参照《生活锅炉热效率及热工试验方法》（GB/T 10820—2002）中有关规定。

（3）在正式试验前应做好试验准备工作，试验负责人应由熟悉本标准并有锅炉热工试验经验的人担任。试验负责人应根据本标准的有关规定，结合具体情况制定试验大纲。

三、采暖锅炉热效率的检测对象

独立的采暖锅炉作为进行实时综合运行热效率检测的对象。

四、采暖锅炉热效率的检测参数及仪器

采暖锅炉的热效率检测是一个比较复杂的过程，在检测中涉及的项目和内容较多，从燃

料到介质都需要进行检测。

（1）燃料的取样与分析　根据锅炉所用不同的燃料，采取相应的取样方法。具体来讲主要包括煤的取样和缩制的方法、燃油的取样方法、气体燃料的取样位置和取样方法等。然后到具备相应资质的化验机构（实验室）或有关各方认可的具备燃料化验能力的单位进行化验，并由化验单位出具证明。

（2）燃料消耗量的测定　对于煤等固体燃料，宜用衡器进行称重，所使用衡器的示值误差应不大于±0.1%。对于燃油等液体燃料，宜用衡器称重或由经直接称重标定过的油箱上进行测量，也可通过测量流量及密度确定燃油的消耗量。所使用的油流量计，其准确度不低于0.5级。对于气体燃料，宜用气体流量计进行测量，其准确度应不低于1.5级，流量和温度应在流量测点处测出。

（3）电热锅炉耗电量的测定　电热锅炉的耗电量，宜用电度表测量，其准确度应不低于1.5级。如果使用互感器进行测量，其准确度应不低于0.5级。

（4）水流量的测定　采暖锅炉系统的给水流量、循环水量、出水量（或进水量）用标定的水箱测量或其他流量计测量，流量计的准确度应不低于0.5级，并采用累计的方法，循环水量应在锅炉进水管道上进行测定。

（5）压力的测量　测量采暖锅炉系统的给水压力、蒸汽压力、进水压力及气体燃料压力，宜采用相应的压力表，其准确度应不低于1.5级。

大气压力可使用空气盒气压表在被测锅炉的附近测量，其示值误差不应大于±0.2KPa。

（6）温度的测量　测量采暖锅炉系统的给水温度、出水温度、进水温度及气体燃烧温度的测量，可使用水银温度计或其他测温仪表，其示值误差不应大于±0.5℃。测温点应布置在管道上介质温度比较均匀的地方。环境温度可使用水银温度计在被测锅炉附近测量，其示值误差不应大于±0.5℃。

五、采暖锅炉热效率的判定方法

采暖锅炉热效率的计算分两步完成，即先计算锅炉供热量，然后再计算锅炉热效率。

(一) 锅炉供热量计算

（1）蒸汽锅炉供热量计算　蒸汽锅炉的供热量可按式(7-14)进行计算：

$$Q = D_{gs}(h_{bq} - h_{gs} - r \cdot \omega/100) - G_s r \tag{7-14}$$

式中　Q——蒸汽锅炉供热量，kJ/h；

D_{gs}——蒸汽锅炉给水流量，kg/h；

h_{bq}——饱和蒸汽焓，kJ/kg；

h_{gs}——给水焓，kJ/kg；

r——汽化潜热，kJ/kg；

ω——蒸汽的湿度，%；

G_s——锅炉水取样量（计入排污量），kg/h。

（2）热水锅炉和真空锅炉供热量计算。热水锅炉和真空锅炉的供热量可按式(7-15)进行计算：

$$Q = G(h_{cs} - h_{js}) \tag{7-15}$$

式中　Q——热水锅炉（真空锅炉）供热量，kJ/h；

G——锅炉循环水量，kg/h；

h_{cs}——锅炉出水焓值，kJ/kg；

h_{js}——锅炉进水焓值，kJ/kg。

（3）常压锅炉供热量计算。常压锅炉的供热量可按式（7-16）进行计算：

$$Q = G_c(h_{cs} - h_{js}) \qquad (7\text{-}16)$$

式中　Q——常压锅炉供热量，kJ/h；

　　　G_c——锅炉出水量或进水量，kg/h；

　　　h_{cs}——锅炉出水焓值，kJ/kg；

　　　h_{js}——锅炉进水焓值，kJ/kg。

（二）锅炉热效率计算

（1）燃煤锅炉热效率计算　燃煤锅炉的热效率可按式（7-17）进行计算：

$$\eta = Q/[BQ_{net,v,ar} + B_{mc}(Q_{net,v,ar})_{mc}] \times 100\% \qquad (7\text{-}17)$$

式中　　　η——燃煤锅炉热效率，%；

　　　　　Q——燃煤锅炉供热量，kJ/h；

　　　　　B——煤消耗量，kg/h；

　　$Q_{net,v,ar}$——煤收到基低位发热量，kJ/kg；

　　　　B_{mc}——柴的消耗量，kg/h；

$(Q_{net,v,ar})_{mc}$——柴收到基低位发热量，kJ/kg。

（2）燃油锅炉热效率计算。燃油锅炉的热效率可按式（7-18）进行计算：

$$\eta = Q/B_{yo}(Q_{net,v,ar})_{yo} \times 100\% \qquad (7\text{-}18)$$

式中　　　η——燃油锅炉热效率，%；

　　　　　Q——燃油锅炉供热量，kJ/h；

　　　　B_{yo}——油消耗量，kg/h；

$(Q_{net,v,ar})_{yo}$——油收到基低位发热量，kJ/kg。

（3）燃气锅炉热效率计算　燃气锅炉的热效率可按式（7-19）进行计算：

$$\eta = Q/B_q(Q_{net,v,ar})_q \times 100\% \qquad (7\text{-}19)$$

式中　　　η——燃气锅炉热效率，%；

　　　　　Q——燃气锅炉供热量，kJ/h；

　　　　　B_q——气消耗量，kg/h；

$(Q_{net,v,ar})_q$——油收到基低位发热量，kJ/kg。

（4）电热锅炉热效率计算。电热锅炉的热效率可按式（7-20）进行计算：

$$\eta = Q/(3.6N_{dg} \times 10^3) \times 100\% \qquad (7\text{-}20)$$

式中　η——电热锅炉热效率，%；

　　　Q——电热锅炉供热量，kJ/h；

　　　N_{dg}——电消耗量，kW·h/h。

六、采暖锅炉热效率的结果评定

如果采暖锅炉热效率有设计要求，检测结果满足设计要求时，则判定为合格；如果没有设计要求，采暖锅炉热效率的检测结果满足表 7-1 中相应燃料锅炉的热效率时，则判定该锅炉的热效率符合要求，否则判定不符合要求。

表 7-1　生活锅炉应保证的最低热效率值[①]

锅炉额定热功率 N/MW	使用燃料										电热锅炉
	煤炭								油[②]	气[③]	
	褐煤	烟煤			贫煤	无烟煤					
		Ⅰ	Ⅱ	Ⅲ		Ⅰ	Ⅱ	Ⅲ			
	锅炉热效率/%										
N≤0.10	61	60	62	64	62	54	53	57	83	84(82)	93
0.10<N≤0.35	63	62	65	68	66	58	56	61	83	84(82)	93
0.35<N≤0.70	67	67	70	73	70	62	60	66	84	86(84)	94
0.70<N≤1.40	70	69	72	75	72	65	64	69	86	88(86)	95
1.40<N≤2.80	74	71	75	78	75	68	66	74	86	88(86)	95
N>2.80	76	73	77	80	77	70	68	76	88	88(87)	95

① 表中所列为锅炉额定热功率的热效率值;

② 指轻质的燃油;

③ 即气体燃料,指城市燃气、天然气、液化石油气及其他气体燃料;

括号内的数字为气体燃料收到基低位发热量 $Q_{net,v,ar}$(标准状态)<20000kJ/m 的热效率规定值,括号外为气体燃料收到基低位发热量 $Q_{net,v,ar}$(标准状态)≥20000kJ/m³ 的热效率规定值。

第七节　采暖空调水系统性能检测

采暖空调水系统性能检测,是公共建筑节能检测的重要内容,不仅对于建筑物的节能效果有着直接影响,而且对于空调运行费用的高低有直接关系。在现行规范《公共建筑节能检测标准》(JGJ/T 177—2009)中,对于采暖空调水系统性能检测一般规定、检测内容、检测方法等方面均有具体规定,在检测中应遵照执行。

一、采暖空调水系统性能的检测内容

采暖空调水系统性能检测内容主要包括冷水(热泵)机组实际性能系数检测、水系统回水温度一致性检测、水系统供水和回水温差检测、水泵效率检测、冷源系统能效系数检测等。另外还包括锅炉运行效率、补水率、管道系统保温性能等。

采暖空调水系统各项性能检测均应在系统实际运行状态下进行。

二、采暖空调水系统性能检测的一般规定

根据现行规范《公共建筑节能检测标准》(JGJ/T 177—2009)中的规定,在进行采暖空调水系统性能检测时应符分以下一般规定。

(1) 采暖空调水系统的各项性能检测,应当在系统实际运行的状态下进行。

(2) 冷水(热泵)机组及其水系统性能检测工况应符合下列规定。

① 冷水(热泵)机组运行正常,系统负荷不宜小于实际运行最大负荷的 60%,且运行机组负荷不宜小于其额定负荷的 80%,并处于稳定状态。

② 冷水出水温度应当在 6~9℃ 之间。

③ 水冷冷水(热泵)机组冷却水温度应在 29~32℃ 之间,风冷冷水(热泵)机组要求室外干球温度在 32~35℃ 之间。

(3) 锅炉及其水系统各项性能检测工况应符合下列规定:锅炉运行正常;燃煤锅炉的日平均运行负荷率不应小于 60%,燃油和燃气锅炉瞬时运行负荷率不应小于 30%。

(4) 锅炉运行效率、补水率检测方法,应按照现行行业标准《居民建筑节能检测标准》

(JGJ/T 132—2009) 中的有关规定执行。

(5) 采暖空调系统管道的保温性能检测，应按照现行国家标准《建筑节能工程施工质量验收规范》(GB 50411—2007) 中的有关规定执行。

三、冷水（热泵）机组实际性能系数检测

(1) 冷水（热泵）机组实际性能系数的检测数量应符合下列规定：对于 2 台及以下（含 2 台）同型号的机组，应至少抽取 1 台；对于 3 台及以下（含 3 台）同型号的机组，应至少抽取 2 台。

(2) 冷水（热泵）机组实际性能系数的检测方法应符合下列规定。

① 在检测工况下，应每隔 5~10min 读 1 次数，连续测量 60min，并应取每次读数的平均值作为检测值。

② 供冷（热）量测量应符合《公共建筑节能检测标准》(JGJ/T 177—2009) 中附录 C 的有关规定。

③ 冷水（热泵）机组的供冷（热）量应按下式(7-21)计算：

$$Q_0 = V\rho c \Delta t / 3600 \tag{7-21}$$

式中　Q_0——冷水（热泵）机组的供冷（热）量，kW；

　　　V——冷水平均流量，m^3/h；

　　　ρ——冷水平均密度，kg/m^3；

　　　c——冷水平均定压比热，$kJ/(kg \cdot ℃)$；

　　　Δt——冷水进口与出口的平均温差，℃。

④ 电驱动压缩机的蒸气压缩机冷水（热泵）机组的输入功率应在电动机输入线端测量。输入功率检测应符合《公共建筑节能检测标准》(JGJ/T 177—2009) 中附录 D 的有关规定。

⑤ 电驱动压缩机的蒸气压缩循环冷水（热泵）机组的实际性能系数（COP_d）应按式(7-22)进行计算：

$$COP_d = Q_0 / N \tag{7-22}$$

式中　COP_d——电驱动压缩机的蒸气压缩循环冷水（热泵）机组的实际性能系数；

　　　N——检测工况下机组平均输入功率，kW。

⑥ 溴化锂吸收式冷水机组的实际性能系数（COP_x）应按式(7-23)进行计算：

$$COP_x = Q_0 / (Wq/3600 + p) \tag{7-23}$$

式中　COP_x——溴化锂吸收式冷水机组的实际性能系数；

　　　W——检测工况下机组平均燃气消耗量，m^3/h，或燃油消耗量，kg/h；

　　　q——燃料发热值，kJ/m^3 或 kJ/kg；

　　　p——检测工况下机组平均电力消耗量（折算成一次能，kW）。

(3) 冷水（热泵）机组实际性能系数的合格指标与判定方法应符合下列规定：

① 检测工况下，冷水（热泵）机组实际性能系数，应符合现行国家标准《公共建筑节能设计标准》(GB 50189—2015) 第 5.4.5、第 5.4.9 条的规定。

② 当检测结果符合《公共建筑节能设计标准》(GB 50189—2015) 中的有关规定时应判定为合格。

冷水（热泵）机组制冷性能系数如表 7-2 所列，溴化锂吸收式冷水机组的性能参数如表 7-3 所列。

表 7-2　冷水（热泵）机组制冷性能系数

类型		额定制冷量/kW	性能系数/(W/W)
水冷	活塞式/涡旋式	＜528	3.80
		528～1165	4.00
		＞1163	4.20
	螺杆式	＜528	4.10
		528～1165	4.30
		＞1163	4.60
	离心式	＜528	4.40
		528～1163	4.70
		＞1163	5.10
风冷或蒸发冷却	活塞式/涡旋式	≤50	2.40
		＞50	2.60
	螺杆式	≤50	2.60
		＞50	2.80

表 7-3　溴化锂吸收式冷水机组的性能参数

机型	名义工况			性能参数		
	冷(温)水进/出口温度/℃	冷却水进/出口温度/℃	蒸汽压力/MPa	单位制冷量蒸汽耗量/[kg/(kW·h)]	性能系数/(W/W)	
					制冷	制热
蒸汽双效	18/13	30/35	0.25	≤1.40		
	12/7		0.40			
			0.60	≤1.31		
			0.80	≤1.28		
直燃	供冷 12/7	30/35			≥1.10	
	供热出口 60					≥0.90

注：直燃机性能系数为制冷量(供热量)/[加热源消耗量(以低位热值计)＋电力消耗量(折算式一次能)]。

四、水系统回水温度一致性检测

（1）与水系统集水器相连的一级支管路，均应进行水系统回水温度一致性检测。

（2）水系统回水温度一致性检测的方法应符合下列规定。

① 检测位置应在系统集水器处。

② 检测的持续时间不应少于 24h，检测数据记录间隔不应大于 1h。

（3）水系统回水温度一致性的合格指标与判定方法应符合下列规定。

① 检测持续时间内，冷水系统支管路回水温度间的允许偏差为 1℃，热水系统支管路回水温度间的允许偏差为 2℃。

② 当检测结果符合①中的规定时应判定为合格。

五、水系统供水和回水温差检测

（1）检测工况下启用的冷水机组或热源设备，均应进行水系统供水和回水温差检测。

（2）水系统供水和回水温差的检测方法应符合下列规定。

① 冷水机组或热源设备的供水和回水温度应同时进行检测。

② 测点应布置在靠近被测机组的进、出口处，测量时应采取减少测量误差的有效措施。

③ 在检测工况下，应每隔 5～10min 读 1 次数，连续测量 60min，并应取每次读数的平均值作为检测值。

（3）水系统供水和回水温差的合格指标与判定方法应符合下列规定。

① 在检测工况下，水系统供水和回水温差检测值不应小于设计温差的 80％。

② 当检测结果符合①中的规定时，应判定为合格。

六、水泵效率检测

（1）检测工况下启用的循环水泵均应进行效率检测。

（2）水泵效率的检测方法应符合下列规定：

① 在检测工况下，应每隔 5～10min 读 1 次数，连续测量 60min，并应取每次读数的平均值作为检测值。

② 流量测点宜设在距上游局部阻力构件 10 倍管径，且距下游局部阻力构件 5 倍管径处。压力测点应设在水泵进、出口压力表处。

③ 水泵的输入功率应在电动机输入线端测量，输入功率检测应符合《公共建筑节能检测标准》（JGJ/T 177—2009）中附录 D 的有关规定。

④ 水泵效率可按式（7-24）进行计算：

$$\eta = V\rho g \Delta H / 3.6P \tag{7-24}$$

式中　η——水泵的效率；

　　V——水泵平均水流量，m^3/h；

　　ρ——水的平均密度，kg/m^3，可根据水温由物性参数表查取；

　　g——自由落体加速度，取 9.8，m/s^2；

　ΔH——水泵进、出口平均压差，m；

　　P——水泵平均输出功率，kW。

（3）水泵效率的合格指标与判定方法应符合下列规定。

① 检测工况下，水泵效率检测值应大于设备铭牌值的 80％。

② 当检测结果符合①中的规定时，应判定为合格。

七、冷源系统能效系数检测

冷源系统能效系数是指冷源系统单位时间供冷量与单位时间冷水机组、冷水泵、冷却水泵和冷却塔风机能耗之和的比值。从这个定义可以看出得到能效系数，需要检测系统的制冷量和系统的能耗。系统能耗就是系统用电设备能耗，不包括空调系统的末端设备。系统的制冷量的检测方法、需要的仪器设备和计算方法，与"供冷（热）量"相同。冷水机组、冷水泵、冷却水泵和冷却塔风机的输入功率，应在电动机输入线端同时测量，在测试时段内累计各用电设备的输入功率应进行平均累加，其检测方法与"冷水（热泵）机组"相同。

在现行行业标准《公共建筑节能检测标准》（JGJ/T 177—2009）中，对冷源系统能效系数的检测有具体的规定，在检测中应严格执行。

（1）所有独立的冷源系统均应进行冷源系统能效系数检测。

（2）冷源系统能效系数检测方法应符合下列规定。

① 在检测工况下，应每隔 5～10min 读 1 次数，连续测量 60min，并应取每次读数的平均值作为检测值。

② 供冷量的测量应符合现行行业标准《公共建筑节能检测标准》（JGJ/T 177—2009）附录 C 中的有关规定。

③ 冷源系统供冷量可按式（7-25）进行计算：

$$Q_0 = V\rho c \Delta t / 3600 \tag{7-25}$$

式中　Q_0——冷源系统的供冷量，kW；

$\quad\quad V$——冷水平均流量，m^3/h；

$\quad\quad \rho$——冷水平均密度，kg/m^3；

$\quad\quad c$——冷水平均定压比热，$kJ/(kg\cdot℃)$；

$\quad\quad \Delta t$——冷水进口与出口的平均温差，℃。

ρ、c 可根据介质进口和出口平均温度由物性参数表查取。

④ 冷水机组、冷水泵、冷却水泵和冷却塔风机的输入功率，应在电动机输入线端同时测量；输入功率检测应符合现行行业标准《公共建筑节能检测标准》（JGJ/T 177—2009）附录 D 中的有关规定。检测期间各用电设备的输入功率应进行平均累加。

⑤ 冷源系统能效系数（EER_{-sys}）可按式(7-26)进行计算：

$$EER_{-sys}=Q_0/\sum N_i \tag{7-26}$$

式中　EER_{-sys}——冷源系统能效系数，kW/kW；

$\quad\quad \sum N_i$——冷源系统各用电设备的输入功率之和，kW。

（3）冷源系统能效系数合格指标与判定方法应符合下列规定。

① 冷源系统能效系数的检测值应符合表 7-4 中的规定。

表 7-4　冷源系统能效系数限值

类型	单台额定制冷量/kW	冷源系统能效系数/(kW/kW)
水冷冷水机组	<528	2.30
	528~1163	2.60
	>1163	3.10
风冷或蒸发冷却	≤50	1.80
	>50	2.00

② 当检测结果符合表 7-4 中的规定时应判定为合格。

八、采暖空调水系统其他检测内容

采暖空调水系统检测的内容，除了上面介绍的冷水（热泵）机组实际性能系数、冷源系统能效系数外，还包括以下项目：水系统回水温度一致性检测、水系统供回水温差检测、水泵效率检测、锅炉运行效率检测、管道系统保温性能检测等。

第八节　空调风系统性能的检测

在空调系统中，不论采用何种冷（热）源，更不论采用何种末端装置，最终向空调房间送冷（热），都是通过送风的形式来实现的；另外，为保证空调室内人员的身体健康及舒适度，空调房间的新风补充、换气、防排烟等也是通过空气的运行来进行的。因此，空调风系统性能检测是建筑节能检测中的一个重要内容。

空调风系统性能检测内容主要包括风机单位风量耗功率检测、新风量检测和定风量系统平衡度检测。

一、空调风系统性能检测一般规定

（1）空调风系统各项性能的检测，均应在系统实际运行状态下进行，使检测的结果符合实际情况。

（2）空调风系统管道的保温性能的检测，应按照现行国家标准《建筑节能工程施工质量验收规范》（GB 50411—2007）中的有关规定执行。

二、风机单位风量耗功率检测

（1）风机单位风量耗功率的检测数量应符合下列规定：抽检的比例不应少于空调机组总数的 20%；不同风量的空调机组抽检数量不应少于 1 台。

（2）风机单位风量耗功率的检测参数及仪器。风机单位风量耗功率的检测的参数有：风管风量、电机功率。风机单位风量耗功率的检测仪器有：风管风量用毕托管和微压计进行测量，当动压小于 10Pa 时，宜采用数字式风速计。电动功率用功率表检测。

（3）风机单位风量耗功率的检测方法应符合下列规定。

① 风机单位风量耗功率的检测，应在空调通风系统正常运行工况下进行。

② 风量检测应采用风管风量检测方法，并应符合《公共建筑节能检测标准》（JGJ/T 177—2009）附录 E 中的有关规定。

③ 风管风量测量断面应选择在机组出口或入口直管段上，测量位置与上游局部阻力部件的距离不小于 5 倍管径或风管长边尺寸（对于矩形风管），并与下游局部阻力部件的距离不小于 2 倍管径或风管长边尺寸（对于矩形风管）。

测量位置确定后，就要在选定的断面上布置测点，圆形风管的测点布置如图 7-1 所示和表 7-5 所列；矩形风管的测点布置如图 7-2 所示和表 7-6 所列。

④ 风机的风量应为吸入端风量压出端风量的平均值，且风机前后的风量之差不应大于 5%。

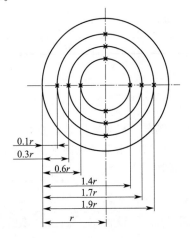 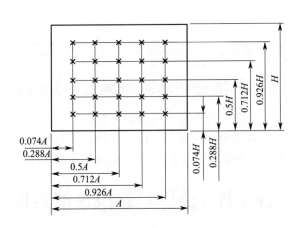

图 7-1　圆形风管 3 圆环测点布置示意　　　　图 7-2　矩形风管 25 点时的布置示意

表 7-5　圆形风管截面测点布置

风管直径/mm	≤200	200～400	400～700	≥700
圆环个数	3	4	5	5～6
测点编号	测点到管壁的距离（r 的倍数）			
1	0.10	0.10	0.05	0.05
2	0.30	0.20	0.20	0.15
3	0.60	0.40	0.30	0.25
4	1.40	0.70	0.50	0.35
5	1.70	1.30	0.70	0.50
6	1.90	1.60	1.30	0.70

风管直径/mm	≤200	200～400	400～700	≥700
圆环个数	3	4	5	5～6
测点编号		测点到管壁的距离（r 的倍数）		
7	—	1.80	1.50	1.30
8	—	1.90	1.70	1.50
9	—	—	1.80	1.65
10	—	—	1.95	1.75
11	—	—	—	1.85
12	—	—	—	1.95

表 7-6　矩形风管截面测点布置

横线数	每条线上的测点数	测点距离 X/A 或 X/H	横线数	每条线上的测点数	测点距离 X/A 或 X/H
5	1	0.074	6	5	0.765
	2	0.288		6	0.939
	3	0.500	7	1	0.053
	4	0.712		2	0.203
	5	0.926		3	0.366
6	1	0.061		4	0.500
	2	0.235		5	0.634
	3	0.437		6	0.797
	4	0.563		7	0.947

注：1. 当矩形风管截面的纵横比（长短边比）大于或等于 1.5 时，横线（平行于短边）的数目宜增加到 5 个以上。

2. 当矩形风管截面的纵横比（长短边比）小于 1.5 而大于 1.2 时，横线（平行于短边）的数目和每条横线上的测点数目均不宜少于 5 个。当长边大于 2m 时，横线（平行于短边）的数目宜增加到 5 个以上。

3. 当矩形风管截面的纵横比（长短边比）小于或等于 1.2 时，也可按等截面划分小截面，每个小截面边长宜为 200～250mm。

⑤ 风机的输入功率应在电动机输入线端同时进行测量，输入功率检测应符合《公共建筑节能检测标准》（JGJ/T 177—2009）附录 D 中的有关规定。

⑥ 风机单位风量耗功率（W_s）应按式（7-27）进行计算：

$$W_s = N/L \tag{7-27}$$

式中　W_s——风机单位风量耗功率，$W/(m^3 \cdot h)$；

　　　N——风机的输入功率，W；

　　　L——风机的实际风量，m^3/h。

（4）风机单位风量耗功率的合格指标与判定方法应符合下列规定。

① 风机单位风量耗功率的检测值应符合现行国家标准《公共建筑节能设计标准》（GB 50189—2015）中的规定。风机的单位风量耗功率限值如表 7-7 所列。

表 7-7　风机的单位风量耗功率限值

系统形式	办公建筑		商业、旅馆建筑	
	粗效过滤	粗、中效过滤	粗效过滤	粗、中效过滤
两管制定风量系统	0.42	0.48	0.46	0.52
两管制定风量系统	0.47	0.53	0.51	0.58
两管制变风量系统	0.58	0.64	0.62	0.68
两管制变风量系统	0.63	0.69	0.67	0.74
普通机械通风系统	0.32			

注：1. 普通机械通风系统中不包括厨房等需要特定过滤装置的房间的通风系统；

2. 严寒地区增设预埋盘管时，单位风量耗功率可增加 $0.035W/m^3$；

3. 当空气调节机组内采用湿膜加湿法时，单位风量耗功率可增加 $0.053W/m^3$。

② 当检测结果符合表 7-7 中的规定时，应判定为合格。

三、空调风系统新风量的检测

新风量是指不从空调系统进入的，而是从门窗进入的空气总量。新风量是衡量室内空气质量的一个重要标准，新风量直接影响到空气的流通，室内空气污染的程度，把握好室内新风量，保证室内空气治理，营造良好健康的室内环境。

（1）空调风系统新风量的检测数量应符合下列规定。

空调风系统新风量的抽检比例不少于新风系统数量的 20％。

不同风量的新风系统抽检数量不应少于 1 个。

（2）空调风系统新风量的检测方法应符合以下规定。

① 检测应当在系统正常运行后进行，且所有的风口应处于正常开启状态。

② 新风量检测应采用风管风量检测方法，并应符合现行行业标准《公共建筑节能检测标准》（JGJ/T 177—2009）附录 E 中的有关规定。

（3）新风量检测的合格指标与判别方法应符合下列规定。

① 新风量的检测值应符合设计要求，其允许偏差不应超过 ±10％。

② 当检测结果符合①中的规定时，应判定为合格。

四、定风量系统平衡度的检测

（1）定风量系统平衡度的检测数量应符合下列规定。

① 每个一级支管路均应进行定风量系统平衡度的检测。

② 当其余支路小于或等于 5 个时，应当全数检测。

③ 当其余支路大于 5 个时，应按照近端 2 个、中间区域 2 个、远端 2 个的原则进行检测。

（2）定风量系统平衡度的检测方法应符合下列规定。

① 检测应在系统正常运行后进行，且所有的风口应处于正常开启状态；

② 风系统检测期间，受检风系统的总风量应维持恒定且宜为设计值的 100％～110％；

③ 风量检测应采用风管风量检测方法，也可采用风量罩风量检测方法，并应符合现行行业标准《公共建筑节能检测标准》（JGJ/T 177—2009）附录 E 中的有关规定。

④ 风系统平衡度应按式(7-28)进行计算：

$$FHB_j = G_{a,j}/G_{d,j} \qquad\qquad (7-28)$$

式中　FHB_j——第 j 个支路的风系统平衡度；

　　　$G_{a,j}$——第 j 个支路的实际风量，m^3/h；

　　　$G_{d,j}$——第 j 个支路的设计风量，m^3/h；

　　　　j——支路的编号。

（3）定风量系统平衡度检测的合格指标与判别方法应符合下列规定。

① 90％的受检支路平衡度应为 0.9～1.2。

② 当检测结果符合①中的规定时，应判定为合格。

Chapter

第八章

建筑室内环境的检测

　　室内环境检测就是运用现代科学技术方法，以间断或连续的形式定量地测定环境因子及其他有害于人体健康的室内环境污染物的浓度变化，观察并分析其环境影响过程与程度的科学活动。室内环境检测的目的是为了及时、准确、全面地反映室内环境质量现状及发展趋势，并为室内环境管理、污染源控制、室内环境规划、室内环境评价提供科学依据。

　　室内环境检测的目的具体可概括为以下几个方面：①根据室内环境质量标准，评价室内环境质量；②根据污染物的浓度分布、发展趋势和速度，追踪污染源，为实施室内环境监测和控制污染提供科学依据；③根据检测资料，为研究室内环境容量，实施总量控制、预测预报室内环境质量提供科学依据；④为制定、修订室内环境标准、室内环境法律和法规提供科学依据；⑤为室内环境科学研究提供科学依据。

　　室内环境检测的要求可大致概括为 5 个方面。①代表性：采样时间、采样地点及采样方法等必须符合有关规定，使采集的样品能够反映整体的真实情况。②完整性：主要强调检测计划的实施应当完整，即必须按计划保证采样数量和测定数据的完整性、系统性和连续性。③可比性：要求实验室之间或同一实验室对同一样品的测定结果相互可比。④准确性：测定值与真实值的符合标准。⑤精密性：测定值有良好的重复性和再现性。

　　对于建筑室内环境检测，主要是针对所用建筑材料含有害物质和室内环境的检测，如室内空气质量检测、土壤有害物质检测、人造木板质量检测、胶黏剂的质量检测、建筑涂料质量检测和建材放射性物质检测等。

第一节　室内空气质量检测

　　室内空气检测是针对室内装饰装修、家具添置引起的室内空气污染物超标情况，进行的分析、化验的技术过程，根据检测得出的结果值，出具国家认可（CMA）、具有法律效力的检测报告。依据室内空气质量标准，可以判断室内各项指标的污染状况，并进行有针对性的防控措施。

2007年，由经济合作与发展组织（OECD）宣布的《OECD中国环境绩效评估》报告中指出："在人的一生中，至少有80％以上的时间是在室内环境中度过，仅有低于5％的时间在室外，而其余时间则处于两者之间。尤其是一些行动不便的人、老人、婴儿等则可能有高达95％的时间在室内生活。"由此可见，室内空气质量的好坏对人体健康的关系就显得更加重要，因此对于建筑室内空气质量进行检测是十分必要的。

一、室内空气质量检测概念

根据室内空气质量检测资料表明，氡、甲醛、氨、苯及总挥发性有机化合物（TVOCs），是室内环境中常见的污染物，这些物质不仅挥发性很强，而且许多成分有一定的致癌性，对居住者的健康危害很大。

建筑物的使用功能不同，对室内环境的质量要求就不同，民用建物根据其使用功能可分为Ⅰ类民用建筑工程和Ⅱ类民用建筑工程两大类。各类民用建筑工程具体包括如下建筑。

（1）Ⅰ类民用建筑工程　主要有住宅、医院、老年建筑、幼儿园、学校教室等民用建筑工程。

（2）Ⅱ类民用建筑工程　主要有办公楼、商店、旅馆、文化娱乐场所、书店、图书馆、展览馆、体育馆、公共交通等候室、餐厅、理发店等民用建筑工程。

二、室内空气质量检测依据

（一）检测标准名称及代号

室内空气质量检测的主要依据有《民用建筑工程室内环境污染控制规范》（GB 50325—2010）、《室内空气质量标准》（GB/T 18883—2002）、《公共场所空气中甲醛测定方法》（GB/T 18204.26—2000）、《公共场所空气中氨测定方法》（GB/T 18204.25—2000）、《居住区大气中苯、甲苯和二甲苯卫生检验标准方法—气相色谱法》（GB 11737—1989）。

（二）室内空气质量控制标准

根据国家标准《民用建筑工程室内环境污染控制规范》（GB 50325—2010）中的规定，民用建筑工程验收时，必须进行室内环境污染物浓度检测。检测结果应符合表8-1中的要求。

表 8-1　民用建筑工程室内环境污染物浓度限量

检测项目	Ⅰ类民用建筑工程限量值	Ⅱ类民用建筑工程限量值
氡的浓度限量/(Bq/m³)	≤200	≤400
甲醛的浓度限量/(mg/m³)	≤0.08	≤0.12
氨的浓度限量/(mg/m³)	≤0.20	≤0.50
苯的浓度限量/(mg/m³)	≤0.09	≤0.09
TVOCs的浓度限量/(mg/m³)	≤0.50	≤0.60

三、室内空气质量检测方法

室内空气中氡的检测采用测氡仪直接进行检测，其余甲醛、氨、苯和TVOCs的检测都要经过现场采样、实验室分析两个过程。

1. 现场采样

（1）检测点的数量　在进行民用建筑工程验收时，应抽检有代表性的房间室内环境污染物浓度，抽检数量不得少于房间自然总间数的 5%，且不得少于 3 间；当房间总数少于 3 间时，应全数检测。

在进行民用建筑工程验收时，凡进行了样板间室内环境污染物浓度检测且检测合格的，抽检数量可以减半，但不得少于 3 间。各房间内的检测点应按表 8-2 设置。

表 8-2 各房间内的检测点设置

房间使用面积/m²	检测点的设置/个	房间使用面积/m²	检测点的设置/个
＜50	1	≥500、＜1000	≥5
≥50、＜100	2	≥1000、＜3000	≥6
≥100、＜500	≥3	≥3000	≥9

（2）检测点的位置　现场检测点应距内墙面不小于 0.5m，距楼地面高度 0.8～1.5m。检测点应当均匀分布，要避开影响检测精度的通风道和通风口。检测点的具体位置应在原始记录上用示意图标明。

（3）采样用的设备　进行室内环境污染物浓度检测所用的采样设备主要有：①空气采样器，流量范围为 0～1.5L/min，流量稳定可调；②大型气泡吸收管，出气口内径为 1mm，出气口与管底距离应 3～5mm；③活性炭吸附管，具体要求见苯检测部分，④Tenax-TA 吸附管，具体要求见 TVOCs 检测部分，⑤大气压力表，⑥温度计，⑦秒表。

（4）采样具体要求　对于采用集中空调的民用建筑工程，应在空调正常运转的条件下进行；对于采用自然通风的民用建筑工程，除氡检测应对外门窗关闭 24h 后进行，其余应在对外门窗关闭 1h 后进行。

在对甲醛、氨、苯、TVOCs 取样检测时，装饰装修工程完成的固定式家具（如壁柜、床等）应保持正常使用状态（如家具门正常关闭等）。在室内进行采样的同时，要在室外上风向采集空白样品。采样同时记录现场的温度和大气压力值。大气采样仪在使用前后都应使用皂膜流量计校正流量，其流量偏差不应超过 5%。各项检测指标的采样要求如表 8-3 所列。

表 8-3 各项检测指标的采样要求

检测项目	采样方法与要求
甲醛	用一个内装 5mL 酚试剂吸收液的大型气泡吸收管，以 0.51L/min 的流量，采样 20min，采气量达 10L。采样后，样品在室温下进行保存，并在 24h 内分析
氨	用一个内装 10mL 硫酸吸收液的大型气泡吸收管，以 0.51L/min 的流量，采样 20min，采气量达 10L。采样后，样品在室温下进行保存，并在 24h 内分析
苯	在采样地点打开活性炭吸附管，与空气采样器入气口垂直连接，以 0.3～0.5L/min 的流量，采集 10L 空气。采样后，取下吸附管，密封吸附管的两端，做好标识，放入可密封的金属或玻璃容器中。样品可保存 5d
TVOCs	在采样地点打开 Tenax-TA 吸附管，与空气采样器入气口垂直连接，以 0.1～0.4L/min 的流量，采集 1～5L 空气。采样后，取下吸附管，密封吸附管的两端，做好标识，放入可密封的金属或玻璃容器中。样品最长可保存 14 天

2. 氨浓度的测定

（1）测定方法及仪器　根据国家标准《民用建筑工程室内环境污染控制规范》（GB 50325—2010）中的规定，民用建筑工程室内空气中氡浓度的检测，所选用方法的测量结果不确定度不应大于 25%（即置信度为 95%），方法的测量下限不应大于 10Bq/m³。氡浓度的测定方法不只限于《环境空气中氡的标准测量方法》（GB/T 14582—1993）中的 4 种，但采用的方法必须满足相关技术要求。

在《环境空气中氡的标准测量方法》（GB/T 14582—1993）中的 4 种方法分别为径迹蚀刻法、活性炭盒法、双滤膜法和气球法。从技术原理上分析，以上 4 种方法均能满足测量的要求，但从实际工程应用的角度分析，它们都不是非常合适的。目前大多数单位采用现场检测的方法，使用较多的仪器有 RAD7 测氡仪和 1027 测氡仪。

RAD7 测氡仪是一种便携式、可连续取样测量的检测仪器，由于其配置相应的选配件可以同时测空气、土壤、水中的氡，使用方便、操作简单、性能优良，采样时间可调，可存储多个测量结果，同时克服了空气湿度对检测结果精度的影响，在检测中受到广泛应用，属普及型的检测仪器。但这种测氡仪体积相对较大，价格也比较高。

1027 型专业连续测氡仪采用专利扩散结光电二极管传感器测量氡气浓度。主要应用于工业、建筑业、环保、实验室、居室、办公室各大院校等领域的现场测试氡含量。这种测氡仪轻巧灵活、操作简单、价格便宜，但测量周期为 1h 且不可调，只存储一个测量结果，测定一个数据需将存储删除才能进行下一个测量。

（2）检测点数量与位置　空气中氡的检测点的设置数量与位置要求，与现场采样部分完全相同。

（3）检测的操作要点　当使用连续氡检测仪（如 RAD7）测定室内氡浓度时，测定周期不得低于 45min。如果测量结果接近或超过 200Bq/m³ 或 400Bq/m³ 这两个限量值时，为了确保测量结果的准确，测量时间应根据实际情况设定为断续或连续 24h、48h 或更长。

检测人员在进出房间取样时，开门的时间要尽可能短，取样点离开门窗的距离应适当远一些。

3. 甲醛浓度测定

根据国家标准《民用建筑工程室内环境污染控制规范》（GB 50325—2010）中的规定，民用建筑工程室内中甲醛检测有两种方法：酚试剂分光光度法和现场检测法。现场检测所使用的仪器在 0～0.60mg/m³ 测量范围内的不确定度应小于或等于 25%。

当酚试剂分光光度法和现场检测法的检测结果发生争议时，应以《公共场所卫生标准检验方法》（GB/T 18204.26—2000）中的酚试剂分光光度法的测定结果为准。由于目前在建筑室内甲醛检测常用酚试剂分光光度法，下面重点介此种方法。

（1）酚试剂分光光度法的原理　空气中的甲醛与酚试剂反应生成嗪，嗪在酸性溶液中被高铁离子氧化形成蓝绿色化合物。根据颜色深浅，比色进行定量。

（2）酚试剂分光光度法的仪器　酚试剂分光光度法所用的仪器主要有：①具塞比色管，10mL；②天平，0.1mg；③实验室通用玻璃器皿；④分光光度计。

（3）酚试剂分光光度法的试剂　酚试剂分光光度法所用的试剂纯度除特别说明外均为分析纯，分析纯是化学试剂的纯度规格，属于二级品，分析纯标签为金光红，用于配制定量分析中的普通试液；对于具体纯度，不同的药品要求不一样。所用的水为蒸馏水。

① 吸收原液。称量 0.10g 酚试剂[$C_6H_4SN(CH_3)C:NNH_2 \cdot HCl$,简称 MBTH]，加水进行溶解，置于 100mL 容量瓶中，加水至规定的刻度，放入冰箱中保存，可稳定 3d。

② 吸收液。量取吸收原液 5mL，加入 95mL 水，即配制成吸收液。采样时，临时现配。

③ 硫酸铁铵溶液（1%）。称量 1.0g 硫酸铁铵[$NH_4Fe(SO_4)_2 \cdot 12H_2O$]，用 0.1mol/L 盐酸溶解，并稀释至 100mL。

④ 碘酸钾标准溶液[$c(1/KIO_3)=0.1000mol/L$]。准确称量 3.5667g 经 105℃烘干 2h 的碘酸钾（优级纯），溶解于水中，移入 1L 的容器瓶中，再用水稀释至 1000mL。

⑤ 盐酸溶液（1mol/L）。量取 82mL 浓盐酸加水稀释至 1000mL。

⑥ 淀粉溶液（0.5%）。称取 1g 可溶性淀粉，加入 10mL 蒸馏水中，在搅拌下注入 200mL 的沸水中，再将其微沸 2min，放置待用（此试剂使用前配制）。

⑦ 硫代硫酸钠标准溶液。称量 25g 硫代硫酸钠（$Na_2S_2O_3 \cdot 5H_2O$），溶于 1000mL 新煮沸并冷却的水中，此时溶液的浓度大约为 0.1mol/L。再加入 0.2g 无水碳酸钠，储存于棕色的试剂瓶中，放置 1 周后再按以下方法标定其准确的浓度。

精确量取 25mL[$c(1/KIO_3)$=0.1000mol/L]碘酸钾标准溶液置于 250mL 碘量瓶中，加入 75mL 新煮沸后冷却的水，再加入 3g 碘化钾及 10mL（1mol/L）盐酸溶液，摇匀后放到暗处静置 3min。用硫代硫酸钠标准溶液滴定析出的碘，至淡黄色，加入 1mL（0.5%）淀粉溶液呈蓝色。再继续滴定至蓝色刚刚褪去，即为结束，记录所用硫代硫酸钠标准溶液体积，其准确浓度用式(8-1)计算：

$$c_1 = 0.1000 \times 25.00/V \tag{8-1}$$

式中　c_1——硫代硫酸钠标准溶液的准确浓度，mol/L；

　　　V——所用硫代硫酸钠溶液体积，mL。

在试验计算中平行滴定两次，所用硫代硫酸钠溶液体积相差不能超过 0.05mL，否则应重新做平行测定。

⑧ 氢氧化钠溶液（0.5mol/L）。称量 20g 氢氧化钠，溶于 500mL 的水中，储于塑料瓶中。

⑨ 硫酸溶液（0.5mol/L）。取 28mL 硫酸，缓慢地加入水中，冷却后稀释至 1000mL。

⑩ 碘溶液[$c(1/2I_2)$=0.1000mol/L]。称量 40 碘化钾，溶于 25mL 水中，加入 12.7g 碘。待碘完全溶解后，用水定容至 1000mL。移入棕色瓶中，置于暗处储存。

⑪ 甲醛标准储备溶液。取 2.8mL 含量为 36%～38% 的甲醛溶液，放入 1L 容量瓶中，加水稀释至规定的刻度。此溶液 1mL 约相当于 1mg 甲醛。其准确浓度用下述碘量法标定。

取 20mL 蒸馏水，按照上述步骤进行空白试验，记录所用硫代硫酸钠溶液体积（V_1），甲醛溶液的准确浓度按式(8-2)计算：

$$甲醛溶液的浓度(mg/mL) = 15c_1(V_1 - V_2)/20 \tag{8-2}$$

式中　V_1——试剂空白消耗硫代硫酸钠溶液的体积，mL；

　　　V_2——甲醛标准储备溶液消耗硫代硫酸钠溶液的体积，mL；

　　　c_1——硫代硫酸钠溶液的浓度，mol/L；

　　　15——甲醛的当量；

　　　20——所取甲醛标准储备溶液的体积，mL。

在试验计算中平行滴定两次，误差不能超过 0.05mL，否则应重新标定。

⑫ 甲醛标准溶液。在临用时，将甲醛标准储备溶液用水稀释成 1.00mL 含有 $10\mu g$ 甲醛，立即再取此溶液 10.00mL，加入 100mL 容量瓶中，加入 5mL 吸收原液，用水定容至 100mL，此溶液 1.00mL 含 $1.00\mu g$ 甲醛，放置 30min 后（此反应受温度影响较大，反应温度应控制在 25～30℃，可放置在水浴或恒温箱中反应，如果反应温度低于 25℃，则应适当延长反应时间），用于配制标准系列管。此标准溶液可稳定 24h。

（4）酚试剂分光光度法的操作步骤

① 标准曲线的绘制。取 10mL 的具塞比色管，用甲醛标准溶液按照表 8-4 要求制备标准系列。

表 8-4　甲醛标准系列

管编号	0	1	2	3	4	5	6	7	8
标准溶液/mL	0	0.10	0.20	0.40	0.60	0.80	1.00	1.50	2.00
吸收液/mL	5.00	4.90	4.80	4.60	4.40	4.20	4.00	3.50	3.00
甲醛含量/μg	0	0.10	0.20	0.40	0.60	0.80	1.00	1.50	2.00

在各具塞比色管中加入浓度 1% 的 0.4mL 硫酸铁铵溶液，并将其摇晃均匀，在温度 25～30℃的环境中放置 15min，用 1cm 比色皿，于波长 630nm 处，以水作参比，测定各管溶液的吸光度。以甲醛含量（μg）作为横坐标，吸光度作为纵坐标，绘制标准曲线，并用最小二乘法计算校准曲线的斜率、截距及回归方程，如式（8-3）所示，并用 Excel 进行线性回归。

$$Y = bX + a \tag{8-3}$$

式中　Y——标准溶液的吸光度；

$\quad\quad$ X——甲醛含量，μg；

$\quad\quad$ b——回归方程的斜率；

$\quad\quad$ a——回归方程的截距。

以斜率的倒数作为样品测定时的计算因子 B_g（μg/吸光度）。标准曲线每月校正一次，试剂配制时应重新绘制标准曲线。

② 样品的测定。将样品溶液转入具塞比色管中，用少量的水洗吸收管，使总体积为 5mL。再按制备标准线的步骤测定样品的吸光度。从采样完毕到加入硫酸铁铵之间至少有 30min 的间隔，以保证甲醛和酚试剂完全反应，同时控制反应温度在 25～30℃。在每批样口测定的同时，要测定室外空气样品作为空白。如果样品溶液吸光度超过标准曲线范围，则可用试剂空白稀释样品显色液后再分析。计算样品浓度时，要考虑样品溶液的稀释倍数。

③ 数据的处理。将采样体积按式（8-4）换算成标准状态的采样体积：

$$V_0 = V_t \times \frac{T_0}{273 + t} \times \frac{p}{p_0} \tag{8-4}$$

式中　V_0——标准状态下的采样体积，L；

$\quad\quad$ V_t——采样体积，由采样流量乘以采样时间而得，L；

$\quad\quad$ T_0——标准状态下的绝对温度，273K；

$\quad\quad$ p_0——标准状态下的大气压力，101.3kPa；

$\quad\quad$ p——采样的大气压力，kPa；

$\quad\quad$ t——采样时的空气温度，℃。

空气中甲醛浓度可按式（8-5）计算：

$$c = B_g(A - A_0)/V_0 \tag{8-5}$$

式中　c——空气中甲醛浓度，mg/m³；

$\quad\quad$ B_g——计算因子（μg/吸光度）；

$\quad\quad$ A——样品溶液的吸光度；

$\quad\quad$ A_0——室外空白样品的吸光度；

$\quad\quad$ V_0——标准状态下的采样体积，L。

4. 氨的浓度测定

民用建筑工程室内空气中氨浓度的检测，可采用国家标准《公共场所空气中氨测定方法》（GB/T 18204.25—2000）进行测定。这个标准适用于公共场所空气中氨浓度的测定，也适用于居住区大气和室内空气中氨浓度的测定。

（1）氨浓度检测的原理　空气中氨吸收在稀硫酸中，在亚硝酸基铁氰化钠及次氯酸钠的存在下，与水杨酸生成蓝绿色的靛酚蓝染料，然后根据着色深浅，比色定量。

（2）氨浓度检测的仪器　氨浓度检测所用的仪器主要有：①具塞比色管，10mL；②天平，0.1mg；③实验室通用玻璃器皿；④分光光度计。

（3）氨浓度检测的试剂　氨浓度检测所用的试剂纯度均为分析纯，所用的水为蒸馏水。在通常情况下，采用普通蒸馏水即可，但在使用前应进行氨本底测定，如果氨本底过高应进行处理。

① 吸收液$[c(H_2SO_4)=0.005mol/L]$。量取 2.8mL 浓硫酸加入水中，并稀释至 1L。临用时再稀释 10 倍。

② 氢氧化钠溶液$[c(NaOH)=2mol/L]$。称取 40g 氢氧化钠，加水溶解，稀释至 500mL。

③ 水杨酸溶液（50g/L）。称取 10.0g 水杨酸$[C_6H_4(OH)COOH]$和 10.0g 柠檬钠$(Na_3C_6O_7 \cdot 2HO)$，加水约 50mL，再加 55mL 氢氧化钠溶液$[c(NaOH)=2mol/L]$，用水稀释至 200mL。此试剂稍有黄色，室温下可稳定 1 个月。

④ 亚硝基铁氰化钠溶液（10g/L）。称取 1.0g 亚硝基铁氰化钠$[Na_2Fe(CN)_3 \cdot NO \cdot 2H_2O]$，溶于 100mL 的水中。储存在冰箱中可稳定 1 个月。

⑤ 次氯酸钠溶液$[c(NaClO)=0.05mol/L]$。取 1mL 次氯酸钠试剂原液，用碘量法标定其浓度，然后用氢氧化钠溶液$[c(NaOH)=2mol/L]$稀释成 0.05mol/L 的溶液。储存于冰箱中可保存 2 个月。

次氯酸钠浓度的标定方法如下：称取 2g 碘化钾于 250mL 碘量瓶中，加水 50mL 溶解，加入 1.00mL 次氯酸钠（NaClO）原液，再加 0.5mL 盐酸溶液$[50\%(V/V)]$，将以上各种溶液在一起摇匀，在暗处放置 3min。由于不同产品的次氯酸钠的含量及游离碱的含量存在明显差异，加入的盐酸量应进行合理的调整，具体方法可在滴定到终点的溶液中加入几滴盐酸，如果溶液变成蓝色，说明还有碘的生成，此时应增加盐酸的加入量，但加入量不能过多，否则可能影响反应定量进行。

用硫代硫酸钠标准溶液$[c(1/2Na_2S_2O_3)=0.1000mol/L]$滴定析出的碘。至溶液呈淡黄色时，加入 1mL 新配制的淀粉指示剂（0.5%），继续滴定至蓝色刚刚褪去，即为终点，记录所用硫代硫酸钠标准溶液体积，按式（8-6）计算次氯酸钠原液的浓度。

$$c(NaClO)=c(1/2Na_2S_2O_3) \times V/1.00 \times 2 \qquad (8-6)$$

式中　$c(NaClO)$——次氯酸钠溶液的浓度，mol/L；

$c(1/2Na_2S_2O_3)$——硫代硫酸钠标准溶液浓度，mol/L；

　　　　V——硫代硫酸钠标准溶液用量，mL。

⑥ 氨标准储备液。称取 0.3142g 经 105℃ 干燥 1h 的氯化铵（NH_4Cl），用少量水溶解，移入 100mL 容量瓶中，用吸收液稀释至刻度。此溶液 1.00mL 含 1.00mg 氨。

⑦ 氨标准工作液。临用时，将氨标准储备液用吸收液稀释成 1.00mL 含 1.00μg 氨。

（4）氨浓度检测的操作步骤

① 标准曲线的绘制。取 10mL 具塞比色管 7 支，按照表 8-5 制备标准系列管。

表 8-5　氨标准系列

管号	0	1	2	3	4	5	6
标准溶液/mL	0	0.50	1.00	3.00	5.00	7.00	10.00
吸收液/mL	10.00	9.50	9.00	7.00	5.00	3.00	0
氨含量/μg	0	0.50	1.00	3.00	5.00	7.00	10.00

在各管中加入 0.50mL 水杨酸溶液，再加入 0.10mL 亚硝基铁氰化钠溶液和 0.10mL 次氯酸钠溶液，将它们摇匀，在室温下放置 1h。用 1cm 比色皿，于波长 697.5nm 处，以水作参比，测定各管溶液的吸光率、截距及回归方程，如式（8-7）所以，并用 Excel 进行线性回归。

$$Y = bX + a \tag{8-7}$$

式中　Y——标准溶液的吸光度；

　　　X——氨的含量，μg；

　　　b——回归方程的斜率；

　　　a——回归方程的截距。

标准曲线斜率应为 0.081 ± 0.003 吸光度/μg 氨。以斜率的倒数作为样品测定时的计算因子 B_s。标准曲线每月校正一次，试剂配制时应重新绘制标准曲线。

② 样品的测定。将样品溶液转入具塞比色管中，用少量的水洗吸收管，使总体积为 10mL。再按制备标准线的步骤测定样品的吸光度。在每批样口测定的同时，要测定室外空气样品作为空白。如果样品溶液吸光度超过标准曲线范围，则可用试剂空白稀释样品显色液后再分析。计算样品浓度时要考虑样品溶液的稀释倍数。

（5）氨浓度检测的数据处理

将采样体积按式(8-8)换算成标准状态的采样体积：

$$V_0 = V_t T_0 P / P_0 (273 + t) \tag{8-8}$$

式中　V_0——标准状态下的采样体积，L；

　　　V_t——采样体积，由采样流量乘以采样时间而得，L；

　　　T_0——标准状态下的绝对温度，273K；

　　　P_0——标准状态下的大气压力，101.3kPa；

　　　P——采样的大气压力，kPa；

　　　t——采样时的空气温度，℃。

空气中甲醛浓度可按式(8-9)计算：

$$c(\mathrm{NH_3}) = B_s (A - A_0) / V_0 \tag{8-9}$$

式中　c——空气中氨浓度，mg/m^3；

　　　B_s——计算因子（μg/吸光度）；

　　　A——样品溶液的吸光度；

　　　A_0——室外空白样品的吸光度；

　　　V_0——标准状态下的采样体积，L。

（6）氨浓度测定范围及灵敏度

① 测定范围。10mL 样品溶液中含 $0.5 \sim 10\mu g$ 的氨。按照本试验方法规定的条件采样 10min，样品可测浓度范围为 $0.01 \sim 2mg/m^3$。

② 灵敏度。10mL 吸收液中含有 $1\mu g$ 的氨，吸光为 0.081 ± 0.003。

5. 苯的浓度测定

民用建筑工程室内空气中苯浓度的检测，应符合国家标准《居住区大气中苯、甲苯和二甲苯卫生检验标准方法-气相色谱法》（GB 11737—1989）中的规定。

（1）苯浓度检测的原理。空气中苯用活性炭管采集，然后经热解吸或二硫化碳提取，用气相色谱法分析，用氢火焰离子化检测器检验，以保留时间定性、峰高定量。

（2）苯浓度检测的仪器。苯浓度检测主要用以下几种仪器。

① 空气采样器。采样过程中流量稳定，流量范围 $0.1 \sim 0.5L/min$。

② 热解吸装置。能对吸附管进行热解吸、解吸温度、载气流速可调。

③ 气相色谱仪。配备氢火焰离子化检测器。

④ 色谱柱。毛细管柱或填充柱。毛细管柱长 $30 \sim 50m$，内径 0.53mm 或 0.32mm 石英

柱，内涂覆二甲基硅氧烷或其他非极性材料；填充柱长 2m，内径 4mm 不锈钢柱，内填充聚乙二醇 6000～6210 担体（5∶100）固定相。

⑤ 注射器。1μL、10μL、1mL、100mL 等注射器若干。

⑥ 电热恒温箱。可保持 60℃ 恒温（适用于热解吸后手工进样的气相色谱法）。

（3）苯浓度检测的试剂和材料

① 活性炭吸附管。内装 100mg 椰子壳活性炭吸附的玻璃管或内壁光滑的不锈钢管，使用前应通氮气加热活化，活化温度为 300～350℃，活化时间不少于 10min，活化至无杂质峰（对活化的采样管应进行抽样分析，按样品分析条件进行操作，检查本底是否符合要求）。活化后应密封两端，于密封容器中保存（由于活性炭吸附能力极强，应在使用前活化，不宜长期保存）。

② 二硫化碳。分析纯，需经纯化处理（二硫化碳用 5％ 的浓硫酸甲醛溶液反复提取，直至硫酸无色为止，用蒸馏水洗二硫化碳至中性，再用无水硫酸钠干燥，重蒸馏后，储于冰箱中备用）。

③ 标准品。苯标准溶液、标准气体或色谱纯试剂。

④ 纯氮。氮的纯度不应小于 99.999％。

（4）苯浓度检测的操作步骤

① 绘制标准曲线。色谱分析条件，色谱分析条件可以选用以下列出的推荐值：①色谱柱温度，90℃（填充柱）或 60℃（毛细管柱），②检测室温度，150℃，③汽化室温度，150℃，④载气，氮气，50mL/min。

由于色谱分析条件因试验条件不同而有差异，所以应根据实验室的条件制定最佳的分析条件。根据实际情况可以选用热解吸气相色谱法或二硫化碳提取气相色谱法其中的一种。其中热解吸气相色谱法直接进样检测，操作简单、灵敏度高，是一种值得推广的检测方法。

② 热解吸气相色谱法。准确抽取浓度约 1mg/m³ 的标准气体 100mL、200mL、400mL、1L、2L 通过吸附管（苯的标准系列配制方法可以根据实际情况，采用标准气体、标准溶液、色谱纯试剂气化均可）。用热解吸气相色谱法吸附管标准系列，以苯的含量（μg）为横坐标，峰高为纵坐标，绘制标准曲线。

根据所使用的热解吸装置不同，可以分为直接进样气相色谱法和手工进样气相色谱法。

① 直接进样气相色谱法。将吸附管置于解热吸直接进样装置中，以 350℃ 解吸后，解吸气体直接进样阀进入气相色谱仪，进行色谱分析，以保留时间定性、峰高定量。

② 手工进样气相色谱法。将吸附管置于解热吸装置中，与 100mL 的注射器（经 60℃ 预热）相连，用氮气以 50mL/min 的速度于 350℃ 下解吸，解吸体积为 50～100mL，于 60℃ 平衡 30min，取 1mL 平衡后的气体注入气相色谱仪，进行色谱分析，以保留时间定性、峰高定量。

（5）苯浓度检测的数据处理　所采空气样品中苯的浓度，可按式（8-10）进行计算：

$$c = (m - m_0)/V \tag{8-10}$$

式中　c——所采空气样品中苯的浓度，mg/m^3；

$\quad m$——样品管中苯的含量，μg；

$\quad m_0$——未采样管中苯的含量，μg；

$\quad V$——空气采样的体积，L。

空气样品中苯的浓度，应按式（8-11）换算成标准状态下的浓度：

$$c_c = c \times \frac{p_0}{p} \times \frac{T_0 + t}{T_0} \tag{8-11}$$

式中　　c_c——标准状态下所采空气样品中苯的浓度，mg/m³；

　　　　T_0——标准状态下的绝对温度，273K；

　　　　p_0——标准状态下的大气压力，101.3kPa；

　　　　p——采样时采样点的大气压力，kPa；

　　　　t——采样时采样点的温度，℃。

当与苯有相同或基本相同的保留时间的组分干扰测定时，宜通过选择适当的气相色谱柱，或者调节分析系统的条件，将干扰降低到最低程度。

6. TVOCs 的测定

TVOCs 是影响室内空气品质中3种污染（物理污染、化学污染、生物污染）中影响较为严重的一种。TVOCs 是指室温下饱和蒸气压超过了 133.32Pa 的有机物，其沸点在 50℃ 至 250℃，在常温下可以蒸发的形式存在于空气中，它的毒性、刺激性、致癌性和特殊的气味性，会影响皮肤和黏膜，对人体产生急性损害。

TVOCs 的测定应符合《民用建筑工程室内环境污染控制规范》（GB 50325—2010）附录 E "室内空气中总挥发性有机化合物（TVOCs）的检验方法"。或《室内空气质量标准》（GB/T 18883—2002）附录 C "室内空气中总挥发性有机化合物（TVOCs）的检验方法"。

（1）TVOCs 检测的原理　选择合适的吸附剂（Tenax GC 或 Tenax TA），用吸附管采集一定体积的空气样品，空气流中的挥发性有机化合物（VOCs）保留在吸附管中，采样后将吸附管进行加热，解吸挥发性有机化合物，待测样品随惰性载气进入毛细管气相色谱仪，用保留时间定性，峰高或峰面积定量。

（2）TVOCs 检测的仪器　总挥发性有机化合物（TVOCs）检测所用的仪器主要有以下几种。

① 空气采样器。空气采样过程中流量稳定，流量范围为 0.1～0.5L/min。

② 热解吸装置。热解吸装置应能对吸附管进行热解吸，解吸的温度、载气流速可调。

③ 气相色谱仪。气相色谱仪可广泛应用于各种材料、气体、气味、残留、烟包等相关指标的检测。同时配备氢火焰离子化检测器。

④ 色谱柱。色谱柱由柱管、压帽、卡套（密封环）、筛板（滤片）、接头、螺丝等组成。检测 TVOCs 用的色谱柱，长 30～50m，内径 0.32mm 或 0.53mm 石英毛细管柱，内涂覆二甲基聚硅氧烷，膜厚为 1～5μm。

⑤ 注射器。1μL、10μL、1mL、100mL 的注射器若干。

⑥ 电热恒温箱。检测 TVOCs 用的电热恒温箱，应可保持 60℃ 的恒温，并适用于热解吸后手工进样法。

（3）TVOCs 检测的试剂和材料

① Tenax-TA 吸附管。内装 200mg 粒径为 0.18～0.25mm（60～80 目）Tenax-TA 吸附剂的玻璃管或内壁光滑的不锈钢管，使用前应通入氮气加热活化，活化温度应高于解吸温度，活化时间不少于 30min，活化至无杂质峰。（每批活化的吸附管应抽样测定本底，看其是否有明显杂质峰）。吸附管活化后应将两端密封，放在密封的容器中保存。

② 标准溶液。主要是 VOCs（挥发性有机化学物）标准溶液或标准气体（如苯、甲苯、对二甲苯、间二甲苯、邻二甲苯、苯乙烯、乙苯、乙酸丁酯、十一烷）。

③ 氮气。检测 TVOCs 用的氮气，其纯度不小于 99.999%

（4）TVOCs 的检测步骤

① 绘制标准曲线

A. 色谱分析条件。色谱柱温度：程序升温为 $50\sim250℃$，初始温度为 $50℃$，保持 10min 后，以速率为 $5℃/min$ 升温，一直升至 $250℃$，保持 2min。检测室的温度为 $250℃$，汽化室的温度为 $220℃$。

由于色谱分析条件因实验条件不同而有差异，检测室的温度及汽化室的温度，应根据实验室条件而制定。

B. 标准系列选择。标准系列可根据实际情况选用气体外标法或液体外标法。

a. 气体外标法。准确抽取气体组分浓度为 $1mg/m^3$ 的标准气体 100mL、200mL、400mL、1L、2L 通过吸附管，为标准系列。

b. 液体外标法。准确取组分含量为 0.05mg/mL、0.1mg/mL、0.5mg/mL、1.0mg/mL、2.0mg/mL 的标准溶液 $1\sim5\mu L$ 注入吸附管，同时用 100mL/min 的氮气通过吸附管，5min 取下并密封，为标准系列。

C. 分析方法选择。分析方法根据所使用的解热吸装置不同，可分为直接进样和手工进样两种，当发生争议时，以直接进样为准。

a. 直接进样。将吸附管置于热解吸直接进样装置中，$250\sim325℃$ 解吸后，解吸气体直接由进样阀进入气相色谱仪，进行色谱分析，以保留时间定性、峰面积定量。

b. 手工进样。将吸附管置于热解吸装置中，与 100mL 注射器（经 $60℃$ 预热）相连，用氮气以 $50\sim60mL/min$ 的速度于 $250\sim325℃$ 解吸，解吸体积为 $50\sim100mL$，于 $60℃$ 下平衡 30min，取 1mL 平衡后的气体注入气相色谱仪，进行色谱分析，以保留时间定性、峰面积定量。

D. 绘制标准曲线。用热解吸气相色谱法分析吸附管标准系列，以各组分的含量（μg）为横坐标，峰面积为纵坐标，分别绘制标准曲线，并计算回归方程。

② 样品分析。

（5）TVOCs 的数据处理　所采空气样口中各组分的浓度，可按式(8-12)进行计算：

$$c_m=(m_i-m_0)/V \tag{8-12}$$

式中　c_m——所采空气样口中 i 组分的浓度，mg/m^3；

　　m_i——样品管中 i 组分的量，μg；

　　m_0——未采管中 i 组分的量，μg；

　　V——空气采样的体积，L。

空气样口中各组分的浓度，可按式(8-13)换算成标准状态下的浓度：

$$c_i=c_m P_0(t+T_0)/PT_0 \tag{8-13}$$

式中　c_i——标准状态下所采空气样品中 i 组分的浓度，mg/m^3；

　　P_0——标准状态下的大气压力，101.3kPa；

　　t——采样时采样点的温度，℃；

　　T_0——标准状态下绝对温度，273K；

　　P——采样时采样点的大气压力，kPa。

所采空气样品中总挥发性有机化合物（TVOCs）的浓度，可按式(8-14)计算：

$$C_{TVOCs}=\sum c_c \tag{8-14}$$

式中　C_{TVOCs}——标准状态下空气样品中总挥发性有机化合物（TVOCs）的浓度，mg/m^3。

四、室内空气质量结果判定

当室内环境污染物浓度的全部检测结果完全符合《民用建筑工程室内环境污染控制规范》（GB 50325—2010）中的规定时，则可判定该室内环境质量合格，即指各种污染物检测结果及各房间检测点检测值的平均值均全部符合规定，否则不能判定为室内环境质量合格。

当室内环境污染物浓度的检测结果不符合《民用建筑工程室内环境污染控制规范》（GB 50325—2010）中的规定时，应查找原因并采取措施进行处理，处理后并可对不合格项进行再次检测。在再次检测时抽检数量应增加1倍，并应包含同类型房间及原不合格房间。再次检测结果全部符合《民用建筑工程室内环境污染控制规范》（GB 50325—2010）中的规定时，则可判定该室内环境质量合格。

第二节　土壤有害物质检测

土壤中的有害物质很多，有害物质在土壤中的渗透问题已成为当今世界环境领域最重要的课题之一。在建筑环境检测方面，应根据《民用建筑工程室内环境污染控制规范》（GB 50325—2010）中的要求，主要对土壤中氡气的检测。建筑物室内空气中的氡气主要有以下两个来源：一是建筑物所用的水泥、砂石和砂等无机建筑材料；二是地下土壤。由此可见，对土壤中氡气的检测是保障公众健康、建造绿色建筑的要求，也是建筑检测中不可缺少的组成部分。

根据《民用建筑工程室内环境污染控制规范》（GB 50325—2010）中的要求，新建、扩建的民用建筑工程在设计前，应进行建筑工程场地土壤中氡气浓度或土壤氡析出率的测定。我国南方部分地区地下水位线（特别是多雨季节），很难进行土壤中氡气浓度的测定，有些地方的土壤层很薄，或基层全部为岩石，也很难进行土壤中氡气浓度的测定。在这种情况下可以进行氡析出率的测定。

一、土壤中氡气的检测依据

在现行国家标准《民用建筑工程室内环境污染控制规范》（GB 50325—2010）中，对土壤中氡气的检测有具体规定，在检测过程中应严格执行。

二、土壤中氡气浓度的测定

在《民用建筑工程室内环境污染控制规范》（GB 50325—2010）中，对土壤中氡气浓度的测定有如下具体规定。

（1）土壤中氡气的浓度可以采用电离室法、静电收集法、闪烁瓶法、金硅面垒型探测器等方法进行测量。

（2）测量土壤中氡气浓度所用的测试仪器性能指标应满足以下方面：①工作温度应当在 $-10 \sim +40℃$ 之间；②相对湿度不应大于90%；③不确定度不应大于20%；④探测下限不应大于 $400Bq/m^3$。

（3）土壤中氡气浓度测量区域范围应与工程地质的勘察范围相同。

（4）在工程地质勘察范围内布点时，应以间距10m作网格，各网格点即为测试点，当遇到较大石块时，测点可以偏离 $\pm 2m$，但布点数不应少于16个。布点位置应覆盖建筑物基础工程范围。

（5）在每个检测点，应采用专用钢钎进行打孔。孔的直径宜为 $20 \sim 40mm$，孔的深度宜为 $500 \sim 800mm$。

（6）在成孔后，应使用头部有气孔的特制的取样器，插入打好的孔中，取样器在靠近地表处应进行密闭，避免大气渗入孔中，然后进行抽气，宜根据抽气阻力大小抽气 $3 \sim 5$ 次。

（7）所采集土壤间隙中的空气样品，宜采用电离室法、静电收集法、闪烁瓶法、金硅面垒型探测器等方法测定现场土壤氡浓度。

（8）取样测试的时间宜在 8:00～18:00 之间，现场取样测试工作不应在雨天进行，如果遇到雨天，应在雨后 24h 后进行。

（9）现场测试应有记录，记录内容应包括测试布设图、成孔点土壤类别、现场地表状况描述，测试前 24h 以内工程地点的气象状况等。

（10）地表土壤氡浓度测试报告的内容应包括取样测试过程描述、测试方法、土壤氡浓度测试结果等。

三、土壤表面氡析出率测定

在《民用建筑工程室内环境污染控制规范》（GB 50325—2010）中，对土壤表面氡析出率测定有如下具体规定。

（1）土壤表面氡析出率测量所需仪器设备应包括取样设备、测量设备。取样设备的形状应为盆状，按其工作原理不同分为被动收集型和主动抽气采集型两种。

土壤表面氡析出率的现场测量设备应满足以下工作条件要求：①工作温度应当在 -10～$+40$℃之间；②相对湿度不应大于 90%；③不确定度不应大于 20%；④探测下限不应大于 $0.01Bq/(m^3 \cdot s)$。

（2）土壤表面氡析出率的现场测量步骤应符合下列规定。

① 按照"二、土壤中氡气浓度的测定"的要求，首先在建筑场地按 20mm×20mm 网格布点，网格点交叉处进行土壤表面氡析出率测量。

② 在进行测量时，需清扫采样点地面，去除腐殖质、杂质及石块，把取样器扣在平整后的地面上，并用泥土对取样器周围进行密封，防止产生漏气影响检测精度。准备就绪后，开始测量并开始计时。

（3）土壤表面氡析出率的现场测量过程中，应注意控制以下几个环节。

① 当使用聚集罩时，罩口与介质表面的接缝处应当进行封堵，避免罩内的氡气向外扩散。一般情况下，可以在罩沿周边培一圈泥土，即可满足密封的要求。对于从罩内抽取空气测量的仪器类型，必须更加注意。

② 被测介质的表面应当平整，保证各个测量点过程中罩内空间的体积不出现明显变化。

③ 测量的聚集时间等参数应与仪器测量灵敏度相适应，以保证足够的测量准确度。

④ 土壤表面氡析出率的现场测量应在无风或微风条件下进行。

（4）被测地面的氡析出率 R，可按式（8-15）进行计算：

$$R = N_t V / ST \tag{8-15}$$

式中　R——土壤表面氡析出率，$Bq/(m^3 \cdot s)$；

　　　N_t——t 时刻测得的罩内氡浓度，Bq/m^3；

　　　V——聚集罩所罩住的罩内容积，m^3；

　　　S——聚集罩所罩住的介质表面的面积，m^2；

　　　T——测量所经历的时间，s。

四、城市区域性土壤氡水平检查方法

1. 城市区域性土壤氡水平检查测点布置

城市区域性土壤氡水平检查测点布置，应当符合下列规定。

（1）在城市区域应按 2km×2km 网格布置测点，部分中小型城市可按 1km×1km 网格布置测点。因地形、建筑等原因测点位置需要偏移时，偏移距离最好不超过 200m。

（2）城市区域性土壤氡水平检查测点，一般应在 100 个左右。

（3）应尽量使用（1：5000）～（1：10000）（或更大比例尺）地形（地质）图和全球卫星定位仪（GPS），确定测点位置并在图上标注。

2. 城市区域性土壤氡水平调查方法

城市区域性土壤氡水平的调查方法应满足下列要求。

（1）测量准备　在进行调查前应制订方案，准备好测量仪器和其他工具。测量仪器在使用前应进行标定，如使用两台或两台以上仪器进行调查，最好所用仪器同时进行标定，以保证仪器量值的一致性。

（2）测点定位　调查测点应用全球卫星定位仪（GPS）定位，同时应对测点的地理位置进行简要描述。

（3）测量深度　城市区域性土壤氡水平的调查，其打孔深度统一定为 500～800mm，孔径为 20～40mm。

（4）测量次数　城市区域性土壤氡水平的调查，每一测点应重复测量 3 次，以算术平均值作为该点氡浓度；或者每一测点在 $3m^2$ 的范围内打 3 个孔，每孔测 1 次，并求 3 个孔的平均值。

（5）其他测量要求　如天气和测量过程中需要记录的事项，应按《民用建筑工程室内环境污染控制规范》（GB 50325—2010）中附录 E.1 的规定执行。

3. 城市区域性土壤氡水平调查质量

城市区域性土壤氡水平调查质量应符合下列规定。

（1）城市区域性土壤氡水平所用的仪器，在使用前应按仪器说明书检查仪器的稳定性（如测量标准 α 源、电路自检等方法）。

（2）使用 2 台或 2 台以上仪器工作时，应认真核对仪器的一致性，一般 2 台仪器测量结果的相对标准偏差应小于 25%。

应挑选 10% 左右测点进行复查测量，复查测量结果应一并反映在测量原始数据表中。

4. 城市区域性土壤氡水平调查内容

（1）城市地质概况、放射性本底概况、土壤概况。

（2）测点布置说明及测点布置图。

（3）所用测量仪器种类、性能、精度和使用方法等介绍。

（4）测量过程描述。

（5）测量结果主要包括原始数据、平均值、标准偏差等如有可能绘制城市土壤浓度等值线图。

（6）测量结果的质量评价主要包括仪器的日常稳定性检查、仪器的标定和比对工作、仪器的质量监控图制作。

五、城市区域性土壤氡水平结果判定

（1）当民用建筑工程地点土壤中氡气浓度不大于 $20000Bq/m^3$ 或氡气析出率不大于 $0.05Bq/(m^2 \cdot s)$ 时，工程设计可以不采取防氡工程措施。

（2）当民用建筑工程地点土壤中氡气浓度大于 $20000Bq/m^3$ 但小于 $30000Bq/m^3$ 时，或氡气析出率大于 0.05Bq/（m²·s）但小于 0.1Bq/（m²·s）时，工程设计应采取建筑物底层地面抗开裂措施。

（3）当民用建筑工程地点土壤中氡气浓度大于 30000Bq/m³ 但小于 50000Bq/m³ 时，或氡气析出率大于 0.1Bq/（m²·s）但小于 0.3Bq/（m²·s）时，工程设计除采取建筑物底层地面抗开裂措施外，还必须按现行国家标准《地下工程防水技术规范》（GB 50108—2008）中的一级防水要求，对基础进行处理。

（4）当民用建筑工程地点土壤中氡气浓度不小于 50000Bq/m³ 或氡气析出率不小于 0.3Bq/（m²·s）时，工程设计中除采取以上防氡处理措施外，必要时还应参照现行国家标准《新建低层住宅建筑设计与施工中氡控制导则》（GB/T 17785—1999）的有关规定，采取综合建筑构造措施。

（5）若 I 类民用建筑工程地点土壤中氡气浓度不小于 50000Bq/m³ 或氡气析出率不小于 0.3Bq/（m²·s）时，应进行建筑工程场地土壤中放射性核素镭（Ra）-226、钍（Th）-232、钾（K）-40 的比活度测定。当内照射指数 I_{Ra} 大于 1.0 或外照射指数 I_r 大于 1.3 时，建筑工程场地土壤不得作为工程回填土使用。

第三节　人造木板质量检测

人造木板系指用多层微薄单板或用木纤维、刨花、木屑、木丝等松散材料以胶黏剂热压成型的板材。在建筑上常用的人造板材有胶合板、硬质纤维板、刨花板、木丝板、木屑板、细木工板、改性木材等。

胶合板又称层压板，它是用原木沿着年轮用旋刀机切成大张薄片，经过干燥处理后，再用胶黏剂按奇数层数，以各层纤维互相垂直的方向，黏合热压而制成的人造板材。

纤维板是以植物纤维为主要原料制成的一种人造板材，即将树皮、刨花、树枝、稻草、麦秸、玉米秆、竹材等废料，经过破碎、浸泡、研磨成木浆，再加入胶黏剂或利用木材本身的胶黏物质，再经过热压成型、干燥处理而制成的人造板材。

刨花板、木丝板、木屑板是利用木材加工中产生的大量刨花、木丝、木屑、短小废料等为原料，经过干燥筛选后与胶料及辅料搅拌均匀，加压成型，再经热处理而制成的一种人造板材。

细木工板是综合利用木材而制成的人造板材。其芯板是用木板条拼接而成，两个表面为胶黏木质单板的实心板材。

从以上各种人造木板可以看出，在制造的过程中都不可避免地使用各种胶黏剂，我国最常用的是酚醛树脂和脲醛树脂，这两种胶黏剂均含有一定量的游离甲醛，室内装修使用这类人造木板后，会将游离甲醛释放在室内，对室内空气造成污染，对人体健康造成危害。

现行国家标准《民用建筑工程室内环境污染控制规范》（GB 50325—2010）第 3.2.1 条规定："民用建筑工程室内用人造木板及饰面人造木板，必须测定游离甲醛含量或游离甲醛释放量。"并对人造木板及饰面人造木板的甲醛含量及测试提出具体标准。目前，我国人造木板的检测方法主要有干燥器法、穿孔法、环境测试舱法和气候箱法等。

一、人造木板检测的基本规定

在现行国家标准《民用建筑工程室内环境污染控制规范》（GB 50325—2010）中对人造木板的检测提出以下基本规定。

（1）民用建筑工程室内建筑装饰所用的人造木板及饰面人造木板，必须测定游离甲醛含量或游离甲醛释放量。

（2）当采用环境测试舱法测定游离甲醛释放量，并依此对人造木板进行分级时，其限量应符合现行国家标准《室内装饰装修材料人造板及其制品中甲醛释放限量》（GB 18580—2001）中的规定，即 $E_1 \leqslant 0.12 \text{mg/m}^3$。

（3）当采用穿孔法测定游离甲醛释放量，并依此对人造木板进行分级时，其限量应符合现行国家标准《室内装饰装修材料人造板及其制品中甲醛释放限量》（GB 18580—2001）中的规定。

（4）当采用干燥器法测定游离甲醛释放量，并依此对人造木板进行分级时，其限量应符合现行国家标准《室内装饰装修材料人造板及其制品中甲醛释放限量》（GB 18580—2001）中的规定。

（5）饰面人造木板可采用环境测试舱法或干燥器法测定游离甲醛释放量，当发生争议时应以环境测试舱法的测定结果为准；胶合板、细木工板宜采用干燥器法测定游离甲醛释放量；刨花板、纤维板等宜采用穿孔法测定游离甲醛含量。

（6）采用环境测试舱法测定游离甲醛释放量，宜按现行国家标准《民用建筑工程室内环境污染控制规范》（GB 50325—2010）附录 B 中有关规定进行。

（7）当采用穿孔法及干燥器法进行检测时，应符合现行国家标准《室内装饰装修材料人造板及其制品中甲醛释放限量》（GB 18580—2001）中的规定。

二、人造木板检测的主要依据

（一）人造木板检测的主要依据

人造木板检测的主要依据有《民用建筑工程室内环境污染控制规范》（GB 50325—2010）、《室内装饰装修材料人造板及其制品中甲醛释放限量》（GB 18580—2001）、《人造板及饰面人造板理化性能试验方法》（GB/T 17657—1999）等。

（二）人造木板检测的标准限值

人造木板及其制品中甲醛释放量的试验方法及限值如表 8-6 所列。

表 8-6　人造木板及其制品中甲醛释放量试验方法及限量

产品名称	试验方法	限量值	使用范围	限量标志
中密度纤维板；高密度纤维板；刨花板；定向刨花板等	穿孔法	≤9mg/100g	可直接用于室内	E_1
		≤30mg/100g	必须饰面处理后可允许用于室内	E_2
胶合板；细木工板；装饰单板贴面胶合板等	干燥器法	≤1.50mg/L	可直接用于室内	E_1
		≤5.00 mg/L	必须饰面处理后可允许用于室内	E_2
饰面人造木板（包括浸渍纸层压木质地板、实木复合地板、竹地板、浸渍胶膜纸饰面人造板）等	气候箱法	≤0.12mg/m³	可直接用于室内	E_1
	干燥器法	≤1.50mg/L		

注：1. 仲裁时宜采用气候箱法。

2. E_1 为可直接用于室内的人造木板，E_2 为必须饰面处理后允许用于室内的人造木板。

（三）取样及判定规则

按《室内装饰装修材料人造板及其制品中甲醛释放限量》（GB 18580—2001）中的要

求，在同一地点、同一类别、同一规格的人造板及其制品中随机抽取 3 份，并用不会释放和不含甲醛的包装材料将样品密封待测。

在随机抽取的 3 份样品中，任取一份进行检测，如果检测结果符合标准规定的要求，则判为该人造木板合格；如果检测结果不符合标准规定的要求，则对另外两份样品再进行检测，两份样品检测结果均符合标准规定的要求，则判为该人造木板合格，否则判定为不合格。

(四) 检测的标准要求

一张人造木板的甲醛释放值，是指同一张人造木板内两个试样甲醛释放量的算术平均值，干燥器法和穿孔法测定结果精确至 0.1mg，气候箱法测定结果精确至 0.01mg。

三、溶液配制及标准曲线绘制

(一) 溶液配制所用的试剂

(1) 优级纯试剂　人造木板检测所用的优级纯试剂有重铬酸钾、乙酰丙酮、乙酸铵等。

(2) 分析纯试剂　人造木板检测所用的分析纯试剂有碘化钾、硫代硫酸钠、氢氧化钠、碘化汞、硫酸、盐酸、无水碳酸钠、氢氧化钠、碘、可溶性淀粉、甲醛等。

(二) 溶液的配制步骤

(1) 硫酸 (1mol/L)　量取 54mL 浓硫酸在搅拌下缓缓倒入适量的水中、搅拌均匀，冷却后放置在 1L 容量瓶中，加蒸馏水至刻度，并将其摇均匀。

(2) 氢氧化钠 (1mol/L)　称取 40g 氢氧化钠溶于 600mL 新煮沸并冷却的蒸馏水中，然后定容至 1000mL，储存于小口塑料瓶中。

(3) 淀粉指示剂 (0.5%)　称取 0.5g 淀粉，加入 10mL 的蒸馏水中，搅拌下注入 100mL 沸水，再微沸 2min，放置待用。一般应在使用前配制。

(4) 硫代硫酸钠标准溶液 (0.1mol/L)

1) 配制。称取 26g 硫代硫酸钠放于 500mL 的烧杯中，加入新煮沸并冷却的蒸馏水中至完全溶解后，加入 0.05g 无水碳酸钠 (防止分解) 及 0.01g 碘化汞 (防止发霉)，然后再用新煮沸并冷却的蒸馏水定容至 1000mL，盛于棕色细口的瓶中并摇均匀，放置 8~10d 后再标定。

2) 标定。称取 0.10~0.15g 在 120℃下烘干至恒重的重铬酸钾 m，精确至 0.0001g，然后置于 500mL 碘价瓶中，加入 25mL 蒸馏水，摇动使重铬酸钾溶解，再加 2g 碘化钾及 5mL 浓盐酸，立即盖上瓶塞，密封瓶口，摇匀后在暗处放置 10min，再加蒸馏水 150mL，用待标定的硫代硫酸钠滴定至草绿色，加淀粉指示剂 3mL，继续滴定至突变为亮绿色为止，并记下硫代硫酸钠用量 V (mL)。

3) 计算。硫代硫酸钠标准溶液的浓度可按式(8-16)进行计算：

$$c(Na_2S_2O_3) = m/0.04904V \qquad (8-16)$$

式中　c——硫代硫酸钠标准溶液的浓度，mol/L；

　　　m——重铬酸钾的质量，g；

　　　V——硫代硫酸钠用量，mL。

(5) 碘标准溶液 $[c(1/2I_2) = 0.1mol/L]$　称取碘 13.00h 和碘化钾 30.00g，同时置于洗净的玻璃研钵中，加少量蒸馏水磨至碘完全溶解。也可以将碘化钾溶于少量的蒸馏水中，然后在不断搅拌下加入碘，使其完全溶解后转入至 1L 的棕色容量瓶中，稀释至刻度并摇匀，贮存于暗处。

（6）乙酰丙酮溶液（体积百分浓度 0.4％）　称取 4.00g 乙酰丙酮置于 1L 的棕色容量瓶中，稀释至刻度并摇匀，储存于暗处。

（7）乙酸铵溶液（质量百分浓度 20％）　称取 200.00g 乙酸铵，加蒸馏水溶解后转入至 1L 的棕色容量瓶中，定容后存于暗处。

（三）标准曲线的绘制

（1）甲醛溶液的标定　把 2.8mL 的甲醛溶液（浓度 35％～40％）移至 1000mL 容量瓶中，并用蒸馏水稀释至刻度。甲醛标准溶液用下述方法标定。

移取 20mL 甲醛溶液与 25mL 碘标准溶液（0.1mol/L）、10mL 氢氧化钠标准溶液（1mol/L）于 250mL 带塞的三角烧瓶中混合。于暗处放置 15min 后，加 1mol/L 硫酸溶液 15mL，多余的碘用 0.1mol/L 硫代硫酸钠溶液滴定，近终点时加几滴 0.5％淀粉指示剂，继续滴定到溶液呈无色为止，同时用 20mL 蒸馏水做空白试验。

甲醛溶液浓度按式(8-17)计算：

$$C_1 = (V_0 - V) \times 15 \times C_2 \times 1000/20 \tag{8-17}$$

式中　C_1——甲醛溶液的浓度，mg/L；

　　　V_0——滴定空白液所用的硫代硫酸钠标准溶液的体积，mL；

　　　V——滴定甲醛溶液所用的硫代硫酸钠标准溶液的体积，mL；

　　　C_2——硫代硫酸钠标准溶液的浓度，mol/L。

（2）甲醛校定溶液　按标定确定的甲醛溶液浓度，计算含有 15mg 甲醛的甲醛溶液体积，用移液管移取该体积数到 1000mL 容量瓶中，用蒸馏水稀释至刻度。则该溶液甲醛含量为 15μg/mL。

（3）标准曲线的绘制　把 0mL、5mL、10mL、20mL、50mL 和 100mL 的甲醛校定溶液分别移加到 100mL 容量瓶中，并用蒸馏水稀释至刻度。以上为标准系列溶液。

分别量取 10mL 乙酰丙酮（体积百分浓度为 0.4％）和 10mL 乙酸铵溶液（质量百分浓度为 20％）于 50mL 带塞三角烧瓶中，然后分别从容量瓶中准确吸取 10mL 标准溶液到烧瓶中。塞上瓶塞并摇均匀，再放到 40℃±2℃ 的恒温水浴锅中加热 15min，然后把这黄绿色的溶液静置暗处，冷却至室温 18～28℃，约 1h。在分光光度计上 412nm 处，以蒸馏水作为参比溶液，调零后，用厚度为 0.5cm 的比色皿测定吸收液的吸光度 A_s，同时用蒸馏水代替吸收液作空白试验，确定空白值 A_b。

以甲醛浓度为纵坐标，吸光度为横坐标绘制标准曲线，计算斜率 f，保留 4 位有效数字。对曲线斜率每月校正 1 次，新配制的乙酰丙酮、乙酸铵溶液时必须校正。

甲醛溶液也可购买标准品，这样可以减少标定的步骤。

四、人造木板的各种试验方法

（一）人造木板检测的干燥器法

（1）干燥器法的原理　干燥器法为国际流行胶合板、细木工板、饰面人造板甲醛释放量检测方法，也是人造板及人造板制品甲醛释放限量国家强制标准规定专用方法。干燥器法甲醛释放量测定分为以下两个步骤。第一步收集甲醛。在干燥器底部放置盛有蒸馏水的结晶皿，在其上方固定的金属支架上放置试样，释放出的甲醛被蒸馏水吸收，作为试样溶液。第二步测定甲醛浓度。用分光光度计测定试样溶液的吸光度，由预先绘制的标准曲线求得甲醛的浓度。

（2）干燥器法的仪器设备　人造木板检测的干燥器法，主要用以下仪器设备：①干燥器；②金属支架；③分光光度计；④恒温箱（温度范围 $0\sim60℃$，恒温灵敏度 $1℃$）；⑤分析天平（感量为 $0.1mg$）；⑥水浴锅。

（3）干燥器法的样品制备　将木板样品边缘 $50mm$ 的试件截去，然后按长 $l=150mm\pm2mm$，宽 $b=50mm\pm1mm$ 的尺寸截取，四周用不含甲醛的铝胶带密封，放在清洁、干燥的地方待测。

（4）甲醛的收集　把直径为 $240mm$（容积为 $9\sim11L$）的干燥器底部放置直径为 $120mm$、高度为 $60mm$ 的结晶皿，在结晶皿内加入 $300mL$ 蒸馏水。在干燥器上半部分放置金属支架，在金属支架上固定试件，试件之间互不接触，测定装置在 $(20\pm2)℃$ 下放置 $24h$，蒸馏水吸收从试件中释放的甲醛，此溶液则为待测溶液。

（5）甲醛浓度的测定　按标准曲线绘制中所述要求测定溶液吸光度。

（6）甲醛释放量可按式(8-18)进行计算，精确至 $0.1mg/mL$。

$$c=f\ (A_s-A_b) \tag{8-18}$$

式中　c——甲醛的浓度，mg/mL；

f——标准曲线的斜率，mg/mL；

A_s——待测液的吸光度；

A_b——蒸馏水的吸光度。

（7）饰面人造板甲醛的测定

① 样品的制备。将样品边缘 $50mm$ 的试件截去，截取被测表面积 $450cm^2$ 的试件，四周用不含甲醛的铝胶带密封，密封于乙烯树脂袋中，放置在温度为 $20℃\pm2℃$ 的恒温箱中至少 $1d$。

② 甲醛的收集。在容积 $40L$ 的干燥器底部放置吸收容器，在吸收容器内加入 $20mL$ 蒸馏水。试件放置于吸收容器上面，测定装置 $20℃\pm2℃$ 下放置 $24h$，蒸馏水吸收从试件中释放的甲醛，此溶液为待测溶液。

③ 甲醛浓度测量方法及计算。饰面人造板甲醛的测量方法及计算，可按前面干燥器法所述要求进行测定和计算。

（二）穿孔法

穿孔法是测定人造板材中游离甲醛含量的传统方法，其操作比较简单，测定时间较短，特别适用于试件的快速测定。

（1）穿孔法的原理　穿孔法甲醛释放量测定分为以下两个步骤。第一步穿孔萃取把游离甲醛从板材中全部分离出来。首先将地板试件与甲苯溶剂共热，使试件中的甲醛逸出，溶于甲苯中，溶有甲醛的甲苯通过穿孔板与水进行液-液萃取，即将甲苯中的甲醛转溶于水中。第二步测定甲醛水溶液的浓度。在乙酰丙酮和乙酸铵的混合溶液中，甲醛与乙酰丙酮反应生成二乙酰基二氢卢剔啶，在波长 $412nm$ 处，它的吸光度最大。

（2）穿孔法的仪器设备　人造木板检测的穿孔法，主要用以下仪器设备：①穿孔萃取仪；②分光光度计；③恒温箱（温度范围 $40\sim200℃$）；④分析天平（感量为 $0.1mg$）；⑤水浴锅。

（3）穿孔法的样品制备　将样品边缘 $50mm$ 的试件截去，然后按长 $l=100mm\pm1mm$，宽 $b=100mm\pm1mm$ 的尺寸截取两份试件，每份试件的质量为 $50.00g$（m_0），用来测定含

水率 H。再截取 $l=20mm$，宽 $b=20mm$ 的试件（M_0）$105\sim110g$，精确至 $0.01g$，测定甲醛的含量。

（4）含水率测定　称取试样（m_0）$50g$ 在温度 $103℃\pm2℃$ 的条件下烘干至恒重，放置在干燥器内进行冷却，然后再将其称量（m_1），精确至 $0.01g$，则试件含水率 H 可按式（8-19）进行计算：

$$H=(m_0-m_1)/m_1\times100\%\tag{8-19}$$

（5）甲醛的测定

① 仪器校验。将穿孔萃取仪按要求安装好。采用套式恒温器加热烧瓶，将 $500mL$ 甲苯加入 $1000mL$ 具有标准磨口的圆底烧瓶中，另外将 $100mL$ 甲苯及 $1000mL$ 蒸馏水加入萃取管内，然后开始蒸馏。调节加热器，使回流速度保持 $30min$，回流时萃取管中的温度不得超过 $40℃$，否则采取降温措施，以保证甲醛在水中的溶解。

② 萃取操作。关上萃取管底部的活塞，加入大约 $1L$ 的蒸馏水，同时加入 $100mL$ 蒸馏水于有液封装置的三角烧瓶中。将 $600mL$ 甲醛倒入圆底烧瓶中，并加入 $105\sim110g$ 试件，精确至 $0.01g$（M_0），安装完成后，打开冷却水，开始进行加热，使甲苯沸腾开始回流，记下第一滴甲苯冷却下来的准确时间，继续回流 $2h$，保持 $30mL/min$ 的回流速度，这样一方面可以液封三角烧瓶中的水虹吸回到萃取管中，另一方面使穿孔器中的甲苯液柱保持一定的高度，使冷凝下来的带有甲醛的甲苯从穿孔器底部穿孔而出并溶于水中。萃取过程大约持续 $2h$。

开启萃取管底部的活塞，将甲醛吸收液全部转移至 $2000mL$ 容器瓶中，再加入两份 $200mL$ 蒸馏水到三角烧瓶中，并让它虹吸回到萃取管中，合并转移至 $2000mL$ 容器瓶中，稀释至刻度，定容后摇均匀，将此溶液置放待测。

③ 吸光度测定。穿孔法的吸光度测定与干燥法相同，即用分光光度计测定试样溶液的吸光度。

④ 甲醛释放量计算。甲醛释放量可按式（8-20）进行计算：

$$E=fV(A_s-A_b)(100+H)/M_0\tag{8-20}$$

式中　E——每 $100g$ 试件释放甲醛的毫克数，$mg/100g$；

f——标准曲线的斜率，mg/mL；

V——容量瓶的体积，$2000mL$；

A_s——萃取液的吸光度；

A_b——蒸馏水的吸光度；

H——试件的含水率，%；

M_0——用与萃取试件的试件质量，g。

注意在向萃取管内加水时，萃取管中水的液面距虹吸管保持 $10mm$ 高度，以防止水被虹吸到烧瓶中。

（三）气候箱法

（1）气候箱法的原理　气候箱法是指将 $1m^2$ 表面积的样品放入温度、相对湿度、空气流速和空气置换率控制在一定值的气候箱内。甲醛从样品中释放出来，与箱内空气混合，定期抽取箱内空气，将抽出的空气通过盛有蒸馏水的吸收瓶，空气中的甲醛全部溶入水中；测定吸收液中的甲醛量及抽取的空气体积，计算出每立方米空气中的甲醛量。抽气是周期性的，直到气候箱内空气中甲醛浓度达到稳定状态为止。

（2）气候箱法的仪器设备　人造木板检测的气候箱法，主要用以下仪器设备：①气候箱；②分光光度计；③分析天平（感量为 $0.1mg$）；④水浴锅。

（3）气候箱法的样品制备　将样品边缘 50mm 的试样截去，然后按承载率 $1.0\pm0.2m^2/m^3$ 的比例截取试样，四周用不含甲醛的铝胶带密封，放在适宜的地方待测。

（4）气候箱法的试验程序

① 试验过程中气候箱内应保持下列条件：温度 $23℃\pm0.5℃$；相对湿度 $(45\pm3)\%$；承载率 $1.0m^2/m^3\pm0.2m^2/m^3$；空气置换率 (1.0 ± 0.05) h^{-1}；试样表面空气流速 $0.1\sim0.3m/s$。

② 试样检测及终值判断。试样在气候箱的中心垂直放置，表面与空气的流动方向平行。气候箱检测持续时间至少为 10d，第 7 天开始进行测定。甲醛释放量的测定每天 1 次，直至达到稳定状态。当测试次数超过 4 次，最后 2 次测定结果的差异小于 5% 时，即认为达到稳定状态。最后 2 次测定结果的平均值即为最终测定值。如果在 28d 内仍未达到稳定状态，则将第 28 天的测定值作为稳定状态时的甲醛释放量测定值。

③ 甲醛采集及测定。空气取样和分析时，先将空气抽样系统与气候箱的空气出口相连接。两个吸收瓶（100mL）中各加入 25mL 蒸馏水吸收气体中的甲醛，开动抽气泵，抽气速率控制在 2L/min 左右，每次至少抽取 100L 空气。

将两个吸收瓶中的吸收液各取 10mL，分别移入 50mL 有塞的三角烧瓶中，再加入 10mL 乙酰丙酮（体积百分浓度 0.4%）和 10mL 乙酸铵（质量百分浓度 20%）溶液，摇均匀后堵上塞子，放在 40℃ 的水浴中加热 15min，再将溶液放在暗处冷至室温，一般需要 1h 左右，用分光光度计在 412nm 处测定吸光度，同时进行空白试验。根据甲醛的浓度计算出 100L 空气中甲醛含量，得出气候箱内空气中甲醛的浓度，以 mg/m^3 表示。

第四节　胶黏剂的质量检测

能将两种或两种以上同质或异质的制件（或材料）连接在一起，固化后具有足够强度的有机或无机的、天然或合成的一类物质，统称为胶黏剂。胶黏剂主要由胶结基料、填料、溶剂（或水）及各种配套助剂组成。

胶黏剂大概有 20 多个大类，在建筑装饰工程中常用的有环氧树脂胶黏剂、聚氨酯胶黏剂、酚醛树脂胶黏剂、脲醛树脂胶黏剂、丙烯酸酯胶黏剂和有机硅胶黏剂等。

由于胶黏剂使用面积比较大，使用后往往被其他材料覆盖，有害物质散发时间长，不能通过简单快速的方式排出，对室内环境污染严重，对居住者的健康构成危害。因此，胶黏剂对室内环境空气的污染危害比涂料严重。

在现行国家标准《民用建筑工程室内环境污染控制规范》（GB 50325—2010）中，对胶黏剂中挥发性有机化合物（VOCs）和游离甲醛等有害物质的含量均提出了严格限值，在检测中应严格执行。

一、胶黏剂检测的依据

胶黏剂检测的主要依据有《民用建筑工程室内环境污染控制规范》（GB 50325—2010）、《室内装饰装修材料 胶黏剂中有害物质限量》（GB 18583—2008）、《化学试剂 水分测定通用方法 卡尔·费休法》（GB/T 606—2003）、《胶黏剂不挥发物含量的测定》（GB/T 2793—1995）和《液态胶黏剂密度的测定 重量杯法》（GB/T 13354—1992）。

二、胶黏剂的控制标准

在《民用建筑工程室内环境污染控制规范》（GB 50325—2010）和《室内装饰装修材料

胶黏剂中有害物质限量》（GB 18583—2008）中，对胶黏剂中的挥发性有机化合物（VOCs）和游离甲醛的含量均提出具体控制标准。

(一)《民用建筑工程室内环境污染控制规范》 中的控制标准

（1）民用建筑工程室内用水性胶黏剂时，应测定挥发性有机化合物（VOCs）和游离甲醛的含量，其限量应符合表 8-7 中的规定。

表 8-7　室内用水性胶黏剂中 VOCs 和游离甲醛的限量

测定项目	限量			
	聚乙酸乙烯酯胶黏剂	橡胶类胶黏剂	聚氨酯类胶黏剂	其他种类胶黏剂
挥发性有机化合物(VOCs)/(g/L)	≤110	≤250	≤100	≤350
游离甲醛/(g/kg)	≤1.0	≤1.0	—	≤1.0

（2）民用建筑工程室内用溶剂型胶黏剂时，应测定挥发性有机化合物（VOCs）、苯、甲苯＋二甲苯的含量，其限量应符合表 8-8 中的规定。

表 8-8　室内用水性胶黏剂中 VOCs 和苯、甲苯＋二甲苯的限量

测定项目	限量			
	氯丁橡胶胶黏剂	SBS 胶黏剂	聚氨酯类胶黏剂	其他种类胶黏剂
挥发性有机化合物(VOCs)/(g/L)	≤700	≤650	≤700	≤700
甲苯＋二甲苯/(g/kg)	≤200	≤150	≤150	≤150
苯/(g/kg)	≤5.0			

（3）聚氨酯胶黏剂应测定甲苯二异氰酸酯（TDI）的含量，按产品推荐的最小稀释量计算出聚氨酯漆中游离甲苯二异氰酸酯（TDI）的含量，且不应大于 4g/kg。其测定方法宜符合国家标准《室内装饰装修材料　胶黏剂中有害物质限量》（GB 18583—2008）附录 D 的规定。

（4）水性缩甲醛胶黏剂中游离甲醛、挥发性有机化合物（VOCs）含量的测定方法，宜符合现行国家标准《室内装饰装修材料　胶黏剂中有害物质限量》（GB 18583—2008）附录 A 和附录 F 的规定。

（5）溶剂型胶黏剂中挥发性有机化合物（VOCs）、苯、甲苯＋二甲苯的含量测定方法，宜符合现行国家标准《民用建筑工程室内环境污染控制规范》（GB 50325—2010）附录 C 的规定。

(二)《室内装饰装修材料　胶黏剂中有害物质限量》 中的控制标准

（1）溶剂型胶黏剂中的有害物质限量应符合表 8-9 中的规定。

表 8-9　溶剂型胶黏剂中有害物质限量值

测定项目	限量			
	氯丁橡胶胶黏剂	SBS 胶黏剂	聚氨酯类胶黏剂	其他种类胶黏剂
挥发性有机化合物(VOCs)/(g/L)	≤700	≤650	≤700	≤700
甲苯＋二甲苯/(g/kg)	≤200	≤150	≤150	≤150
苯	≤5.0			
甲苯二异氰酸酯/(g/kg)	—	—	≤10	—
二氯甲烷/(g/kg)		≤50		
1,2-二氯乙烷/(g/kg)	总量≤5.0		—	≤50
1.1.2-三氯甲烷/(g/kg)		总量≤5.0		
三氯乙烯/(g/kg)				
游离甲醛/(g/kg)	≤0.50	≤0.50	—	—

注：如产品规定了稀释比例或产品有双组分或多组分组成时，应分别测定稀释剂和各组分中的含量，再按产品规定的配比计算混合后的总量。如稀释剂的使用量为某一范围时应按照推荐的最大稀释量进行计算。

（2）水基型胶黏剂中的有害物质限量应符合表 8-10 中的规定。

表 8-10　水基型胶黏剂中有害物质限量值

测定项目	限量				
	缩甲醛类胶黏剂	聚乙酸乙烯酯胶黏剂	橡胶类胶黏剂	聚氨酯类胶黏剂	其他胶黏剂
游离甲醛/(g/kg)	≤1.0	≤1.0	≤1.0	—	≤1.0
苯/(g/kg)	≤0.20				
甲苯＋二甲苯/(g/kg)	≤10				
总挥发性有机物/(g/L)	≤350	≤110	≤250	≤100	≤350

（3）本体型胶黏剂中的有害物质限量应符合表 8-11 中的规定。

表 8-11　本体型胶黏剂中的有害物质限量

测定项目	限量
总挥发性有机物/(g/L)	≤100

三、胶黏剂的试验方法

（一）胶黏剂的取样

胶黏剂的取样是在同一批产品中随机抽取 3 份样品，每份不小于 0.5kg，1 份用于检测，另 2 份保存待用。

（二）游离甲醛的试验方法

1. 游离甲醛的检验原理

水基型的胶黏剂用水溶解，溶剂型胶黏剂先用乙酸乙酯溶解后再加水溶解。在酸性条件下将溶解于水中的甲醛随水蒸出。在 pH 值为 6 的乙酸-乙酸铵缓冲溶液中馏出液中甲醛与乙酰丙酮作用，在沸水浴条件下迅速生成稳定的黄色化合物，冷却后在 415.40 处测其吸光度，根据标准曲线计算出试样中游离甲醛的含量。

2. 游离甲醛的检验仪器

游离甲醛检验所用的仪器设备主要有：①蒸馏装置，500mL 蒸馏瓶、直形冷凝管、馏分接收器皿；②容量瓶，250mL、150mL 和 25mL；③移液管，1mL、2mL、5mL、10mL；④水浴锅；⑤分析天平（感量为 0.0001g）；⑥分光光度计；⑦碘量瓶。

3. 游离甲醛的检验试剂

游离甲醛的检验除非另有说明，在分析中仅使用确认为分析纯的试剂和蒸馏水或去离子水或相当纯度的水。

① 乙酸铵。溶于水和乙醇，不溶于丙酮，水溶液显中性。其技术性能应符合《化学试剂 乙酸铵》（GB/T 1292—2008）中的规定。

② 冰醋酸。广泛存在于自然界，它是一种有机化合物，是典型的脂肪酸。其技术性能应符合《化学试剂 乙酸（冰醋酸）》（GB/T 676—2007）中的规定。

③ 乙酰丙酮溶液。0.25％（体积百分数），称取乙酸铵 25g，加热 50g 水进行溶解，再加 3mL 冰醋酸和 0.25mL 乙酰丙酮试剂，移入 100mL 容量瓶中，稀释至刻度，调整 pH 值

至 6.0，此溶液在 pH＝2～5 下进行保存，可稳定 1 个月。

④ 盐酸溶液。按试验要求的浓度和方法进行配制。

⑤ 氢氧化钠溶液。30mg/100mL。

⑥ 甲醛溶液。浓度约为 37％。

⑦ 淀粉指示剂（1.0％）。称取 1g 淀粉，加入 10mL 蒸馏水，在搅拌下注入 100mL 沸水，再微沸 2min，放置待用，最好在使用前配制。

⑧ 硫代硫酸钠标准溶液（0.1mol/L）。称取 26g 硫代硫酸钠放于 500mL 的烧杯中，加入新煮沸并冷却的蒸馏水中至完全溶解后，加入 0.05g 无水碳酸钠（防止分解）及 0.01g 碘化汞（防止发霉），然后再用新煮沸并冷却的蒸馏水定容至 1000mL，盛于棕色细口的瓶中并摇均匀，放置 8～10d 后再标定。

称取 0.10～0.15g 在 120℃下烘干至恒重的重铬酸钾 m，精确至 0.0001g，然后置于 500mL 碘价瓶中，加入 25mL 蒸馏水，摇动使重铬酸钾溶解，再加 2g 碘化钾及 5mL 浓盐酸，立即盖上瓶塞，密封瓶口，摇匀后在暗处放置 10min，再加蒸馏水 150mL，用待标定的硫代硫酸钠滴定至草绿色，加淀粉指示剂 3mL，继续滴定至突变为亮绿色为止，并记下硫代硫酸钠用量 V（mL）。

硫代硫酸钠标准溶液的浓度可按式(8-21)进行计算：
$$c(Na_2S_2O_3)=m/0.04904V \tag{8-21}$$
式中　c——硫代硫酸钠标准溶液的浓度，mol/L；

　　m——重铬酸钾的质量，g；

　　V——硫代硫酸钠用量，mL。

碘标准溶液[$c(I_2)$＝0.10000mol/L]：称取碘 13.00h 和碘化钾 30.00g，同时置于洗净的玻璃研钵中，加少量蒸馏水磨至碘完全溶解。也可以将碘化钾溶于少量的蒸馏水中，然后在不断搅拌下加入碘，使其完全溶解后转入至 500m，L 的棕色容量瓶中，稀释至刻度并摇匀，储存于暗处。

⑨ 磷酸。磷酸或正磷酸（H_3PO_4），是一种常见的无机酸，是中强酸。由五氧化二磷溶于热水中即可得到。磷酸在空气中容易潮解。磷酸主要用于制药、食品、肥料等工业，也可用作化学试剂。作为分析用的磷酸技术性能应符合《化学试剂　磷酸》（GB/T 1282—2006）中的规定。

⑩ 乙酸乙酯。又称醋酸乙酯，是乙酸中的羟基被乙氧基取代而生成的化合物。乙酸乙酯具有优异的溶解性、快干性，用途广泛，是一种非常重要的有机化工原料和极好的工业溶剂。作为分析用的乙酸乙酯技术性能应符合《化学试剂 乙酸乙酯》（GB/T 12589—2007）中的规定。

⑪ 甲醛标准溶液。取 10.0mL 甲醛（浓度约 37％），用水稀释至 500mL，并按下列方法标定其浓度。

精确量取 5.0mL 待标定的甲醛标准溶液，置于 250mL 碘量瓶中，加入 30mL[$c(I_2)$＝0.10000mol/L]碘溶液，立即逐滴加入 30g/100mL 的氢氧化钠溶液，并至颜色变淡黄色为止（约加入 0.7mL），静置 10min 后，加入 100mL 新煮沸并已冷却的水，用标定好的 0.1mol/L 硫代硫酸钠溶液滴定，至溶液呈淡黄色时再加入 1.0％淀粉指示剂 1mL，继续滴至蓝色刚刚消失为止，同时用 5.0mL 蒸馏水做平行试验。甲醛溶液的浓度可按式(8-22)进行计算：
$$C_1=(V_0-V)×C_2×15/5 \tag{8-22}$$
式中　C_1——甲醛的浓度，mg/mL；

V_0——滴定空白液所用的硫代硫酸钠标准溶液的体积，mL；

V——滴定甲醛溶液所用的硫代硫酸钠标准溶液的体积，mL；

C_2——硫代硫酸钠溶液的浓度，mol/mL。

4. 绘制标准工作曲线

按表 8-12 规定量取甲醛标准储备液，分别加入 6 只 25mL 的容量瓶中，各加入 5.0mL 乙酰丙酮溶液，用水稀释至刻度后混合均匀，置于沸水中加热 3min，取出冷却至室温，用 10mm 的吸收池，以空白液作为参比，于波长 415nm 处测定其吸光度，以吸光度 A 为纵坐标，以甲醛浓度 c（g/mL）为横坐标，绘制标准曲线，或用最小二乘法计算其回归方程。甲醛标准工作曲线每月绘制一次，即在乙酰丙酮溶液新配制时绘制。

表 8-12　甲醛标准溶液体积与对应的甲醛浓度

甲醛标准储备液取样量/mL	10.00	7.50	5.00	2.50	1.25	0.00
稀释后甲醛浓度/(μ/mL)	4.00	3.00	2.00	1.00	0.50	0.00

注：表中稀释后甲醛的浓度值为参考值，应根据甲醛标准储备液的实际浓度进行计算。

5. 样品的测定

样品测定所用的蒸馏装置如图 8-1 所示。在馏分接收器皿中预先加入适量的水，并浸没馏分出口，馏分接收器皿的外部加冷进行冷却。

（1）水基型胶黏剂的测定　称取试样 5.0g（精确至 0.1mg）置于 500mL 的蒸馏瓶中，加入 250mL 水将其溶解，再加入 5mL 磷酸，并摇均匀。

安装好蒸馏装置，在油浴中进行蒸馏，蒸至馏出液为 200mL 时停止蒸馏，将馏出液转移到一个 250mL 的容量瓶中，用水稀释至刻度。

取 10mL 定容后的溶液置于 25mL 的容量瓶中，加入 5mL 乙酰丙酮溶液，用水稀释至刻度并摇均匀。将其置于沸水浴中煮沸 3min，取出冷却至室温，然后按规定方法测其吸光度。

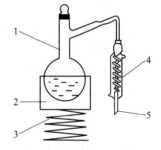

图 8-1　蒸馏装置示意
1—蒸馏瓶；2—加热装置；
3—升降台；4—冷凝管；
5—连接接收装置

（2）溶剂型胶黏剂的测定　称取试样 5.0g（精确至 0.1mg）置于 500mL 的蒸馏瓶中，加入适量乙酸乙酯将其溶解，再加入 250mL 水和 5mL 磷酸，并摇均匀。

安装好蒸馏装置，在油浴中进行蒸馏，蒸至馏出液为 200mL 时停止蒸馏，将馏出液转移到一个 250mL 的容量瓶中，用水稀释至刻度。

取 10mL 定容后的溶液置于 25mL 的容量瓶中，加入 5mL 乙酰丙酮溶液，用水稀释至刻度并摇均匀。将其置于沸水浴中煮沸 3min，取出冷却至室温，然后按规定方法测其吸光度。

6. 测试结果计算

样品中游离甲醛的含量可按式(8-23)进行计算：

$$X = Vf(c_1 - c_b)/1000m \tag{8-23}$$

式中　X——游离甲醛的含量，g/kg；

V——馏出液定容后的体积，mL；

f——试样溶液的稀释因子；

c_1——从标准曲线上读出的试样溶液中甲醛浓度，g/mL；

c_b——从标准曲线上读出的空白溶液中甲醛浓度，g/mL；

m——试样的质量，g。

如果样品溶液未经过其他稀释，则 $f=2.5$，$V=250mL$。

（三）苯的试验方法

1. 苯含量检验的原理

试样用适当的溶液稀释后，直接用微量注射器将稀释后的试样溶液注入进样装置，并被载气带入色谱柱。在色谱柱内被分离成相应的组分，用氢火焰离子化检测器进行检测并记录色谱图，用外标法计算试样溶液中苯的含量。

2. 苯含量检验用仪器

用于苯含量检测的仪器主要有：①气相色谱仪，带氢火焰离子化检测器；②进样器，为 $5\mu L$ 的微量注射器；③色谱柱，大口径毛细管柱 DB-1（$30m \times 0.53mm \times 1.5\mu m$），固定液为二甲基聚硅氧烷。

3. 苯含量检验用试剂

① 苯 色谱纯。色谱纯一般是指色谱专用溶剂或者试剂，这里是指进行色谱分析时使用的标准苯试剂。

② N,N-二甲基甲酰胺 分析纯。所谓的分析纯等是指试剂的纯度级别，一般分析纯为二级品，其主要成分含量很高、纯度较高，干扰杂质很低，适用于工业分析及化学实验。

4. 苯含量检验色谱条件

进行苯含量检验的色谱条件主要包括以下方面。

① 程序升温 初始温度 30℃，保持时间 3min，升温速率为 20℃/min，最终温度 150℃，保持时间 5min；

② 汽化室温度 200℃；

③ 检测室温度 250℃；

④ 氮气 纯度大于 99.9%，硅胶除水，柱前压为 70kPa（30℃）；

⑤ 氢气 纯度大于 99.9%，硅胶除水，柱前压为 65kPa；

⑥ 空气 硅胶除水，柱前压为 55kPa。

进行苯含量检验的色谱条件，可以根据实际情况进行适当调整。

5. 绘制标准工作曲线

（1）配制苯标准溶液（1.0mg/mL） 称取 0.1000g 苯（精确到 0.1mg），置于 100mL 的容量瓶中，用 N,N-二甲基甲酰胺稀释至刻度，并摇均匀。

（2）配制系列标准溶液 按表 8-13 中所列苯标准溶液的体积，分别加到 6 个 25mL 的容量瓶中，用 N,N-二甲基甲酰胺稀释至刻度，并摇均匀。

表 8-13　系列标准溶液的体积与相应苯的浓度

移取的体积/mL	相应苯的浓度/(μ/mL)	移取的体积/mL	相应苯的浓度/(μ/mL)
15.00	600	2.50	100
10.00	400	1.00	40
5.00	200	0.50	20

注：表中苯的浓度为参考值，实际操作中应按苯的质量换算。

（3）测定系列标准溶液峰面积　开启气相色谱仪，对色谱条件进行设定，待基线稳定后，用 $5\mu L$ 的注射器取 $2\mu L$ 的标准溶液进样，测定峰面积，每一标准溶液进样 5 次，取其平均值确定峰面积。

（4）绘制标准工作曲线　以峰面积 A 为纵坐标，相应浓度 c（$\mu g/mL$）为横坐标，即可绘制标准工作曲线。

6. 苯含量检验样品测定

称取 $0.2\sim0.3g$（精确至 $0.1mg$）的试样，置于 $50mL$ 的容量瓶中，用 N,N-二甲基甲酰胺溶解并稀释至刻度，摇均匀备用。用 $5\mu L$ 的注射器取 $2\mu L$ 的溶液进样，测定峰面积。如果试样溶液的峰面积大于标准曲线中最大浓度的峰面积，用移液管准确移取 V 体积的试样溶液于 $50mL$ 容量瓶中，用 N,N-二甲基甲酰胺溶解并稀释至刻度，摇均匀后再进行测定。

7. 苯含量检验结果计算

根据峰面积直接从标准工作曲线上读取试样溶液中苯的浓度。试样中苯的含量可按式（8-24）进行计算：

$$X = c_t V f / 1000m \tag{8-24}$$

式中　X——试样中苯的含量，g/kg；

　　　V——试样溶液的体积，mL；

　　　f——试样溶液的稀释因子；

　　　c_t——从标准曲线上读出的试样溶液中苯浓度，g/mL；

　　　m——试样的质量，g。

（四）甲苯、二甲苯的试验方法

1. 甲苯、二甲苯含量检验的原理

甲苯、二甲苯含量检验的原理与苯完全相同。试样用适当的溶液稀释后，直接用微量注射器将稀释后的试样溶液注入进样装置，并被载气带入色谱柱。在色谱柱内被分离成相应的组分，用氢火焰离子化检测器进行检测并记录色谱图，用外标法计算试样溶液中甲苯和二甲苯的含量。

2. 甲苯、二甲苯含量检验用仪器

用于苯含量检测的仪器主要有：①气相色谱仪，带氢火焰离子化检测器；②进样器，$5\mu L$ 的微量注射器；③色谱柱，大口径毛细管柱 DB-1（$30m\times0.53mm\times1.5\mu m$），固定液为二甲基聚硅氧烷。

3. 甲苯、二甲苯含量检验用试剂

甲苯、二甲苯含量检验用试剂主要有：①甲苯，色谱纯；②间二甲苯和对二甲苯，色谱

纯；③邻二甲苯，色谱纯；④乙酸乙酯，分析纯。

4. 甲苯、二甲苯含量检验色谱条件

进行苯含量检验的色谱条件主要包括以下方面。

① 程序升温　初始温度 30℃，保持时间 3min，升温速率为 20℃/min，最终温度 150℃，保持时间 5min；

② 汽化室温度　200℃；

③ 检测室温度　250℃；

④ 氮气　纯度大于 99.9%，硅胶除水，柱前压为 70kPa（30℃）；

⑤ 氢气　纯度大于 99.9%，硅胶除水，柱前压为 65kPa；

⑥ 空气　硅胶除水，柱前压为 55kPa。

进行苯含量检验的色谱条件，可以根据实际情况进行适当调整。

5. 绘制标准工作曲线

（1）配制甲苯、对二甲苯和间二甲苯、邻二甲苯标准溶液（1.0mg/mL）　称取 0.1000g 甲苯、0.1000g 对二甲苯和间二甲苯、0.1000g 邻二甲苯（精确到 0.1mg），置于 100mL 的容量瓶中，用乙酸乙酯稀释至刻度，并摇均匀。

（2）配制系列标准溶液　按表 8-14 中所列苯标准溶液的体积，分别加到 6 个 25mL 的容量瓶中，用乙酸乙酯稀释至刻度，并摇均匀。

表 8-14　系列标准溶液的体积与相应的浓度

移取的体积/mL	对应甲苯的浓度/(μ/mL)	对应间二甲苯对二甲苯的浓度/(μ/mL)	对应邻二甲苯的浓度/(μ/mL)
15.00	600	600	600
10.00	400	400	400
5.00	200	200	200
2.50	100	100	100
1.00	40	40	40
0.50	20	20	20

注：表中浓度为参考值，实际操作中应按实际质量换算。

（3）测定系列标准溶液峰面积　开启气相色谱仪，对色谱条件进行设定，待基线稳定后，用 5μL 的注射器取 2μL 的标准溶液进样，测定峰面积，每一标准溶液进样 5 次，取其平均值确定峰面积。

（4）绘制标准工作曲线　以峰面积 A 为纵坐标，相应浓度 c（μg/mL）为横坐标，即可绘制标准工作曲线。

6. 甲苯、二甲苯含量检验样品测定

称取 0.2~0.3g（精确至 0.1mg）的试样，置于 50mL 的容量瓶中，用乙酸乙酯溶解并稀释至刻度，摇均匀备用。用 5μL 的注射器取 2μL 的溶液进样，测定峰面积。如果试样溶液的峰面积大于标准曲线中最大浓度的峰面积，用移液管准确移取 V 体积的试样溶液于 50mL 容量瓶中，用乙酸乙酯溶解并稀释至刻度，摇均匀后再进行测定。

7. 甲苯、二甲苯含量检验结果计算

根据峰面积直接从标准工作曲线上读取试样溶液中甲苯或二甲苯的浓度。试样中甲苯或

二甲苯的含量可按式(8-25)进行计算：

$$X = c_t V f / 1000m \qquad (8\text{-}25)$$

式中 X——试样中甲苯或二甲苯的含量，g/kg；

V——试样溶液的体积，mL；

f——试样溶液的稀释因子；

c_t——从标准曲线上读出的试样溶液中甲苯或二甲苯浓度，g/mL；

m——试样的质量，g。

(五) 甲苯二异氰酸酯的试验方法

1. 甲苯二异氰酸酯含量检验的原理

试样用适当的溶液稀释后，加入正十四烷作为内标物。将稀释后的试样溶液注入进样装置，并被载气带入色谱柱。在色谱柱内被分离成相应的组分，用氢火焰离子化检测器进行检测并记录色谱图，用内标法计算试样溶液中甲苯二异氰酸酯的含量。

2. 甲苯二异氰酸酯含量检验用仪器

用于苯含量检测的仪器主要有：①气相色谱仪，带氢火焰离子化检测器；②进样器，5μL 的微量注射器；③色谱柱，大口径毛细管柱 DB-1（30m×0.53mm×1.5μm），固定液为二甲基聚硅氧烷。

3. 甲苯二异氰酸酯含量检验用试剂

甲苯二异氰酸酯含量检验用试剂主要有：①甲苯二异氰酸酯；②正十四烷，色谱纯；③乙酸乙酯，加入 1000g 在 5A 分子筛，放置 24h 后过滤；④5A 分子筛，在 500℃的高温炉中加热 2h，置于干燥器中冷却备用。

4. 甲苯二异氰酸酯含量检验色谱条件

进行苯含量检验的色谱条件主要有：①柱箱温度，135℃；②汽化室温度，160℃；③检测室温度 200℃；④氮气，纯度大于 99.9%，硅胶除水，柱前压为 100kPa（30℃）；⑤氢气，纯度大于 99.9%，硅胶除水，柱前压为 65kPa；⑥空气，硅胶除水，柱前压为 55kPa。

进行苯含量检验的色谱条件，可以根据实际情况进行适当调整。

5. 甲苯二异氰酸酯测定相对校正因子

（1）内标溶液的制备 称取 1.0006g 正十四甲烷置于 100mL 的容量瓶中，用除水的乙酸乙酯稀释至刻度，并摇均匀。

（2）相对质量因子的测定 称取 0.2～0.3g 甲苯二异氰酸酯置于 50mL 的容量瓶中，加入 5mL 内标物，用适量的乙酸乙酯稀释，取 1μL 进样，测定甲苯二异氰酸酯和正十四烷的色谱峰面积。按式(8-26)计算相对质量校正因子 f'：

$$f' = W_i A_s / W_s A_i \qquad (8\text{-}26)$$

式中 f'——相对质量校正因子；

W_i——甲苯二异氰酸酯的质量，g；

W_s——所加内标物的质量，g；

A_i——甲苯二异氰酸酯的峰面积；

A_s——所加内标物的峰面积。

6. 甲苯二异氰酸酯含量检验样品测定

称取 $2\sim3g$ 样品置于 $50mL$ 的容量瓶中，加入 $5mL$ 内标物，用适量的乙酸乙酯稀释，取 $1\mu L$ 进样，测定甲苯二异氰酸酯和正十四烷的色谱峰面积。

7. 甲苯二异氰酸酯含量检验结果计算

试样中游离甲苯二异氰酸酯含量可按式(8-27) 进行计算：

$$X = f' \times A_i / A_s \times W_s / W_i \times 1000 \tag{8-27}$$

式中 X——试样中甲苯二异氰酸酯的含量，g/kg；

f'——相对质量校正因子；

W_i——待测试样的质量，g；

W_s——所加内标物的质量，g；

A_i——待测试样的峰面积；

A_s——所加内标物的峰面积。

8. 甲苯二异氰酸酯含量检验注意事项

由于甲苯二异氰酸酯对水分比较敏感，测定过程中除了使用的玻璃器皿外，都必须加以烘干并存放于干燥器中，对于测定时室内空气的湿度也应进行控制，可使用空调抽湿功能，最好将湿度控制在 60% 以下，配制的样品必须当天进行分析。

(六) 总挥发性有机物的试验方法

1. 总挥发性有机物含量检验的原理

胶黏剂中的总挥发物含量，包括总挥发性有机物含量和水的含量。将适量的胶黏剂置于恒定温度的鼓风干燥箱中，在规定的时间内，测定胶黏剂总挥发物的含量。用卡尔·费休法测定其中的水分的含量，胶黏剂总挥发物含量扣除其中水分的量，即得到胶黏剂中总挥发性有机物的含量。

2. 挥发物及不挥发物的测定

(1) 挥发物的检验原理 胶黏剂在 $105℃$ 的温度下加热 3h，通过加热前后的质量变化，计算挥发物的含量。

(2) 检测所用仪器及设备 包括：①蒸发皿/培养皿、玻璃棒、干燥器；②鼓风恒温烘箱；③分析天平 (感量为 $0.001g$)。

(3) 挥发物及不挥发物的测定方法

① 在 $(105\pm2)℃$ 的烘箱内，将玻璃棒及蒸发皿进行干燥，并在干燥器内冷却至室温，称量带有玻璃棒的蒸皿器，精确到 $1mg$，然后以同样的准确度在蒸发皿中称量受试产品 $(2\pm0.2)g$，确保产品均匀地分布在蒸发皿中。如果产品含有高挥发性的溶剂，则采用减量法从一个带塞称量瓶称样至蒸发皿内，然后在热水浴上缓缓加热到大部分溶剂挥发完为止。

② 把玻璃棒、试样的蒸发皿放入 $(105\pm2)℃$ 的烘箱内保持 3h。经短时间加热后从烘箱中取出，用玻璃棒搅拌试样，把表面结的硬皮破碎，再进行烘干。

③ 烘干到规定的时间后，在干燥器中冷却至室温进行称量，精确至 1mg。

(4) 挥发物及不挥发物的结果计算　以被测产品的质量百分数来计算挥发物的含量 (V) 或不挥发物的含量 (NV)：

$$V=[(m_1-m_2)/m_1]\times 100\% \tag{8-28}$$
$$NV=(m_2/m_1)\times 100\% \tag{8-29}$$

式中　V——产品中的挥发物的含量，mg；

$\quad NV$——产品中的不挥发物的含量，mg；

$\quad m_1$——加热前试样的质量，mg；

$\quad m_2$——加热后试样的质量，mg。

3. 胶黏剂密度的测定

(1) 胶黏剂密度的检验原理　在 20℃ 的温度下，用容量为 37.00mL 的重量杯所盛液态胶黏剂的质量除以 37.00mL，则得到液态胶黏剂的密度。

(2) 胶黏剂密度的检验仪器设备

① 重量杯　20℃ 的下容量为 37.00mL 的金属杯（国产为 QI313 比重杯）；

② 恒温浴或恒温室　能保持 (23±1)℃；

③ 分析天平　感量为 0.001g；

④ 温度计　0~50℃，分度为 1℃。

(3) 胶黏剂密度的试验步骤

① 随机抽取胶黏剂试样，并具有代表性，试样的数量应足以进行 3 次试验的用量。

② 按照试验要求用挥发性溶剂清洗 QI313 比重杯，并使其达到干燥的要求。

③ 在 25℃ 以下把搅拌均匀的胶黏剂试样装满比重杯，然后将盖子盖紧，并使溢流口保持开启，随即用挥发性溶剂擦去溢出物。

④ 将盛有胶黏剂试样的比重杯置于恒温浴或恒温室中，使试样恒温保持在 23℃±1℃。

⑤ 用溶剂擦去溢出物，然后用比重杯的配对法码称重有试样的比重杯，精确至 0.001g。

⑥ 每个胶黏剂样品应测试 3 次，以 3 次数据的算术平均值作为胶黏剂密度的试验结果。

(4) 胶黏剂密度的结果计算。

液态胶黏剂的密度 ρ_t 可按式(8-30)进行计算：

$$\rho_t=(m_2-m_0)/V \tag{8-30}$$

式中　ρ_t——液态胶黏剂的密度，g/mL；

$\quad m_2$——装满胶黏剂试样的比重杯的质量，g；

$\quad m_0$——空的比重杯的质量，g；

$\quad V$——比重杯的容量，mL。

4. 胶黏剂水分的测定

胶黏剂的水分测定，应当按《化学试剂　水分测定通用方法　卡尔·费休法》(GB/T 606—2003) 中规定的方法进行测定。目前市场上已有卡尔·费休法水分测定仪及商品卡尔·费休试剂出售，使用者可根据测定仪器实际情况进行选用。

(1) 胶黏剂的水分检验原理　首先使浸入溶液中的两铂电极有一定的电位差，当溶液中存在水时，阴极极化反抗电流通过，由阴极极化伴随着突然增加的电流指示滴定终点。一般由电流测定装置示出。

(2) 胶黏剂的水分检验仪器设备　胶黏剂的水分检验所用的仪器设备主要有：①卡尔·

费休滴定装置；② 微量注射器，$10\mu L$；③ 分析天平，感量为 $0.001g$；④ 注射器，$1mL$、$30mL$。

（3）胶黏剂的水分试验步骤　胶黏剂的水分试验所用的水分滴定仪，其不同型号的操作步骤有所不同，在试验中应以相应的使用说明书为准。

卡尔·费休试剂的标定。用注射器将 $25mL$ 甲醇注入滴定瓶中，打开磁力搅拌器，按"滴定开始"键，仪器则自动滴定，出现蜂鸣器响为滴定终点，此步骤是将加入甲醇所含的水分去除。

用微量注射器加入 $10\mu L$ 的纯水（约 $0.010g$），用减量法称量纯水的质量 m_1。用待标定的卡尔·费休试剂滴定，按"滴定开始"键，仪器则自动滴定，出现蜂鸣器响为滴定终点。记录消耗卡尔·费休试剂的体积 V_1。

卡尔·费休试剂的水当量 T 可按式(8-31)进行计算：

$$T=m_1/V_1 \tag{8-31}$$

式中　T——卡尔·费休试剂的水当量，mg/mL；

m_1——加入纯水的质量，mg；

V_1——消耗卡尔·费休试剂的体积，mL。

5. 胶黏剂试样水含量的计算

胶黏剂试样水含量 X 以质量百分数表示，可按式(8-32)进行计算：

$$X=V_2T/10m_0 \tag{8-32}$$

式中　V_2——测定胶黏剂试样时消耗卡尔·费休试剂的体积，mL；

T——卡尔·费休试剂的水当量，mg/mL；

m_0——测定胶黏剂试样的质量，g。

6. 胶黏剂总挥发性有机物测定

胶黏剂中总挥发有机物含量按式(8-33)进行计算：

$$VOC=(V-X)\times\rho\times1000 \tag{8-33}$$

式中　VOC——胶黏剂的总挥发物含量，g/L；

V——胶黏剂的挥发物含量，%；

X——胶黏剂的水分含量，%；

ρ——胶黏剂的密度，g/mL。

第五节　建筑涂料质量检测

涂料是指应用于物体表面而能结成坚韧保护膜的物料的总称，建筑涂料是涂料中的一个重要类别，在我国一般将用于建筑物内墙、外墙、顶棚、地面、卫生间的涂料称为建筑涂料。按照主要成膜物质的性质不同，可分为有机涂料、无机涂料、复合涂料；按涂膜的性能不同，可分为防水涂料、防火涂料、防腐涂料、防霉涂料和防虫涂料等；按建筑物的使用部位不同，可分为外墙涂料、内墙涂料、顶棚涂料、地面涂料和屋面涂料等。

建筑涂料主要由胶结基料、颜料、填料、溶剂及各种配套的助剂配制而成。装饰装修中使用的各种涂料是室内空气污染的重要原因。经检测证明，在室内涂料中所含的主要污染物，主要是指挥发性有机化合物、苯、甲苯、二甲苯、甲醛、甲苯二异氰酸酯（TDI），各种重金属，如铅、镉、铬、汞等，以上有毒有害物质是造成室内空气污染的重要来源之一。

纯苯是强致癌物，国家已经严禁单独使用。甲苯、二甲苯、三甲苯对红细胞有很强的杀伤力，将导致白血病。丁酯、乙酸丁酯、乙丁酯及其他衍生物，在漆中是调节溶剂挥发速度的作用，但它们能引发咳嗽、哮喘、气管炎，甚至引起肺泡萎缩坏死，甚至引发肺癌。乙二醇丁醚可以引发人体血液中毒、白血病，严重破坏生殖系统，导致后代免疫力低下，出现智力障碍，甚至成为残疾、低智、弱智儿童。二乙二醇乙醚醋酸酯、环己酮都是高沸点溶剂，挥发极慢，在很长时间内都会对人体产生危害，它会严重损害神经系统，使人反应迟钝，影响睡眠，记忆衰退，重者精神失常。由此可见，必须对建筑涂料中的有害物质含量严重控制。

一、建筑涂料检测的依据

（一）现行常用的标准

建筑材料和装饰材料引发的室内环境污染问题，不仅给人们健康带来很大危害，也给国家造成了巨大经济损失。近几年，我国对于室内装饰环境污染问题极其重视，国家和有关部门连续颁布了一些建筑涂料方面的标准。目前，常用的标准主要有《室内装饰装修材料 溶剂型木器涂料中有害物质限量》（GB 18581—2001）、《室内装饰装修材料 内墙涂料中有害物质限量》（GB 18582—2008）、《室内用涂料卫生规范》（卫法监发［2001］255 号）、《色漆和清漆 密度的测定 比重瓶法》（GB/T 6750—2007）和《色漆、清漆和塑料 不挥发物含量的测定》（GB/T 1725—2007）。

（二）涂料的控制标准

1. 溶剂型木器涂料的控制标准

溶剂型木器涂料的控制标准，在《室内装饰装修材料 溶剂型木器涂料中有害物质限量》（GB 18581—2001）中有明确的规定，其有害物质限量值应符合表 8-15 中的要求。

表 8-15　溶剂型木器涂料中有害物质限量值

有害物质名称	限量值		
	硝基漆类	聚氨酯漆类	醇酸漆类
挥发性有机物(VOCs)[1]/(g/L)	≤750	光泽(60°)≥80,600 光泽(60°)<80,700	550
苯[2]/%	≤45	≤0.5	
甲苯和二甲苯总和[2]/%		≤40	≤10
游离甲苯二异氰酸酯(TDI)[3]/%		≤0.7	
重金属(限色漆)/(mg/kg)			
可溶性铅		≤90	
可溶性镉		≤75	
可溶性铬		≤60	
可溶性汞		≤60	

①按产品规定的配比和稀释比例混合后测定。如稀释剂的使用量为某一范围内，应按照推荐的最大稀释量后进行测定。

②如产品规定了稀释比例或产品由双组分或多组分组成时，应分别测定稀释剂和各组分的含量，再按产品规定的配比计算混合后涂料中的总量。如稀释剂的使用量为某一范围时，应按照推荐的最大稀释量进行计算。

③如聚氨酯漆类规定了稀释比例或产品由双组分或多组分组成时，应先测定固化剂（含甲苯二异氰酸酯预聚物）中的含量，再按产品规定的配比计算混合后涂料中的含量。如稀释剂的使用量为某一范围时，应按照推荐的最小稀释量进行计算。

2. 内墙涂料的控制标准

内墙涂料的控制标准，在《室内装饰装修材料　内墙涂料中有害物质限量》（GB 18582—2008）中有明确的规定，其有害物质限量值应符合表 8-16 中的要求。

表 8-16　内墙涂料中有害物质限量值

项目		限量值	
		水性墙面涂料	水性墙面腻子
挥发性有机物（VOCs）		≤120g/L	≤15g/kg
苯、甲苯、乙苯、二甲苯总和/（mg/kg）		≤300	
游离甲醛/（mg/kg）		≤100	
可溶性重金属/（mg/kg）	铅	≤90	
	镉	≤75	
	铬	≤60	
	汞	≤60	

注：1. 涂料产品所有项目均不考虑稀释配合比；

2. 膏状腻子所有项目均不考虑稀释配合比；粉状腻子按产品规定的配合比将粉体与水或胶黏剂等其他液体液体混合后测试。如配比为某一范围时，应按照水用量最小、胶黏剂等其他液体用量最大的配合比混合后测试。

二、建筑涂料的试验方法

（一）内墙涂料挥发性有机化合物含量及苯、甲苯、乙苯、二甲苯总和

1. 挥发性有机化合物含量及苯、甲苯、乙苯、二甲苯总和检验

（1）检验的原理　内墙涂料试样经稀释后，通过气相色谱分析技术，使样品中的各种挥发性有机化合物分离，定性鉴定被测化合物后，用内标法测试其含量。

（2）仪器及设备　挥发性有机化合物含量及苯、甲苯、乙苯、二甲苯总和检验所用的仪器设备主要有气相色谱仪、进样器、配样瓶和分析天平等。

（3）材料和试剂　挥发性有机化合物含量及苯、甲苯、乙苯、二甲苯总和检验所用的材料试剂主要有：①载气为氮气，纯度≥99.995%；②燃气为氢气，纯度≥99.995%；③助燃气为洁净的空气；④辅助气体（隔垫吹扫和尾吹气）为与载气具有相同性质的氮气；⑤内标物为试样中不存在的化合物，且这种化合物能够与色谱图上其他成分完全分离，纯度至少为99%，或者为已知纯度，所用的内标物主要有异丁醇、乙二醇单丁醚、乙二醇二甲醚、二乙醇二甲醚等；⑥校准化合物为校准化合物主要包括甲醇、乙醇、正丙醇、异丙醇、正丁醇、异丁醇、苯、甲苯、乙苯、二甲苯、三乙胺、二甲基乙醇胺、2-氨基-2-甲基-1-丙醇、乙二醇、1,2-丙二醇、1,3-丙二醇、二乙二醇、乙二醇单丁醚、乙二醇二甲醚、二乙二醇乙醚醋酸酯、二乙二醇丁醚醋酸酯、2,2,4-三甲基-1,3-戊二醇，以上校准化合物的纯度至少为99%，或者为已知纯度；⑦稀释溶剂为用于稀释试样的有机溶剂，不得含有任何干扰测试的物质，纯度至少为99%，或者为已知纯度；⑧标记物为标记物为用于按 VOC 定义区分 VOCs 组分与非 VOCs 组分的化合物。《室内装饰装修材料　内墙涂料中有害物质限量》（GB 18582—2008）中规定为己二酸二乙酯，其沸点为251℃，这种化合物遇明火、高热可燃，受高热分解，放出刺激性烟气

（4）气相色谱测试条件　气相色谱测试条件，主要包括以下 3 种，可根据所用气相色谱仪的性能及待测试样的实际情况，选择其中最佳的气相色谱测试条件。

1) 色谱条件 1 ①色谱柱（基本柱）：聚二甲基硅氧烷毛细管柱，$30m \times 0.32mm \times 1.0\mu m$。②进样口温度：260℃。③FID检测器：温度为280℃。④柱温：程序升温，45℃保持4min，然后以8℃/min的速率升至230℃，并保持10min。⑤分流比：分流进样，分流比可调。⑥进样量：$1.0\mu L$。

2) 色谱条件 2 ①色谱柱（基本柱）：6％腈丙苯基＋94％聚二甲基硅氧烷毛细管柱，$60m \times 0.32mm \times 1.0\mu m$。②进样口温度：250℃；③FID检测器：温度为260℃。④柱温：程序升温，80℃保持1min，然后以10℃/min的速率升至230℃，并保持15min。⑤分流比：分流进样，分流比可调。⑥进样量：$1.0\mu L$。

3) 色谱条件 3 ①色谱柱（基本柱）：聚乙二醇毛细管柱，$30m \times 0.25mm \times 0.25\mu m$。②进样口温度：240℃。③FID检测器：温度为250℃。④柱温：程序升温，60℃保持1min，然后以20℃/min的速率升至240℃，并保持20min。⑤分流比：分流进样，分流比可调。⑥进样量：$1.0\mu L$。

(5) 测试步骤

① 进行色谱仪参数的优化。按照上述所选择的色谱条件，每次都应当把用已知的校准化合物对其进行最优化处理，使仪器的灵敏度、稳定性和分离效果处于最佳状态。

② 进行试样的定性分析。定性鉴定试样中有无校准化合物。优先选用的方法是气相色谱仪与质量检测器、或者与FT-IR光谱仪联用，并选择适宜的气相色谱测试条件，从而进行试样的定性分析。

另外，也可利用气相色谱仪，采用火焰离子化检测器（FID）和色谱柱，并选择适宜的气相色谱测试条件，分别记录校准化合物在两根色谱柱上的色谱图；在相同色谱测试条件下，对被测试试样做出色谱图后的对比定性。测试中应特别注意，所选用的两根色谱柱的极性应尽可能大，如6％腈丙苯基＋94％聚二甲基硅氧烷毛细管柱和聚乙二醇毛细管柱。

③ 进行校准。校准包括校准样品的配制和相对校正因子的测试。

a. 校准样品的配制 分别称取一定量由定性分析中鉴定出的各种校准化合物置于配样瓶中，称量精度至0.1mg，称取的质量与待测试样中各自的含量应在同一数量级；再称取与待测化合物相同数量级的内标物置于同一配样瓶中，用稀释溶液稀释混合物，密封配样瓶并摇均匀备用。

b. 相对校正因子的测试 在与测试试样相同的色谱测试条件下，按要求优化色谱仪的参数。将适当数量的校准化合物注入气相色谱仪中，详细记录色谱图，可按式(8-34)分别计算每种化合物的相对校正因子R_i：

$$R_i = m_{ci} A_{is} / m_{is} A_{ci} \tag{8-34}$$

式中 R_i——化合物i的相对校正因子；

m_{ci}——校准混合物中化合物i的质量，g；

m_{is}——校准混合物中内标物的质量，g；

A_{is}——内标物的峰面积；

A_{ci}——化合物i的峰面积。

化合物的相对校正因子R_i值应取两次测试结果的平均值，其相对偏差应小于5％，保留3位有效数字。如果出现校准化合物之外的未知化合物色谱峰，则假设其相对于异丁醇的校正因子为1.0。

④ 试样的测试

　　a. 试样的配制。称取搅拌均匀后的试样 1g（精确至 0.1mg）以及与被测物质量近似相等的内标物置于配样瓶中，加入 10mL 稀释溶剂对试样进行稀释，将配样瓶进行密封并摇均匀备用。

　　b. 按照校准时的最优化条件设定仪器的参数。

　　c. 将标记物注入气相色谱仪中，记录其在聚二甲基硅氧烷毛细管柱或 6％腈丙苯基＋94％聚二甲基硅氧烷毛细管柱上的保留时间，以便按标准规定的挥发性有机化合物的定义确定色谱图中的积分终点。

　　d. 将配制的 1μL 试样注入气相色谱仪中，记录色谱图并记录各种保留时间低于标记物的化合物峰面积（除稀释溶剂外），然后可按式（8-35）分别计算试样中所含的各种化合物的质量分数。

$$W_i = m_{is} A_i R_i / m_s A_{is} \qquad (8\text{-}35)$$

式中　W_i——测试试样中被测化合物 i 的质量分数，g/g；

　　　R_i——被测化合物 i 的相对校正因子；

　　　m_{is}——内标物的质量，g；

　　　m_s——测试试样的质量，g；

　　　A_{is}——内标物的峰面积；

　　　A_i——被测化合物 i 的峰面积。

　　平行进行两次测试，测试试样中被测化合物 i 的质量分数，应取两次测试结果的平均值。

2. 内墙涂料密度的试验方法

　　（1）涂料密度试验的基本原理　内墙涂料密度的试验原理是：用比重瓶装满被测试的内墙涂料产品，从比重瓶内产品的质量和已知的比重瓶体积，就可以计算出被测产品的密度。涂料密度一般应在（23±0.5）℃的温度下进行，也可在其他商定的温度下进行试验。

　　（2）涂料密度试验的仪器设备

　　① 比重瓶。比重瓶是测量液体密度的玻璃或金属器具，也包括可用于测定固体粉末的比重瓶。按制作材料不同，可分为金属比重瓶和玻璃比重瓶两种。

　　a. 金属比重瓶。金属比重瓶的容积为 50mL 或 100mL，是用精加工的防腐蚀材料制成的横截面为圆形的圆柱体，上面带有一个装配合适的中心有孔的盖子，盖子内侧呈凹形。

　　b. 玻璃比重瓶。玻璃比重瓶的容积为 10mL 或 100mL，在试验中常用的为盖伊-芦萨克比重瓶或哈伯德比重瓶。

　　金属比重瓶、盖伊-芦萨克比重瓶或哈伯德比重瓶示意如图 8-2 所示。

　　② 分析天平。50mL 以下的比重瓶精确到 1mg，50～100mL 的比重瓶精确到 10mg。

　　③ 温度计。涂料密度测定所用的温度计，精确到 0.2℃，分度为 0.2℃或更小。

　　④ 恒温室或水浴。恒温室应能够调节并维持天平、比重瓶或被测产品处于规定或商定的温度；水浴应维持比重瓶或被测产品处于规定或商定的温度。

　　⑤ 防尘罩。涂料密度测定所用的防尘罩应符合规定的防尘要求。

　　（3）涂料密度试验的操作步骤

　　① 比重瓶校准

　　a. 当使用金属比重瓶时，用蒸发后不留残余物的溶剂小心清洗瓶的内外侧，并使其完全干燥。避免在比重瓶上留有手印，以便从瓶壁上精确读数。

　　b. 为了使比重瓶保持恒重，试验前先将其放入防尘罩内 30min，在达到室温后再进行称重（m_1）。

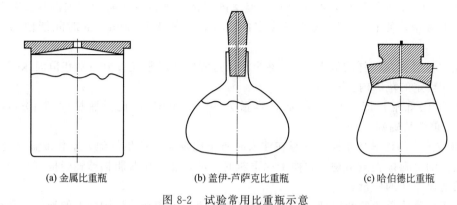

(a) 金属比重瓶　　　　(b) 盖伊-芦萨克比重瓶　　　　(c) 哈伯德比重瓶

图 8-2　试验常用比重瓶示意

c. 在比重瓶内注满预先煮沸过的蒸馏水或 2 级去离子水，水不应超过试验温度 1℃，然后塞住或盖上比重瓶，并注意防止产生气泡。将比重瓶放入水浴或恒温室中，使其达到试验温度。用有吸收性的材料（布或纸），擦去溢流物质。

d. 将比重瓶从水浴或恒温室中取出，用有吸收性的材料（布或纸）擦干其外部。要防止比重瓶再受热并确保水不再溢出，立即称重注满水的比重瓶（m_2）。

e. 比重瓶容积计算。比重瓶在试温度 t 下的容积可通过式(8-36) 计算，以毫升（mL）表示：

$$V_t = (m_2 - m_1)/(\rho_w - 0.0012) \times 0.99985 \tag{8-36}$$

式中　V_t——比重瓶在试验温度 t 下的容积，mL；

　　　m_2——试验温度 t 下装满蒸馏水的比重瓶的质量，g；

　　　m_1——试验温度 t 下纯水的质量，g；

　　　ρ_w——试验温度 t 下纯水的密度，g/mL；

　　0.0012——空气的密度，g/mL；

　0.99985——校正系数。

样品密度的测定与校准比重瓶应在测试温度下进行，因为比重瓶的体积随着温度的变化而变化，无空气纯水的密度也随着温度的升高而减小，无空气纯水密度与温度的关系见表 8-17。因此，比重瓶每隔一段时间要重新进行校准，例如大约测试 100 次或发现比重瓶有变化时。

表 8-17　无空气纯水密度与温度的关系

温度/℃	纯水密度/(g/mL)	温度/℃	纯水密度/(g/mL)
15	0.9991	23	0.9975
15	0.9989	24	0.9973
17	0.9987	25	0.9970
18	0.9986	26	0.9968
19	0.9984	27	0.9965
20	0.9982	28	0.9962
21	0.9980	29	0.9960
22	0.9978	30	0.9957

② 样品的测定

a. 如在恒温室中进行测试，则将放入防尘罩内的比重瓶、试样、天平等，测试前先放置恒温室内，使它们处于规定或商定的温度。

b. 如采用恒温水浴测试，而不是在恒温室内测试，则将放入防尘罩内的比重瓶和试样放入恒温水浴中，使它们处于规定或商定的温度，一般大约 30min 的时间能使温度达到平衡。

c. 用温度计测试试样的温度 t，在整个测试过程中要经常检查恒温室和恒温水浴的温度是否保持在规定的范围内。

d. 称量比重瓶并记录其质量 m_1，容量为 $50\sim100mL$ 的比重瓶精确到 10mg，小于 50mL 的比重瓶精确到 1mg。

e. 将被测产品注满比重瓶，注意在注入时防止比重瓶中产生气泡。塞住或盖上比重瓶，用有吸收性的材料擦去溢出物，并擦干比重瓶的外部，然后用脱脂棉球轻轻擦拭。记录注满被测产品的比重瓶的质量 m_2。

粘附于玻璃比重瓶的磨口玻璃表面或金属比重瓶盖子和杯体接触面上的液体，都会引起称量读数偏高。为了使误差减少到最小，接口应当密封严密，防止产生气泡。

③ 试样结果计算　通过式(8-37)可计算出在试验温度 t 下试样的密度，以 g/mL 表示：

$$\rho_t = (m_2 - m_0)/V \tag{8-37}$$

式中　ρ_t——在试验温度 t 下试样的密度，g/mL；

m_2——试验温度 t 下装满试样的比重瓶的质量，g；

m_0——空比重瓶的质量，g；

V——试验温度 t 下测得的比重瓶的体积，mL。

空气浮力对于以上结果的影响不必校正，因为大多数注灌机控制程序需要采用未校正的值，而且校正值（0.0012g/mL）对此种方法的精度而言，也是可以忽略的。

3. 内墙涂料水分含量的试验

在我国现行标准中规定，涂料中水分含量采用气相色谱法或卡尔·费休法测试，以气相色谱法作为仲裁。由于气相色谱法操作比较复杂，而卡尔·费休法比较容易，所以，在对涂料实际检测中，普遍采用卡尔·费休法。要注意的是：卡尔·费休法测试涂料的仪器种类很多，性能和使用方法各不相同，因此，具体的操作应遵照对应的仪器使用说明。

（1）涂料水分含量的试验原理　使浸入溶液中的两铂电极有一定的电位差，当溶液中存在水时，阴极极化反抗电流通过，由阴极极化伴随着突然增加的电流（由电流测定装置示出）指示滴定终点。

（2）涂料水分含量的试验仪器　涂料水分含量所用的试验仪器主要有：①卡尔·费休水分滴定仪；②分析天平，精度 0.1mg 或 1mg；③微量注射器，$10\mu L$；④滴瓶，30mL；⑤烧杯，100mL；⑥磁力搅拌器；⑦培养皿。

（3）涂料水分含量的试剂

① 蒸馏水。符合三级水的要求。

② 卡尔·费休试剂。选用合适的试剂（对于不含醛铜化合物的试样，试剂主要成分为碘、二氧化硫、甲醇、有机碱。对于含醛酮化合物的试样，应使用醛酮专用试剂，试剂主要成分为碘、咪唑、二氧化硫、2-甲氧基乙醇、2-氯乙醇和三氯甲烷）。

（4）涂料水分含量的试验步骤

① 卡尔·费休滴定剂浓度的标定　在滴定仪的滴定杯中加入新鲜卡尔·费休溶剂至液面覆盖电极端头，以卡尔·费休滴定剂滴定至终点（漂移值＜$10\mu g/min$）。用微量注射器将 $10\mu L$ 蒸馏水注入滴定杯中，采用减量法称得水的质量（精确至 0.1mg），并将该质量数字

输入到滴定仪中，用卡尔·费休滴定剂至终点，记录仪器显示的标定结果。

进行重复标定，直至相邻 2 次的标定值相差小于 0.01mg/mL，求出两次标定的平均值，将标定结果输入到滴定仪中。

当检测环境的相对湿度小于 70% 时，应每周标定 1 次；当检测环境的相对湿度大于 70% 时，应每周标定 2 次；必要时，可以随时进行标定。

② 样品的处理。如果待测样品的黏度比较大，在卡尔·费休溶剂中不能很好地分散，则需要将样品进行适量稀释。在烧杯中称取经过搅拌均匀后的样品 20g（精确至 1mg），然后向烧杯加入约 20% 的蒸馏水，准确记录称样量及加水量，将烧杯盖上培养皿，在磁力搅拌器上搅拌 10~15min，然后将稀释好的样品倒入滴瓶中备用。

对于在卡尔·费休溶剂中能很好分散的样品，可直接测试样品中的水分含量。对于加水 20% 后，在卡尔·费休溶剂中仍不能很好分散的样品，可逐步增加稀释水量。

③ 样品的测定。在滴定仪的滴定杯中加入新鲜卡尔·费休溶剂至液面覆盖电极端头，以卡尔·费休滴定剂滴定至终点。向滴定杯中加入 1 滴试样，采用减量法称得加入的样品质量（精确至 0.1mg），并将该质量数字输入到滴定仪中，用卡尔·费休滴定剂至终点，记录仪器显示的标定结果。

平行测试两次，两次测试结果的相对偏差应小于 1.5%，取两个试验结果的平均值。测试 3~6 次后应及时更换滴定杯中的卡尔·费休溶剂。

④ 结果计算。样品经过稀释处理后测得的水分含量可按式(8-38)进行计算，计算结果保留 3 位有效数字：

$$W_w = \{[W_{1w}(m_s - m_w) - m_w]/m_w\} \times 100\% \tag{8-38}$$

式中　W_w——样品中实际水分含量的质量分数，%；

　　　W_{1w}——稀释样品测得的水分含量的质量分数平均值，%；

　　　m_s——稀释时所称样品的质量，g；

　　　m_w——稀释时所加水的质量，g。

4. 内墙涂料 VOC 的含量计算

（1）腻子产品可按式(8-39)计算 VOCs 的含量：

$$W_{VOCs} = \sum W_i \times 1000 \tag{8-39}$$

式中　W_{VOCs}——腻子产品中 VOCs 的含量，g/kg；

　　　W_i——测试试样中被测化合物 i 的质量分数，g/g；

　　　1000——转换因子。

（2）涂料产品可按式(8-40)计算 VOC 的含量：

$$\rho_{VOC} = \frac{\sum W_i}{1 - \rho_0 \times \dfrac{W_w}{\rho_w}} \times \rho_s \times 1000 \tag{8-40}$$

式中　ρ_{VOC}——腻子产品中 VOC 的含量，g/kg；

　　　W_i——测试试样中被测化合物 i 的质量分数，g/g；

　　　W_w——测试试样中水的质量分数，g/g；

　　　ρ_s——试样的密度，g/mL；

　　　ρ_w——水的密度，g/mL；

　　　1000——转换因子。

5. 苯、甲苯、乙苯、二甲苯总和含量计算

涂料和腻子产品中苯、甲苯、乙苯、二甲苯总和含量，可按式（8-41）进行计算：

$$W_b = \sum W_i \times 10^6 \tag{8-41}$$

式中　W_b——产品中苯、甲苯、乙苯、二甲苯总和的含量，mg/kg；

　　　W_i——测试试样中被测组分 i（苯、甲苯、乙苯和二甲苯）的质量分数，g/g；

　　　10^6——转换因子。

（二）内墙涂料中游离甲醛的检测

（1）涂料中游离甲醛试验原理　采用蒸馏的方法将样品中的游离甲醛蒸出。在 pH 值等于 6 的乙酸-乙酸铵缓冲的溶液中，馏分中的甲醛与乙酰丙酮在加热的条件下，反应生成稳定的黄色络合物，冷却后在波长 412nm 处进行吸光度测试。根据标准工作曲线，计算试样中游离甲醛的含量。

（2）涂料中游离甲醛试验仪器　涂料中游离甲醛试验中所用的仪器设备有：①蒸馏装置，100mL 蒸馏瓶、蛇型冷凝管等；②具塞刻度试管，50mL；③移液管：1mL、5mL、10mL、20mL 和 25mL；④加热设备，电加热套、水浴锅；⑤分析天平，精度 1mg；⑥可见分光光度计。

（3）涂料中游离甲醛试验试剂　分析测试中仅采用已确认为分析纯的试剂，所用的水应符合三级水的要求。涂料中游离甲醛试验所用的试剂有：①乙酸铵；②冰醋酸：1.055g/mL；③乙酰丙酮，0.975g/mL；④碘溶液，$c\,(1/2I_2) = 0.1\text{mol/L}$；⑤氢氧化钠溶液，1mol/L；⑥盐酸溶液，1mol/L；⑦硫代硫酸钠标准溶液，$c\,(Na_2S_2O_3) = 0.1\text{mol/L}$；⑧甲醛溶液，质量分数约为 37%；⑨淀粉溶液 1g/100mL；⑩乙酰丙酮溶液，体积分数为 0.25%；⑪甲醛标准稀释液 10μg/mL。

移取 20mL 待标定的甲醛标准溶液，置于 250mL 的碘量瓶中，准确加入 25.00mL 碘溶液，再加入 10mL 氢氧化钠溶液，将其摇均匀，放于暗处静置 5min 后，再加入 11mL 盐酸溶液，用硫代硫酸钠标准溶液滴定至淡黄色，加入 1mL 淀粉溶液，继续滴定至蓝色刚刚消失为终点，记录所耗硫代硫酸钠标准溶液的体积 V_2（mL），同时做空白样试验记录所耗硫代硫酸钠标准溶液的体积 V_1（mL），这样便可按式（8-42）计算甲醛标准溶液的质量浓度：

$$\rho_{(HCHO)} = (V_1 - V_2) \times c\,(Na_2S_2O_3) \times 15/20 \tag{8-42}$$

式中　$\rho_{(HCHO)}$——甲醛标准溶液的质量浓度，mg/mL；

　　　V_1——空白样滴定所耗硫代硫酸钠标准溶液的体积，mL；

　　　V_2——甲醛溶液标定所耗硫代硫酸钠标准溶液的体积，mL；

　$c\,(Na_2S_2O_3)$——硫代硫酸钠标准溶液的浓度，mol/L；

　　　15——甲醛摩尔质量的 1/2；

　　　20——标定时所移取的甲醛标准溶液体积，mL。

（4）涂料中游离甲醛试验步骤

① 标准工作曲线的绘制。取数支具塞刻度试管，分别移入 0.10mL、0.20mL、0.50mL、1.00mL、3.00mL、5.00mL 和 8.00mL 甲醛标准稀释液，加水稀释至刻度，加入 2.5mL 的乙酰丙酮溶液，并充分摇均匀。在 60℃ 恒温水浴中加热 30min，取出后冷却至室温，用 10mm 比色皿（以水为参比）在紫外可见光光度计上于 412nm 波长处测试吸光度。

在以上测试所得结果的基础上，以具塞刻度试管中的甲醛质量（μg）为横坐标，相应的吸光度为纵坐标绘制标准工作曲线。

② 样品游离甲醛的测试。称取搅拌均匀后的试样 2g（精确至 1mg），置于 50mL 的容量瓶中，加水摇均匀，并稀释至刻度。再用移液管移取 10mL 容量瓶中的试样水溶液，置于已预先加入 10mL 水的蒸馏瓶中，在馏分接收器中预先加入适量的水，浸没馏分出口，馏分接收器的外部用冰水浴进行冷却，蒸馏装置如图 8-1 所列。加热蒸馏，使试样蒸馏至几乎全部蒸干，取下馏分接收器，用水稀释至刻度，放置一边待测。

如果待测试样在水中不易分散，则直接称取搅拌均匀后的试样 0.4g（精确至 1mg），置于已预先加入 20mL 水的蒸馏瓶中，将其轻轻摇均匀，然后再进行蒸馏过程的操作。

在已定容的馏分接收器中加入 2.5mL 乙酸丙酮溶液，摇均匀。在 60℃ 恒温水浴中加热 30min，取出后冷却至室温，用 10mm 比色皿（以水为参比）在紫外可见光光度计上于 412nm 波长处测试吸光度。同时在相同条件下做空白样（水），测得空白样的吸光度。

将测得的试样的吸光度减去空白样的吸光度，在标准工作曲线上查得相应的甲醛质量。如果试验溶液中的甲醛含量超过标准曲线的最高点，则需要重新蒸馏试样，并适当稀释后再进行测试。

（5）涂料中游离甲醛试验结果计算

涂料中游离甲醛的含量，可按式(8-43)进行计算：

$$W = mf/m'$$

$$(8-43)$$

式中　W——涂料中游离甲醛的含量，mg/kg；

　　　m——从标准工作曲线上查得相应的甲醛质量，μg；

　　　f——稀释因子；

　　　m'——样品的质量，g。

（三）溶剂型木器涂料挥发性有机化合物检测

1. 溶剂型木器涂料挥发物含量

（1）检验原理　在规定的试验条件下，通过样品挥发前后的质量（重量）变化，计算挥发物的含量。

（2）仪器设备。溶剂型木器涂料挥发性有机化合物检验用的仪器设备有如下几种。

① 普通实验室仪器和设备。

② 适用于色漆、清漆、色漆与清漆用漆基和聚合物分散体的仪器金属或玻璃的平底皿，直径为（75±5)mm，边缘高度至少为 5mm。胶乳样品最好使用带盖的皿。

黏稠的聚合物分散体或乳液，可使用 0.1mm 厚的铝箔，裁成可以对折的大小约为（70±10)mm×（120±10)mm 的矩形，经过轻轻挤压对折的两部分而使黏稠的液体完全铺开。

③ 适用于液态交联树脂（酚醛树脂）的仪器。金属或玻璃的平底皿，直径为 75mm±1mm，边缘高度至少为 5mm。也可使用不同直径的皿，并可按式(8-44)计算用于试验样品的质量 m，其单位为克（g）。

$$m = 3 \times (d/75)^2$$

$$(8-44)$$

式中　m——用于试验样品的质量，g；

　　　d——皿底的直径，mm；

　　　3——试验的标准样品量，g；

　　　75——皿的标准直径，mm。

④ 烘箱。所用的烘箱应能在安全条件下进行试验。对于最高温度 150℃ 的情况，能确保存在规定或商定温度的 ±2.0℃ 范围内；对于最高温度 150～200℃ 的情况，能确保存在规定

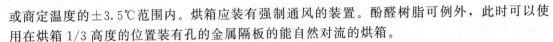

或商定温度的±3.5℃范围内。烘箱应装有强制通风的装置。酚醛树脂可例外，此时可以使用在烘箱1/3高度的位置装有孔的金属隔板的能自然对流的烘箱。

但是，应特别引起注意的是：为了防止爆炸或起火，对于含有易挥发性物质的样品必须小心处理，应按照国家有关规定进行操作。

某些用途的样品，在真空条件下干燥更好，此时试验条件应商定或按《浓缩天然胶乳总固体含量的测定》（GB/T 8298—2001）中规定的方法进行。仲裁试验，所有各方面都应使用构造相同的烘箱。

⑤ 分析天平。称量能准确至1mg、0.1mg。

⑥ 干燥器。干燥器内装有适量的干燥剂，常用的干燥剂有用氯化钴浸过的干燥硅胶。

（3）测定方法

① 为确保测试结果的准确度，首先应对仪器设备进行除油和清洗皿工作。

② 为了提高测量的精度，建议在烘箱中规定或商定的温度下，将皿干燥规定的时间，如表8-18和表8-19所列，然后放置在干燥器中直至使用。

表8-18 色漆、清漆、色漆与清漆用漆基和液态酚醛树脂的试验参数

加热时间/min	温度/℃	试样量/g	产品类别示例
20	200	1±0.1[1]	粉末树脂
60	80	1±0.1[1]	硝酸纤维素，硝酸纤维素喷漆，多异氰酸酯树脂[2]
60	105	1±0.1[1]	纤维素衍生物，纤维素漆，空气干燥型漆，多异氰酸酯树脂[2]
60	125	1±0.1[1]	合成树脂（包括多异氰酸酯树脂[2]），热烤漆，丙烯酸树脂（首选条件）
60	150	1±0.1[1]	烘烤型底漆，丙烯酸树脂
30	180	1±0.1[1]	电烤漆
60	135[3]	3±0.5	液态酚醛树脂

① 试样量经有关方商定可以不是1g。如果是这种情况，建议试样量不要超过2±0.2g，对于含有沸点160～200℃溶剂的树脂，建议烘箱温度为160℃。如有更高沸点的溶剂，试验条件应有有关方商定。

② 试验参数根据待测的多异氰酸酯树脂各自的类型而定。

③ 可使用交替的温度，建议交替的温度为120℃和150℃。

表8-19 聚合物分散体的试验参数

加热时间/min	温度/℃	试样量/g	试验方法[1]
120	80	1±0.2[2]	A
60	105	1±0.2[2]	B
60	125	1±0.2[2]	C
30	140	1±0.2[2]	D

① 试验条件根据待测的聚合物分散体和乳液的类别而定，应选择有关方商定的条件。

② 试样量经有关方商定可以不是1g。如果是这种情况，建议试样量不要超过2.5g。试样量也可为0.2～0.4g，精确至0.1mg。在这种情况下，试验时间可以减少（由待测分散体的类型而定），只要所得到的结果与本表中所给的条件下获得的结果相同。

③ 称量洁净干燥的皿的质量 m_0，称取待测样品 m_1 至皿中铺匀（全部称量精确至1mg）。对高黏度样品或结皮样品，用一个已称重的金属丝（如未涂漆的弯曲回形针）将试样铺平。如有必要，可另外加2mL合适的溶剂。

④ 用于色漆和清漆及其他用途，如研磨剂、摩擦衬片、铸造用胶黏剂、制模材料等的缩聚树脂称取较多的试样量，因为这些用途的材料需要采用较厚的涂层进行测试，以便缩聚树脂的单体能发生交联反应。对于比较试验，待测样品在皿中的涂层厚度应相同。因此，皿的直径应为（75±1）mm，可按式（8-44）进行计算。

待测样品是否完全铺平及铺平的时间，对于不挥发物含量影响很大，如果待测样品由于黏度大等原因未完全铺平，则表现不挥发物的含量比较大。

⑤ 为了提高测量的精度，在测试色漆、清漆、色漆与清漆用漆基时，建议另加 2mL 易挥发的适宜的溶剂，并在称量的过程中要盖住皿。

⑥ 对于易挥发性的样品，建议将充分混匀的样品放入一个带塞的瓶中或放入可称重的吸管或 10mL 的不带针头的注射器中，用减量法称取试样（精确至 1mg）至皿中，并在皿底铺平。

⑦ 如果加入溶剂，建议将盛有试样的皿在室温下放置 10～15min。

⑧ 水性体系的涂料（如聚合物分散体和胶乳）加热时会溅出，这是因为表会结皮，而结皮也会受到烘箱中的温度、空气流速以及相对湿度的影响，在这种情况下，皿中的材料层厚度要尽可能薄。

⑨ 称量完毕并加入稀释剂后，将皿转移至事先调节到规定或商定温度，如表 8-18 和表 8-19 所列，的烘箱中，保持规定或商定的加热时间，如表 8-18 和表 8-19 所列。

⑩ 加热时间到达规定或商定的时间后，将皿转移至干燥器中使之冷却至室温，或者放置于无灰尘的大气中冷却。但是，不使用干燥器冷却会影响测量的精度。

⑪ 称量皿和皿中剩余物的质量 m_2，精确至 1mg。进行两次平行的测定。

（4）结果处理

用式(8-45)计算挥发物的质量分数 ω，其数值用百分数（%）表示：

$$\omega = [1-(m_2-m_0)/(m_1-m_0)] \times 100\% \tag{8-45}$$

式中　ω——挥发物的质量分数，%；

m_0——空皿的质量，g；

m_1——皿和试样的质量，g

m_2——皿和剩余物的质量，g。

如果色漆、清漆和漆基的两个结果（两次测定）之差大于 2%（相对平均值）或者聚合物分散体的两个结果之差大于 0.5%，则需要重新进行测定。在计算两个有效结果（两次测定）的平均值，报告其试验结果，应精确至 0.1%。

2. 溶剂型木器涂料密度的测定

（1）仪器设备　溶剂型木器涂料密度测定所用的仪器设备主要有：①比重瓶，25mL；②温度计，分度为 0.1℃，精确到 0.2℃；③水浴或恒温室，保持试验温度的 0.5℃范围内；④分析天平，精确至 0.2mg。

（2）测定程序

① 比重瓶的校准

a. 用铬酸溶液、蒸馏水和蒸发后不留下残余的溶剂依次清洗玻璃比重瓶，并使比重瓶达到充分干燥。

b. 将比重瓶放置于室温条件下，并将比重瓶称重。反复洗涤干燥，直至两次相继的称量差不超过 0.5mg。在低于试验温度（23±0.5）℃不超过 1℃的温度下，在比重瓶中注满蒸馏水。

c. 将比重瓶口塞住，使溢流孔开口，严格防止在比重瓶中产生气泡。

d. 将比重瓶放置在恒温室中，直至比重瓶的温度与瓶中所含物的温度恒定为止，用有吸收性的材料（如绵纸或滤纸）擦去溢出物质，并用吸收性材料彻底擦干比重瓶的外部。要特别注意，如果直接用手操作时，比重瓶会增高温度而引起溢流孔产生更多的溢流，且也会在瓶上留下手印，因此要用钳子和用干净、干燥的吸收性材料保护手来操作比重瓶。

e. 立即称量该注满蒸馏水的比重瓶，精确到其质量的 0.001%。

按式(8-46)计算比重瓶的容积（mL）：

$$V = (m_1 - m_0)/\rho \tag{8-46}$$

式中　V——比重瓶的容积，mL；

m_1——比重瓶及水的质量，g；

m_0——空比重瓶的质量，g；

ρ——水在 23℃下的密度，0.9975g/mL。

② 产品密度的测定。用产品代替比重瓶中的蒸馏水，重复以上操作步骤。用沾有适合溶剂的吸收材料擦干净比重瓶外部的色漆残余物，并用干净的吸收材料反复擦拭，使比重瓶外部完全干净和干燥。在产品密度的测定过程中，应当注意以下方面。

a. 当使用装有含颜料的产品的玻璃比重瓶时，难以擦掉残余的颜料，特别是对于难以从毛玻璃表面上擦掉时，这样的残余物能通过在水或溶剂槽中的超声振荡而除去。

b. 为了使误差减至最小，接口处应牢固地装好。为了精确的测定，检测最好采用玻璃比重瓶。对于为控制生产而需要的密度测定，通常宜采用金属比重瓶。

c. 如果试样中留有在静置时不容易消散的气泡，以上所述的试验方法是不适宜的，应参考其他有关试验规定。

（3）密度计算　对于所测定的产品试样密度，可按式(8-47)进行计算：

$$\rho t = (m_2 - m_0)/V \tag{8-47}$$

式中　V——在试验温度下测得比重瓶的容积，mL；

m_2——比重瓶及产品的质量，g；

m_0——空比重瓶的质量，g；

ρ——测定的产品试样密度，g/mL；

t——试验温度（23℃或其他商定的温度）。

同一种产品试样应进行两次测定，求两次的平均值，精确到小数点后一位。

（4）重复性　由同一操作人员、用同样的测试设备，在相同的操作条件下，对于相同的试验材料，在短时间间隔内，得到的相继结果之差，应当不超过 0.0006g/mL，其置信水平为 95%。

3. 溶剂型木器涂料挥发性有机化合物含量计算

溶剂型木器涂料挥发性有机化合物的含量可按式(8-48)进行计算：

$$VOC = 1000\omega\rho \tag{8-48}$$

式中　VOC——溶剂型木器涂料挥发性有机化合物的含量，g/L；

ω——溶剂型木器涂料中挥发物的质量分数，%；

ρ——溶剂型木器涂料在（23±0.5）℃时的密度，g/mL。

（四）溶剂型木器涂料苯、甲苯和二甲苯总和检测

（1）检验原理　涂料样品经稀释后，在色谱柱中将苯、甲苯和二甲苯（包括乙苯）与其他组分分离，用氢火焰离子化检测器进行检测，以内标法定量。

（2）仪器设备　溶剂型木器涂料苯、甲苯和二甲苯总和检测所用的仪器设备主要有：①气相色谱仪，带氢火焰离子化检测器；②进样器，微量注射器，10μL、50μL；③配样瓶，容积约为 5mL，具有可密封的瓶盖；④色谱柱 1，聚乙二醇（PEG）20M 柱，长度为 2m，固定相为 10%PEG20M 涂于 Chromosrob WAW125～149μm 担体上；⑤色谱柱 2，阿匹松

M柱，长度为3m，固定相为10％阿匹松M涂于Chromosrob WAW149～177μm担体上。

（3）试剂和材料

① 载气：氮气，纯度≥99.80％。

② 燃气：氢气，纯度≥99.80％。

③ 助燃气：洁净的空气。

④ 乙酸乙酯：分析纯。

⑤ 苯、甲苯和二甲苯：分析纯；内标物为正戊烷，色谱纯。

（4）色谱测定条件

① 色谱柱温

a. 聚乙二醇（PEG）20M柱：初始温度60℃，恒温10min，再进行程序升温，升温速率为15℃/min，最终温度为180℃，保持至基线走直。

b. 阿匹松M柱：初始温度120℃，恒温15min，再进行程序升温，升温速率为15℃/min，最终温度为180℃，保持5min，保持至基线走直。

② 检测器温度：200℃。

③ 汽化室温度：180℃。

④ 载气流速：30mL/min。

⑤ 燃烧气流速：50mL/min。

⑥ 助燃气流速：500mL/min。

⑦ 进样量：1μL。

也可根据所用气相色谱仪的性能及样品实际情况，另外选择最佳的色谱测定条件。如也可选择正庚烷作为内标物、SE-30等作为固定液、177～250μm的Chromosrob WAW等作为担体。

（5）内墙涂料中甲苯二异氰酸酯的检测

1）配制标准样品。在5mL样品瓶中分别称取苯、甲苯、二甲苯及内标物正戊烷各0.02g（精确至0.0002g），加入3mL乙酸乙酯作为稀释剂，然后密封并摇均匀。要注意每次称量后要立即将样品盖紧，防止样品挥发损失而影响测量结果。

对于瓶盖可刺穿的样品瓶，可先加入乙酸乙酯，然后再用50μL注射器取20～25μL苯、甲苯、二甲苯，40μL正戊烷分别加入样品瓶中。

2）测定相对校正因子。待仪器稳定后，吸取1μL标准样品注入汽化室，记录色谱图和色谱数据。在聚乙二醇（PEC）20M柱和阿匹松M柱上分别测定相对校正因子。

3）计算相对校正因子。苯、甲苯、二甲苯各自对正戊烷的相对校正因子f_i可按式(8-49)分别进行计算：

$$f_i = m_i A_{c5} / m_{c5} A_i \tag{8-49}$$

式中　f_i——苯、甲苯、二甲苯各自对正戊烷的相对校正因子；

m_i——苯、甲苯、二甲苯各自的质量，g；

A_{c5}——正戊烷的峰面积；

m_{c5}——正戊烷的质量，g；

A_i——苯、甲苯、二甲苯各自的峰面积。

标准样品应配制两组，分别测定苯、甲苯、二甲苯各自对正戊烷的相对校正因子，平行样品的相对偏差均应小于10％。

（6）溶剂型木器涂料样品测定　将样品搅拌均匀后，在样品瓶中称取2g样品和0.02g正戊烷（均精确至0.0002g），加入2mL乙酸乙酯（以能进样为宜，测稀释剂时不再加乙酸乙酯），密封并摇均匀（配制样品时可先加样品，再加稀释剂，最后从瓶盖处注入正戊烷）。

在相同于测定相对校正因子的色谱条件下对样品进行测定，记录各组分在色谱柱上的色谱图和色谱数据。如遇特殊情况不能明确定性时，分别记录两根色谱柱上的色谱图和色谱数据。根据苯、甲苯、二甲苯各自对正戊烷的相对保留时间进行定性。

（7）溶剂型木器涂料测定结果计算　溶剂型木器涂料中苯、甲苯、二甲苯各自的质量分数（％）可分别按式(8-50)计算：

$$X_i = f_i m_{c5} A_i / m A_{c5} \tag{8-50}$$

式中　X_i——试样中苯、甲苯、二甲苯各自的质量分数，％；

　　　f_i——苯、甲苯、二甲苯各自对正戊烷的相对校正因子；

　　m_{c5}——正戊烷的质量，g；

　　　A_i——苯、甲苯、二甲苯各自的峰面积；

　　　m——试样的质量，g；

　　A_{c5}——正戊烷的峰面积。

取平行测定两次结果的算术平均值作为苯、甲苯、二甲苯的测定结果。

（8）测定的重复性　同一操作者两个平行样品的测定结果的相对偏差应小于10％。

（9）测定的注意事项　如产品规定了稀释比例或产品由双组分或多组分组成时，应分别测定稀释剂和各组分中的含量，再按产品规定的配合比计算混合后涂料中的总量。如稀释剂的使用量为某一范围时，应按照推荐的最大稀释量进行计算。

样品图谱中在苯的位置可能会有干扰峰，应仔细辨别其是否为苯，可通过与正戊烷及甲苯、二甲苯的保留时间比较来进行判断，如果仍无法确定，可取 $10\mu L$ 苯蒸气进行同条件分析，根据苯的保留时间进行判断。

（五）涂料中甲苯二异氰酸酯的检测

（1）检验原理　试样用适当的溶剂稀释后，加入 1,2,4-三氯代苯作为内标物，并直接进样，在色谱柱中被分离成相应的组分，用氢火焰离子化检测器控制并记录色谱图，用内标法计算试样溶液中甲苯二异氰酸酯的含量。

（2）仪器设备

① 气相色谱仪。带火焰离子化检测器。

② 进样器。微量注射器，$10\mu L$。

③ 色谱柱。内径 3mm，长 1m 或 2m，不锈钢。固定相：固定液为甲基乙烯基硅氧烷树脂（UC-W982）。载体为 ChromosrobWHP180～150μm（80～100 目）。

关于色谱柱的选择，在《气相色谱法测定氨基甲酸酯预聚物和涂料溶液中未反应的甲苯二异氰酸酯（TDI）单体》（GB/T 18446—2001）中使用的是填充柱，在进样口端需加装衬管保护色谱柱，由于设备限制部分气相色谱仪的填充柱进样口无法安装衬管，而直接柱上进样对色谱桩有很大损伤。因此，可参考胶黏剂中 TDI 检测的方法，采用可安装衬管的毛细管柱进行分析。实践证明，DB-1 大口径毛细管柱完全可以满足分析的要求。

④ 分析天平。准确至 0.1mg。

⑤ 玻璃器皿。由于甲苯二异氰酸酯容易与水反应，实验过程中使用的通用玻璃器皿，均应在烘箱中干燥除去水分，放置于装有无水硅胶的干燥器内冷却待用。

（3）试验试剂

① 载气。氮气，纯度≥99.80％，硅胶除水。

② 燃气。氢气，纯度≥99.80％，硅胶除水。

③ 助燃气。洁净的空气，硅胶除水。

④ 乙酸乙酯。分析纯，经 5A 分子筛脱水、脱醇，水的质量分数小于 0.03％，醇的质量分数小于 0.02％。

⑤ 甲苯二异氰酸酯（TDI）。分析纯（80/20）。TDI 一般为 2.4 位和 2.6 位的混合物；1,2,4-三氯代苯（TCB）：分析纯。

⑥ 5A 分子筛。5A 分子筛可吸附小于该孔径的任何分子，一般称为钙分子筛。将 5A 分子筛在 500 的高温炉中加热 2h，置于干燥器中冷却备用。

（4）色谱测定条件　甲苯二异氰酸酯检测色谱测定条件为：①柱温 150℃；②氢气流速 90mL/min；③汽化室温度 150℃；④氮气流速 50mL/min；⑤空气流速 500mL/min；⑥检测器温度 200℃；⑦进样量 1μL。

上述色谱测定条件可根据实际情况进行适当调整。

（5）测定相对校正因子

① 配制 A 溶液。称取 1g（准确至 0.1mg）1,2,4-三氯代苯，放于干燥的容量瓶中，用乙酸乙酯稀释至 100mL。

② 配制 B 溶液。称取 0.25g（准确至 0.1mg）甲苯二异氰酸酯，放于干燥的容量瓶中，加入 10mL 配制好的 A 溶液，将样品充分摇匀后密封，静止 20min（该溶液的保存期为 1d）。待仪器稳定后，按上述色谱条件进行分析，并可按式(8-51)计算甲苯二异氰酸酯的相对质量校正因子。

$$f_w = A_s W_i / A_i W_s \tag{8-51}$$

式中　f_w——甲苯二异氰酸酯的相对质量校正因子；

A_s——内标物 1,2,4-三氯代苯的峰面积；

W_i——样品溶液中甲苯二异氰酸酯的质量，g；

A_i——甲苯二异氰酸酯的峰面积；

W_s——内标物 1,2,4-三氯代苯的质量，g。

（6）样品测定

① 样品配制。样品中含有 0.1％～1％未反应的甲苯二异氰酸酯时，称取 5g 试样（准确至 0.1mg）放入 25mL 的干燥容量瓶中，用移液管取 1mL 内标物溶液和 10mL 乙酸乙酯移入容量瓶中，密封后充分混合均匀，置于室内待测。

样品中含有 1％～10％未反应的甲苯二异氰酸酯时，称取 5g 试样（准确至 0.1mg）放入 25mL 的干燥容量瓶中，用移液管取 1mL 内标物溶液移入容量瓶中，密封后充分混合均匀（此时不需加乙酸乙酯），置于室内待测。

② 样品分析。注入 1μL 配制好的样品溶液进行分析，分析条件与测定校正因子的分析条件相同。

（7）结果计算　根据以上试验和计算，可按式(8-52)计算甲苯二异氰酸酯（TDI）质量分数（％）：

$$W_{TDI} = (M_s A_i f_w / M_i A_s) \times 100\% \tag{8-52}$$

式中　W_{TDI}——样品中游离甲苯二异氰酸酯（TDI）质量分数，％

M_s——内标物 1,2,4-三氯代苯（TCB）的质量，g；

A_i——游离甲苯二异氰酸酯的峰面积；

f_w——甲苯二异氰酸酯的相对质量校正因子；

M_i——游离甲苯二异氰酸酯的质量，g；

A_s——内标物 1,2,4-三氯代苯（TCB）的峰面积。

取两个平行样品测定结果的平均值，精确至 0.01%。

如聚氨酯漆类规定了稀释比例或由双组分或多组分组成时，应先测定固化剂（含甲苯二异氰酸酯预聚物）中的含量，再按产品规定的配合比计算混合后涂料中的含量。如稀释剂的使用量为某一范围时，应按照推荐的最小稀释量进行计算。

（8）重复性　同一操作者两个平行样品的测定结果之差应不大于 0.06%。

（9）注意事项　由于甲苯二异氰酸酯对水分比较敏感，测定过程中除了使用的玻璃器皿必须烘干并存放于干燥器中外，对于测定室内空气的湿气也应进行控制，可使用空调抽湿的功能，最好将湿度控制在 60% 以下。另外，配好的试样必须当天进行分析。

第六节　建材放射性物质检测

自然环境中各种介质及生物等都存在天然放射性物质，所谓"天然"就是原始就存在的，当然建筑材料中也存在天然放射性特征，应该说建材含有天然放射性。多数建筑材料中天然放射性会很低，对公众不会造成危害，公众完全可以安心地工作、生活，但有的建筑材料含量较高，还有个别建筑材料受了放射性物质的污染，且含量很高，这将对公众造成危害。

由于建材中掺有某些放射性含量高的废物或使用高放射性石材，明显地增加了对居民的射线照射，引起世界各国对建材中的放射性高度警觉和重视，因此联合国原子辐射效应科学委员会（UNSCEAR）和二十几个国家规定了建材中放射性核素的平均比放射性，即放射性限值。我国于 1986 年以后相继颁布了《建筑材料用工业废渣放射性物质限制标准》、《建筑材料放射卫生防护标准》、《掺工业废渣建筑材料产品放射性物质控制标准》、《天然石材产品放射性分类控制标准》。

目前我国各地区对建房的环境放射性评价及建筑材料中放射性控制还没有纳入政府部门管理，因此，人们近些年来对新建房屋建材和室内装饰建材中放射性了解甚少，但随着人们环境保护意识的不断提高，部分外资企业要求我们对建造厂房、住宅进行环境的放射性评价或购房前对室内进行检测；很多居民要求对居室和装饰材料进行放射性检测。通过检测已发现个别居室内放射性较高，有的室内铺有地砖、墙砖，其放射性较高。

一、建材放射性基本概念

建筑材料放射性检测实践充分证明，在建筑工程中所使用的无机非金属建筑材料、无机非金属装修材料，均含有天然放射性核素镭（Ra）-226、钍（Th）-232 和钾（K）-40。

(一) 核素的外照射和内照射

建筑材料的放射性对人体的伤害，主要通过两个方面进行：一方面是外照射，放射性核素从人体外部照射人体的现象，主要是 γ 射线电离辐射；另一方面是内照射，即放射性核素进入人体并从人体内部照射人体的现象，即主要是通过吸入放射性气体——氡，在体内近距离释放 α 射线，分解体内细胞而破坏生理平衡，对人体造成损坏。

γ 射线能量较低，穿透能力很强，因为人类对地球的辐射长期适应而具有一定的免疫能力，所以外照射对人类的危害不是很明显，许多放射性较高的花岗石矿区的群众并没有感到不适，而且寿命并不低，原因是已经适应了这种高辐射的环境。

原生放射性核素 238U 在衰变过程中变成镭，镭不稳定衰变成氡，氡继续衰变，放出射线。氡是一种比空气更重的放射性惰性气体，容易沉积在屋内低处，在不通风或人类长时间停留的环境中，很容易吸到体内从而危害人体，内照射对人类的危害程度最大，预防的唯一办法就是室内多通风，减少氡的吸入量。

（二）放射性的术语和定义

在建筑材料放射性核素的检测中，常用的术语有放射性活度、放射性比活度、内照射指数和外照射指数等。

（1）放射性活度　放射性活度是表示放射性核素特征的物理量。1975 年第十五届国际计量大会通过决议，提出放射性活度物理量，它的定义为处于特定能态的一定量的放射性核素，在单位时间内发生衰变的原子核数目称为放射性活度，即衰变率。放射性活度用符号 A 表示，单位为贝可，符号为 Bq。

（2）放射性比活度　放射性比活度（C）是指建筑材料中某种天然放射性核素放射性活度除以该建筑材料的质量之比值 C，可按式（8-53）进行计算：

$$C = A/m \qquad (8\text{-}53)$$

式中　C——放射性比活度，Bq/kg；

A——建筑材料中核素的放射性活度，Bq；

m——建筑材料的质量，kg。

（3）内照射指数　内照射指数（I_{ra}）是指建筑材或装修材料中天然放射性核素-226 的放射性比活度，除以 200 而得的商。内照射指数（I_{ra}）可按式（8-54）进行计算：

$$I_{ra} = C_{ra}/200 \qquad (8\text{-}54)$$

式中　I_{ra}——内照射指数；

C_{ra}——建筑材料中天然放射性核素镭-226 的放射性比活度，Bq/kg；

200——仅考虑内照射情况下，标准规定的建筑材料中放射性核素镭-226 的放射性比活度限量，Bq/kg。

（4）外照射指数　外照射指数（I_r）是指建筑材或装修材料中天然放射性核素-226、钍（Th）-232 和钾（K）-40 的放射性比活度，分别除以其各自单独存在时国家规定的限量而得的商之和。外照射指数（I_r）可按式（8-55）进行计算：

$$I_r = C_{ra}/370 + C_{th}/260 + C_k/4200 \qquad (8\text{-}55)$$

式中　I_r——内照射指数；

C_{ra}、C_{th}、C_k——建筑材料中天然放射性核素镭（Ra）-226、钍（Th）-232 和钾（K）-40 的放射性比活度，Bq/kg；

370、260、4200——仅考虑内照射情况下，国家标准规定的建筑材料中放射性核素镭-226、钍（Th）-232 和钾（K）-40 在其各自单独存在时的放射性比活度限量，Bq/kg。

二、建材放射性检测依据

建材放射性检测的主要依据有《建筑材料产品及建材用工业废渣放射性物质控制要求》（GB 6763—2000）、《民用建筑工程室内环境污染控制规范》（GB 50325—2010）、《建筑材料放射性核素限量》（GB 6566—2010）。

三、检测仪器设备及环境

1. 检测所用仪器设备

建材放射性检测所用的仪器设备主要有：①低本底多道 γ 能谱仪及配套计算机、打印机；②粉碎机；③天平，最大称量为 500g，感量 1g；④样品盒；⑤标准筛（70 目）；⑥经国家法定计量部门检验确认的标准物质。

2. 检测所需要的环境

建材放射性检测所需要的环境为：使用温度 5～30℃，相对湿度不大于 85％。

四、取样及制备要求

（1）取样要求　被检测的建筑材料应随机抽取样品两份，每份不少于 3kg，一份作为检验样品，一份密封保存（用于复检）。

（2）制样要求　将检验样品用粉碎机粉碎，磨细至样品粒径不大于 0.16mm（70 目）。将样品放入与标准样品几何形态一致的样品盒中，并准确称重（精确至 1g），待测。

五、建材检测的操作步骤

考虑到目前检测建筑材料放射性的仪器非常多，各种仪器的性能和使用方法也有所差异，在选择仪器应根据建筑材料检测实际，对照拟选仪器的性能进行选择，并按照其使用说明书要求操作。从总的方面来说，建筑材料放射性的检测仪器在操作中的主要过程基本一致，下面以瑞康-1 型（碘化钠探头）低本底多道 γ 能谱仪为例，比较详细地介绍仪器的操作步骤。

（1）清理与开机　首先用酒精棉擦净探测器的顶部，保持碘化钠探头的清洁。然后打开计算机和低本底多道 γ 能谱仪预热约 1h，使仪器在这个环境下稳定，此时采取措施保证室内温度变化在±2℃、湿度变化在±5％范围内。否则，峰位将会出现漂移，从而影响测量结果的准确性。

（2）进行本底测量　将铅室空置，并关好铅室门，设置测量时间为 24h，在测量结束后，保存图谱文件，文件名为：本底＋测量日期。

（3）镭、钍、钾标准源测量　将镭标准源直接放在探测器顶部正中央，然后关好铅室门，设置测量时间为 16h，在测量结束后，保存图谱文件，文件名为：镭标准源＋测量日期。

用以上同样的方法测得钍和钾标准源图谱。

（4）特征峰峰位确定，记录能量—峰位（道址）　每一个放射性核素图谱都有其特征峰和相对应的能量，下面将镭、钍、钾的特征峰及对应的能量进行记录，为能量刻度（标准曲线）做好准备。

打开镭标准图谱，将光标移到 351.92kev 峰位，寻找计数值最大的那一道（X_1），按能量—峰位格式记录 351.92kev—X_1，将光标移到 609.32 kev 峰位，寻找计数值最大的那一道（X_2），按能量—峰位格式记录 609.32kev—X_2，关闭镭标准图谱。

打开钍标准图谱，将光标移到 238.63kev 峰位，寻找计数值最大的那一道（X_3），按能量—峰位格式记录 238.63kev—X_1，将光标移到 583.19 kev 峰位，寻找计数值最大的那一道（X_4），按能量—峰位格式记录 583.19kev—X_2，将光标移到 2614.70 kev 峰位，寻找计数值最大的那一道（X_5），按能量—峰位格式记录 2614.70kev—X_2，关闭钍标准图谱。

打开钾标准图谱，将光标移到 1460.75kev 峰位，寻找计数值最大的那一道（X_6），按能量—峰位格式记录 1460.75kev—X_6，关闭钾标准图谱。

（5）存储新的本底图谱、标准图谱为计算用标准图谱　将新测量的本底图谱、镭标准图谱、钍标准图谱、钾标准图谱存储为标准图谱，并根据菜单的提示输入相应的标准源活度，单位为 Bq。

（6）能量刻度（标准曲线）　点击刻度菜单，点击能量刻度子菜单，清除旧的能量刻度表，将 6 个新的"能量—道址"输入后，再点击"刻度"，图中则显示一条直线，新的能量刻度完成。

（7）进行样品检测　完成以上各步骤的操作后，开始对无机建筑材料试样进行放射性检测。

在测量完成后，点击"分析"菜单，输入样品净重及样品信息，然后点击"成分分析"，计算机会自动给出该建筑材料样品的镭、钍和钾放射性元素比活度、测量不确定度、内照射指数和外照射指数。一般来说，镭（Ra)-226、钍（Th)-232 和钾（K)-40 的单个放射性比活度大于 30Bq/kg 时，测量不确定度应小于 20%，即符合技术要求，否则应重新测量，并延长测量时间。

当内照射指数或外照射指数值接近标准限值以及仲裁检测时，为使检测数据更加准确，可将建筑材料样品放置 15d 以上，使镭和氡达到基本平衡后，再进行测量。

六、数据处理与结果判定

（一）数据处理

根据计算机给出的建筑材料样品测量结果，按照以下"结果判定"判断数据是否符合标准限量的要求。

（二）结果判定

1. 建筑主体材料的结果判定

当建筑主体材料中天然放射性核素镭（Ra)-226、钍（Th)-232 和钾（K)-40 的放射性比活度，同时满足内照射指数 I_{ra} 不大于 1.0 和外照射指数 I_r 不大于 1.0 时，其产销和使用范围不受限制。

对于空心率大于 25% 的建筑主体材料，其天然放射性核素镭（Ra)-226、钍（Th)-232 和钾（K)-40 的放射性比活度，同时满足内照射指数 I_{ra} 不大于 1.0 和外照射指数 I_r 不大于 1.3 时，其产销和使用范围不受限制。

2. 建筑装修材料的结果判定

（1）A 类装修材料　装修材料中天然放射性核素镭（Ra)-226、钍（Th)-232 和钾（K)-40 的放射性比活度，同时满足内照射指数 I_{ra} 不大于 1.0 和外照射指数 I_r 不大于 1.3 要求的为 A 类装修材料，其产销和使用范围不受限制。

（2）B 类装修材料　不满足 A 类装修材料的要求，但同时满足内照射指数 I_{ra} 不大于 1.3 和外照射指数 I_r 不大于 1.9 要求的为 B 类装修材料。B 类装修材料不可用于 I 类民用建筑工程的内饰面，但可用于 I 类民用建筑工程的外饰面及其他一切建筑物的内外饰面。

（3）C 类装修材料　不满足 A、B 类装修材料要求，但同时满足外照射指数 I_r 不大于 2.8 要求的为 C 类装修材料。C 类装修材料只可用于建筑物的外饰面及室外其他用途。

对于外照射指数 I_r 大于 2.8 的花岗石，一般只可用于碑石、海堤、桥墩等人类很少涉及的地方。

I 类民用建筑工程主要包括住宅、医院、幼儿园、老年建筑、学校建筑等。

II 类民用建筑工程主要包括办公楼、商店、旅馆、文化娱乐场所、书店、图书馆、展览馆、体育馆、公共交通等候室、餐厅、理发店等。

第九章

建筑遮阳工程检测

建筑遮阳（building solar shading），是指在建筑物上安置具有遮挡或调节进入户内太阳光功能的遮阳设施。建筑遮阳已在许多发达国家得到普遍应用，成为人们日常生活中不可缺少的重要设施，受到广泛的欢迎，近年来也正在中国得到迅速发展。我国建筑遮阳的快速发展，必将对国家建设、建筑节能、居民健康和人民幸福做出重要贡献。

第一节　遮阳工程的操作力检测

建筑遮阳装置的操作力是在解除制锁状态下，伸展和收回手动遮阳产品所需的力，或开启、关闭手动遮阳叶片、板所需的力。按照不同的操作方式，可分为拉动操作的操作力、转动操作的操作力、直接（用手或杆）操作的操作力和开启、关闭遮阳百叶片、板的操作力。

一、拉动操作的操作力测定

（一）拉动操作的操作力检测依据

建筑遮阳装置拉动操作的操作力检测依据为《建筑遮阳产品操作力试验方法》（JG/T 242—2009）。

（二）拉动操作的操作力检测仪器

建筑遮阳装置拉动操作的操作力检测所用的仪器主要是力测量仪器，仪器的精度为一级，分辨率为 1N。

（三）拉动操作的操作力检测条件

建筑遮阳装置拉动操作的操作力检测的环境温度为（23±5）℃，拉动操作时的拉动速度为（30±5）m/min。

（四）拉动操作的操作力检测步骤

（1）根据试样的安装情况，操作力可以在如图 9-1 所示的 3 个箭头位置进行测试。

（2）伸展试样，记录试样移动到完全伸展位置这一过程的最大力，共测 3 次。

（3）收回试样，记录试样移动到完全收回位置这一过程的最大力，共测 3 次。

（4）将检测所得结果，分别计算伸展和收回的 3 次测试的平均值，精确至 1N。操作力的值取伸展和收回两个值中较大的值。

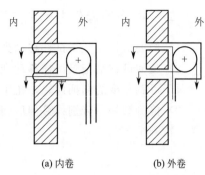

(a) 内卷　　　(b) 外卷

图 9-1　拉动操作操作力测试位置示意

二、转动操作的操作力测定

（一）转动操作的操作力检测依据

建筑遮阳装置转动操作的操作力检测依据为《建筑遮阳产品操作力试验方法》（JG/T 242—2009）。

（二）转动操作的操作力检测仪器

建筑遮阳装置转动操作的操作力检测所用的仪器主要是扭矩测量仪器，仪器的精度为一级，分辨率为 1N·m。

（三）转动操作的操作力检测条件

转动操作的操作力检测的环境温度为 （23±5）℃，扭矩测量仪器作用于绞盘或曲柄齿轮上，代替绞盘手柄或曲柄齿轮手柄操作的位置如图 9-2 所示，试验速度为 （60±10）m/min。

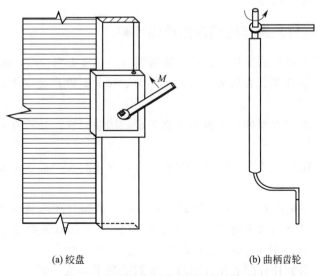

(a) 绞盘　　　　　　　　　(b) 曲柄齿轮

图 9-2　转动操作操作力测试位置示意

（四）转动操作的操作力检测步骤

（1）伸展试样　记录试样移动到完全伸展位置这一过程的最大力，共测 3 次。

（2）收回试样　记录试样移动到完全收回位置这一过程的最大力，共测 3 次。

对于可调角度的曲柄齿轮，扭矩测量仪器转动轴与垂直面成 30°±2°的角度。

（3）检测结果　分别计算伸展和收回的 3 次扭矩测试值的平均值，然后按式(9-1)进行计算，精确至 1N。

$$F = M/R \tag{9-1}$$

式中　F——操作力，N，操作力的值取伸展和收回两个值中较大的值；

　　　M——最大扭矩值，N·m；

　　　R——转轴的直径，m。

三、直接（用手或杆）操作的操作力

（一）直接（用手或杆）操作的操作力检测依据

建筑遮阳装置直接（用手或杆）操作的操作力检测依据为《建筑遮阳产品操作力试验方法》（JG/T 242—2009）。

（二）直接（用手或杆）操作的操作力检测仪器

直接（用手或杆）操作的操作力检测所用的仪器主要是力测量仪器，仪器的精度为一级，分辨率为 1N。

（三）直接（用手或杆）操作的操作力检测条件

建筑遮阳装置直接（用手或杆）操作的操作力检测的环境温度为（23±5）℃，拉动操作时的拉动速度为（30±5)m/min。

（四）直接（用手或杆）操作的操作力检测步骤

直接（用手或杆）操作的操作力检测可能遇到以下 4 种类型产品，如图 9-3 所示。

（1）H 型产品　在水平面伸展和收回的遮阳帘，试验时在产品水平面按图 9-3(a) 所示的位置进行试验。

（2）V 型产品　在垂直面伸展和收回的遮阳帘，试验时在产品垂直面按图 9-3(b) 所示的位置进行试验。

（3）S 型产品　在水平面伸展和收回的遮阳帘，试验时在产品水平面按图 9-3(c) 所示的位置进行试验。

（4）P 型产品　在垂直面开启和关闭的遮阳窗时，试验时在产品垂直面按图 9-3(d) 所示的位置进行试验。试样与水平面成 10°夹角，按图 9-3(e) 所示位置进行试验；与试样垂直的正交平面，按图 9-3(f) 所示位置进行试验。

（5）检测结果　分别计算伸展和收回的 3 次测试的平均值，精确至 1N。操作力的值取伸展和收回两个值中较大的值。

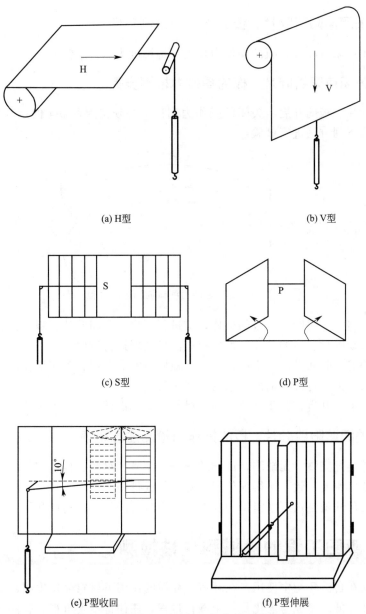

(a) H型　　　　　　　　　　　　　(b) V型

(c) S型　　　　　　　　　　　　　(d) P型

(e) P型收回　　　　　　　　　　　(f) P型伸展

图 9-3　直接（用手或杆）操作的试样类型

四、开启、关闭遮阳百叶片、板的操作力

(一) 开启、关闭遮阳百叶片、板的操作力检测依据

建筑遮阳装置开启、关闭遮阳百叶片、板的操作力检测依据为《建筑遮阳产品操作力试验方法》（JG/T 242—2009）。

(二) 开启、关闭遮阳百叶片、板的操作力检测仪器

开启、关闭遮阳百叶片、板的操作力检测所用的仪器主要是力测量仪器，仪器的精度为一级，分辨率为 1N；扭矩测量仪器，仪器的精度为一级，分辨率为 1N·m。

（三）开启、关闭遮阳百叶片、板的操作力检测条件

开启、关闭遮阳百叶片、板的操作力检测环境温度为（23±5）℃。

（四）开启、关闭遮阳百叶片、板的操作力检测步骤

一个完整叶片、板的开启、关闭的操作力测试，必须按照图 9-4 的运动周期方式进行，不同的系统按照下列方法进行试验。

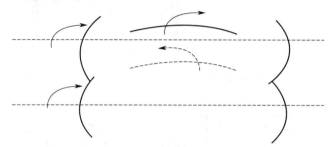

图 9-4　百叶翻转力测试周期运动过程

（1）对可开启、关闭叶片、板的试样，应进行开启、关闭叶片、板的试验。

（2）对可移动叶片、板的试样，可用扭矩测量仪器进行试验。

（3）对在伸展、收回操作过程中，叶片、板同时完成开启、关闭操作的试样，开启、关闭百叶、板的操作力，可按照前面介绍的方法进行试验。

（4）检测结果。开启、关闭叶片、板的操作力取 3 次试验的算术平均值，精确至 1N。

（五）开启、关闭遮阳百叶片、板的操作力检测注意事项

（1）试样的装配完整、无缺陷，试样的规格、型号、材料、构造应与厂家提供的产品技术说明和设计技术说明一致，不得加任何特殊附件或措施。

（2）试件的尺寸就是按厂家提供的同类产品中最大的宽度、高度和最大的表面积。

第二节　遮阳工程的机械耐久性检测

外遮阳产品在自然环境中使用，在环境与介质的作用下材料会发生腐蚀或老化现象，造成产品的耐久性降低。腐蚀与老化是一个漫长过程，往往得不到重视。腐蚀与老化会导致外观的改变，影响其装饰性能，会导致材料本身力学性能或连接处强度的降低，影响其使用性能，甚至产生安全隐患。同时，反复的操作和腐蚀老化的同时作用还将导致活动外遮阳产品机械耐久性的下降。因此，遮阳工程的机械耐久性检测是一项非常重要的工作。

一、遮阳产品机械耐久性检测依据

遮阳产品机械耐久性检测的主要依据是《建筑用遮阳产品机械耐久性能试验方法》（JG/T 241—2009）。

二、遮阳产品机械耐久性检测仪器

遮阳产品机械耐久性检测所用的仪器有：①力测量仪器，精度为一级，分辨率为 1N；②扭矩测量仪器，精度为一级，分辨率为 1N·m；③长度测量仪器，精度为一级，分辨率

为 1mm；④角度测量仪器，精度为一级，分辨率为 2°；⑤时间记录仪器，精度为一级，分辨率为 1s；

三、遮阳产品机械耐久性检测条件

（1）试验温度　遮阳产品机械耐久性检测的环境温度为（23±5）℃。

（2）试验速度　在试样运行行程的前 20% 内达到试验速度如表 9-1 所列。

表 9-1　试验速度

操作方式	试验速度
转动	50～70r/min
拉动	10～20r/min
电控	试样电控设备的速度

（3）试样数量为 1 件　根据产品的安装说明，将试样安装在试验设备上。若试样有自锁功能则确保试样处于解锁状态。

四、遮阳产品机械耐久性检测步骤

（一）转动或拉动操作

（1）试样的调试

① 在进行转动或拉动操作前，应标记特殊点以便观察带或绳可能出现的偏移。

② 进行 5 次反复转动或拉动操作试验，确保试样安装正确。

③ 将仪器的计数器归零，并将试样收回、关闭到初始状态。

（2）测量初始操作力（F_i）和试样的行程（距离或角度），操作力试验方法按照相应产品的操作力测试进行。

（3）按照表 9-1 中规定的试验速度，在试验设备上模拟实际使用状况，完成将试样运至下限位点-停止-将试样运至上限位点-停止的操作循环，循环次数根据产品标准的规定要求进行。

（二）电控操作

（1）试样的调试

① 在进行转动或拉动操作前，应标记特殊点以便观察带或绳可能出现的偏移。

② 进行 5 次反复转动或拉动操作试验，确保试样安装正确。

③ 将仪器的计数器归零，并将试样收回、关闭到初始状态。

（2）测量遮阳产品一个收回过程所用时间 T_1。

（3）按照表 9-1 中规定的试验速度，在试验设备上模拟实际使用状况，完成将试样运至下限位点-停止-将试样运至上限位点-停止的操作循环，循环次数根据产品标准的规定要求进行。

（4）反复操作试验结束后，测量遮阳产品一个收回过程所用时间 T_2。

（三）检测结果

（1）操作力的变化率　操作力的变化率 V 可按式（9-2）计算：

$$V = (F_e/F_i - 1) \times 100\%$$

(9-2)

式中　F_e——最终操作力，N；

　　　F_i——初始操作力，N。

记录试验完成的反复操作次数、试样的行程（角度或毫米）。

（2）速度的变化率　速度的变化率 U 可按式（9-3）计算：

$$U=(T_1-T_2)/T_1\times100\%\qquad(9\text{-}3)$$

式中　T_1——5 次反复操作试验后，遮阳产品一个收回过程所用的时间，s；

　　　T_2——反复操作试验结束时，遮阳产品一个收回过程所用的时间，s。

记录试验完成的反复操作次数、试样的行程（角度或毫米）。

（四）检测注意事项

（1）试样的装配完整、无缺陷，试样的规格、型号、材料、构造应与厂家提供的产品技术说明和设计技术说明一致，不得加任何特殊附件或措施。试样应在试验环境中放置 24h 后进行安装和试验。对于电控产品，试验应包括其电控设备。

（2）为避免因电机过热保护而使反复操作试验停止，反复操作工程中的两次触发电动开关操作之间的时间间隔，应符合产品说明中电机过热保护的时间间隔要求。

（3）每进行 1000 次反复操作试验，应检查试样是否出现损坏或功能障碍；必要时试验过程中可添加润滑油。

（4）若试验过程中发现试件有影响其正常使用的损坏或功能障碍等异常情况，应终止试验，并记录损坏或功能障碍。

第三节　遮阳工程的抗风性能检测

建筑外遮阳产品的抗风性能是指在风荷载作用下，变形不超过允许范围且不发生损坏（如裂缝、面板或面料破损、局部屈服、连接失效等）和功能障碍（如操作功能障碍、五金件松动等）的能力。在建筑工程中常见的外遮阳产品检测有遮阳篷抗风性能检测、遮阳窗抗风性能检测、遮阳帘抗风性能检测、抗风压动态风压试验。

一、遮阳篷抗风性能检测

遮阳篷是采用卷取方式使软性材质的帘布向下倾斜与小平面夹角在 0°～15° 范围内伸展、收回的遮阳装置，是一种性能优良的外遮阳制品。遮阳篷抗风性能试验对试样采用施加集中荷载，测量在施加集中荷载后试样的变形、检测前后操作力的变化，以及观察试验后试样是否发生损坏或功能障碍来判定遮阳篷的抗风性能。

（一）遮阳篷抗风性能检测依据

遮阳篷抗风性能检测依据是《建筑用遮阳产品抗风性能试验方法》（JG/T 239—2009）。

（二）遮阳篷抗风性能检测仪器

遮阳篷抗风性能检测所用的仪器主要有：①力测量仪器，精度为一级，分辨率为 1N；②扭矩测量仪器，精度为一级，分辨率为 1N·m。

（三）遮阳篷抗风性能检测条件

（1）试验温度　遮阳篷抗风性能检测的环境温度为（23±5）℃。

（2）试验要求　包括：①根据厂家的安装说明在刚性支架上安装试样，并保持卷轴水平，其水平允许偏差为±5°；②通过滑轮牵引或悬挂重物等其他方法方式施加荷载，滑轮的摩擦力忽略不计。

（四）遮阳篷抗风性能检测步骤

（1）曲臂平推遮阳篷的测试荷载、具体加载方式及检测步骤详见表9-2。

表 9-2　曲臂平推遮阳篷的试验方法

试验步骤	试验图示	观察和记录
步骤1：将遮阳篷伸展到 $H/2$ 处，在每个悬臂端上施加荷载 $F_N/4$，然后释放荷载	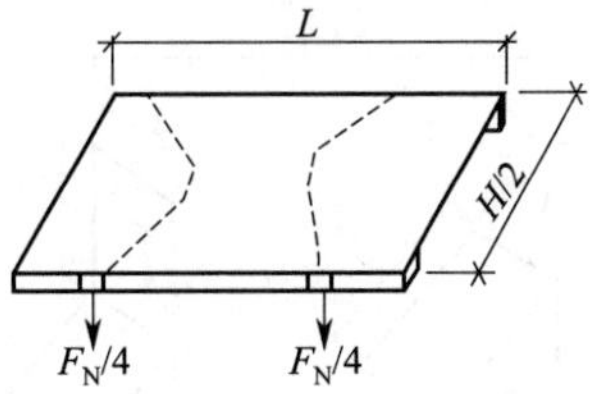	施加荷载前测量初始操作力 F_i
步骤2：将遮阳篷完全展开到 H 处	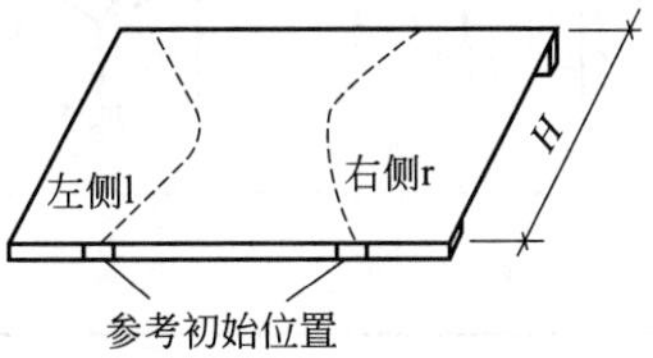	以此时每个悬臂端的位置作为测量的参考初始位置
步骤3：如图所示施加额定荷载 F_N（$2×F_N/4+4×F_N/8$），然后释放荷载	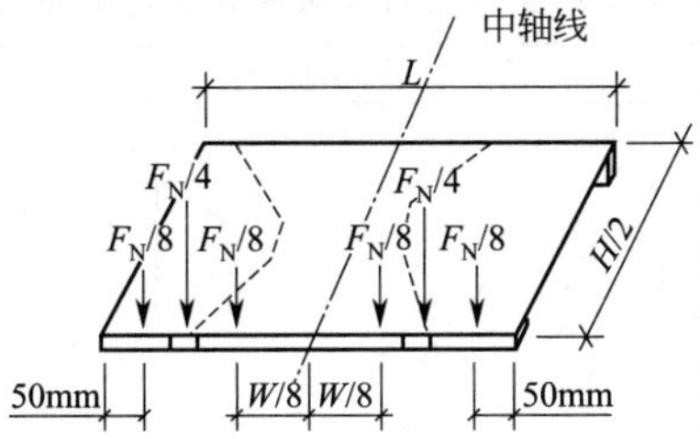	释放荷载后测量每个悬臂端的残余变形 δ_{l1}[a]、δ_{r1}[b]，观察并记录是否发生损坏和功能障碍
步骤4：如图所示在每个悬臂端上施加反向的额定荷载 $F_N/2$，然后释放荷载	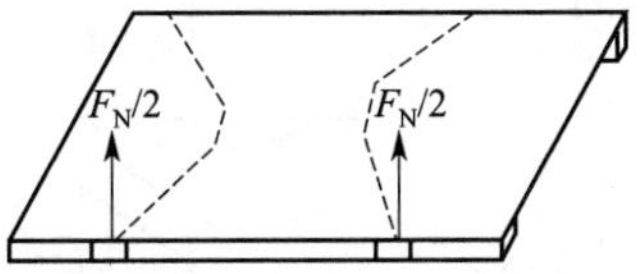	释放荷载后测量每个悬臂端的残余变形 δ_{l2}、δ_{r2}，再次测试操作力 F_e。观察并记录是否发生损坏和功能障碍
步骤5：在每个悬臂端上施加安全荷载 $F_s/2$，然后释放荷载	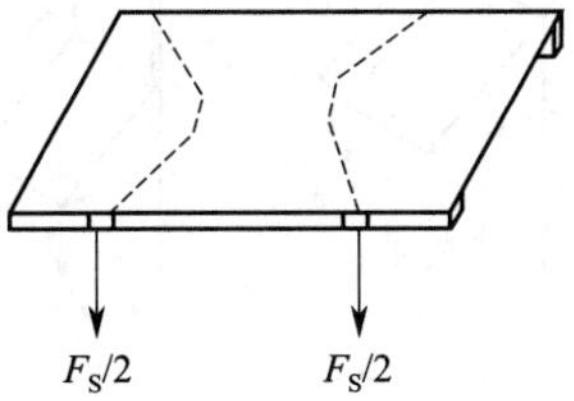	观察并记录是否发生损坏和功能障碍

额定荷载　$F_N=\beta×P×H×L$　$\beta=0.5$；
安全荷载　$F_s=\gamma×F_N$　$\gamma=1.2$。
[a] δ_l 为左侧悬臂端在垂直方向上的残余变形，取绝对值。单位为 mm，允许误差为 ±5mm。
[b] δ_r 为右侧悬臂端在垂直方向上的残余变形，取绝对值。单位为 mm，允许误差为 ±5mm。

（2）曲臂摆转遮阳篷和曲臂斜伸遮阳篷的测试荷载、具体加载方式及检测步骤详见表9-3和表9-4。

表 9-3　不带锁紧装置的曲臂摆转遮阳篷和曲臂斜伸遮阳篷试验方法

试验步骤	试验图示	观察和记录
步骤 1：如图所示将篷伸展到 H 处，在每个悬臂上施加额定荷载 $F_N/2$，然后释放荷载		荷载释放后测量初操作力 F_e。观察并记录是否发生损坏和功能障碍
步骤 2：在每个悬臂上施加安全荷载 $F_s/2$，然后释放荷载		观察并记录是否发生损坏和功能障碍

额定荷载　$F_N = \beta \times P \times H \times L$　$\beta = 0.5$；
安全荷载　$F_s = \gamma \times F_N$　$\gamma = 1.2$。

表 9-4　带锁紧装置的曲臂摆转遮阳篷和曲臂斜伸遮阳篷试验方法

试验步骤	试验图示	观察和记录
步骤 1：每个悬臂上施加荷载 $F_N/4$，然后释放荷载		荷载释放后，以此时每个悬臂端的位置作为测量的参考初始位置。测量操作力 F_i
步骤 2：如图所示在每个悬臂上施加额定荷载 $F_N/2$，然后释放荷载		释放荷载后，测量每个悬臂端的残余变形 δ_{l1}、δ_{r1}。观察并记录是否发生损坏和功能障碍
步骤 3：如图所示在每个悬臂上施加反向的额定荷载 $F_N/2$，然后释放荷载	X 处锁紧	释放荷载后，测量每个悬臂端的残余变形 δ_{l2}、δ_{r2}，锁紧后，再次测量操作力 F_e。观察并记录是否发生损坏和功能障碍

试验步骤	试验图示	观察和记录
步骤4：在每个悬臂上施加安全荷载 $F_s/2$，然后释放荷载		观察并记录是否发生损坏和功能障碍
步骤5：在每个悬臂上施加反向安全荷载 $F_s/2$，然后释放荷载	X处锁紧	观察并记录是否发生损坏和功能障碍

额定荷载　$F_N=\beta\times P\times H\times L$　$\beta=0.5$；
安全荷载　$F_s=\gamma\times F_N$　$\gamma=1.2$。

（3）每次施加荷载的时间为2min，卸载静置2min后再测量残余变形和操作力。

（4）操作力的试验方法应符合现行行业标准《建筑遮阳产品操作力试验方法》（JG/T 242—2009）中的规定。

（5）记录试验样品是否出现损坏和功能障碍，即是否发生损坏（如裂缝、面板或面料破损、局部屈服、连接失效等）和功能障碍（如操作功能障碍、五金件松动等）。

（五）遮阳篷抗风性能检测结果计算

（1）左侧残余变形率　左侧残余变形率可按式（9-4）计算：

$$\Delta_1=\delta_1/H\times100\% \tag{9-4}$$

式中　Δ_1——左侧残余变形率，%；

δ_1——左侧残余变形，mm；

H——试样的长度，mm。

（2）右侧残余变形率　右侧残余变形率可按式（9-5）计算：

$$\Delta_r=\delta_r/H\times100\% \tag{9-5}$$

式中　Δ_r——右侧残余变形率，%；

δ_r——右侧残余变形，mm；

H——试样的长度，mm。

（3）垂直残余变形率　试样垂直残余变形率可按式（9-6）计算：

$$\Delta=|\delta_1-\delta_r|/L\times100\% \tag{9-6}$$

式中　Δ——垂直残余变形率，%；

δ_1——左侧残余变形，mm；

δ_r——右侧残余变形，mm；

L——试样的宽度，mm。

（4）操作力变化率　试样操作力变化率可按式(9-7) 计算：

$$V=(F_e/F_i-1)\times100\%\qquad(9-7)$$

式中　V——操作力变化率，%；

　　　F_e——试验后的操作力，N；

　　　F_i——试验前的操作力，N。

二、遮阳窗抗风性能检测

遮阳窗是建筑工程中提倡采用的一种遮阳结构，其抗风性能是采用静压箱方法测试。这种测试方法是将遮阳窗安装到测试箱体上，通过供压系统向箱体内施加静风压，从而对试样进行检测，静压箱设备示意如图9-5所示。测量试验前后操作力的变化以及观察试验后试样是否发生损坏或功能障碍来判定其抗风性能。

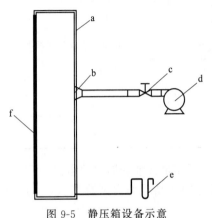

图 9-5　静压箱设备示意
a—静压箱；b—通风口；c—压力控制装置；
d—供压系统；e—压差计；f—试样

（一）遮阳窗抗风性能检测依据

遮阳窗抗风性能检测依据是《建筑用遮阳产品抗风性能试验方法》（JG/T 239—2009）。

（二）遮阳窗抗风性能检测仪器

遮阳窗抗风性能检测所用的仪器主要有操作力测试设备；变形和损伤测试设备；静压箱。

（三）遮阳窗抗风性能检测条件

（1）遮阳窗抗风性能检测的环境温度为（23±5）℃。

（2）检测要求　遮阳设施在测试风压的作用下，应满足以下要求：①在额定风压的作用下，遮阳设施应能正常使用，并不会产生塑性变形或损坏；②在安全风压的作用下，遮阳设施不会从导轨中脱出而产生安全危险。

试样应是装配完整、无缺陷，试样的规格、型号、材料、构造应与厂家提供的产品技术说明和设计技术说明一致，不得加设任何特殊附件或措施。百叶帘试验数量为2件，其他产品试验数量为1件。

（四）遮阳窗抗风性能检测步骤

1. 遮阳百叶窗抗风性能检测步骤

（1）根据厂家的安装说明将试样安装在刚性支架上。

（2）在试样上施加均匀的压力，并在试样垂直方向进行变形试验，详细的试验装置参见图9-5。

（3）每次施加荷载的时间为2min，卸载静置2min后再进行操作力测试。

（4）测试荷载、具体加载方式及测试步骤详见表9-5。

（5）操作力的试验方法应符合现行行业标准《建筑遮阳产品操作力试验方法》（JG/T 242—2009）中的规定。

表 9-5　遮阳窗试验方法

试验步骤	试验图示	观察和记录
步骤 1：施加额定荷载 F_N		试验前测量操作力 F_N。观察并记录是否发生损坏和功能障碍
步骤 2：施加反向额定荷载 F_N		观察并记录是否发生损坏和功能障碍。试验后测量操作力 F_N
步骤 3：施加安全荷载 F_s		观察并记录是否发生损坏和功能障碍
步骤 4：施加反向安全荷载 F_s		观察并记录是否发生损坏和功能障碍

卷闸百叶窗和推拉百叶窗测试荷载：
额定荷载　$F_N = \beta \times P \times H \times L$　$\beta = 1.0$；安全荷载 $F_s = \gamma \times F_N$　$\gamma = 1.5$。
平开、上旋或下旋百叶窗测试荷载：
额定荷载　$F_N = 2 \times \beta \times P \times H \times L$　$\beta = 1.0$；安全荷载 $F_s = \gamma \times F_N$　$\gamma = 1.5$。

（6）记录试验样品是否出现损坏和功能障碍，即是否发生损坏（如裂缝、面板或面料破损、局部屈服、连接失效等）和功能障碍（如操作功能障碍、五金件松动等）。

（7）遮阳百叶窗抗风性能检测结果计算。遮阳百叶窗的操作力变化率可按式（9-7）进行计算。

2. 支杆式遮阳窗抗风性能检测步骤

（1）根据生产厂家提供说明书的要求将试样安装在试验装置上。

（2）每次施加荷载的时间为 2min，卸载静置 2min 后再进行操作力测试。

（3）测试荷载、具体加载方式及测试步骤详见表 9-6。

表 9-6　支杆式遮阳窗抗风试验方法

试验步骤	试验图示	观察和记录
步骤 1：打开状态下，沿窗表面的法线方向施加安全荷载 F_s		检查系统是否牢固，有无损坏发生
步骤 2：打开状态下，沿窗表面的法线方向施加反向的安全荷载 F_s		检查系统是否牢固，有无损坏发生

试验步骤	试验图示	观察和记录
步骤 3：关闭状态下，沿窗表面的法线方向施加反向的安全荷载 F_s。	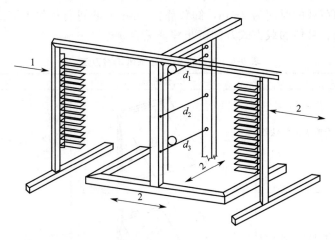	检查系统是否牢固，有无损坏发生

安全荷载　$F_s = \gamma \times 2 \times \beta \times P \times H \times L$　其中 $\beta = 1.0$，$\gamma = 1.5$。

（4）记录试验样品是否出现损坏和功能障碍，即是否发生损坏（如裂缝、面板或面料破损、局部屈服、连接失效等）和功能障碍（如操作功能障碍、五金件松动等）。

（5）支杆式遮阳窗抗风性能检测结果计算。支杆式遮阳窗的操作力变化率可按式(9-7)进行计算。

三、遮阳帘抗风性能检测

遮阳帘就是能够阻挡外界的阳光、紫外线和热量进入室内的一种窗帘，在人们生活中有着有非常重要的作用和地位。遮阳帘抗风性能检测就是将遮阳帘安装到试验框架上，通过移动框架对遮阳帘施加线荷载，测量施加线荷载后的变形、试验前后操作力的变化，以及观察试验后试样是否发生损坏和功能障碍来判定其抗风性能。

(一) 遮阳帘抗风性能检测依据

遮阳帘抗风性能检测依据是现行行业标准《建筑用遮阳产品抗风性能试验方法》（JG/T 239—2009）。

(二) 遮阳帘抗风性能检测仪器

遮阳帘抗风性能检测所用的仪器主要有操作力测试设备；变形和损伤测试设备；百叶帘试验装置如图 9-6 所示。

图 9-6　百叶帘试验装置
1—固定架；2—可伸缩框架

(三) 遮阳帘抗风性能检测条件

遮阳帘抗风性能检测的环境温度为 (23±5)℃。

(四) 遮阳帘抗风性能检测步骤

1. 户外导向卷帘检测步骤

（1）根据厂家的安装说明在刚性支架上安装试样，并保持卷轴水平，其水平允许偏差为 ±5°。

（2）如表 9-7 中图示将试验钢管施加在试样上，通过滑轮牵引或其他方式施加荷载，试验钢管硬度应大于卷帘套管的硬度。

表 9-7　户外导向卷帘试验方法

试验步骤	试验图示	观察和记录
步骤 1：利用试验钢管将卷帘固定在距离下端 1/3H 长度处，试验钢管两端各施加荷载 $F_N/2$，方向水平垂直向外		试验前测量操作力 F_i，观察并记录是否发生损坏和功能障碍
步骤 2：移走试验钢管，将卷帘从底部提升至 1/3H 长度，交替固定一端，释放另一端		试验后测量操作力 F_e，观察并记录是否发生损坏和功能障碍

额定荷载　$F_N = \beta \times P \times H \times L$　$\beta = 1.0$

（3）记录试验样品是否出现损坏和功能障碍，即是否发生损坏（如裂缝、面板或面料破损、局部屈服、连接失效等）和功能障碍（如操作功能障碍、五金件松动等）。

（5）户外导向卷帘抗风性能检测结果计算。户外导向卷帘的操作力变化率可按式(9-7)进行计算。

2. 天篷帘检测步骤

（1）根据厂家的安装说明在刚性支架上安装试样，并保持卷轴水平，其水平允许偏差为 ±5°。

（2）将试验钢管安装在试验最大长度的 1/2 处下方，通过滑轮牵引或其他方式施加向上的拉力，试验钢管硬度应大于卷帘套管的硬度。

（3）天篷帘的测试荷载、具体加载方式及步骤如表 9-8 所列。

（4）每次施加荷载的时间为 2min，卸载静置 2min 后再进行操作力测试。

表 9-8　天篷帘的测试荷载、具体加载方式及步骤

试验步骤	试验图示	观察和记录
步骤 1:对试验钢管两端垂直向上施加荷载 $F_N/2$,然后释放荷载	$F_N/2$ $F_N/2$	观察并记录是否发生损坏和功能障碍
步骤 2:用力 $F_N/2$ 两边提起试样后,交替固定一端,释放另一端	$1/2F_N$	观察并记录是否发生损坏和功能障碍
额定荷载　$F_N=\beta\times P\times H\times L$　$\beta=1.0$		

（5）记录试验样品是否出现损坏和功能障碍，即是否发生损坏（如裂缝、面板或面料破损、局部屈服、连接失效等）和功能障碍（如操作功能障碍、五金件松动等）。

3. 百叶帘检测步骤

（1）根据厂家的安装说明在刚性支架上安装试样，百叶帘试验装置如图 9-6 所示。

（2）先将试样的百叶帘完全关闭，并将断面边长为 100mm 的垂直方形管安装在水平导轨上，沿着垂直于百叶长度 L 的方向，对百叶帘中线施加水平荷载，在百叶帘中线上取 3 个点，即两端 1、3 点和中点 2，使用精度为 ±1mm 的直尺测量 3 点的位移，两端 1、3 点分别从顶端数第 2 条、底端数倒数第 2 条百叶的中点位置。

（3）测试荷载、具体加载方式及步骤详见表 9-9。

表 9-9　百叶帘测试荷载、具体加载方式及步骤

试验步骤	试验图示	观察和记录
步骤 1:施加初始荷载 5N 并保持 5min		施加初始荷载 5N 并保持 5min 后测量外遮阳百叶与试验框架间初始距离 D_{10},D_{20},D_{30}。
步骤 2:在初始荷载 5N 的基础上,继续施加额定荷载 F_N 以及反向的额定荷载 F_N,施加荷载时间为 5min。释放荷载,恢复到初始荷载 5N 并维持 2min		恢复到初始负荷 5N 并维持 2min 后测量 D_1、D_2、D_3,计算变形量: $d_1=\lvert D_1-D_{10}\rvert$ $d_2=\lvert D_2-D_{20}\rvert$ $d_3=\lvert D_3-D_{30}\rvert$ 观察并记录是否发生损坏和功能障碍
步骤 3:在初始荷载 5N 基础上,继续施加安全荷载 F_s 以及反向的安全荷载 F_s,施加荷载时间为 5min。释放荷载,恢复到初始荷载 5N 并维持 2min		观察并记录是否发生损坏和功能障碍
额定荷载　$F_N=\beta\times P\times H\times L$　$\beta=0.2$;安全荷载 $F_s=\gamma\times F_N$　$\gamma=1.5$		

（4）每一步试验完毕后，均应当记录试验样品是否出现损坏和功能障碍，即是否发生损

坏（如裂缝、面板或面料破损、局部屈服、连接失效等）和功能障碍（如操作功能障碍、五金件松动等）。

（5）按照表 9-9 中的步骤，测量和计算各点的位移变化率（%），即：$d_1/L \times 100\%$，$d_2/L \times 100\%$，$d_3/L \times 100\%$。

四、抗风压动态风压试验

（一）抗风压动态风压检测依据

抗风压动态风压检测依据是现行行业标准《建筑用遮阳产品抗风性能试验方法》（JG/T 239—2009）。

（二）抗风压动态风压检测仪器

抗风压动态风压检测所用的仪器为动风压试验设备如图 9-7 所示。

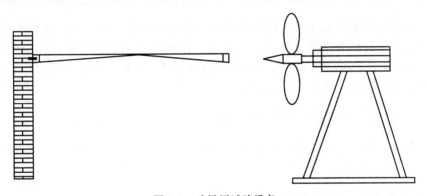

图 9-7　动风压试验设备

（三）抗风压动态风压检测条件

（1）根据生产厂家提供的安装说明在刚性支架上安装试样，并保持卷轴水平，其水平允许偏差为 ±5°。

（2）在试样两边分别安装两个风速传感器，用于试验中确定风速的大小。

（3）使试验装置产生持续的风速，风速的大小根据风压等级要求按伯努利公式计算：

$$\rho = V^2 / 16 \tag{9-8}$$

式中　ρ——动风压，Pa；
　　　　V——风速，m/s，在检测时试验装置在样品处产生的风速要能够满足动态风压的检测要求。

（四）抗风压动态风压检测步骤

（1）按照图 9-7 所示，风垂直作用于试样上，持续时间为 5min。实验人员观察被测样品的变化及异常情况，并加以记录。

（2）然后以相同速度的风、以 45°方向斜向作用于试样上，持续时间为 5min。实验人员观察被测样品的变化及异常情况，并加以记录。

（3）最后以相同速度的风、以135°方向斜向作用于试样上，持续时间为5min。实验人员观察被测样品的变化及异常情况，并加以记录。

（4）动态风压测试结束后，实验人员观察并记录试验是否出现损坏和功能障碍，即是否发生损坏（如裂缝、面板或面料破损、局部屈服、连接失效等）和功能障碍（如操作功能障碍、五金件松动等）。

（五）抗风压动态风压检测注意事项

遮阳产品的抗风压静力试验为实验室试验标准方法，如客户有要求，可以增加动态风压试验。两种检测方法出现争议时以实验室静力试验为准。试样应是装配完整、无缺陷，试样的规格、型号、材料、构造应与厂家提供的产品技术说明和设计技术说明一致，不得加设任何特殊附件或措施。

第四节 遮阳工程的耐积水荷载性能检测

建筑遮阳篷耐积水荷载性能是指建筑用各种完全伸展的外遮阳篷，在积水重力的作用下，应能承受相应荷载的作用。对于坡度小于或等于25%的遮阳篷在其完全伸展状态下，承受最大积水所产生的荷载时不应发生面料破损和破裂。在积水荷载释放、篷布干燥后，手动遮阳篷的操作力应能保持在原等级范围内。

（一）建筑遮阳篷耐积水荷载性能检测依据

建筑遮阳篷耐积水荷载性能检测依据是现行行业标准《建筑遮阳篷耐积水荷载试验方法》（JG/T 240—2009）。

（二）建筑遮阳篷耐积水荷载性能检测仪器

建筑遮阳篷耐积水荷载性能检测所用的仪器设备，由刚性安装支架、喷水系统、流量计（精度为2.5级）。耐积水荷载性能测试设备示意如图9-8所示。

喷水管的直径为38mm，喷水孔的孔径为0.5～2.0mm，孔间距为（50±1）mm。在距喷水管中点相等距离部位设置两处进水口，进水口间距为喷水管长度的1/3或1/2，喷水管的长度不小于试样的宽度。如果试样比较窄，则将其安置于喷水管的中部，并堵住水管多余部分的喷水孔。

（三）建筑遮阳篷耐积水荷载性能检测条件

建筑遮阳篷耐积水荷载性能检测，应在试验室环境条件下，其环境温度为（23±5）℃。

（四）建筑遮阳篷耐积水荷载性能检测步骤

（1）按照遮阳棚的安装使用说明书，将试样安装在刚性支架上，并将遮阳棚完全伸展。对于遮阳棚，安装时试样应保持约25%的坡度（此坡度不要求不适用于荷兰式遮阳棚）。荷兰式遮阳篷试验用喷水管及水孔位置示意如图9-9所示。

（2）对手动试样，试验前检测并记录操作力F_i，操作力的试验方法应符合现行行业标准《建筑遮阳产品操作力试验方法》（JG/T 242—2009）中的规定。

（3）根据试样耐积水荷载等级的流量要求喷水1h，喷水的面积为$S = L \times AL$。Ⅰ类水流量为17L/（m²·h），Ⅱ类水流量为56L/（m²·h）。

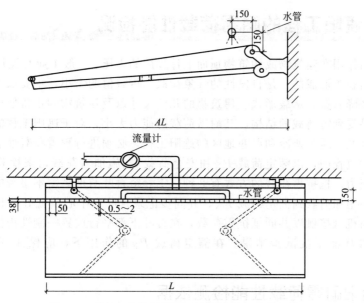

图 9-8 耐积水荷载性能测试设备示意（单位：mm）

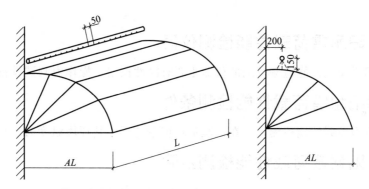

图 9-9 荷兰式遮阳篷试验用喷水管及水孔位置示意（单位：mm）

（4）喷淋水结束后，将积水排干净，放置 30min，检测并记录操作力 F_e，操作力的试验方法应符合现行行业标准《建筑遮阳产品操作力试验方法》（JG/T 242—2009）中的规定。检查试样是否出现损坏或功能性障碍等情况。

（五）建筑遮阳篷耐积水荷载性能检测结果

对手动遮阳试样，可按式（9-9）计算操作力前后变化率 V：

$$V=(F_e/F_i-1)\times100\%\tag{9-9}$$

式中　V——操作力变化率，%；

　　　F_e——试验后的操作力，N；

　　　F_i——试验前的操作力，N。

（六）建筑遮阳篷耐积水荷载性能检测注意事项

（1）应对所检测试样的名称、数量、规格、结构、装配及相关说明明确记录。

（2）检测结果中应包含操作力变化率 V、损坏或功能性障碍的内容。

第五节　遮阳工程的耐雪荷载性能检测

雪荷载是指作用在建筑物或构筑物顶面上计算用的雪压。一般工业与民用建筑物屋面上的雪荷载，是由积雪形成的，是自发性的气象荷载。雪载值的大小，主要取决于依据气象资料而得的各地区降雪量、承载形式、建筑物的几何尺寸以及建筑物的正常使用情况等。建筑外遮阳是最容易受到雪荷载的结构，其耐雪荷载的能力大小，对于遮阳工程的安全使用具有重要的作用。因此，对于寒冷和严寒地区的遮阳工程，必须进行耐雪荷载性能的检测。

在实际检测过程中，以额定荷载 P_N 和安全荷载 P_S 施加雪荷载，来检验卷帘窗百叶的抵抗雪荷载的能力。抵抗雪荷载的方式有 2 种：①卷帘百叶与玻璃窗不接触的条件下单独抵抗雪荷载，逐渐施加荷载到额定荷载 P_N，并同步记录百叶帘中心位置处的相对位移；②卷帘百叶与玻璃窗机械接触以共同抵抗雪荷载，在百叶下部平行放置一刚性板代表玻璃窗，此板不允许发生破坏而干扰试验结果。在额定荷载 P_N 的作用下，应保证百叶帘与玻璃窗接触。

一、建筑遮阳耐雪荷载性能检测依据

建筑遮阳耐雪荷载性能检测的依据是：《建筑遮阳产品耐雪荷载性能检测方法》（JG/T 412—2013）

二、建筑遮阳耐雪荷载性能检测仪器

建筑遮阳耐雪荷载性能检测所用的仪器主要有刚性框架、操作力测试设备等。

三、建筑遮阳耐雪荷载性能检测条件

建筑遮阳耐雪荷载性能检测，应在试验室环境条件下，其环境温度为（23±5）℃。

四、建筑遮阳耐雪荷载性能检测步骤

1. 卷帘百叶的安装

（1）卷帘百叶放在一个有机械装置可控的刚性框架上，卷帘百叶与玻璃窗不接触，安设的方法应根据制造商的说明书进行。

（2）卷帘百叶放在一个有机械装置可控的刚性框架上，在刚性框架上安设一刚性平板（以代表玻璃窗），卷帘百叶与玻璃窗机械接触。刚性平板放置在距离百叶帘 1.2d 处，其中 d 为生产商提供的百叶帘与玻璃窗之间最大距离。

2. 加载试验

百叶帘统一加载如下：当百叶帘水平放置时，施加均匀荷载将会产生均布压力；如采用集中荷载，则每平方米至少 9 处施力点才会在百叶帘上产生均匀的压力。

当百叶帘垂直放置时，利用空气压力进行试验。如果有必要，可能使用一层聚酯薄膜或相似材料实现加载，但应保证薄膜不能增加百叶帘的抵抗能力（精确到±5%P_N）。

如果卷帘百叶与玻璃窗机械接触共同抵抗雪荷载，代表玻璃窗的刚性板需要打孔（每平方米应打出多处 5cm² 的孔洞），从而不致使百叶帘与玻璃窗之间存在密闭空气压力而不能接触。

3. 试验荷载

对于特定施加的雪荷载 P，额定荷载 P_N 和安全荷载 P_S 的关系如表9-10所列。

表9-10　百叶帘水平放置荷载关系

额定荷载	$P_N = P$
安全荷载	$P_S = f_s P_N$

百叶帘垂直放置时，必须预加荷载，其值等于百叶帘的自重，用 P_0 表示。

对于特定施加的雪荷载 P，额定荷载 P_N 和安全荷载 P_S 的关系如表9-11所列。

表9-11　额定荷载和安全荷载的关系

额定荷载	$P_N = P + P_0$
安全荷载	$P_S = f_s P_N + P_0$

注：P_0 = 百叶帘自重/百叶帘面积，f_s 为安全系数，取1.2。

4. 试验方法

（1）卷帘百叶与玻璃窗不接触的条件下单独抵抗雪荷载　持续施加5min额定荷载 P_N；测量百叶帘中心部位的偏移；升起后2min，测量操作力及记录损伤情况；持续施加5min额定荷载 P_S，记录损伤情况。

（2）卷帘百叶与玻璃窗机械接触以共同抵抗雪荷载　持续施加5min额定荷载 P_N，保证百叶帘已与刚性平板接触；升起后2min，测量操作力及记录损伤情况；持续施加5min额定荷载 P_S，记录损伤情况。

（3）在每一步结束时，都应仔细检查产品，记录损伤情况。

① 施加额定荷载 P_N 后观察和记录　帘片或导杆是否出现永久变形；导轨是否脱离；帘片或导杆是否断裂；按式(9-10)计算操作力的变化百分率 V：

$$V = (F_e / F_i - 1) \times 100\% \tag{9-10}$$

式中　V——操作力变化率，%；

　　　F_e——初始操作力，N；

　　　F_i——最终操作力，N。

② 施加安全荷载 P_S 后观察和记录　导轨是否脱离；帘片或导杆是否断裂。

5. 检测注意事项

在每一步检测结束时，都应仔细检查产品，记录损伤情况，避免人为失误。

第六节　遮阳工程的气密性检测

百叶窗的气密性是指百叶窗在关闭的状态下，阻止空气渗透的能力。百叶窗气密性能的高低，对热量的损失影响很大，气密性能越好，则热交换就越少，对室温的影响也越小。衡量气密性能的指标是以标准状态下，窗内外压力差为10Pa时单位缝长空气渗透量和单位面积空气渗透量来作为评价指标。

一、建筑遮阳百叶窗气密性检测依据

建筑遮阳百叶窗气密性检测的依据是《遮阳百叶窗气密性试验方法》（JG/T 282—

2010）。

二、建筑遮阳百叶窗气密性检测仪器

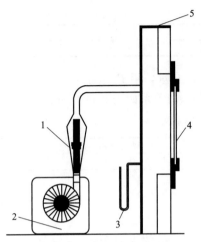

图 9-10 气密性测定装置
1—流量计；2—鼓风机；3—压力计；
4—被测试件；5—压力箱

建筑遮阳百叶窗气密性检测所用的仪器有风速变送器，精度为±5%；风差变送器，量程为 0～100Pa，精度为 1 级；温湿度计，温度量程为 -10～50℃，精度为±1.5℃；气压表量程为 80～160kPa，测量误差不大于0.2kPa。气密性测定装置如图 9-10 所示。

三、建筑遮阳百叶窗气密性检测条件

建筑遮阳百叶窗气密性检测的条件：空气温度为15～30℃；相对湿度为 25% ～75%。

四、建筑遮阳百叶窗气密性检测步骤

① 将遮阳产品按照要求安装在试验台上，要求安装稳固，框架不得扭曲，并记录试验时的温度、大气压力。

② 按图 9-11 给定的程序进行加压。预备加压：分 3次加压至 56Pa，每次加压时间不少于 1s，稳压时间不少于 3s。然后按照每个等级的正压力差增压：10Pa、15Pa、20Pa、25Pa、30Pa、40Pa、50Pa。测试并记录每个等级压力差下相应的空气渗透量 Q'_m。每级压力差下至少持续 10s 方可进行空气渗透量测试。

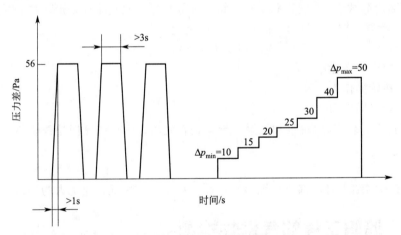

图 9-11 气密检测加压检测顺序示意

③ 检测结果计算。测量后的空气渗透量值按式（9-11）计算，根据空气温度和大气压强进行修正：

$$Q_m = 293Q'_m p / 101.3T \tag{9-11}$$

式中 Q_m——标准状态下通过试件的空气渗透量，m^3/h，保留一位小数；

　　　Q'_m——实测试件的空气渗透量，m^3/h，保留一位小数；

　　　p——试验室大气压，kPa；

　　　T——试验室空气温度，K。

根据试件面积 S 求出每级压力差 Δp 下单位面积空气渗透量 q，遮阳产品空气渗透量值与压力差存在的函数关系，如式(9-12)所示：

$$q = C(\Delta p)^n \tag{9-12}$$

式中　q——单位面积空气渗透量，$m^3/(h \cdot m^2)$；

　　　C——系数；

　　　Δp——压力差，Pa；

　　　n——指数。

以每级压力差 Δp 取对数为横坐标，每级压力差下单位面积空气渗透量 q 取对数为纵坐标，绘制气密性图；用最小二乘法确式(9-12)中系数 C 和指数 n；按式(9-12)计算中 10Pa 压力差下百叶窗单位面积空气渗透量 q。

五、建筑遮阳百叶窗气密性检测注意事项

(1) 遮阳产品安装时应按照产品说明书的要求进行安装，同时试验台框架要与样品贴合紧密，防止从框架缝隙漏气影响试验结果。

(2) 在正式进行百叶窗气密性检测前，应对试验设备进行密封性检测。

(3) 试验中应尽量调节环境温度保持恒定，因结果计算中要将实际结果转化为标准状态下的结果，故温度变化太大易引起计算误差。

第七节　遮阳工程的误操作检测

误操作检测是遮阳产品安全性检验的一部分，是对遮阳产品的操作装置和翻转百叶片（板）分别进行的试验。遮阳产品可能发生的误操作主要有粗鲁操作、强制操作或反向操作。

粗鲁操作是指遮阳产品受到高于其正常操作力的突然操作，往往发生在遮阳产品的伸展（或收回）时由其收回（或伸展）过程中依据自身的弹簧、配重块等设施积聚的动能来完成的，以拉动操作的遮阳产品居多。

强制操作是指遮阳产品在操作过程中（伸展或收回）遇到阻碍时，强制进行的超过其正常操作力的操作。

反向操作是指在操作起始时进行的与规定操作方向相反的操作。

误操作试验就是检验遮阳产品能否抵抗上述的试验操作或在经历上述操作后能否产生破坏性影响的试验。

根据遮阳产品操作装置的操作类型，可分为曲柄齿轮、曲柄绞盘、单向拉绳（带、链）、环带拉绳（链）、直接操作 5 种。各类操作装置的误操作类型如表 9-12 所列。

表 9-12　各类操作装置的误操作类型

操作装置类型		误操作类型		
		粗鲁操作	强制操作	反向操作
曲柄齿轮	伸展	不适用	三个试验	一个试验
	收回		三个试验	不适用
曲柄绞盘	伸展	不适用	三个试验	个试验
	收回		三个试验	不适用
单向拉绳 （带、链）	伸展	两个试验	不适用	不适用
	收回	一个试验	三个试验	

续表

操作装置类型		误操作类型		
		粗鲁操作	强制操作	反向操作
环带拉绳	伸展	一个试验	三个试验	个试验
（链）	收回	一个试验	三个试验	不适用
直接操作	伸展	一个试验	一个试验	不适用
	收回	一个试验	一个试验	

一、遮阳产品误操作检测依据

遮阳产品误操作检测依据是现行行业标准《建筑遮阳产品操作试验方法》（JG/T 275—2010）。

二、遮阳产品误操作检测仪器

遮阳产品误操作检测所用的主要仪器有力测量仪器，精度为一级，分辨率为 1N；扭矩测量仪器，精度为一级，分辨率为 1N·m。

三、遮阳产品误操作检测条件

遮阳产品误操作检测条件是在室温环境下进行，仲裁时的环境条件为（23±5）℃。

四、遮阳产品误操作检测步骤

(一) 检测前的准备工作

（1）应先收集遮阳产品的性能指标，包括操作装置类型、产品操作力规定值、产品的耐久性等级等信息。

（2）应先对遮阳产品进行操作力检测，如操作力检测结果与指标不符，则可能在安装遮阳产品时产生差错或产品质量出现问题，应重新安装或更换样品。

（3）每项试验要反复进行多次，试验次数为遮阳产品耐久性等级规定的循环次数的5%；根据产品特点即可按照展开、收回的顺序作为一次误操作试验，也可全部做完展开试后再进行全部收回试验。不论采取何种方式，在原始记录中要加以说明。每次试验如发生样品损坏或其他影响产品使用的现象，应记录并停止试验。

(二) 曲柄齿轮操作装置

1. 曲柄齿轮的强制操作

（1）试样伸展时

① 试验1［见图 9-12(a)］ 当试样完全伸展时，沿伸展方向对试样操作装置施加扭矩 C_F。

② 试验2［见图 9-12(b)］ 当试样完全收回时，在离试样操作装置远端的下角处，设置水平障碍物限制试样运动后，再沿伸展方向对试样操作装置施加扭矩 C_F。

③ 试验3［见图 9-12(c)］ 试样处于半伸展状态时。

（2）试样收回时

① 试验1［见图 9-13(a)］ 当试样完全伸展时，在离试样操作装置远端的下角处，设置水平障碍物限制试样运动后，再沿收回方向对试样操作装置施加扭矩 C_F。

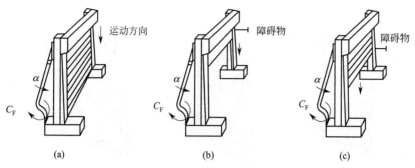

图 9-12 曲柄齿轮伸展方向强制操作示意

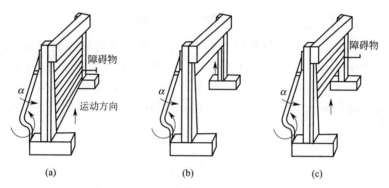

图 9-13 曲柄齿轮伸展方向强制操作示意

② 试验 2〔见图 9-13(b)〕 当试样完全收回时，沿收回方向对试样操作装置施加扭矩 C_F。

③ 试验 3〔见图 9-13(c)〕 当试样处于半收回状态时，在离试样操作装置远端的下角处，设置水平障碍物限制试样运动后，再沿收回方向对试样操作装置施加扭矩 C_F。

2. 曲柄齿轮的反向操作

试样伸展时：当试件完全伸展时，按照图 9-13 中的流程沿伸展方向对操作装置施加扭矩 C_F。记录试样卷起至完全收回的位置和状态。

(三) 曲柄绞盘操作装置

曲柄绞盘操作装置其出口位置按照图 9-13 中的规定进行。

1. 曲柄绞盘的强制操作

（1）试样伸展时

① 试验 1 试样完全伸展后继续向沿伸展方向施加扭矩 C_F。

② 试验 2 当试样完全收回状态时，在离试样操作装置远端的下角处，设置水平障碍物限制试样运动后，再沿收回方向对试样操作装置施加扭矩 C_F。

③ 试验 3 当试样处于半伸展状态时，在离试样操作装置远端的下角处，设置水平障碍物限制试样运动后，再沿收回方向对试样操作装置施加扭矩 C_F。

（2）试样收回时

① 试验 1〔见图 9-14(a)〕 当试样完全收回时，再继续对试样操作装置沿收回方向施加扭矩 C_F。

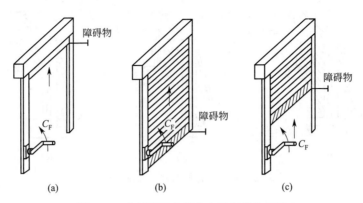

图 9-14　曲柄绞盘收回方向强制操作示意

② 试验 2 ［见图 9-14（b）］　当试样完全伸展时，在离试样操作装置远端的下角处，设置水平障碍物限制试样运动，再继续对试样操作装置沿收回方向施加扭矩 C_F。

③ 试验 3 ［见图 9-14（c）］　当试样处于半收回状态时，在离试样操作装置远端的下角处，设置水平障碍物限制试样运动后，再继续沿对试样操作装置沿收回方向施加扭矩 C_F。

2. 曲柄绞盘的反向操作

试样伸展时，当试件完全伸展后，再继续伸展操作直至绞盘被限制，记录试样能否被收回的情况。

（四）单向拉绳（带、链）操作装置

1. 单向拉绳粗鲁操作

（1）试样伸展时

① 试验 1 ［见图 9-15（a）］　在试样尚未完全伸展前，使试样操作装置突然停止，以用于检验操作装置。将试样置于图 9-15（a）中的位置 2，并固定拉绳的末端，再将拉绳收回 500mm，使试样至图 9-15（a）中的位置 1，松开拉绳使试样从位置 1 急降至位置 2。

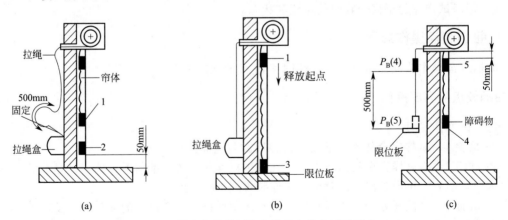

图 9-15　单向拉绳伸展方向的粗鲁操作试验示意

② 试验 2 ［见图 9-15（b）］　当试样伸展至末端时突然停止，以用于检验试样。将试样完全收回并置于图 9-15（b）中的位置 1 后，松开拉绳，使试样在收回时积聚的势能作用下

伸展，被限位板或下端面强制停于图 9-15(b) 中的位置 3。

（2）试样收回时

试验 3［见图 9-15(c)］　将试样收回至末端时突然停止，以用于检验试样及其操作装置。将试样移至图 9-15(c) 中的位置 5（试样完全收回位置下的 50mm 处）后，再松开拉绳使试样向下移动 500mm。当试样到达图 9-15(c) 中的位置 4 的，再将障碍物固定试样至不能移动。

在拉绳上悬挂重物，其作用力为 P_B，再移开障碍物，使试样在 P_B 作用下收回 500mm，重物被限位板阻挡后，适应由于运动惯性越过图 9-15(c) 中的位置 5，直至完全收回状态被突然停止。

2. 单向拉绳强制操作

试样伸展时如下所述。

① 试验 1［见图 9-16(a)］　在试样完全收回状态下，对试样操作装置沿收回方向施加操作力 P_F。

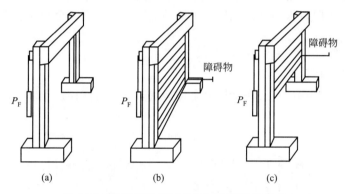

图 9-16　单向拉绳收回方向的强制操作示意

② 试验 2［见图 9-16(b)］　在试样完全收回状态下，在离试样操作装置远端的下角处，设置水平障碍物限制试样运动，再对试样操作装置沿收回方向施加操作力 P_F。

③ 试验 3［见图 9-16(c)］　当试样处于半收回状态时，在离试样操作装置远端的下角处，设置水平障碍物限制试样运动后，再对试样操作装置沿收回方向施加操作力 P_F。

（五）环形拉绳（链）操作装置

1. 环形拉绳粗鲁操作

（1）试样伸展时　环形拉绳伸展方向粗鲁操作示意如图 9-17 所示。

设置拉绳至图 9-17 中的位置 2，使试样末端与完全伸展位置相距 50mm，并设置限位板使帘体在此位置时停止运动后，试样至图 9-17 中的位置 2。

设置拉绳至图 9-17 中的位置 1，与图 9-17 中的位置 2 相距 500mm，使试样置于图 9-17 中的位置 1。

将试样置于图 9-17 中的位置 1 后，在拉绳上用重物施加操作力 P_B，使其由静止开始拉动试样伸展，直至被限位板挡住，试样由于惯性继续伸展达到完全伸展状态。

（2）试样收回时　环形拉绳收回方向粗鲁操作示意如图 9-18 所示。

设置拉绳至图 9-18 中的位置 2，使试样末端与完全收回位置相距 50mm，并设置限位板使帘体在此位置时停止运动后，试样至图 9-18 中的位置 2。

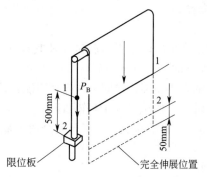

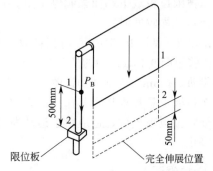

图 9-17　环形拉绳伸展方向粗鲁操作示意　　　图 9-18　环形拉绳收回方向粗鲁操作示意

设置拉绳至图 9-18 中的位置 1，与图 9-18 中的位置 2 相距 500m，使试样置于图 9-18 中的位置 1。

将试样置于图 9-18 中的位置 1 后，在拉绳上用重物施加操作力 P_B，使其由静止开始拉动试样伸展，直至被限位板挡住，试样由于惯性继续伸展达到完全收回状态。

2. 环形拉绳强制操作

试样伸展时如下所述。

① 试验 1 [见图 9-19(a)]　在试样完全伸展状态下，对试样操作装置沿伸展方向施加操作力 P_F。

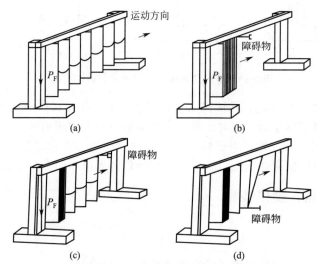

图 9-19　环形拉绳垂直遮阳帘伸展方向强制操作示意

② 试验 2 [见图 9-19(b)]　当试样完全收回状态时，在试样上角处设置障碍物限制试样运动，对试样操作装置沿伸展方向施加操作力 P_F。

③ 试验 3 [见图 9-19(c) 和 (d)]　当试样处于半伸展状态时，对试样操作装置沿伸展方向施加操作力 P_F。对由独立叶片组成的垂直百叶帘试样，既可对整个试样 [见图 9-19(c)]，也可对单独叶片的试样 [见图 9-19(d)]进行试验。

试样收回时如下所述。

① 试验 1 [见图 9-20(a)]　当试样处于完全伸展状态时，在试样上角处设置障碍物限制试样运动，对试样操作装置沿收回方向施加操作力 P_F。

② 试验 2〔见图 9-20(b)〕 当试样完全收回状态时，对试样操作装置沿收回方向施加操作力 P_F。

③ 试验 3〔见图 9-20(c) 和（d）〕 当试样处于半收回状态时，对试样操作装置沿收回方向施加操作力 P_F。对由独立叶片组成的垂直百叶帘试样，既可对整个试样〔见图 9-20(c)〕，也可对单独叶片的试样〔见图 9-20(d)〕进行试验。

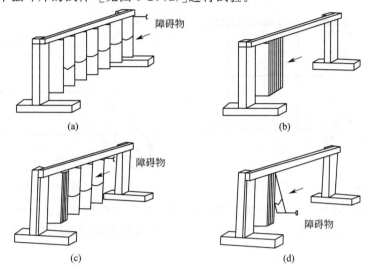

图 9-20　环形拉绳垂直遮阳帘收回方向强制操作示意

3. 环形拉绳反向操作

试样伸展时，将试样处于完全伸展状态，沿试样操作装置伸展方向施加操作力 P_1。记录试样卷起至完全收回的位置和状态。

（六）直接操作（无操作装置）

1. 粗鲁操作

（1）H 型和 S 型试样的伸展试验步骤如下：S 型、H 型试样伸展方向粗鲁操作如图 9-21 所示。

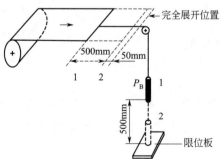

图 9-21　1S 型、H 型伸展方向粗鲁操作

设置操作力至图 9-21 中的位置 2，使试样末端与完全伸展位置相距 50mm，再设置限位板使操作力在图 9-21 中位置 2 处停止。

设置操作力至图 9-21 中的位置 1，与图 9-21 中的位置 2 相距 500mm，使试样至图 9-21

中的位置 1。

将试样置于图 9-21 中的位置 1 后，再施加操作力 P_B，使其由静止开始拉动试样至伸展，直至被限位板挡住，使试样由于惯性继续伸展超过图 9-21 中的位置 2。

（2）H 型和 S 型试样的收回试验　S 型试样的收回试验步骤与以上所述试验相同，试验应按照图 9-22 所示方式进行。H 型试样的收回试验应按照图 9-23 所示方式进行。

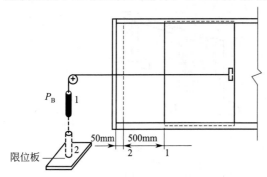

图 9-22　S 型试样收回方向粗鲁试验示意

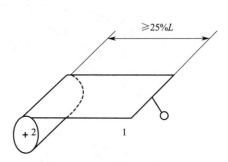

图 9-23　H 型试样收回方向粗鲁试验示意

试样应能自行收回。将试样拉伸至图 9-23 中的位置 1 后松开，试样快速地从位置 1 完全收回。试样拉出长度至图 9-23 中的位置 1，应遵循制造商规定的长度要求，但不应小于试样完全伸展时总长度的 25％。

（3）V 型试样伸展试验　其操作方式同 H 型试样。V 型试样伸展方向粗鲁操作如图 9-24 所示。

当试样的收回仅是利用伸展过程中储存的势能，则试验应按照 H 型试样的收回试验方法进行，并应按照图 9-25 所示，将试样的水平位置调整为垂直位置。

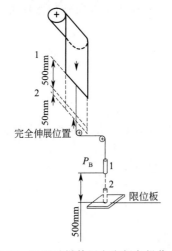

图 9-24　V 型试样伸展方向粗鲁操作示意

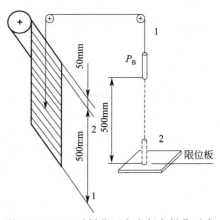

图 9-25　V 型试样收回方向粗鲁操作示意

当试样拉出长度至图 9-25 中的位置 1 时，应遵循制造商规定的长度要求，但不应小于试样完全伸展时总长度的 25％。

当试样在移动过程中能达到任一个平衡位置，则试验应按照图 9-25 中的要求进行。

2. 强制操作

本项试验对无导向杆的 H 型和 V 型试样不适用。

（1）试样伸展时　试样完全伸展时，无伸展方向的强制试验。试样完全收回时，应对 S 型试样进行锁定处理，对 H 型和 V 型试样应采用障碍物阻挡后，再沿伸展方向施加操作力 p_F。完全收回时伸展方向的强制操作示意如图 9-26 所示。

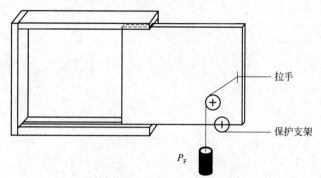

拉手

保护支架

P_F

图 9-26　完全收回时伸展方向的强制操作示意

试样在半伸展状态时，对 S 型试样应在拉手的远端固定，对 H 型和 V 型试样应采用障碍物将试样末端挡住后，再沿伸展方向施加操作力 p_F。

（2）试样收回时　试样完全收回和完全伸展时，无收回方向的强制试验。试样在半收回状态时仅针对 V 型和 S 型试样进行试验。试验时试样应处于半收回且完全稳定状态。对试样设置障碍后，再沿收回方向施加操作力 p_F。

半收回状态收回方向强制操作示意如图 9-27 所示。

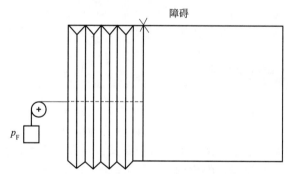

障碍

p_F

图 9-27　半收回状态收回方向强制操作示意

（七）翻转百叶片（板）强制误操作试验

本试验不考虑试样在半开启受阻的情况。当试样完全伸展时，使叶片从开启翻转至关闭位置后，再继续施加作用力 p_F 和扭矩 C_F。试验按照图 9-28 所示的两个方向对叶片进行翻转。

图 9-28　翻转百叶片（板）的强制操作试验方法

Chapter 10

第十章

配电和照明系统检测

　　配电和照明工程实践证明，工程设计和施工中所用材料、构配件及设备的质量好坏是工程质量能否达到设计要求的基础，也是能否实现配电与照明工程节能效果的关键。配电与照明节能工程采用的电线电缆、动力设备、照明光源、灯具及附属装置等产品，应按照现行的标准对其进行验收，对照明系统和供配电系统应进行有关技术参数的检测。

第一节　照明系统检测

　　有关统计资料表明：在民用建筑中，电能的消耗比例大致上是空调用占到建筑用电的 $40\%\sim50\%$，水泵等设备用电占 $10\%\sim15\%$，其他设备用电占 $10\%\sim15\%$，而照明用电占 $15\%\sim25\%$，成为用电量仅次于空调用电的重要负荷。从以上这些数据可以看出，在建筑能耗方面空调和照明占到了举足轻重的比例。

　　建筑照明量大面广，照明工程中的光源、灯具、启动设备、照明方式及其控制的选用，变压器的经济运行，减少线路能量损耗及提高系统功率因数等环节，均具有巨大的节能潜力，不仅可以有效缓和电力供需矛盾，节约能源，改善环境，而且还具有显著的经济效益。由此可见，照明系统检测是建筑节能中不可缺少的一项重要工作。

一、照度值测定

　　照度也称为光照强度，是一种物理术语，指的是光源照射到周围空间或地面上，单位被照射面积上的光通量，是用于指示光照的强弱和物体表面积被照明程度的量。

（一）照度检测的依据

　　照度检测的主要依据是现行国家标准《照明测量方法》（GB/T 5700—2008）。

（二）照度检测的仪器

　　照度检测的仪器是照度计。照度计是一种专门测量光度、亮度的仪器仪表，主要有目视照度计和光电照度计，工程中常用的是光电照度计，要求其精度不低于 1.0 级。

（三）照度的检测要求

（1）室内照明测量应在没有天然光和其他非被测光源影响下进行。

（2）现场测试时，照明光源宜满足下列要求：①白炽灯和卤钨灯累计燃点时间在 50h 以上；②气体放电灯类光源累计燃点时间在 100h 以上。

（3）现场进行照明检测时，应在下列时间后进行：①白炽灯和卤钨灯应燃点 15min；②气体放电灯类光源应燃点 40min。

（4）在额定电压下进行照明检测。在进行测量时，应测电源的电压；若实测电压偏差超过相关标准的范围，应对测量结果做相应的修正。

（四）照度的检测步骤

（1）进行布点工作

① 一般照明时测点的布置。预先在测定场所打好网络，作测点记号，一般室内或工作区为 2～4m 的正方形网络。对于小面积的房间可取 1m 的正方形网络。对走廊、通道、楼梯等处在长度方向的中心线上按 1～2m 的间隔布置测点。网络边线一般距房间各边 0.5～1.0m。

② 局部照明时测点的布置。局部照明时，在需要照明的地方测量。当测量场所狭窄时，选择其中有代表性的一点；当测量场所广阔时，可按一般照明时测点的布置所述进行布点。

③ 测量平面和测量高度。无特殊规定时，一般为距地面 0.8m 的水平面。对走廊和楼梯，规定为地面或距地面为 15cm 以内的水平面。

（2）每类房间或场所应至少抽测 1 个点进行照度值的检测。

（3）在照度测量的区域一般将测量区域分成矩形网格，网格宜为正方形，应在矩形网络中心点或者矩形网格 4 个角点上测量照度，如图 10-1 和图 10-2 所示。该布点方法适用于水平照度、垂直照度和摄像机方向的垂直照度的测量，垂直照度应表明照度的测量面的法线方向。

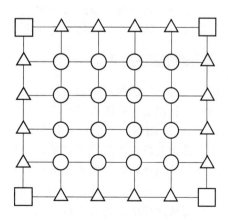

O-测点

　　　　○——场内点；　△——外线点；　□——四角点；

图 10-1　在网络中心布点示意　　　　　图 10-2　在网络四角布点示意

（4）检测结果计算

① 中心布点法的平均照度可按式（10-1）进行计算：

$$E_{aV} = \sum E_i / M \cdot N \tag{10-1}$$

式中　E_{aV}——平均照度，lx；

　　　E_i——第 i 个测点上的照度，lx；

　　　M——纵向测点数；

　　　N——横向测点数。

② 四角布点法的平均照度可按式（10-2）进行计算：

$$E_{aV} = (\sum E_\theta + 2\sum E_0 + 4\sum E) / 4\, M \cdot N \tag{10-2}$$

式中　E_{aV}——平均照度，lx；

　　　M——纵向测点数；

　　　N——横向测点数；

　　　E_θ——测量区域四个角处的测点照度，lx；

　　　E_0——除 E_θ 外，四条外边上的测点照度，lx；

　　　E——四条外边以内的测点照度，lx。

通过计算确定室内照度的测试位置和测试点数，照度计测量位置应根据《照明测量方法》（GB/T 5700—2008）中附录 A 中对于不同类型建筑物的要求选取照度测点高度和照度测点间距，然后根据确定的测点逐一使用照度计进行测量并记录数据。

（5）照度均匀度计算

① 照度均匀度 U_1（极差），可按式（10-3）进行计算：

$$U_1 = E_{\min} / E_{\max} \tag{10-3}$$

式中　$E_{\min}$——同一被测面的最小照度，lx；

　　　$E_{\max}$——同一被测面的最大照度，lx。

② 照度均匀度 U_1（极差），可按式（10-3）进行计算：

$$U_2 = E_{\min} / E_{av} \tag{10-4}$$

式中　$E_{\min}$——同一被测面的最小照度，lx；

　　　E_{av}——同一被测面的平均照度，lx。

（五）照度检测注意事项

（1）建筑室内照明照度测量点的间距一般在 0.5～10m 之间选择，宜采用矩形网络。

（2）试验前要选用测试房间白炽灯和卤钨灯应提前燃点 15min，气体放电灯类光源应提前点燃 40min，并仔细检测所有灯源的点燃状况，如有损坏应及时进行更换。

（3）检测人员在使用照度计前，应检测照度计的电池容量，在安装照度计时，应准确测量其离地面的测点高度，并将照度计固定在测量架上，并保持地面水平，试验开始后应避免身体遮挡光源，导致照度计读数不准确，从而造成试验的误差。

（4）测试过程中应排除杂散光射入光接收器，并应防止各类人员和物体对光接收器造成遮挡。

二、照明功率密度的测定

照明功率密度（简称 LPD）值它是从宏观上规定的评价照明节能的一项指标，是照明设计中最大允许限值；设计中应从节约能源、保护环境的大局出发，通过对照明功率密度的测定，采取措施选用高效光源等照明器材，优化设计方案，力求实际照明功率密度 LPD 低于或远低于规定的照明功率密度 LPD 值，为照明节能做出实际贡献。

（一）照明功率密度检测的依据

照明功率密度检测的主要依据是现行国家标准《照明测量方法》（GB/T 5700—2008）。

（二）照明功率密度检测的仪器

照明功率密度检测所用的仪器有照度计，其精度不低于 1.0 级；电压表，其精度不低于 0.5 级；电流表，其精度不低于 1.0 级；或功率表，其精度不低于 1.5 级。

（三）照明功率密度检测的条件

照明功率密度检测的条件与照度测定相同。

（四）照明功率密度检测的步骤

（1）单个照明灯具应采用量程适宜、功能满足要求的单相电气测量仪表，测量单个照明灯具的输入功率；照明系统应采用量程适宜、功能满足要求的测量仪表，也可采用单相电气测量仪表分别进行测量，再用分别测量数值计算出总的数值，作为照明系统电器参数的数据。

（2）在测试照度前和试验结束后进行被测房间的电流和电压的测量。

（3）测量被测照明场所的面积。

（4）照明功率密度可按式(10-5) 进行计算：

$$LPD = \sum P_i / S \tag{10-5}$$

式中　LPD——照明功率密度，$\mathrm{W/m^2}$；

　　　　P_i——被测照明场所中第 i 单个照明灯具的输入功率，W；

　　　　S——被测量照明场所的面积，$\mathrm{m^2}$。

（五）照明功率密度检测注意事项

（1）在测量被测房间电压和电流时要等电压和电流稳定（灯具光源满足点燃时间）后再进行测量并读取数据。

（2）被测照明房间的计算面积应以室内实际面积为准。

三、公共区照明控制检查

公共照明系统的控制目前有两种方式。一种是由建筑设备监控系统对照明系统进行监控，监控系统中的 DDC 控制器对照明系统相关回路按时间程序进行开、关控制。另一种方式是采用智能照明控制系统对建筑物内的各类照明进行控制和管理，并将智能照明系统与建筑设备监测系统进行联网，实现统一管理。

（一）公共照明系统的控制检查依据

公共照明系统的控制检查依据主要有《公共建筑节能检测标准》（JGJ/T 177—2009）和《建筑节能工程施工质量验收规范》（GB 50411—2007）。

（二）公共照明系统的控制检查方法

（1）公共会议应按照会议、投影等模式，公共走廊、卫生间应按照设置的控制要求，设定为节能控制模式，并应分别检测切换功能；检测时应关闭所有的开关，打开某一功能区的控制开关，观测照明灯具或控制电源是否点亮或电源通电，关闭该功能区的控制开关。要求应逐一检查各功能区。

（2）当公共照明系统采用感应控制时，检测人员进入感应区域时灯具开启，人员应能及时看清空间的情况。

（3）当公共照明系统采用声音控制时，检测人员采用击掌、跺脚等正常动作产生声音应能够使灯具开启；所有控制方式在人员离开时均应有一定的延时，延时时间应满足人员安全离开区域的要求。

（4）当采用多参数控制时，应分别对各个参数及联合控制的合理性进行检测。逐一调整每一个参数，检查控制执行情况。

四、照明系统节电率检测

节电率是指实际耗电功率和额定功率的比值。照明系统节电率对于整个建筑节能效果有着重要影响，因此，照明系统节电率的检测也是检测中的一项主要内容。

（一）照明系统节电率的检测依据

照明系统节电率的检测依据是现行行业标准《公共建筑节能检测标准》（JGJ/T 177—2009）。

（二）照明系统节电率的检测仪器

照明系统节电率检测所用的仪器主要有功率计或单相电能表，其精度为 0.5 级；计时器，其精度为秒。

（三）照明系统节电率的检测条件

在正式检测前应从区域配电箱中断开除照明外其他用电设备电源，或关闭检测线路上除照明外的其他设备电源。

（四）照明系统节电率的检测步骤

（1）进行检测时应开启所测回路上所有灯具，并待光源的光输出达到稳定后再开始测量。检测时间不应少于 2h，数据采样间隔不应大于 15min。

（2）照明回路改造前后耗电量应分别进行检测。

（3）照明总耗电量应按式（10-6）～式（10-8）进行计算：

$$e_n = \sum p_i \tag{10-6}$$
$$E_0 = e_1 + e_2 + \cdots + e_n \tag{10-7}$$
$$E_1 = E_0 + (e_1 + e_2 + \cdots + e_{tn}) \tag{10-8}$$

式中　e_n——所测区域的照明总耗电量，kW·h；

　　　p_i——第 i 条照明回路耗电量，kW·h；

　　　E_0——层照明耗电量，kW·h；

　　　E_1——照明总耗电量，kW·h；

　　　e_{tn}——特殊区域照明耗电量，kW·h；

　　　tn——特殊区域编号。

（4）当因故无法全部断开其他用电设备电源时，应记录未断开电源的其他正常工作设备功率和工作规律，在计算节电率时作为调整量（A）予以修正。照明系统节电率按式(10-9)进行计算：

$$\eta = [1-(E'_z + A)/E_z] \times 100\%$$ (10-9)

式中　η——照明系统节电率，%；

　　E'_z——改造后照明电耗量，kW·h；

　　A——调整量，kW·h；

　　E_z——改造前照明电耗量，kW·h。

(五) 照明系统节电率检测注意事项

(1) 照明系统改造前后检测条件应相同，检测宜选择在非工作时间进行。

(2) 照明系统改造前后检测时间应相同，检测用的仪表应采用同一型号的仪器。

(3) 检测人员应穿绝缘鞋并佩戴绝缘手套注意安全。

(4) 检测时尽量不拆卸线缆，如果必须进行拆卸时，应记录拆卸线缆的线号及位置，检测结束后将线缆应复原。

第二节　供配电系统检测

在现行国家标准《建筑节能工程施工质量验收规范》（GB 50411—2007）中第 12.2.3 条规定：工程安装完成后应对低压配电系统进行调试，调试合格后应对低压配电电源质量进行检测。其中：①供电电压允许偏差，三相供电电压允许偏差为标称系统电压的±7%，单相 220V 为 +7%、−10%。；②公共电网谐波电压限值为 380V 的电网标称电压，电压总谐波畸变率（THDu）为 5%，奇次（1~25 次）谐波含有率为 4%，偶次（2~24 次）谐波含有率为 2%；③谐波电流不应超过表 12.2.3 中规定的允许值。

一、三相电压不平衡度检测

三相电压不平衡度是指三相系统中三相电压的不平衡程序，用电压或电流负序分量与正序分量的均方根百分比表示。三相电压不平衡（即存在负序分量）会引起继电保护误动，电机附加振动力矩和发热。额定转矩的电动机，如长期在负序电压含量 4% 的状态下运行，由于发热，电动机绝缘的寿命将会降低 1/2，若某相电压高于额定电压，其运行寿命的下降将更加严重。

(一) 三相电压不平衡度检测依据

三相电压不平衡度检测的依据是《公共建筑节能检测标准》（JGJ/T 177—2009）和（电能质量　三相电压不平衡）（GB/T 15543—2008）。

(二) 三相电压不平衡度检测仪器

三相电压不平衡度检测所用的仪器有三相电能质量分析仪；电压表，其精度为 0.5 级；（钳形）电流表，其精度为 1 级。

(三) 三相电压不平衡度检测条件

检测时电力系统正常运行的最小方式（或较小方式）下，不平衡负荷处于正常、连续工作状态下进行，并保证不平衡负荷的最大工作周期包含在内。

(四) 三相电压不平衡度检测步骤

1. 方法 A

当使用三相电能质量分析仪进行检测时，应在变压器的低压侧（即变压器低压出线或低压配电总进线柜）进行测量。

2. 方法 B

(1) 根据设计负荷的大小，初步判定平衡回路，同时对平衡回路也应全部进行检测。

(2) 检测前应初步判定不平衡回路。观察配电柜上三相电压表或三相电流表指示，当三相电压某相超过标称电压 2%，或三相电流之间偏差超过 15% 时，可初步判定此回路为不平衡回路。

(3) 对于公共连接点，测量持续时间取 1 周 (168h)，每个不平衡度的测量间隔或为 1min 的整倍数；对于波动负荷，取正常工作日 24h 持续测量，每个不平衡度的测量间隔为 1min。

(4) 测量取值

① 对于公共连接点，供电电压负序不平衡度测量值的 10min 方均根值的 95% 概率最大值应不大于 2%，所有测量值中的最大值不大于 4%。

② 对于日波动不平衡负荷，供电电压负序不平衡度测量值的 1min 方均根值的 95% 概率最大值应不大于 2%，所有测量值中的最大值不大于 4%。也可取日累计大于 2% 的时间不超过 72min，且每 30min 中大于 2% 的时间不超过 5min（以上 10min 或 1min 方均根值由所有记录周期的方均根值的算术平均求取）。

(5) 检测计算

1) 仪器记录周期为 3s，按方均根取值。电压输入信号基波分量的每次测量取 10 个周波的间隔。对于离散采样的测量仪器按式(10-10)进行计算：

$$\varepsilon = \sqrt{\frac{1}{m} \sum_{k=1}^{m} \varepsilon_k^2} \tag{10-10}$$

式中　ε_k——在 3s 内第 k 次测的不平衡度；

　　m——在 3s 内均匀间隔取值次数，一般 $m > 6$。

2) 不平衡度准确计算。在三相系统中，通过测量获得三相电量的幅值和相位后应用对称分量法分别求出正序分量、负序分量和零序分量，按式(10-11) 和式(10-12) 计算不平衡度：

$$\varepsilon_{u2} = U_2 / U_1 \times 100\% \tag{10-11}$$

$$\varepsilon_{u0} = U_0 / U_1 \times 100\% \tag{10-12}$$

式中　U_1——三相电压的正序分量方均根值，V；

　　U_2——三相电压的负序分量方均根值，V；

　　U_0——三相电压的零序分量方均根值，V。

将式(10-11) 和式(10-12) 中的 U_1、U_2、U_0 换成电流 I_1、I_2、I_0，则为相应的电流不平衡度 ε_{I2}、ε_{I0}。

在没有零序分量的三相系统中，当已知三相量 a、b、c 时，也可以按式(10-13) 计算负序不平衡度：

$$\varepsilon_2 = \sqrt{\frac{1-\sqrt{3-6L}}{1+\sqrt{3-6L}}} \times 100\% \tag{10-13}$$

式中　$L = (a^4 + b^4 + c^4)/(a^2 + b^2 + c^2)^2$

3）不平衡度近似计算。设公共连接点的正序阻抗与负序阻抗相等，则负序电压不平衡度可按式（10-14）进行计算：

$$\varepsilon_{u2} = 1.732 I_2 U_L / S_k \times 100\% \tag{10-14}$$

式中　I_2——负序电流值，A；

U_L——线电压，V；

S_k——公共连接点的三相相短路容量，VA。

相间单相负荷引起的负序电压不平衡度的近似值可按式（10-15）进行计算：

$$\varepsilon_{u2} \approx S_L / S_k \times 100\% \tag{10-15}$$

式中　S_k——单相负荷容量，VA。

（五）三相电压不平衡度检测注意事项

（1）检测人员在检测过程中应穿绝缘鞋并戴绝缘手套，操作应符合电工安全操作要求。

（2）为确保检测结果真实可靠，注意选择适合的仪表量程。

（3）实测值的 95% 概率值可将实测值由大到小次序排列，舍弃前面 5% 的大值，取剩余实测值中的最大值。

（4）以时间取值时，如果 1min 方均根值超过 2%，按超标 1min 进行时间累计。

二、谐波电压和谐波电流检测

谐波电压是由谐波电流和配电系统上产生的阻抗导致的电压降。谐波电流就是将非正弦周期性电流函数按傅立叶级数展开时，其频率为原周期电流频率整数倍的各正弦分量的统称。谐波电流流过线路阻抗时，在线路的两端产生了谐波电压（欧姆定律），谐波电压是由谐波电流产生的。

高频谐波电流常常会产生意想不到的问题：会使变压器、电缆和其他电力元件产生附加热损耗；造成控制、保护和测量系统的功能异常，通信和数据网络也因此受到谐波干扰。因此，谐波电压和谐波电流的允许值应符合《电能质量　公用电网谐波》（GB/T 14549—1993）。

（一）谐波电压和谐波电流检测依据

谐波电压和谐波电流检测的依据主要有《公共建筑节能检测标准》（JGJ/T 177—2009）和《电能质量　公用电网谐波》（GB/T 14549—1993）。

（二）谐波电压和谐波电流检测仪器

谐波电压和谐波电流检测所用的仪器为新型数字智能化仪器——谐波分析仪。窗口宽度为 10 个周期并采用矩形加权，时间窗应与每一组的 10 个周期同步。仪器应保证其电压在标称电压 ±15%，频率在 49～51Hz 范围内电压总谐波畸变率不超过 8% 的条件下正常工作。

（三）谐波电压和谐波电流检测条件

（1）谐波电压及谐波电流检测数量应符合下列规定：①变压器出线回路应全部测量；②照明回路应 5%，且不得少于 2 个回路；③配置变频设备的动力回路应抽测 2%，且不得少于 1 个回路；④配置大型 UPS 的回路应抽测 2％，且不得少于 1 个回路。

（2）在进行检测时所有电力负荷应全部开启正常工作。

(四) 谐波电压和谐波电流检测步骤

（1）按照谐波分析仪的使用说明书连接测试线，仪表按规定的时间进行预热。

（2）测量时间间隔宜为 3s（150 周期），测量时间宜为 24h。

（3）谐波测量数据应取测量时段内各相实测值的 95％概率值中最大相值，作为判断的依据。对于负荷变化慢的谐波源，宜选 5 个接近的实测值，取算术平均值。

(五) 谐波电压和谐波电流检测注意事项

（1）检测人员在检测过程中应穿绝缘鞋并戴绝缘手套，操作应符合电工安全操作要求。

（2）检测用的谐波分析仪应可靠接地。

三、功率因数检测

功率因数是用来衡量用电设备的用电效率的数据。功率因数越高，设备需要的无功功率就越少，电能利用率就好。

(一) 功率因数检测依据

功率因数检测的依据主要是《公共建筑节能检测标准》（JGJ/T 177—2009）。

(二) 功率因数检测仪器

功率因数检测所用的仪器主要有电压、电流、功率因数、谐波含量智能检测仪，其精度为 1％。

(三) 功率因数检测条件

补偿后功率因数均应检测，检测时所有电力负荷应全部开启正常稳定工作。

(四) 功率因数检测步骤

（1）功率因数测量宜与谐波测量同时进行，仪表连线应按所用仪器说明书的要求连接。

（2）检测前应对补偿后功率因数进行初步判定。初步判定应采用读取补偿功率因数表读数的方式，读值时间间隔宜为 1min，读取 10 次取平均值。

（3）对初步判定不合格的回路应采用直接测量的方法，采用数字式智能化仪表在变压器出线回路进行测量。

（4）直接测量间间隔宜为 3s（150 周期），测量时间宜为 24h。

(五) 功率因数检测注意事项

（1）检测人员在检测过程中应穿绝缘鞋并戴绝缘手套，操作应符合电工安全操作要求。

（2）检测用的智能检测仪应可靠接地。

四、电压偏差检测

电压偏差是实际电压偏离额定值，出现过电压（偏高）或低电压（偏低）。实际电压偏高将造成设备过电压，威胁绝缘和降低使用寿命；实际电压偏低，将影响用户的正常工作，使用户设备和电器不能正常运行或停止运行。出现较大的电压偏差不仅将影响电能质量，而且影响对电能的正常和安全应用。因此，应当足够重视电压偏差的检测工作。

(一) 电压偏差检测依据

电压偏差检测的依据主要是《公共建筑节能检测标准》(JGJ/T 177—2009)。

(二) 电压偏差检测仪器

电压偏差检测所用的仪器主要是数字电压表，其精度为 0.5%。

(三) 电压偏差检测条件

(1) 当电压为 380V 时，变压器出线回路应全部测量。

(2) 当电压为 220V 时，照明出线回路应抽测 5%，且不应少于 2 个回路。

(3) 在进行检测时各回路负荷全部开启且稳定工作。

(四) 电压偏差检测步骤

(1) 检测前应进行初步判定。当电压 380V 时，偏差测量应采用读取变压器低压进线柜上电能表中三相电压数值的方法；当电压 220V 时，偏差测量应采用分别读取包含照明出线的低压配电柜上三相电压表数值的方法。读值时间间隔宜为 1min，读取 10 次取平均值。

(2) 对初步判定为不合格的回路应采用直接测量的方法，电压 380V 时，偏差测量应采用数字式智能化仪表在变压器出线回路进行测量，且宜与谐波测量同时进行；电压 220V 时，偏差测量应采用数字式智能化仪表在照明回路断器下端测量。

(3) 直接测量间间隔宜为 3s (150 周期)，测量时间宜为 24h。

(五) 电压偏差检测注意事项

检测人员在检测过程中应穿绝缘鞋并戴绝缘手套，操作应符合电工安全操作要求。

第三节　配电和照明配件检测

配电和照明配件是配电照明系统中的重要组成部分，其质量如何对于整个系统的节能效果起着重要的作用。因此，配电和照明配件的检测也是建筑节能检测中的一项重要工作。

配电和照明配件检测主要包括节能灯具分布光度检测、灯具效率测定、镇流器检测等。

一、节能灯具分布光度检测

照明灯具的分布光度参数是决定照明效果的最重要因素，是照明工程应用的基础。准确、可靠地测量节能灯具在空间各方向上的分布光度，对于设计新型灯具、光源及其材料结构都具有极重要的意义。

(一) 节能灯具分布光度检测依据

节能灯具分布光度检测依据主要是现行国家标准《灯具分布光度测量的一般要求》(GB/T 9468—2008)。

(二) 节能灯具分布光度检测仪器

节能灯具分布光度所用的检测仪器主要有：分布光度计，精度为标准级；智能电量测量仪；测量模式。AC/DC/AC＋DC；频率范围，DC/AC，45～130Hz；精度±（0.4％读数＋0.1％量程＋1位）。

(三) 节能灯具分布光度检测条件

光度计探头只能接受来自灯具的光或想要的反射光；无特殊规定时，测量应当在无烟、无尘、无雾的环境中进行，灯具或裸光源周围的空气温度应为（25±1)℃；灯具周围空气的运动速度不超过0.2m/s；电源端的试验电压应当是灯的额定电压，如果有镇流器，应是适宜于所使用镇流器的额定线路电压。

(四) 节能灯具分布光度检测步骤

(1) 将灯具以其设计位置安装在分布光度计上，灯具的光度中心应与分布光度计的实际旋转中心一致。

(2) 连接好灯具的供电线路，打开电源开关，用测试仪器观察灯具的光度信号，待其稳定后再进行测量工作。

(3) 在测试系统的软件控制平台内设置相关的测试信息，设置完成后再开始正式测量。

(4) 在测试结束后，软件自动处理试验数据，并保存试验结果。

(五) 节能灯具分布光度检测注意事项

(1) 试验房间的温度要保持在标准规定的范围内，试验时灯具周围的空气运动会降低工作温度，使一些类型灯的光输出受到一定影响。引起空气运动的原因有气流、空调或测量设备上灯具的移动，要保证灯具周围空气运动速度应不超过标准的规定值。

(2) 在测试过程中，尽量避免试验房间中的杂散光的形成。

(3) 所用仪器仪表必须有良好的接地，以保证其安全稳定的工作。

(4) 在测试过程中，不要随意按动相关仪器上的按键，以免发生错误和故障。

二、灯具效率检测

灯具效率是指在规定条件下测得的灯具所发射的光通量值与灯具内所有光源发出的光通量测定值之和的比值。投光灯、泛光灯、荧光灯都是多向性发光的，灯具效率较差；而LED是单向性发光的，灯具效率较高。

(一) 灯具效率检测依据

灯具效率检测依据主要是现行国家标准《灯具分布光度测量的一般要求》（GB/T 9468—2008）。

(二) 灯具效率检测方法

按照现行国家标准《灯具分布光度测量的一般要求》（GB/T 9468—2008）规定的光通量测试方法，在标准条件下分别测试灯具光通量与此条件下测得的裸光源（灯具内所包含的光源）的光通量之和，计算其比值即可得到灯具效率。灯具效率可按式(10-16)进行计算：

$$\eta = \Phi_1 / \Phi_2 \times 100\% \tag{10-16}$$

式中　η——灯具效率，%；

Φ_1——灯具光通量，lm；

Φ_2——裸光源光通量之和，lm。

三、镇流器检测

镇流器又称电感镇流器，它是一个铁芯电感线圈，电感的性质是当线圈中的电流发生变化时，则在线圈中将引起磁通的变化，从而产生感应电动势，其方向与电流的方向相反，因而阻碍着电流变化。镇流器可以由电阻、电感、电容和漏磁变压器等独立组成，也可以由这些器件或由电子元件等组合而成。

(一) 镇流器检测依据

镇流器检测依据主要有《管形荧光灯用交流电子镇流器 性能要求》(GB/T 15144—2009)、《管形荧光灯镇流器能效限定值及能效等级》(GB 17896—2012)、《管形荧光灯镇流器 性能要求》(GB/T 14044—2008)、《灯用附件 放电灯（管形荧光灯除外）用镇流器 性能要求》(GB/T 15042—2008) 和《建筑节能工程施工质量验收规范》(GB 50411—2007)。

(二) 镇流器检测仪器

镇流器检测所用的仪器主要有电子镇流器性能分析仪。

(三) 镇流器检测条件

镇流器检测应满足下列条件：①室内温度为 20~27℃ 且无对流风；②受检测的镇流器应在其额定电压下工作；③电源电压的总谐波含量不超过 3%；④电源电压和基准镇流器所适用的频率误差应稳定保持在 ±0.5% 之内；⑤在与基准镇流器或受检测镇流器的表面相距 25mm 的范围之内不存在任何磁性物体。

(四) 镇流器检测步骤

1. 功率因数、谐波含量及自身功耗的测量

(1) 将受检测的镇流器按规定连接在电子镇流器分析仪上，连接一定要正确、可靠。

(2) 打开电子镇流器分析仪上的控制开关，点亮灯具，使镇流器处于正常工作状态。

(3) 打开电子镇流器分析仪开关，正式开始测量，并观察测试数据，待其稳定后，进入软件控制平台读取数据并保存。

(4) 功率因数可按式(10-17)进行计算：

$$\cos\varphi = 1 / [1 + (Q/P)^2]^{1/2} \tag{10-17}$$

式中　$\cos\varphi$——功率因数；

Q——无功功率；

P——有功功率。

(5) 镇流器自身功耗可按式(10-18)进行计算：

$$P = P_1 - P_2 \tag{10-18}$$

式中　P——被测镇流器自身功耗；

　　　P_1——灯具整体功耗；

　　　P_2——光源的功耗。

2. 镇流器能效因数的测量

（1）测量受检测镇流器在其额定电压下工作时，灯的光通量和线路功率，待其稳定后读取数据。

（2）测量该灯和适宜的基准镇流器一起在其额定电压下工作时，灯的光通量，待其稳定后读取数据。

（3）镇流器的流明系数可按式（10-19）进行计算：

$$\mu = \Phi_1 / \Phi \tag{10-19}$$

式中　μ——镇流器的流明系数；

　　　Φ_1——基准灯与被测镇流器配套工作时的光通量，lm；

　　　Φ——基准灯与基准镇流器配套工作时的光通量，lm。

（4）镇流器的能效因数可按式（10-20）进行计算：

$$BEF = \mu / P \times 100\% \tag{10-20}$$

式中　BEF——镇流器的能效因数；

　　　μ——镇流器的流明系数；

　　　P——线路功率，W。

（五）镇流器检测注意事项

（1）试验房间的温度要保持在标准规定的范围内，一般应控制为 20～27℃。

（2）保证镇流器检测试验所需的线路连接正确，连接后一定要认真进行检查。

（3）在进行测试时，数据要经过一段时间的稳定后再进行读取，以保证数据的准确。

（4）镇流器检测试验中所用的仪器仪表必须有良好的接地，以保证其安全稳定的工作。

（5）在测试的过程中，不要随意按动相关仪器的按键，以免发生错误和故障。

（6）当被测的物体带电时，不要与仪器连接或者从仪器上取下。

（7）为了确保测试中的安全，应确保连接线与电压和电流接线柱安全连接。

第四节　电线电缆检测

电线电缆用以传输电（磁）能，信息和实现电磁能转换的线材产品，广义的电线电缆亦简称为电缆，狭义的电缆是指绝缘电缆。电线电缆是建筑配电和照明系统中不可缺少的组成部分，其品种、规格、型号对于传输电能和建筑节能的效果均有重大影响，进行电线电缆检测是建筑节能中的重要工作。电线电缆检测主要包括导体电阻测定和导体直径测定。

一、导体电阻测定

导体电阻是电线的电性能检测重要项目之一，是考核导体材料电气绝缘性能的重要指标，通过测定导体电阻不仅可以发现生产过程中的工艺缺陷，也能评定导体材料的质量好坏。

(一) 导体电阻检测依据

导体电阻检测依据主要有现行国家标准《电线电缆性能试验方法》（GB/T 3048.4—2007）和《电缆的导体》（GB/T 3956—2008）。

(二) 导体电阻检测仪器

导体电阻检测所用的仪器是双臂直流电桥或等精度数字电桥，其量程为 $0.001\sim11\Omega$，电缆夹具电流、电压端子位置应可调。

(三) 导体电阻检测条件

导体电阻检测条件为：试验环境温度 $(20\pm1.5)℃$，相对湿度 $25\%\sim80\%$，且试样应恒温 24h 以上。

(四) 导体电阻检测步骤

(1) 电桥打开后应预热 5min 以上，调节调零旋钮使指针指向 "0" 点。

(2) 将两端拨开绝缘皮的电缆顺直后放入夹具中，先夹紧一端的电流端子、电压端子，再夹紧另一端的电流端子、电压端子，夹紧后电缆不宜有挠度。

(3) 估计被测电缆的电阻值，预选量程的位置，调灵敏度旋钮至 "粗" 的位置，按下指针按钮开关 "G"，再按下工作电源开关按钮 "B"，调整步进盘与滑线盘使指针达到零位。再调整调灵敏度旋钮至 "细" 位置，再调整步进盘与滑线盘使指针达到零位。

(4) 读取量程因素盘、步进盘与滑线盘的读数做好记录，被测电缆的电阻值＝量程因素盘读数×(步进盘读数＋滑线盘读数)。

(5) 测量结果按式(10-21)折合成温度为 20℃下每千米的电阻值：

$$R_{20}=R_t\times k_t\times1000/L \tag{10-21}$$

式中　R_{20}——温度 20℃时导体的电阻，Ω/km；

$\quad\quad R_t$——测试温度下的导体测量电阻值，Ω；

$\quad\quad k_t$——温度修正系数；

$\quad\quad L$——电缆的长度，m。

(五) 导体电阻检测注意事项

(1) 调整电压端子使其两电压端子的距离为 1m，允许误差为 0.5mm。电流端子与电压端子之间的距离应大于被测导体周长的 1.5 倍。

(2) 测量 0.1Ω 以下电缆时电桥到夹具的导线电阻为 $0.005\sim0.01\Omega$，测量其他电阻值时连接导线不可大于 0.005Ω。

(3) 夹具上电压端子夹紧导体的夹具应由相当锐利的刀刃构成，且相互平行，均垂直于式样纵轴。接点也可以是锐利针状接点。

(4) 导体接触固定端子区域应清除氧化物及油污等以减小接触电阻。

(5) 在仪器的使用过程中，如果发现指针灵敏度明显下降，应及时更换电池。

二、导体直径测定

(一) 导体直径测定依据

导体直径测定的依据是现行国家标准《电线电缆电性能试验方法 第 2 部分：金属导体

材料电阻率试验》（GB/T 3048.2—2007）。

（二）导体直径测定仪器

导体直径测定所用的仪器是千分尺，其精度为 0.01mm。

（三）导体直径测定条件

导体直径测定条件为：环境温度 15～25℃。

（四）导体直径测定步骤

将被测电缆刨开 1m 的长度，不要伤及电缆，在间距 200mm 左右取不少于 5 个检测点，用千分尺垂直于电缆轴线测量导体直径，将测得的 5 个数据求出算术平均值，即为被测导体的直径。

（五）导体直径测定注意事项

（1）测定导体直径所用的千分尺应检定合格，测量时应注意"0"点校正。

（2）用千分尺进行测量时，被测导体应位于千分尺探测面的中部。

11

Chapter

第十一章

空调通风系统检测

通风空调系统主要功能是为提供人呼吸所需要的氧气,稀释室内污染物或气味,排除室内工艺过程产生的污染物,除去室内的余热或余湿,提供室内燃烧所需的空气,主要用在家庭、商业、酒店、学校等建筑。

根据通风服务对象的不同可分为民用建筑通风和工业建筑通风;根据通风气流方向的不同可分为排风和进风;根据通风控制空间区域范围的不同可分为局部通风和全面通风;根据通风系统动力的不同可分为机械通风和自然通风。

第一节 空调通风系统末端设备检测

空调通风末端设备是通风空调系统的重要组成部分,通俗地讲就是能把冷冻水或冷媒变成冷风的装置,一般见于中央空调系统的末端设备,常位于室内,常见的如风机盘管机组、组合式空调机组、新风处理机、空气分布器等。

一、风机盘管机组

风机盘管机组是中央空调理想的末端产品,由热交换器、水管、过滤器、风扇、接水盘、排气阀、支架等组成,其工作原理是机组内不断的再循环所在房间或室外的空气,使空气通过冷水（热水）盘管后被冷却（加热）,以保持房间温度的恒定。

随着风机盘管技术的不断发展,运用的领域也随之变大,现在主要运用在办公室、医院、科研机构等一些场所。风机盘管主要是通过依靠风机的强制作用,通过表冷器的作用达到预期的效果。风机盘管机体结构精致、紧凑、坚固耐用、外形美观且高贵幽雅。

(一) 风机盘管机组检测依据

风机盘管机组的检测依据是现行国家标准《风机盘管机组》（GB/T 19232—2003）。

（二）风机盘管机组检测仪器

风机盘管热工性能试验主要在空气焓差法试验台和噪声试验台上进行，风机盘管机组检测参数、测量仪器及其准确度如表 11-1 所列。

表 11-1　各类测量仪器的准确度

测量参数	测量仪表	测量项目	单位	仪表准确度
温度	玻璃水银温度计	空气进、出口的干、湿球温度、水温	℃	0.1
	电阻温度计			
	热电偶	其他温度		0.3
压力	倾斜式微压计	空气动压、静压	Pa	1.0
	补偿式微压计			
	U 形水银压力计、水压表	水阻力	hPa	1.5
	大气压力计	大气压力	hPa	2.0
水量	各类流量计	冷、热水流量	%	1.0
风量	各类计量器具	风量	%	1.0
时间	秒表	测时间	s	0.2
重量	各类台秤	称质量	%	0.2
电特性	功率表	测量电气特性	级	0.5
	电压表			
	频率表			
噪声	声级计	机组噪声	dB(A)	0.5

（三）风机盘管机组检测条件

（1）风机盘管机组热工性能试验条件如表 11-2～表 11-5 所列。

表 11-2　额定风量和输入功率的试验参数

项目			试验参数
机组进口空气干球温度/℃			14～27
供水状态			不供水
风机转速			高挡
出口静压	低静压机组	带风口和过滤器	0
		不带风口和过滤器	12
	高静压机组	不带风口和过滤器	30 或 50
机组电源	电压/V		220
	频率/Hz		50

表 11-3　两管制风盘额定供冷量、供热量的试验工况参数

项目			供冷工况	供热工况
进口空气状态	干球温度/℃		27.0	21.0
	湿球温度/℃		19.5	—
供水状态	供水温度/℃		7.0	60.0
	进出口水温度/℃		5.0	—
	供水量/(kg/h)		按水温差得出	与冷工况相同
风机转速			高档	
出口静压/Pa	低静压机组	带风口和过滤器	0.0	
		不带风口和过滤器	12.0	
	高静压机组	不带风口和过滤器	30 或 50	

注：四管制风盘试验条件，供冷量试验条件同表 11-3，供热量试验时，进口空气状态同表 11-3 状态一致，供水状态按进行 60℃、温差 10℃测试。

表 11-4　凝露、凝结水、噪声试验条件

项目		凝露试验	凝结水试验	噪声试验
进口空气状态	干球温度/℃	27.0	27.0	常温
	湿球温度/℃	24.0	24.0	
供水状态	供水温度/℃	6.0	6.0	
	水温差/℃	3.0	3.0	
	供水量/(kg/h)	—	—	不通水
风机转速		低档	高档	高档
出口静压/Pa	带风口和过滤器	0	0	0
	不带风口和过滤器	按低档风量时	12	12
	高静压机组	的静压值	30 或 50	30 或 50

表 11-5　试验读数允许偏差

项目		单次读数与规定试验工况最大偏差	读数平均值与规定试验工况最大偏差
进口空气状态	干球温度/℃	±0.5	±0.3
	湿球温度/℃	±0.3	±0.2
水温	供冷/℃	±0.2	±0.1
	供热/℃	±1.0	±0.5
	进出口水温差/℃	±0.2	—
出口静压/Pa		±2.0	
电源电压/%		±2.0	

（2）风机盘管机组的噪声试验条件如表 11-6 所列。

表 11-6　测得的声压级和理论声压级之间最大允许差

测量室类型	1/3 倍频带中心频率/Hz	最大允许差/dB(A)
消声室	＜630	±1.5
	800～5000	±1.0
	＞6300	±1.5
半消声室	＜630	±2.5
	800～5000	±2.0
	＞6300	±3.0
房间地面应为硬性的光滑平面,正入射的吸声系数在测试频率范围内应不大于 0.06。		

（四）风机盘管机组检测步骤

1. 风量、输入功率试验

（1）按照标准规定的方法将机组与空气焓差法试验台连接，调整试验工况满足要求。

（2）在高、中、低 3 挡风量和规定的出口静压下测量风量、输入功率、出口静压和温度、大气压力；无级调速机组，可以只进行高档下的风量测量。

2. 供冷量、供热量试验

（1）按照标准规定的方法将机组与空气焓差法试验台连接，调整试验工况满足要求。

（2）测量湿工况风量。

（3）测量风侧和水侧的各参数，计算出风机盘管水侧的冷量或热量，取风侧和水侧实测的冷量或热量的算术平均值为风机盘管机组检验的冷量和热量。

3. 水量和水阻的试验

（1）按照标准规定的方法将机组与空气焓差法试验台连接。

（2）在机组使用时的最大和最小流量值内，按照等水量间隔测量水量和对应的水阻，测点不应少于 5 组。

（3）对测量所得的水量和水阻，绘制对应关系曲线。

4. 凝露试验

（1）凝露应按表 11-3 中所规定的试验工况进行试验。

（2）机组在低档转速下运行，待工况稳定后，再连续运行 4h，观察是否出现结露。

5. 凝结水处理试验

（1）凝结水处理应按表 11-3 中所规定的试验工况进行试验。

（2）机组在高档转速下运行，待工况稳定后，再连续运行 4h，然后查看凝结水是否排除畅通。

6. 噪声试验

（1）被测试机组电源输入为额定电压、额定频率，并可进行高、中、低 3 档风量进行。

（2）被测试机组出口静压值应与风量测量时一致。

（3）被测试机组测量噪声前要确保盘管内无水，叶轮内无杂物，以免影响检测结果精度。被测试机组在测量室内按照图 11-1 位置进行噪声测量。

对于立式机组可按图 11-1（A）位置测量；卧式机组可按图 11-1（B）位置测量；卡式机组可按图 11-1（C）位置测量；有出口静压的机组可按图 11-1（D）位置测量。

（4）用声级计测出机组高、中、低 3 挡风量时的声压级 dB(A)。

（五）风机盘管机组检测注意事项

（1）进行风量试验时，测得的风量、出口静压应进行标准工况的换算。

（2）为测得精确的测试结果，测量静压的静压环不应漏风。

（3）在进行供冷、供热试验时，应注意风侧和水侧检漏和保温，保证不出现漏风和漏热现象；供冷试验时要确保冷凝水的顺畅排出；两侧热平衡偏差在 5％以内，待试验稳定后水侧能力应大于风侧能力。

（4）在进行水阻试验时，测量水阻的连接装置应符合现行国家标准《风机盘管机组》（GB/T 19232—2003）要求，水温应低于 12℃。

（5）在进行噪声测试时，要监测电压的波动，保证在允许范围内，测点距离反射面应大于 1m。

二、组合式空调机组检测

组合式空调机组是由各种空气处理功能段组装而成的一种空气处理设备，适用于阻力大于 100Pa 的空调系统。机组空气处理功能段有空气混合、均流、过滤、冷却、一次和二次加热、去湿、加湿、送风机、回风机、喷水、消声、热回收等单元体。组合式空调机组按照空气处理需求灵活选择相应的功能段组装在一起，从而满足空调区域对空气温度、湿度、洁净度、流速以及卫生等各种不同要求。

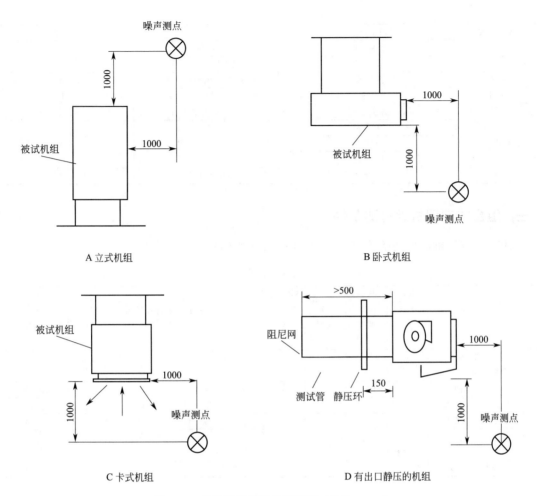

图 11-1　常见风机盘管检测示意（单位：mm）

（一）组合式空调机组检测依据

组合式空调机组检测的依据是现行国家标准《组合式空调机组》（GB/T 14294—2008）。

（二）组合式空调机组检测仪器

组合式空调机组性能试验主要在空气焓差法试验台上进行，各类测量仪器的准确度如表 11-7 所列。

表 11-7　各类测量仪器的准确度

测量参数	测量仪表	测量项目	仪表准确度
温度	玻璃水银温度计	空气进、出口干、湿球温度、水温	0.1℃
	电阻温度计		
	热电偶	其他温度	0.3℃
压力	微压计(倾斜式微压计)	空气动压、静压	1.0Pa
	补偿式微压计		
	U形水银压力计、水压表	水阻力,蒸汽压力	150Pa
	大气压力计	大气压力	200Pa
水量	流量计、重量式或容量式液体定量计	冷、热水流量	1.0%

续表

测量参数	测量仪表	测量项目	仪表准确度
风量	标准喷嘴	风量	1.0%
	皮托管	机组风量和风压	
风速	风速仪	风量、断面风速均匀度等	0.25m/s
时间	秒表	测时间	0.1s
重量	各类台秤	称重量	0.2%
电特性	功率表	测量电气特性	0.5级
	电压表		
	频率表		
噪声	声级计	机组噪声	0.5dB(A)

（三）组合式空调机组检测条件

组合式空调机组检测条件如表 11-8 和表 11-9 所列。

表 11-8　试验工况

项目		进口空气状态		供水参数			风量 /(m³/h)	机外静压 /Pa	电压 /V	频率 /Hz
		干球温度 /℃	湿球温度 /℃	进口水温 /℃	进出口水温差 /℃	供水状态				
风量、机外静压和输入功率		5～35	—	—	—	不供	—	—	额定值	额定值
供冷量	回风	27	19.5	7	5	供	额定值	不低于额定值的85%	额定值	额定值
	新风	35	28	7	5	供	额定值		额定值	额定值
供热量	热水	15	—	60	10	供	额定值		额定值	额定值
新风机组供热量	热水	7	—	60		供	额定值		额定值	额定值
漏风量		5～35	—	—	—	不供	—	—	额定值	额定值

表 11-9　试验读数允许偏差

项目		单次读数与规定试验工况最大偏差	读数平均值与规定试验工况最大偏差
进口空气状态	干球温度/℃	±0.5	±0.3
	湿球温度/℃	±0.3	±0.2
水温	供冷/℃	±0.2	±0.1
	供热/℃	±0.5	±0.5
	水流量/%	±2.0	±1.0
	供水压力/kPa	±1.7	±1.7
风量/%		±2.0	±2.0
出口静压/Pa		±5.0	±5.0
电源电压/%		±1.0	±1.0

（四）组合式空调机组检测步骤

1. 试验室检测风量

（1）按照现行标准规定的方法将机组与空气焓差法试验台或风量测量试验台连接，并调整试验工况满足要求。

（2）在机组使用时的最大和最小风量范围内，至少应进行 5 种风量、机外静压以及输入功率的试验，每种风量至少应测量 3 次，取平均值。

（3）按下式进行风量计算

① 当采用毕托管测量风量时，按式(10-1)计算机组的风量：

$$L = 3600A \times (2p_d/\rho)^{1/2} \tag{10-1}$$

② 当采用空气流量喷嘴测量风量时，按式(10-2)计算机组的风量：

$$L = 3600CA \times (2\Delta p/\rho)^{1/2} \tag{10-2}$$

式中　L——机组风量或流经每个喷嘴的风量，m^3/h；

　　　C——喷嘴流量系数；

　　　A——测试风管的面积或喷嘴面积，多个喷嘴测量时，面积为多个喷嘴面积之和，m^2；

　　　p_d——动压，Pa；

　　　ρ——机组出口的空气密度，kg/m^3；

　　　Δp——喷嘴前后的静压差，Pa。

（4）将实测风量、静压按式(10-3)修正到标准空气状态下的值。

$$L_o = L\rho/1.2 \tag{10-3}$$

2. 现场检测风量、输入功率

（1）在空调风管系统安装完毕后，在位于机组入口或出口直管段上选择适宜的测量断面。

（2）测点布置　在矩形断面上等面积分测点，当矩形截面长短之比小于 1.5 时，在截面上至少布置 25 个点，对于长边大于 2m 的截面，至少要布置 30 个点；当矩形截面长短之比大于等于 1.5 时，在截面上至少布置 30 个点。

（3）风量计算

① 当采用毕托管测量风量时，按式(10-4)计算机组的风量：

$$L = 3600A \times (2p_d/\rho)^{1/2} \tag{10-4}$$

式中　L——机组风量，m^3/h；

　　　A——测试风管的面积或喷嘴面积，m^2；

　　　p_d——动压，Pa；

　　　ρ——机组出口的空气密度，kg/m^3。

② 当采用风速仪时，按按式(10-5)计算机组的风量：

$$L = 3600A \times (V_1 + V_2 + \cdots + V_n)/n \tag{10-5}$$

式中　$V_1, V_2, \cdots, V_n$——各测点的风速，m/s。

（4）在机组使用时的最大和最小风量范围内，至少应进行 5 种风量、机外静压以及输入功率的试验，每种风量至少应测量 3 次，取平均值。

（5）机外静压可按式(10-6)进行计算：

$$p_s = p_{s2} - p_{s1} \tag{10-6}$$

式中　p_{s1}、p_{s2}——机组进口与出口的静压，Pa。

3. 供冷量检测

机组的供冷量和供热量采用房间焓值法或风管环路式空气焓差法，通过测试机组的空气进、出口状态参数和风量计算得出空气侧的冷或热量，再测出水侧进、出口水温、水流量，计算出风机盘管水侧的冷或热量；两侧热平衡偏差在 5% 以内，检测的数据有效。

（1）按照现行标准规定的方法将机组与试验台连接，并调整试验工况满足要求。

（2）测量湿工况风量。

（3）测量风侧和水侧的各项参数，计算得出空气侧和水侧的冷量，计算出冷热量，两侧热平衡偏差在 5% 以内，检测的数据有效。

（4）取风侧和水侧实测的冷量的算术平均值为机组检验的冷量。

（五）组合式空调机组检测注意事项

（1）进行风量测量时，喷嘴喉部速度必须在 15~35m/s 之间，毕托管的测头应正对气流方向且与风管轴线平行。

（2）采用现场方法测量机组风量时，机组至测试断面间不应漏气。

（3）进行风量测量时，测点处的动压低于 10Pa 时，可采用风速仪测量。

（4）机组进出口静压测量断面应在距出口两倍出风口当量直径的距离处，进风口静压测量截面应在距进风口 0.5 倍回风口当量直径的距离处。

（5）进行机组供冷供热量试验时，测量段必须密封和隔热处理，漏风量不超过机组额定风量的 1%，漏热量不超过空气侧换热量的 2%。

三、空气分布器检测

空气送风口是指送系统（或空调设备）中将空气送入房间的一种末端设备，回风口是指排风、回风系统（或空调设备）中将房间的空气排出的一种末端部件，空气分布器是空气送风口和空气回风口的统称。空气分布器是一种由特殊纤维织成的柔性空气分布系统，是替代传统送风管、风阀、散流器、绝热材料等的一种送出风末端系统。它是主要靠纤维渗透和喷孔射流的独特出风模式，能均匀送风的送出风末端系统。

（一）空气分布器检测依据

空气分布器检测的依据是现行行业标准《空气分布器性能试验方法》（JG/T 20—1999）。

（二）空气分布器检测仪器

空气分布器检测所用各类测量仪器的准确度如表 11-10 所列。

表 11-10　各类测量仪器的准确度

测量参数	测量仪表	测量项目	单位	仪表准确度
温度	玻璃水银温度计	空气温度	℃	0.25
	电阻温度计			
	热电偶			
压力	倾斜式微压计 补偿式微压计	空气动压、静压（1.25~25）	Pa	0.25
		空气动压、静压（25~250）		2.50
		空气动压、静压（250~500）		5.00
		空气动压、静压（>500）		25.0
	大气压力计	大气压力	Pa	12.5
风量	各类计量器具	风量	%	1.0

（三）空气分布器检测步骤

1. 压力损失检测

（1）将试验空气分布器安装在与其喉部尺寸相同的标准试验管上，并密封连接部位。

（2）以空气分布器中心为坐标原点，在地面（或顶棚）标出 X 轴方向和 Y 轴方向的坐标尺寸，间隔为 0.5m。

（3）调节给定的试验风量，读出标准试验管上测量面的静压值，即为空气分布器在给定试验风量下的压力损失值。

（4）每种空气分布器至少做 4 种流量下的压力损失值，一般取 5～6 种流量，即喉部速度取 1m/s、2m/s、3m/s、4m/s、5m/s、6m/s。

（5）根据标准中的方法计算出在不同风量下的静压损失，按式(10-7)计算标准状态空气数值。

$$p_。=1.2p/\rho_2 \tag{10-7}$$

式中　$p_。$——标准状态下的空气压力，Pa；

　　　p——试验所测的空气压力，Pa；

　　　ρ_2——机组出口的空气密度，kg/m³。

2. 射流特性检测

（1）根据需要在标准试验管上进行侧送射流特性试验，或安装在顶棚静压箱上进行顶送射流特性试验。

（2）调节空气分布器风量达到给定的试验风量。

（3）使用热电风速仪探测射流的射程（X）和扩散宽度（Y）。

（4）对于射流的射程（X）可用以下方法进行探测

① 在事先标好的坐标上，沿着 X 轴的方向，至少分割成 8 个测量间距的分割面，测量间距为 0.5m 或为风口当量直径的倍数。

② 在各个分割面上，分别沿平行于 Z 轴和 Y 轴方向上下移动，移动距离为 50mm，找出最大速度点的位置，并记录该点的位置和速度值。

③ 当探测到最后一个分割面上的轴心速度等于 0.5m/s 时为止。

④ 根据测量值，取最大速度为纵坐标，测点在 X 方向的水平距离为横坐标，绘制成至少 4 种以上试验风量下的 V_{max} 流程曲线图。在曲线图的纵坐标上截取 V_{max} 等于 0.5m/s，画一平行 X 轴的直线与各流程曲线相交。其各交点的横坐标即为不同试验风量下的射程（X）。

3. 流型包络面的探测

（1）在上述各个分割面上，沿着平行于 Y 轴垂直向下或向上每隔 50～100mm 移动，直到气流速度等于 0.5m/s 时为止，并记录该点的位置和速度值，画出在不同试验风量下各点在 X-Y 坐标平面上的位置，用圆滑曲线连接这些坐标点即为不同风量下的流型包络面。

（2）当探测到最后一个分割面上的轴心速度等于 0.5m/s 时为止。

（3）在 X-Y 坐标的流型包络面上，找出包络面边界之间的最大距离，即为射流的扩散宽度。

（4）每一种规格的空气分布器，至少应在 4 种空气流量下，进行流型包络面的探测。

（四）空气分布器检测注意事项

调节空气分布器风量达到给定的试验风量，要求在试验期间空气流量变化不大于±2%。等温条件下送风的温差不大于 2℃。

第二节　空调通风系统检测

空调通风系统检测是建筑节能检测中的重要内容，主要包括冷源系统能效系数检测、风机单位风量耗功率检测、风系统平衡度检测、输送能效比检测、制冷性能系数检测和空调水系统水力平衡检测。

一、冷源系统能效系数检测

（一）冷源系统能效系数检测依据

冷源系统能效系数检测的依据主要有《蒸气压缩循环冷水（热泵）机组性能试验方法》（GB/T 10870—2014）、《直燃型溴化锂吸收式冷（温）水机组》（GB/T 18362—2008）、《蒸汽和热水型溴化锂吸收式冷水机组》（GB/T 18431—2014）、《蒸气压缩循环冷水（热泵）机组工商业用和类似用途的冷水（热泵）机组》（GB/T 18430.1—2007）、《蒸气压缩循环冷水（热泵）机组用户和类似用途的冷水（热泵）机组》（GB/T 18430.2—2008）、《公共建筑节能检测标准》（JGJ/T 177—2009）。

（二）冷源系统能效系数检测仪器

冷源系统能效系数检测所用各类测量仪表的准确度如表 11-11 所列。

表 11-11　各类测量仪表的准确度

测量参数	测量仪表	测量项目	仪表准确度
温度	玻璃水银温度计	空气进、出口干、湿球温度和水温	0.1℃
	电阻温度计		
	热电偶	其他温度	0.3℃
水量	流量计、重量式或容量式液体定量计	冷、热水流量	1.0%
时间	秒表	测时间	0.1s
电特性	功率表	测量电气特性	0.5 级
	电压表		
	频率表		

（三）冷源系统能效系数检测条件

冷源系统能效系数的检测条件为：①冷冻水出水温度应在 6～9℃；②水冷冷水机组冷却水进口温度应在 29～32℃；③风冷冷水机组室外干球温度应在 32～35℃。

（四）冷源系统能效系数检测步骤

（1）在机组的进出口处布置适宜的温度计测点，以便检测机组进出水的温度。

（2）在冷源系统的进口或出口的直管段上布置流量传感器。

（3）在测试工况稳定后，每隔 5～10min 读一次数，连续测量 60min，取读数的平均值作为测试的测定值。

（4）计算冷源系统的供冷量，可按式（11-8）进行计算：

$$Q_{o} = V \rho c \Delta t / 3600 \tag{11-8}$$

式中　Q_{o}——冷水机组平均制冷量，kW；

V——冷冻水平均流量，m^3/h；

ρ——冷冻水平均密度，kg/m^3；

c——冷冻水平均定压比热容，$kJ/(kg \cdot ℃)$；

Δt——冷冻水进、出口温差，℃。

（5）在电动机输入线端同时测量冷水机组、冷冻水泵、冷却水泵和冷却塔风机的输入功率，测试时间内，各用电设备的耗功率应进行平均累加。

（6）计算冷源系统的能效比（EER），可按式(11-9)进行计算：

$$EER = Q_o / \Sigma N_i \qquad\qquad (11-9)$$

式中　EER——冷源系统的能效比，kW/kW；

Q_o——冷源系统测定工况下平均制冷量，kW；

ΣN_i——冷源系统各设备的平均输入功率之和，kW。

（五）冷源系统能效系数检测注意事项

（1）冷水机组运行正常，系统负荷宜不小于设计负荷的60%，且运行机组负荷宜不小于额度负荷的80%，处于稳定状态。

（2）减少由于管道散热所造成的热损失，在靠近机组的进出口处布置温度计测点。

二、风机单位风量耗功率检测

（一）风机单位风量耗功率检测依据

风机单位风量耗功率检测的依据主要有《组合式空调机组》（GB/T 14294—2008）和《通风与空调工程施工质量验收规范》（GB 50243—2016）。

（二）风机单位风量耗功率检测仪器

风机单位风量耗功率检测所用各类测量仪器的准确度如表11-12所列。

表 11-12　各类测量仪器的准确度

测量参数	测量仪表	测量项目	仪表准确度
温度	玻璃水银温度计	空气进、出口干、湿球温度和水温	0.1℃
	电阻温度计		
	热电偶	其他温度	0.3℃
压力	微压计(倾斜式、补偿式或自动传感式)	空气动压、静压	1Pa
	补偿式微压计		
	U形水银压力计、水压表	水阻力、蒸汽压力	150Pa
	大气压力计	大气压力	200Pa
风量	标准喷嘴	风量	1.0%
	毕托管	机组风量和风压	
	风速仪	风量	0.25m/s
电特性	功率表	测量电气特性	0.5 级
	电压表		
	频率表		

（三）风机单位风量耗功率检测条件

（1）在进行测试时，风机的风量为吸入端风量和压出端风量的平均值，且风机前后的风量之差不应大于5%。

（2）风量和风压的测量宜采用毕托管和微压计；当动压小于10Pa时，风量测量宜采用数字式风速计。

（四）风机单位风量耗功率检测步骤

（1）选择适宜的测量截面，通风机出口的测量截面位置应靠近风机。

（2）布置测点，测定截面内测点的位置和数目，主要根据风管形状而定，对于矩形风管，应将截面划分为若干相等的小截面，并使各小截面尽可能接近于正方形，测点位于小截面的中心处，小截面的面积不得大于 $0.05m^2$。在圆形风管内测量平均速度时，应根据管径的大小，将截面分成若干个面积相等的同心圆环，每个圆环上测量 4 个点，且这 4 个点必须位于互相垂直的两个直径上。

（3）测量风量

① 采用毕托管测量风量时，可按式（11-10）计算机组的风量：

$$L = 3600A(2p_d/\rho)^{1/2} \tag{11-10}$$

式中　L——机组的风量，m^3/h；

　　　A——测试风管的面积或喷嘴面积，m^2；

　　　p_d——动压，Pa；

　　　ρ——机组出口空气密度，kg/m^3。

② 采用风速仪测量风量时，可按式（11-11）计算机组的风量：

$$L = 3600A(V_1 + V_2 + \cdots + V_n)/n \tag{11-11}$$

式中　　　　L——机组的风量，m^3/h；

　　　　　　A——测试风管的面积或喷嘴面积，m^2；

V_1，V_2，$\cdots$，V_n——各测点的风速，m/s。

（五）风机单位风量耗功率检测注意事项

（1）当采用毕托管测量时，毕托管的直管必须垂直管壁，毕托管的测头应正对气流方向且与风管的轴线平行。

（2）通风机口的测定截面积位置应当靠近风机，测定截面积应选在气流比较均匀稳定的地方。

（3）测定截面应选在气流比较均匀稳定的地方，一般应选在局部阻力之后大于或等于 5 倍管径（或矩形风管大边尺寸）和局部阻力之前大于或等于 2 倍管径（或矩形风管大边尺寸）的直管段上，当条件受到限制时，距离可适当缩短，且应适当增加测点数量。

三、风系统平衡度检测

（一）风量罩风口风量测试方法

1. 风系统平衡度检测依据

风系统平衡度检测的主要依据是现行行业标准《公共建筑节能检测标准》（JGJ/T 177—2009）。

2. 风系统平衡度检测仪器

风量罩风口风量测试方法所用电子风量罩主要技术参数如表 11-13 所列。正式测试前应对其进行标定。这种电子风量罩具有自动采集和存储数据功能，并可以和计算机接口。

表 11-13　建筑工程用电子风量罩主要技术参数

序号	主要项目	技术参数
1	量程	50～3500m³/h
2	精准度	读数的±5%
3	分辨率	1m³/h

3. 风系统平衡度检测要求

（1）风系统平衡度的检测应当在正常运行后进行，且所有末端应处于全开的状态。

（2）在风系统检测的期间，受检测风系统的总风量应维持恒定，并且应为设计值的100%～110%。

（3）风系统支路风量的测试，应当从系统的最不利环路开始，逐个检测各支路的风量和比值。

（4）定风量系统每个一级支管路均应进行风系统平衡度的检测；当其余支路小于或等于5个时，宜全数进行检测；当其余支路大于5个时，宜按照近端2个、中间区域2个、远端2个进行检测。

4. 风系统平衡度检测步骤

（1）将电子风量罩对准风口，安装在检测风口的居中位置；在显示值稳定后，开始记录检测数据。

（2）进行计算。根据检测数据按式（11-12）进行风系统平衡度计算：

$$FHB_j = G_{wmj}/G_{wdj} \qquad (11-12)$$

式中　FHB_j——第 j 个支路处的风系统平衡度；

G_{wmj}——第 j 个支路处的实际风量，m³/h；

G_{wdj}——第 j 个支路处的设计风量，m³/h；

j——支路处的编号。

5. 风系统平衡度检测注意事项

（1）风量罩风口风量测试方法不适用于变风量系统平衡度检测。

（2）使用风量罩风口风量测试方法时，要注意设备接口尺寸与风口尺寸匹配，应将待测的风口罩住，不得出现漏风。

（3）风量罩的安装应符合要求，应避免产生紊流现象。

（二）风管风量检测方法

1. 风系统平衡度检测依据

风系统平衡度检测的依据主要是现行行业标准《公共建筑节能检测标准》（JGJ/T 177—2009）。

2. 风系统平衡度检测仪器

风管风量检测方法所用的仪器为毕托管和微压计。风速测量范围为 0.3～70m/s，精度在 10.16m/s 下为±1.5%；压力测量范围为－3700～3700Pa，精度为±1Pa；当动压小于10Pa 时，风量测量推荐用风速计。

玻璃水银温度计、电阻温度计或热电偶温度计：最大允许偏差≤0.5℃。大气压力计：

测量范围为 800～1064hPa，精度为 ±100Pa。

3. 风系统平衡度检测条件

（1）风系统和机组正常运行，并根据试验要求调整到检测状态。

（2）通风机出口的测定截面积位置应靠近风机，风机风压为风机进出口处的全压差，风机的风量为吸入端风量和压出端风量的平均值，且风机前后的风量之差不应大于5%。

4. 风系统平衡度检测步骤

（1）风量测量断面应选择在机组出口或入口直管段上，且宜距上游局部阻力部件大于或等于5倍管径（或矩形风管大边尺寸）和局部阻力之前大于或等于2倍管径（或矩形风管大边尺寸）的位置。

（2）测试环境温度及大气压并记录。

（3）矩形断面测点数及布置方法应符合表 11-14 和图 11-2 的规定；圆形断面测点数及布置方法应符合表 11-15 和图 11-3 的规定。

表 11-14 矩形断面测点位置

纵线数	每条线上点数	测点距离 X/A 或 X/H
5	1	0.074
	2	0.288
	3	0.500
	4	0.712
	5	0.926
6	1	0.061
	2	0.235
	3	0.437
	4	0.563
	5	0.765
	6	0.939
7	1	0.053
	2	0.203
	3	0.366
	4	0.500
	5	0.634
	6	0.797
	7	0.947

注：1. 当矩形长短边比<1.5时，至少布置25个点，如图 11-2 所示。对于长边≥2m时，至少应布置30个点（6条纵线，每条上5个点）。2. 对于矩形长短边比≥1.5时，至少应布置30个点（6条纵线，每条上5个点）。3. 对于矩形长短边比≥1.2时，可按等截面划分小截面，每个小截面边长为200～250mm。

表 11-15 圆形断面测点位置

风管直径	≤200	200～400	400～700	≥700
圆环个数	3	4	5	5～6
测点编号	测点到管壁的距离（r 的倍数）			
1	0.1	0.1	0.05	0.05
2	0.3	0.2	0.20	0.15
3	0.6	0.4	0.30	0.25
4	1.4	0.7	0.50	0.35
5	1.7	1.3	0.70	0.50

风管直径	≤200	200～400	400～700	≥700
圆环个数	3	4	5	5～6
测点编号	\multicolumn{4}{c} 测点到管壁的距离(r 的倍数)
6	1.9	1.6	1.30	0.70
7	—	1.8	1.50	1.30
8	—	1.9	1.70	1.50
9	—	—	1.80	1.65
10	—	—	1.95	1.75
11	—	—	—	1.85
12	—	—	—	1.95

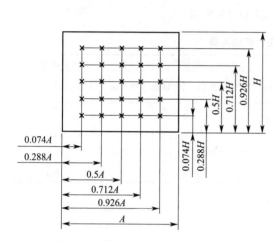

图 11-2　矩形风管 25 点时的布置

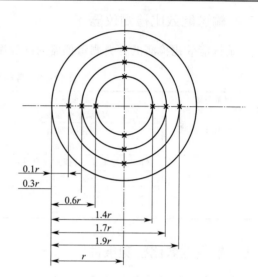

图 11-3　圆形风管三个圆环时的测点布置

（4）测试结果计算

1）平均动压。在一般情况下，可取各测点的算术平均值作为平均动压。当各测点数据变化较大时，可按式(11-13)计算动压的平均值。

$$p_v = [(p_{v1})^{1/2} + (p_{v2})^{1/2} + \cdots + (p_{vn})^{1/2}]^2 / n^2 \tag{11-13}$$

式中　　　　　　　　p_v——平均动压，Pa；

p_{v1}，p_{v2}，…，p_{vn}——各测点的动压，Pa。

2）断面平均风速。断面平均风速可按式(11-14)进行计算：

$$V = (2p_v/\rho)^{1/2} \tag{11-14}$$

式中　V——断面平均风速，m/s；

p_v——平均动压，Pa；

ρ——空气密度，kg/m³，可按式(11-15)进行计算：

$$\rho = 0.349B/(273.15+t) \tag{11-15}$$

式中　B——大气压力，hPa；

t——空气温度，℃。

3）机组或系统实测风量。机组或系统实测风量可按式(11-16)进行计算：

$$L = 3600VF \tag{11-16}$$

式中　L——机组或系统实测风量，m³/h；

F——断面面积，m²。

5. 风系统平衡度检测注意事项

在进行风系统平衡度检测时，毕托管测风口对准送风方向，毕托管垂直于风道受测面。

四、输送能效比检测

(一) 输送能效比检测依据

输送能效比检测的依据主要是现行国家标准《组合式空调机组》（GB/T 14294—2008）和行业标准《公共建筑节能检测标准》（JGJ/T 177—2009）。

(二) 输送能效比检测仪器

输送能效比检测的各类测量仪器的准确度如表 11-16 所列。

表 11-16　各类测量仪器的准确度

测量参数	测量仪表	测量项目	仪表准确度
温度	玻璃水银温度计	空气进、出口干、湿球温度和水温	0.1℃
	电阻温度计		
	热电偶	其他温度	0.3℃
压力	微压计(倾斜式、补偿式或自动传感式)	空气动压、静压	1Pa
	补偿式微压计		
	U 形水银压力计、水压表	水阻力、蒸汽压力	1.5hPa
	大气压力计	大气压力	2.0hPa

(三) 输送能效比检测条件

输送能效比的检测条件是：所有末端处于通电运行状态，调整系统正常运行。

(四) 输送能效比检测步骤

（1）按照现行标准中的要求测量系统流量和水泵进、出口的压力。

（2）测量水泵的输入功率。

（3）在系统工况稳定后每隔 5～10min 读一次数，连续测量 30min，取每次读数的平均值作为测试的测定值。

（4）测定结果计算

① 水泵效率 η 可按式(11-17) 进行计算：

$$\eta = V\rho g \Delta H / 3.6P \tag{11-17}$$

式中　η——系统中水泵的效率；

　　V——水泵平均水流量，$\mathrm{m^3/h}$；

　　ρ——水的平均密度，$\mathrm{kg/m^3}$，可根据水温由物性参数表查取；

　　g——自由落体的加速度，取 $9.8\mathrm{m/s^2}$；

　　ΔH——水泵平均扬程进、出口的平均压差，m；

　　P——水泵平均输入功率，kW。

② 输送能效比计算。输送能效比可按式(11-18) 进行计算：

$$ER = 0.002342\Delta H / (\Delta T \times \eta) \tag{11-18}$$

式中　ΔT——供水和回水的温差。

（五）输送能效比检测注意事项

流量测点宜设在距上游局部阻力构件 10 倍管径，距下游局部阻力构件 5 倍管径处。压力测点应设在水泵进、出口压力表处。

五、制冷性能系数检测

（一）制冷性能系数检测依据

制冷性能系数检测依据主要有《蒸气压缩循环冷水（热泵）机组性能试验方法》（GB/T 10870—2014）、《直燃型溴化锂吸收式冷（温）水机组》（GB/T 18362—2008）、《蒸汽和热水型溴化锂吸收式冷水机组》（GB/T 18431—2014）、《蒸气压缩循环冷水（热泵）机组工商业用和类似用途的冷水（热泵）机组》（GB/T 18430.1—2007）、《蒸气压缩循环冷水（热泵）机组用户和类似用途的冷水（热泵）机组》（GB/T 18430.2—2008）。

（二）制冷性能系数检测仪器

制冷性能系数检测所用的各类测量仪器的准确度如表 11-17 所列。

表 11-17　各类测量仪器的准确度

测量参数	测量仪表	测量项目	仪表准确度
温度	玻璃水银温度计	空气进、出口干、湿球温度和水温	0.1℃
	电阻温度计		
	热电偶	其他温度	0.3℃
水量	流量计、重量式或容量式液体定量计	冷、热水流量	1.0%
时间	秒表	测时间	0.1s
重量	各类台秤	称重量	0.2
电特性	功率表	测量电气特性	0.5 级
	电压表		
	频率表		

（三）制冷性能系数检测步骤

（1）首先按现行标准的要求进行以下各种测量工作：①测量冷水（热泵）机组冷水进出口温度；②测量冷水流量；③测量冷水（热泵）机的功率。

（2）根据测试结果进行计算

① 机组的供冷（热）量计算　冷水（热泵）机组或溴化锂吸收式冷水机组的制冷量可按式(11-19)进行计算：

$$Q_0 = V\rho c \Delta t / 3600 \tag{11-19}$$

式中　Q_0——冷水机组的制冷量，kW；

V——冷冻水的平均流量，m^3/h；

ρ——冷冻水的平均密度，kg/m^3；

c——冷冻水的平均定压比热容，$kJ/(kg \cdot ℃)$；

Δt——冷冻水进口与出口的平均温差，℃。

对于 ρ、c 可根据介质进、出口的平均温度由物性参数表查取。

② 机组实际性能系数计算　电驱动压缩机的蒸气压缩循环冷水（热泵）机组的实际性能系数（COP）可按式(11-20)进行计算：

$$COP = Q_o/N_i \tag{11-20}$$

式中　Q_o——机组测定工况下平均制冷量，kW；

　　　N_i——机组平均实际输入功率，kW。

溴化锂吸收式冷水机组的实际性能系数（COP）可按式(11-21)进行计算：

$$COP = Q_o/(Wq/3600 + P) \tag{11-21}$$

式中　Q_o——机组测定工况下平均制冷量，kW；

　　　W——燃料耗量，对燃气（油）消耗量，m^3/h；

　　　q——燃料发热值，kJ/m^3 或 kJ/kg；

　　　P——消耗电力（折算成一次能），kW。

六、空调水系统水力平衡检测

(一) 空调水系统水力平衡检测依据

空调水系统水力平衡的检测依据主要是现行国家标准《组合式空调机组》（GB/T 14294—2008）和行业标准《公共建筑节能检测标准》（JGJ/T 177—2009）。

(二) 空调水系统水力平衡检测仪器

空调水系统水力平衡检测所用的各类测量仪器的准确度如表 11-18 所列。

表 11-18　各类测量仪器的准确度

测量参数	测量仪表	测量项目	仪表准确度
温度	玻璃水银温度计	空气进、出口干、湿球温度和水温	0.1℃
	电阻温度计		
	热电偶	其他温度	0.3℃
水量	流量计、重量式或容量式液体定量计	冷、热水流量	1.0%
时间	秒表	测时间	0.1s

(三) 空调水系统水力平衡检测条件

在进行空调水系统水力平衡检测时，所有末端水路阀门处于开启状态，调整系统全部正常运行。

(四) 空调水系统水力平衡检测步骤

(1) 支路水量测试应当从系统的最不利环路开始，检测各支路的比值。

(2) 检测值应以相同的检测时间（一般为 10min）内各支路测得的结果为依据进行计算。

(3) 空调水系统中各支路水力平衡度可按式(11-22)进行计算：

$$FHB_j = G_{wmj}/G_{wdj} \tag{11-22}$$

式中　FHB_j——第 j 个支路处的风系统平衡度；

　　　G_{wmj}——第 j 个支路处的实际风量，m^3/h；

　　　G_{wdj}——第 j 个支路处的设计风量，m^3/h；

　　　j——支路处的编号。

(五) 空调水系统水力平衡检测注意事项

在空调水系统检测期间，受检测水系统的总流量应维持恒定且设计值的 100%～110%。

第十二章

监测与控制系统检测

建筑节能工程验收和检测实践证明，监测与控制系统验收的范围主要包括空调与通风系统、变配电系统、公共照明系统、热源与热交换系统、冷冻和冷却水系统、综合控制系统和建筑能源管理系统的能耗数据采集与分析系统功能检测等子系统。监测与控制系统的验收分为工程实施和系统检测两个阶段。

工程实施阶段由施工单位和监理单位随着工程实施过程进行，分别对施工质量管理文件、设计符合性、产品质量、安装质量等进行检查，及时对隐蔽工程和相关接口进行检查，同时应有详细的文字和图像资料，并对监测与控制系统进行不少于 168h 的不间断运行。

系统检测阶段应在工程实施文件和系统自检文件复核合格的基础上，对监测与控制系统的安装质量、系统节能监控功能、能源计量及建筑能源管理等进行检查和检测。系统检测结果是监测与控制系统的验收依据

第一节 通风与空气调节系统功能检测

近些年来，通风与空气调节工程在我国迅猛地发展，然而工程施工过程中却经常出现一些质量问题，使得工程质量达不到预期效果。然而通风与空气调节工程最终施工质量的高低，对整个建筑的正常使用有着直接影响。要想使得通风与空气调节系统的运行达到最佳水平，实现经济高效的要求，就需要从各个方面进行完善，最重要的是使得通风与空气调节的施工更加规范、更加标准，同时还应当重视对通风与空气调节系统功能的检测。

一、通风与空气调节系统检测依据

根据通风与空气调节系统检测实践证明，进行通风与空气调节系统功能检测的主要依据有《建筑节能工程施工质量验收规范》（GB 50411—2007）和《智能建筑工程质量验收规范》（GB 50339—2013）。

二、通风与空气调节系统检测条件

通风与空气调节系统检测条件是：系统试运行连续投运时间不小于 1 个月后。

三、通风与空气调节系统检测步骤

通风与空气调节系统控制主要包括：空气处理系统控制、变风量空调系统控制、通风系统控制和风机盘管系统控制。功能检测主要应对空调系统进行温湿度及新风量自动控制、预定时间表自动启停、节能优化控制等控制功能进行检测。着重检测系统测控点（温度、相对湿度、压差和压力等）的控制稳定性、相应时间及控制效果，并检测设备连锁控制和故障报警的正确性。

通风与空气调节系统检测数量为每类机组按总数的 20% 抽检，且不得少于 5 台，每类机组不足 5 台时，应全部进行检测。

(一) 空气处理系统控制

（1）对于运行空调机组，查看空调箱手动、自动状态显示是否正常；空调箱启、停状态故障显示是否正常；查看加湿器控制是否正常。

（2）设置不同进回水温度，核查表冷器、加热器上的阀门开度是否能根据温度自动调节。

（3）在监控点（I/O）处，测量过滤器报警、风机故障报警及与消防自动报警系统联动参数控制器的电流、电压是否正常，核查这些项目能够正常工作。

（4）对于空气-水定风量系统，在中央工作站使用检测软件，或采用在直接数字控制器或在自动控制器上分别设置不同的送风温湿度，核查系统送风温湿度是否达到了设定值。

（5）对于全空气定风量系统，分别设置不同的过渡季新风温度、回风温湿度数值，核查是否达到设置数值点，设置新风量调节风阀调节参数，到调节阀处核查风阀开度是否达到设置值，核查二氧化碳浓度显示是否正常。

(二) 变风量空调系统控制

（1）在主控界面设置送风温度等运行参数，然后启动机组，工况运行稳定后，核查送风压力、外区加热、回风湿度参数的控制是否正常。

（2）查看新风、回风焓值控制是否正常，能否根据新风、回风焓值来控制新风、回风的比例。

（3）改变设定值，核查送风温度、风量调节，新风量控制、风机变频调速、智能化变风量末端装置的控制是否响应，控制效果是否达到设计要求。

(三) 通风系统控制

（1）运行通风系统，查看风机手动、自动状态显示是否正常，风机启、停状态是否正常。

（2）在监控点（I/O）处，测量风机排风排烟联动、风机故障报警控制器的电流、电压是否正常，核查这些项目能否正常工作。

（3）查看地下车库一氧化碳浓度测试数值是否能够正常显示，若浓度超过规定要求时，查看风阀开度是否增加或风机频率是否提高或回风的风阀是否关小，检验其控制的有效性和准确性。

（4）如果通风系统带有中空玻璃幕墙通风控制，则查看控制系统是否能根据室内外温度自动调节。

（四）风机盘管系统控制

（1）运行风机盘管系统，查看室内温度显示是否正常。

（2）查看风机盘管控制系统是否能够根据室内温度反馈数据自动开关冷热水量控制阀门。

第二节　变配电系统功能检测

变配电系统是变电系统和配电系统的总称。简单说，变电就是将外面引入的电压变成适合使用的电压，配电就是将电分配到内部的各个用电点。

一、变配电系统功能检测依据

根据变配电系统功能检测实践证明，进行变配电系统功能检测的主要依据有《建筑节能工程施工质量验收规范》（GB 50411—2007）和《智能建筑工程质量验收规范》（GB 50339—2013）。

二、变配电系统功能检测条件

变配电系统功能检测条件是：系统试运行连续投运时间不小于 1 个月后。

三、变配电系统功能检测步骤

建筑设备监控系统应对变配电系统的电气参数和电气设备工作状态进行监测，检测时应利用工作站数据读取和现场测量的方式对电压、电流、有功（无功）功率、功率因数、用电量等各项参数的测量和记录进行准确性和真实性的检查，显示的电力负荷及上述各参数的动态图形能比较准确的反应参数变化情况，并对报警信号进行验证。

检测方法为抽检，抽检数量按每类参数抽 20%，且数量不得少于 20 点，数量少于 20 点时应全部检测，被检测参数合格率为 100% 时为合格。

对高低压配电柜的运行状态、电力变压器的温度、应急发电机组的工作状态、储油罐的液位、蓄电池组及充电设备的工作状态、不间断电源的工作状态等参数进行检测时，应全部进行检测，合格率为 100% 时为合格。变配电系统功能检测主要注意以下方面。

（1）功率因数检测、电压、电流、功率、频率、谐波等参数的检测，可直接查看各监控仪表的读数，并对各项参数的图形显示功能进行验证。

（2）查看功率因数控制器是否能测量负荷的功率因数，是否可以控制电容器的投入或切除，用适当的电容器补偿负载的无功功率。

（3）查看中、低压开关状态显示是否正常。

（4）核查中、低压开关有故障时，系统是否能够发出声光报警。

（5）制造超温的环境，核查变压器超温报警装置是否正常。

第三节　公共照明系统功能检测

据有关部门统计，我国照明用电占全国总发电量的 12% 左右，城市公共照明在我国照明耗电中约占 30％。因此，积极推广公共照明系统功能检测，抓好城市绿色照明示范工程，提高城市照明质量，努力改善城市人居环境有重大的意义。

公共照明系统的控制目前有两种方式：一种是由建筑设备监控系统对照明系统进行监控，监控系统中的 DDC 控制器对照明系统相关回路按时间程序进行开、关控制；另一种方式是采用智能照明控制系统对建筑物内的各类照明进行控制和管理，并将智能照明系统与建筑设备监测系统进行联网，实现统一管理。

一、公共照明系统功能检测依据

根据公共照明系统功能检测实践证明，进行公共照明系统功能检测的主要依据有《建筑节能工程施工质量验收规范》（GB 50411—2007）和《智能建筑工程质量验收规范》（GB 50339—2013）。

二、公共照明系统功能检测条件

公共照明系统功能检测条件是：系统试运行连续投运时间不小于 1 个月后。

三、公共照明系统功能检测步骤

建筑设备监控系统应对公共照明设备（公共区域、过道、园区和景观等）进行监控，应以光照度、时间表等为控制依据，设置程序控制灯组的开关，检查时应检查控制动作的正确性，并检查其手动开关功能。

检测的方式为抽检，按照各回路总数的 20％抽检，数量不得少于 10 路，总数少于 10 路时应全部进行检测。抽检数量合格率 100％时为检测合格。在进行检测时应注意以下事项。

（1）核查公共照明系统的控制方式。

（2）对于按照室内照度进行调节的照明控制，设置控制参数，核查办公区照度、自然采光、公共照明区开关、局部照度、室内场景等参数是否达到设定要求。

（3）设置室外照明控制参数，查看室外景观照明场景控制的正确性。

（4）根据照明时间表，查看灯具是否按照规定的照明时间开启或关闭，亮度开关控制是否正常。

（5）查看配电系统照明全系统优化控制的正确性。

第四节　热源与热交换系统功能检测

热交换系统即冷、热源系统，是暖通空调系统的主要部分之一，通过冷、热源设备提供满足要求的冷、热水，并由水泵输送到各个空调机组与空气进行热交换后，把处理后的空气送到被调区域。对热源与热交换系统功能检测，是检测该系数运行效果的重要手段，是实现建筑节能的重要措施。

一、热源与热交换系统功能检测依据

根据热源与热交换系统功能检测实践证明，进行热源与热交换系统功能检测的主要依据有《建筑节能工程施工质量验收规范》（GB 50411—2007）和《智能建筑工程质量验收规范》（GB 50339—2013）。

二、热源与热交换系统功能检测条件

热源与热交换系统功能检测条件是：系统试运行连续投运时间不小于 1 个月后。

三、热源与热交换系统功能检测步骤

建筑设备监控系统应对热源和热交换系统进行系统负荷调节、预定时间表自动启停和节能优化控制。检测时应通过工作站或现场控制器对热源和热交换系统的设备运行状态、故障等的监视、记录与报警进行检测，并检测对设备的控制功能。核实热源和热交换系统能耗计量与统计资料。

检测方式为全部检测，被检系统合格率 100% 时为检测合格。进行热源与热交换系统功能检测中应注意以下事项。

（1）热源系统包括燃煤锅炉、燃气锅炉、燃油锅炉、电锅炉等，可根据具体情况，查看锅炉系统几台锅炉的控制方式是否合理，控制过程能否执行；同时核查燃料燃烧所提供的热量是否适应外界对锅炉输出负荷的要求，同时还能保证锅炉安全经济运行，其燃烧负荷控制精度、响应时间是否满足要求；查看锅炉循环泵数量及各项技术参数，核实系统对循环泵的压力、流量等的控制准确性。

（2）热交换系统包括间联型、混水型等不同的热交换设备，可根据情况核查系统对换热器二次侧供回水压差、旁通阀、换热器二次侧变频泵的控制精准度，查看系统是否能够根据二次网供水温度测量值与给定值的比较，调节一次网回水调节阀，以及系统对换热器二次侧供回水温度、压力的监控是否正常，能否根据测定值对流量进行调节。

第五节　冷冻和冷却水系统功能检测

空调的水系统分为冷却水与冷冻水系统。冷却水部分由冷却泵、冷却水管道、冷却水塔及冷凝器等组成；冷冻水部分由冷冻泵、室内风机及冷冻水管道等组成。冷却水是指空调制冷循环过程中，制冷剂在冷凝时所产生的热量，通过冷却水循环带走至冷却塔，将热量散发掉，将冷量散出，从而达到制冷效果。冷冻水是只通过制冷机使其温度下降后再流向冷却工艺的循环水，主要用于中央空调和工厂中需低温冷却的系统。

一、冷冻和冷却水系统功能检测依据

根据冷冻和冷却水系统功能检测实践证明，进行冷冻和冷却水系统功能检测的主要依据有《建筑节能工程施工质量验收规范》（GB 50411—2007）和《智能建筑工程质量验收规范》（GB 50339—2013）。

二、冷冻和冷却水系统功能检测条件

冷冻和冷却水系统功能检测条件是：系统试运行连续投运时间不小于 1 个月后。

三、冷冻和冷却水系统功能检测步骤

建筑设备监控系统应对冷水机组、冷冻冷却水系统进行系统负荷调节、预定时间表自动启停和节能优化控制。检测时应通过工作站对冷水机组、冷冻冷却水系统设备控制和运行参数、状态、故障等的监视、记录与报警情况进行检查，并检查设备运行的联动情况，核实冷冻水系统能耗计量与统计资料。

检测方式为全部检测，被检系统合格率100％时为检测合格。进行冷冻和冷却水系统功能检测中应注意以下事项。

（1）对于冷冻水系统，对冷水机组进行负荷调节，设置运行参数，查看系统对回水温度、供回水流量、压力及压差的监测是否正常，控制是否有效，对水泵水流开关进行检查，确认其是否正常，查看系统对冷冻机组蝶阀的控制响应是否及时，蝶阀开关状态显示是否正常，冷冻水泵启停控制及状态显示是否正常，响应是否及时。

（2）对于冷却水系统，设置运行参数，查看系统对冷却水供回水温度及冷冻机组冷却水侧的温度监测是否正常，确认冷却水泵启停控制及状态显示是否正常，响应是否及时，是否能够根据给定信号进行变频调速，核查冷却水泵的过载报警控制是否正常工作，核查冷却塔风机启停控制及状态显示是否正常，是否能够根据控制系统设定的台数工作，变频调速冷却塔风机的报警装置能够根据给定的信号进行故障报警，确认冷却塔排污控制精确。

第六节　综合控制系统功能检测

综合控制系统功能检测涉及内容很多，因建筑类别、自然条件不同，检测的重点也有所差别。在各类建筑能耗中，采暖、通风与空气调节、供配电及照明系统是主要的建筑耗能大户。综合控制系统功能检测的主要对象为采暖、通风与空气调节、供配电及照明系统及建筑能源管理系统。

一、综合控制系统功能检测依据

根据综合控制系统功能检测实践证明，进行综合控制系统功能检测的主要依据有《建筑节能工程施工质量验收规范》（GB 50411—2007）和《智能建筑工程质量验收规范》（GB 50339—2013）。

二、综合控制系统功能检测条件

综合控制系统功能检测条件是：系统试运行连续投运时间不小于1个月后。

三、综合控制系统功能检测步骤

对建筑能源系统的协调控制和采暖通风空调系统的优化监控这两项综合控制系统，通过人为输入数据的方法，按照不同运行工况进行全部检测。进行综合控制系统功能检测中应注意以下事项。

（1）建筑能源系统的协调控制是将整个建筑物看作为一个能源系统，综合考虑建筑物中的所有耗能设备和系统，包括建筑物内的人员，以建筑物中环境要求为目标，实现所有建筑设备的协调控制，使所有设备和系统在不同的运行工况下尽可能高效运行。要实现节能的目标，因涉及建筑物的多种系统之间的协调动作，所以必须协调控制。由此可见，对协调控制的检测重点应放在对各个能耗系统的控制是否精确，运行是否通畅，响应是否及时，室内环境是否达到设置要求等方面。

（2）采暖、通风与空调系统的优化监控是根据建筑环境的需要，合理控制系统中的各种设备，使其尽可能在设备的高效率区，实现节能运行，如时间表控制、一次泵流量控制等控制策略。因此，应重点检测优化系统各项参数的监控是否正常、对系统的调节是否能够正常执行，是否存在能源浪费现象等方面。

13

Chapter

第十三章

建筑能效测评与标识

我国人口众多，能源资源相对不足，人均拥有量远低于世界平均水平。由于我国正处在工业化和城镇化加快发展阶段，能源消耗强度较高，消费规模不断扩大，特别是高投入、高消耗、高污染的粗放型经济增长方式，加剧了能源供求矛盾和环境污染状况。能源问题已经成为制约经济和社会发展的重要因素，要从战略和全局的高度，充分认识做好能源工作的重要性，高度重视能源安全，实现能源的可持续发展。解决我国能源问题，根本出路是坚持开发与节约并举、节约优先的方针，大力推进节能降耗，提高能源利用效率。

发达国家的经验告诉我们，实施建筑节能是缓解能源约束，减轻环境压力，保障经济安全，实现全面建设小康社会目标和可持续发展的必然选择，体现了科学发展观的本质要求，是一项长期的战略任务，必须摆在更加突出的战略位置。

第一节　建筑能效测评与标识的基本概念

世界各国建筑节能实践证明，建筑能效标识是一项法律制度，建筑能效标识是能源资源节约工作的重点领域，是发展节能省地型住宅和公共建筑的前提条件，是建筑业调整结构、降低消耗、提高效益的必然要求。通过建筑节能的评估、标识，可以使公众更容易了解建筑物的能耗或对环境的影响，促使建设商将建筑物是否节能作为一种市场营销的指标。

在《民用建筑能效测评标识技术导则》中规定："建筑能效标识将反映建筑物能源消耗量及其用能系统效率等性能指标以信息标识的形式进行明示。建筑能效测评对反映建筑物能源消耗量及其用能系统效率等性能指标进行检测、计算，并给出其所处水平。"

我国城市化发展的进程也充分证明：为大力发展节能省地型居住和公共建筑，缓解我国能源短缺与社会经济发展的矛盾，非常有必要推行建筑能效标识制度。实际上，建筑物能效标识的研究成果直接服务于政府工作，将对建设资源节约型和环境友好型社会起到积极的促进作用。精心设计的能效标识与标准项目实施后将产生良好的效果，并减少不必要的能源消耗，在成本效益方面有很多益处。

一、国外建筑能效测评与标识工作的开展

在国外，尤其是一些发达国家，节能产品评定和标识的方案很多，它们的发起机构往往是中央政府和地方政府、行业协会以及第三方（如环境组织、消费者协会等）。据有关组织统目前，全世界约有 37 个国家实施了"能效标识"，34 个国家在使用能效标准，这些国家在建筑节能方面均取得了明显的效果。建筑能效标识作为新的竞争工具促进了对建筑物的投资，同时推动了对已建成住宅建筑物的节能改造工程。

(一) 美国的"能源之星"

能源之星计划是美国用能产品节能管理措施的重要组成部分，对世界各国的节能法规和标准产生了重要影响。在一定程度上，产品获得能源之星认证已成为进入发达国家市场的一个通行证。能源之星计划目前覆盖商业设备、家用电器、办公室设备、照明产品、房屋建材产品 5 大类 60 类终端耗能产品。

美国环保署的能源之星住宅计划是一个全国性的志愿计划，旨在建设一种能源效率提高30％的新型住宅。合格的能源之星住宅必须经过第三方的验证，以确认营造商已适当地采用了提高能源效率的措施。只要能看到能源之星的标识，住宅的购买者不是专家也能够很有信心地作出购买决定。

一般来说，能源之星住宅比按通用的能源规范建造的住宅节能 30％，同时保护环境并为住户节省能源开支。能源之星住宅的建设不仅有利于购买者，也有利于营造商、抵押贷款公司和住宅产业中的其他组织，因此全美的住宅营造商均支持能源之星住宅计划。

能源之星住宅计划使用住宅能源评价系统（HERS）来确定住宅的能源效率分值。新建和已建的住宅均须满足同样的节能标准才可获得能源之星标志。为了得到 HERS 的评估，或者寻求获得能源之星标志的途径，还需要咨询当地有评估资质的住宅能源评估机构，对比样板住宅（它与被评估住宅具有相同的大小和形状，并且达到能源规范的最低要求），HERS 评估体系对住宅的能源效率进行客观、标准的评价。

HERS 评估分值介于 0～100 之间。样板住宅的分值是 80 分。与样板住宅相对比，每降低 5％的能源消耗，等于 HERS 增加 1 分。能源之星住宅最低的 HERS 评估值为 86 分。HERS 的评估包括对住宅的现场检测。这一检测包括吹风机门测试和管道泄漏测试。这些检测的结果，连同住宅的其他信息，被输入一个模拟的计算机程序以计算出 HERS 分值，并估算出每年的能源费用。

已建住宅的拥有者可以利用基于国际互联网络的评估工具——《能源之星住宅基准》，与本国类似住宅的年能源消耗情况进行比较。这一工具帮助已建成住宅的拥有者明白他们的住宅是否满足节能要求，是否应该升级住宅节能措施以提高能源使用效率。

(二) 莫斯科的"能源护照"

莫斯科在执行建筑节能时实施了一种称为"能源护照"的计划。从 1994 年开始，莫斯科市在每个新建筑的设计、施工和竣工过程中执行市政府节能标准的每个环节都记录在"护照"中备案。

"能源护照"是任何新建建筑需要呈递的设计、施工和销售文件的一部分，从建筑节能的角度成为控制设计、施工质量的主要手段，正式记录了执行有关建筑节能规定的程度。建筑物竣工后，该文件就成了记录建设全过程执行节能标准情况的可供购房者提供建筑物节能信息的公开性文件。在执行的过程中，建筑完全按照"能源护照"中的标准严格验收，不合

格的建筑产品不准进入市场，如 1998 年就有 25％的设计因为不遵照节能标准而被退回。

（三）德国的"建筑物能源合格证明"

德国的"建筑物能源合格证明"是证明建筑节能合格书面证据，它不仅记录建筑物的能源效率，同时也包括隔热材料和暖气设备的质量等级。业主出租或出售房屋时，需提供该房屋的"建物能源合格证明"给新使用者参考，从而准确估算其能源消耗支出。根据德国联邦议会 2005 年通过《节约能源法》修正案。"建物能源合格证明"于 2006 年起付诸实施，未履行该法者可以最高罚款达 15000 欧元。

（四）丹麦的"能量标识条例" 体系

采用的标识体系是 1996 年丹麦理工学院建立的"EM"（Energy Marking ordinance）体系。通过一个用于建筑热模拟的程序 EN832，计算建筑全年能耗指标，并与类似的建筑进行比较，供购房者参考。

（五）芬兰的"能源评估" 计划

芬兰政府从 20 世纪 70 年代初到 1998 年实施了"能源评估"计划，对积极采用节能技术与产品的消费者实行低息贷款和部分资助。首先由业主申请要求进行节能改造，与政府签定合作协议，由政府派专家上门访问调查，利用"能源评估体系"软件对建筑物的能耗进行评估分析，找出高耗能的原因，为业主提出节能改造的具体建议。

二、国内建筑能效测评与标识工作的开展

我国于 1998 年开始实施自愿性的保证标识项目，即节能产品认证。2003 年 11 月，《中华人民共和国认证认可条例》正式颁布实施。2004 年 8 月 13 日，由国家质量监督检验检疫总局和国家发展和改革委员会正式颁布《能源效率标识管理办法》，标志着我国能效标识制度正式启动。

建筑节能是能源资源节约工作的重点领域，是落实科学发展观，建设节约型社会的重要举措。《国务院关于加强节能工作的决定》（国发［2006］28 号）中明确规定："完善能效标识和节能产品认证制度。加快实施强制性能效标识制度，扩大能效标识在家用电器、电动机、汽车和建筑上的应用，不断提高能效标识的社会认知度，引导社会消费行为，促进企业加快高效节能产品的研发。推动自愿性节能产品认证，规范认证行为，扩展认证范围，推动建立国际协调互认。"即将出台的国务院《建筑节能管理条例》对建立建筑能效标识制度做了明确的规定。

2006 年年初，建设部成立了建筑能效标识课题组，由建设部科技司牵头，课题组成员包括由建设部建筑节能中心等单位组成的管理组和中国建筑科学研究院等单位组成的技术组，负责《建筑能效标识管理办法》和《建筑能效测评与标识技术导则》的编制工作。

我国在建筑能效标识方面的工作为：2003 年年底，由清华大学、中国建筑科学研究院、北京市建筑设计研究院等科研机构组成的课题组公布了详细的"绿色奥运建筑评估体系"。这是国内第一个有关绿色建筑的评价、论证体系。2005 年，建设部与科技部联合发布了《绿色建筑技术导则》《绿色建筑评价标准》。国家标准《住宅性能评定标准》于 2006 年 3 月 1 日起实施。但是到目前为止，我国还没有建立建筑能效标识的相关制度。我国已经基本建立了建筑节能技术标准体系，不同气候区域的公共建筑、居住建筑都有相应的技术标准，因此在现有的技术条件下，建立建筑能效测评标准是非常可行的。

国内的一些建筑科研机构本身也具有一批从事建筑节能检测的专业技术人员，并拥有建筑能效的检测设备和仪器，因此已经具备了进行建筑能效测评的能力。由中国建筑科学研究院等单位组成的能效标识技术组参考国际建筑能效标识经验，结合我国国情，依托现有标准规范，通过研究确定不同气候区域居住建筑及公共建筑能效标识的测评程序和技术途径，确定测评内容和方法并在所积累的经验基础上，就如何以更直接和有效的方式进行具体操作给出详细解释，并且能够以相对适中的成本实施，编制了《建筑能效测评与标识技术导则》。

建筑能效标识的适用范围是新建居住和以单栋建筑为测评对象，测评机构由建设行政主管部门认定。测评应在建筑物竣工验收备案之前进行。建设单位是建筑能效标识的责任主体，应依据建筑能效测评机构提供的并将建筑能效证书在建筑显著位置张贴。国务院建设行政主管部门负责管理全国建筑能效标识工作。省级建设行政主管部门按照相关规定负责本行政区域内的建筑能效标识管理工作。

建筑能效标识的具体管理工作可委托建筑节能管理机构承担。鉴于我国公共建筑和居住建筑的能效特点不同，建筑能效测评技术文件将区分不同建筑类型对建筑能效的影响，依托现有的建筑节能标准和工程监管体系，基于当地的用能特点和技术基础，对热源的热效率、冷水机组的性能系数、水泵的输送能效比、风机的单位风量耗功率等参数都提出明确要求，并将随着标准和技术的发展逐步完善能效标识方法。

针对我国建筑节能的实际情况，将建筑能效标识划分为 5 个等级。当基础项达到节能 50％～65％且规定项均满足要求时，标识为一星；当基础项达到节能 65％～75％且规定项均满足要求时，标识为二星；当基础项达到节能 75％～85％以上且规定项均满足要求时，标识为三星；当基础项达到节能 85％以上且规定项均满足要求时，标识为四星。若选择项所加分数超过 60 分（满分 100 分）则再加一星。

为了建筑能效测评标识工作的顺利开展，在进行试点和科学测试的基础上，国家制定发布了有关建筑能效测评的政策和技术性文件，如《民用建筑能效测评标识管理规定》、《民用建筑能效测评机构管理暂行办法》、《民用建筑能效测评标识管理暂行办法》和《民用建筑能效测评标识技术导则》等。

三、我国建筑能效标识的基本原则

（一）定性与定量相结合

对一般性居住和公共建筑，建筑能效标识测评机构主要根据设计、施工、竣工验收等资料，作定性评估，并经软件计算，给出相关结论。对大型公共建筑，在进行上述工作的基础上，建筑能效测评机构要对影响建筑能效的主要方面进行检测后方可给出相关结论。

（二）强制标识与自愿标识相结合

所有新建建筑都必须进行能效标识，以督促建设单位接受社会监督，更低能耗建筑采用自愿标识原则。开发商可按照相关规定，依据建筑能效测评机构提供的数据报告，获得更高等级的建筑能效标识。对政府办公建筑、超大型或特异外形公共建筑（写字楼、酒店除外）由国务院建设行政主管部门指定的专门测评机构进行评定。

（三）第三方原则

建筑能效标识是一项技术性、政策性很强的工作，也是关系到全民和全社会的大事，因此建筑能效标识工作必须坚持第三方原则，那由专门的中介机构来完成，以体现公正和独立的精神。建筑能效标识证书由国家授权的建筑能效标识测评机构依据规定的格式和内容制定。

第二节　建筑能效测评与标识的测评机构

在《民用建筑能能效测评机构管理暂行办法》中明确规定："民用建筑能效测评机构是指依据本办法规定得到认定的、能够对民用建筑能源消耗量及其用能系统效率等性能指标进行检测、评估工作的机构。"测评机构实行国家和省级两级管理。住房和城乡建设部负责对全国建筑能效测评活动实施监督管理，并负责制定测评机构认定标准和对国家级测评机构进行认定管理。省、自治区、直辖市建设主管部门依据本办法，负责本行政区域内测评机构监督管理，并负责省级测评机构的认定管理。

国家级测评机构的设置依照全国气候区划分，在东北、华北、西北、西南、华南、东南、中南 7 个地区各设 1 个。省、自治区、直辖市建设主管部门应当依据本办法，并结合各自建设规模、技术经济条件等实际，确定省级测评机构的认定数量，原则上每个省级行政区域测评机构数量不应多于 3 个。

测评机构按其承接业务范围，分能效综合测评、围护结构能效测评、采暖空调系统能效测评、可再生能源系统能效测评及见证取样检测。在《民用建筑能能效测评机构管理暂行办法》中，对能效测评机构的注册资本金、从业人员的技术素质、机构资质等级等方面均有具体的规定，其具体规定如下。

一、能效测评机构的基本条件

（1）应当具有独立法人资格。

（2）国家级测评机构注册资本金不少于 500 万元；省级测评机构注册资本金不少于 200 万元。

（3）具有一定规模的业务活动固定场所和开展能效测评业务所需的设施及办公条件。

（4）应当取得计量认证和国家实验室认可。认可资格、授权检 验范围及通过认证的计量检测项目应当满足《民用建筑能效测评与标识技术导则》所规定内容的需要。

（5）测评机构应设有专门的检测部门，并具备对检测结果进行评估分析的能力。测评机构人员的数量与素质应与所承担的测评任务相适应。

测评机构工作人员，应熟练掌握有关标准规范的规定，具备胜任本岗位工作的业务能力，技术人员的比例不得低于 70%，工程师以上人员比例不得低于 50%，其中从事本专业 3 年以上的业务人员不少于 30%。

（6）应当有近两年来的建筑节能相关检测业绩。

（7）有健全的组织机构和符合相关要求的质量管理体系。

（8）技术经济负责人为本机构专职人员，具有 10 年以上检测评估管理经验，具有高级技术或经济职称。

测评机构及其工作人员应当独立于委托方进行，不得与测评项目存在利益关系，不得受任何可能干扰其测评结果因素的影响。

二、能效测评机构的申报程序

（1）归地方所属的申报单位应当按统一格式将申报材料报送所在省、自治区、直辖市建设行政主管部门。各省、自治区直辖市建设主管部门对提交的申报材料进行审查。其中申报国家级测评机构的，经省、自治区、直辖市建设行政主管部门对申报材料进行初审后，符合要求的签署推荐意见并加盖公章后报住房和城乡建设部。

（2）申报单位是中央企业的，经国资委审核同意后直接报送住房和城乡建设部。

（3）国家级测评机构由住房和城乡建设部组织相关专家对各 省、自治区、直辖市建设主管部门推荐的测评机构进行认定评审。省 级测评机构由各省、自治区、直辖市建设主管部门组织专家进行认定评审。

三、能效测评机构的评审办法

（1）住房和城乡建设部组织专家对符合申报条件的国家级测评机构进行综合评审，并出具评审意见。

（2）各省、自治区、直辖市建设主管部门组织专家对申报的省级测评机构进行综合评审，并出具评审意见。

（3）评审主要依据申报单位提交的申报材料进行评分并进行实地调查，评分标准见《民用建筑能效测评机构管理暂行办法》中的《建筑能效检测机构认定评分表》。

（4）能效测评机构的主要评审内容

① 测评技术的先进性、仪器设备和主要实验室的配置；

② 技术人员的配备、测评能力的认可；

③ 建筑节能工程测评业绩；

④ 建筑能效测评技术的研发和相关标准规范的编制。

（5）检测机构评审专家组成

① 评审应当从专家库中抽取专家组成专家评审组。评审组人 员应当包含建筑、土木工程、建筑设备、建筑工程管理等方面的专家。国家级测评机构评审组专家不得少于 9 人；省级测评机构评审组专家不少于 7 人。

② 评审专家应当具有对国家和该项工作负责的态度，具有良好的职业道德，坚持原则，独立、客观、公正的对申报单位进行评审。

③ 评审专家如与申报单位存在利益关系或其他可能影响评审 公正性的关系的，应当申请回避。

（6）对评审合格的测评机构进行网上公示。公示期满后，由住房和城乡建设部发布获准国家级的测评机构认定名单。省、自治区、直辖市将获准省级测评机构认定的名单经公示后发布，并报住房和城乡建设部备案。

四、能效测评机构的主要业务

1. 国家级建筑测评机构主要承担的业务

（1）起草民用建筑能效测评方法等技术文件；

（2）国家级示范工程的建筑能效测评；

（3）评定三星级绿色建筑的能效测评；

（4）所在地区建筑节能示范工程的能效测评；

（5）住房和城乡建设部委托的工作。

2. 省级建筑测评机构主要承担的业务

（1）所在省、市建筑工程的能效测评；

（2）一星、二星级绿色建筑的能效测评；

（3）所在省、市建筑节能示范工程的能效测评。

五、能效测评机构的监督考核

（1）测评机构要加强测评质量管理，注重检测设备仪器的维护、保养及标定工作；加强技术人员的能力建设和职业道德建设；加强数据、资料、成果的科学性和真实性的审核以及保存工作。

（2）建筑能效测评机构应在获得建设主管部门资格认定后，从事建筑能效测评活动，并对能效测评结果的准确性和真实性负责。

国家、省级建设主管部门应对其认定的建筑能效测评机构进行监督，并定期对其测评工作情况进行考核。

（3）对监督考核不合格的，测评机构应限期整改，并将整改结果报相应的考核部门。

（4）住房和城乡建设部每3年组织对国家级测评机构资格进行重新认定。认定内容包括资金的投入、实验室和仪器设备的配置水平、技术人员的构成与业务水平、近3年来测评项目及评价等。认定不合格的应限期整改，整改期限一般不超过6个月，整改期满经审定仍不合格的取消其能效测评资格。

（5）各省、自治区、直辖市建设主管部门应当依据本办法规定，定期对本行政区域内省级测评机构进行重新认定复核，并将结果及时报住房和城乡建设部备案。

（6）能效测评机构有下列行为之一的，建设主管部门应责令其改正，情节严重者撤销其认定资格：①出具虚假能效测评报告的；②越级进行测评的；③涂改、倒卖、出租、出借、转让资格证书的；④使用不符合条件的测评人员的；⑤档案资料管理混乱，造成测评数据无法追溯的；⑥使用未经比对的能效测评软件的。

（7）被撤销认定资格的测评机构，3年内不得重新申报国家级或省级测评机构。

（8）其他居住建筑和一般公共建筑的能效测评标识活动，可参照《民用建筑能效测评标识管理暂行办法》进行。

（9）国务院建设主管部门负责全国民用建筑能效测评标识活动的实施和监督管理。地方县级以上人民政府建设主管部门，负责本行政区域内民用建筑能效测评标识活动的实施和监督管理。地方县级以上人民政府建设主管部门，可委托专门机构对建筑能效测评标识活动进行日常管理。

第三节　建筑能效测评与标识的测评程序

为贯彻《国务院关于印发节能减排综合性工作方案的通知》和建设部、国家发展改革委、财政部、监察部、审计署《关于加强大型公共建筑工程建设管理的若干意见》要求，建立和实施民用建筑能效测评标识制度，规范测评与标识行为，我国先后颁了《民用建筑能效测评标识管理暂行办法》和《民用建筑能效测评标识技术导则》。在这些规程中对于建筑能效测评与标识的测评程序有非常明确和具体的规定，在进行建筑能效测评与标识中，应当严格按照这些规定进行。

《民用建筑能效测评标识管理暂行办法》第十二条规定"民用建筑能效测评标识的申请及发放分两个阶段进行：一是建筑工程竣工验收合格后，建设单位或建筑所有权人通过所在地建设主管部门向省级建设主管部门提出民用建筑能效测评标识申请，省级建设主管部门依据建筑能效理论值核发建筑能效测评标识；二是建筑项目取得建筑能效实测值后，建设单位或建筑所有权人通过该建筑所在地建设主管部门向省级建设主管部门申请更新能效测评标识。省级建设主管部门依据建筑能效实测值核发建筑能效测评标识。该标识有效期为5年。"

《民用建筑能效测评标识技术导则》第3.03条规定"民用建筑能效的测评标识分为建筑能效理论值标识和建筑能效实测值标识两个阶段。民用建筑能效理论值标识在建筑物竣工验收合格之后进行，建筑能效理论值标识有效期为1年。建筑能效理论值标识后，应对建筑实际能效进行为期不少于1年的现场连续实测，根据实测结果对建筑能效理论值标识进行修正，给出建筑能效实测值标识结果，有效期为5年。"

根据我国在进行建筑能效测评与标识中的实践经验，在申请建筑能效理论值标识时，委托方应提供下列资料。

(1) 项目立项、审批等文件；

(2) 建筑施工设计文件审查报告及审查意见；

(3) 全套竣工验收合格的项目资料和一套完整的竣工图纸；

(4) 与建筑节能相关的设备、材料和部品的产品合格证；

(5) 由国家认可的检测机构出具的项目围护结构部品热工性能及产品节能性能检测报告或建筑门窗节能性能标识证书和标签以及《建筑门窗节能性能标识测评报告》；

(6) 节能工程及隐蔽工程施工质量检查记录和验收报告；

(7) 采暖空调系统运行调试报告；

(8) 应用节能新技术的情况报告；

(9) 建筑能效理论值，内容包括基础项、规定项和选择项的计算和测评报告。

在进行建筑能效实测值标识时，委托方应提供下列资料。

(1) 采暖空调能耗计量报告；

(2) 与建筑节能相关的设备、材料和部品的运行记录；

(3) 应用节能新技术的运行情况报告；

(4) 建筑能效实测值，内容包括基础项、规定项和选择项的运行实测检验报告。

第四节　建筑能效测评与标识的测评内容

在《民用建筑能效测评标识技术导则》中，对建筑能效测评与标识测评的基本规定和测评内容均作了具体规定，在建筑能效测评与标识的测评过程中应严格执行。

一、建筑能效测评与标识测评的基本规定

(1) 居住建筑和公共建筑应分别进行测评。

(2) 建筑物在建设工程中应选用质量合格并符合使用要求的材料和产品，严禁使用国家或地方管理部门禁止、限制和淘汰的材料和产品。

(3) 民用建筑能效的测评标识分为建筑能效理论值标识和建筑能效实测值标识两个阶段。民用建筑能效理论值标识在建筑物竣工验收合格之后进行，建筑能效理论值标识有效期为1年。

建筑能效理论值标识后，应对建筑实际能效进行为期不少于1年的现场连续实测，根据实测结果对建筑能效理论值标识进行必要的修正，给出建筑能效实测值标识结果，有效期一般为5年。

(4) 民用建筑能效的测评标识应以单栋建筑为对象，且包括与该建筑相连的管网和冷热源设备。在对相关文件资料、部品和构件性能检测报告审查以及现场抽查检验的基础上，结合建筑能耗计算分析及实测结果，综合进行测评。

(5) 建筑能耗计算分析软件应由建筑能效标识管理部门指定。

（6）民用建筑能效的测评标识内容很多，主要包括基础项、规定项与选择项。

（7）民用建筑能效标识划分为 5 个等级。

（8）建筑能效实测值标识阶段，将基础项（实测能耗值及能效值）写入标识证书，但不改变建筑能效理论值标识等级；规定项必须满足要求，否则取消建筑能效理论值标识结果；根据选择项结果对建筑能效理论值标识等级进行调整。若建筑能效理论值标识结果被取消，委托方须重新申请民用建筑能效测评标识。

二、建筑能效测评与标识测评的测评内容

在《民用建筑能效测评标识技术导则》第 3.0.6 条中规定："民用建筑能效的测评标识内容包括基础项、规定项与选择项。"

基础项，按照国家现行建筑节能标准的要求和方法，计算或实测得到的建筑物单位面积采暖空调耗能量。规定项，除基础项外，按照国家现行建筑节能标准要求，围护结构及采暖空调系统必须满足的项目。选择项，对高于国家现行建筑节能标准的用能系统和工艺技术加分的项目。

根据我国建筑能效测评标识的测评实际，居住建筑实际能效的测评主要内容如图 13-1 所示，公共建筑实际能效的测评主要内容如图 13-2 所示。

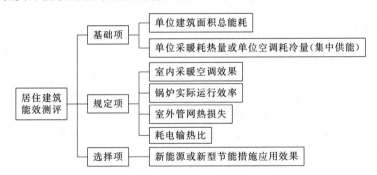

图 13-1　居住建筑实际能效的测评主要内容

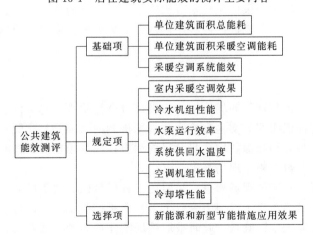

图 13-2　公共建筑实际能效的测评主要内容

第五节　建筑能效测评与标识的测评方法

根据我国建筑能效测评与标识测评的实践经验表明，无论是理论能效测评阶段，还是在

实际能效测评阶段，民用建筑能效测评的主要方法包括软件评估、文件审查、现场检查和性能测试 4 种。

一、软件评估

建筑能耗模拟分析软件是研究建筑能耗特性和评价建筑设计的有力的工具，也是建筑能效标识测评的一项重要技术依托。采用能耗分析软件可以突破传统建筑设计的手工计算负荷能耗的限制，通过各种措施的调整，达到节能目标，具有很强的灵活性和适用性。但是，建筑能耗模拟分析软件的功能和算法，必须符合建筑节能标准的规定。

目前，建筑能耗模拟分析软件已在居住建筑节能设计标准和公共建筑节能设计标准中大量使用。因此，设计人员和测评人员对能效标识中采用同样的方法应该比较容易接受。而软件测评在建筑能效标识中的作用主要有以下 2 个方面。

（1）软件评估提供建筑能效标识的基础理论值，与实测相结合，是实施建筑能效标识的重要途径。建筑物能效特性受气候参数及人员活动的随机影响很大，关系复杂，难以用简单工具描述。在建筑能效标识中采用软件进行评估，可以预测明示建筑能耗状况，加强市场透明度。

（2）软件测评能够提供建筑能效标识的基础理论值，与实测相结合，是实施建筑能效标识的重要途径。软件测评作为建筑能效分析工具也是非常适合的。

二、文件审查

建筑能效测评与标识测评的文件审查，主要针对设计文件的合法性、完整性及时效性进行审查。在进行建筑能效测评与标识测评的文件审查中应注意以下方面。

（1）设计单位应当按照民用建筑节能法律、法规和强制性标准进行设计。设计文件应当包括符合规定要求的建筑节能设计内容。

（2）设计文件审查机构应当按照民用建筑节能强制性标准，对建设项目施工图设计文件中的建筑节能设计内容进行审查。审查合格的，及时出具审查报告。

（3）设计文件审查报告中的建筑节能设计内容应当由审查人员签字，并经施工图设计文件审查机构盖章确认。施工图设计文件审查机构不得出具虚假的审查报告。

（4）经审查通过的建筑节能设计内容不得擅自变更；确实需要变更的，应当按照原审查程序重新审查。

三、现场检查

建筑能效测评与标识测评的现场检查，为设计符合性检查，对文件、检测报告等进行核对。建筑能效测评与标识测评分实验室检测和现场检测两大部分。实验室检测是指测试试件在实验室加工完成，相关检测参数均在实验室内测出；而现场检测是指测试对象或试件在施工现场，相关的检测参数在施工现场测出。

对已完工的工程进行实体现场检查，是验证工程质量的有效手段之一。建筑能效测评与标识测评实践证明，虽然在施工过程中采取了多种质量控制手段，进行了分层次的验收，但是其节能效果到底如何仍难以确认。此时采取现场实体检验的方法对已完工程的节能效果抽取少量试样进行验证，就成为一种必要而且行之有效的手段。

四、性能测试

建筑能效测评与标识测评的基本原则是定性与定量相结合。对于一般性居住建筑和公共建筑，建筑能效标识测评机构主要根据设计、施工、竣工验收等资料，首先做出定性评估，然后经过软件计算，给出相关结论。而建筑各项性能测试所得到的技术数据，是进行建筑能效测评与标识测评的最有力的资料。

在进行建筑各项性能测试过程中，性能测试方法和抽样数量按节能建筑相关检测标准和验收标准进行。性能测试内容如下。

（1）墙体、门窗、保温材料的热工性能；

（2）围护结构热工缺陷检测；

（3）外窗及阳台门气密性等级检测；

（4）平衡阀、采暖散热器、恒温控制阀、热计量装置检测；

（5）冷热源设备的能效检测；

（6）太阳能集热器的效率检测；

（7）水力平衡度检测。

在对相关文件资料、部位和构件性能检测报告审查以及现行抽查检验的基础上，结合建筑能耗计算分析及实测的结果，对建筑能效综合进行测评。

建筑能效理论值标识阶段，当基础项达到节能 50％～65％且规定项均满足要求时，标识为一星；当基础项达到节能 65％～75％且规定项均满足要求时，标识为二星；当基础项达到节能 75％～85％以上且规定项均满足要求时，标识为三星；当基础项达到节能 85％以上且规定项均满足要求时，标识为四星。若选择项所加分数超过 60 分（满分 100 分）则再加一星。

建筑能效实测值标识阶段，将基础项（实测能耗值及能效值）写入标识证书，但不改变建筑能效理论值的标识等级；规定项必须满足要求，否则取消建筑能效理论值的标识结果；根据选择项结果对建筑能效理论值的标识等级进行调整。

第六节　建筑能效测评与标识的测评报告

建筑能效测评机构在完成被委托建筑物的能效测评与标识工作后，应按要求出具测评报告。根据《民用建筑能效测评标识技术导则》中的要求，报告应包括以下主要内容，各测评机构也可根据具体情况附加其他内容。

一、理论值测评与标识报告的内容

民用建筑能效理论值测评与标识报告应包括以下内容。

（1）民用建筑能效测评汇总表；

（2）民用建筑能效标识汇总表；

（3）建筑物围护结构热工性能表；

（4）建筑和用能系统概况；

（5）基础项计算说明书；

（6）测评过程中依据的文件及性能检测报告；

（7）民用建筑能效测评联系人、电话和地址等。

基础项计算说明书应包括计算输入数据、软件名称及计算过程等。

二、实测值测评与标识报告的内容

民用建筑能效实测值测评与标识报告应包括以下内容。

（1）建筑和用能系统概况；

（2）基础项实测检验报告；

（3）规定项实测检验报告；

（4）选择项测试评估报告；

（5）测评过程中依据的文件及性能检测报告；

（6）民用建筑能效测评联系人、电话和地址等。

根据《民用建筑能效测评标识技术导则》中的规定，建筑能效测评应当以表格的形式列出测评的具体结果。根据我国建筑能效测评的实践经验，其主要表格有居住建筑能效测评汇总表、公共建筑能效测评汇总表、居住/公共建筑能效测评汇总表、居住建筑围护结构热工性能表、公共建筑围护结构热工性能表。

居住建筑能效测评汇总表

项目名称：　　　　　　　　　　　　　　　　　　　项目地址：

建筑面积（m²）/层数：　　　　　　　　　　　　　　气候区域：

建设单位：　　　　　　　　设计单位：　　　　　　　　施工单位：

测评内容						测评方法	测评结果	备注
基础项	采暖热负荷指标/（W/m²）		采暖度日数					5.1.1
基础项	空调冷负荷指标/（W/m²）		空调度日数					5.1.1
基础项	单位面积全年耗能量/（kW·h/m²）							
规定项	围护结构	外窗气密性						5.2.1
规定项	围护结构	热桥部位（严寒寒冷）						5.2.2
规定项	围护结构	门窗保温（严寒寒冷）						5.2.3
规定项	空调采暖冷热源	空调冷源						5.2.4
规定项	空调采暖冷热源	采暖热源						5.2.5
规定项	A	冷水（热泵）机组	类型	单机额定制冷/kW	台数	性能系数（COP）		5.2.6
规定项	A	单元式机组						5.2.7
规定项	A	锅炉	类型	额定热效率/%				5.2.8
规定项	A	户式燃气炉	类型	额定热效率/%			—	5.2.9
规定项	水泵与风机	热水采暖系统热水循环泵耗电输热比						5.2.10
规定项	室温调节							5.2.11
规定项	计量方式							5.2.12
规定项	水力平衡							5.2.13
规定项	控制方式							5.2.14
选择项	可再生能源		比例					5.3.1
选择项	自然通风采光							5.3.2
选择项	能量回收							5.3.3
选择项	其他							5.3.4

民用建筑能效测评机构意见：

　　　　　　　　　　　　　测评人员：　　　　测评机构：　　　　年　月　日

注：测评方法填入内容为软件评估、文件审查、现场检查或性能测试；测评结果基础项为节能率，规定项为是否满足对应条目要求，选择项为所加分数；备注为各项所对应的条目。

公共建筑能效测评汇总表

项目名称：　　　　　　　　　　　　　　　　　　项目地址：

建筑面积(m²)/层数：　　　　　　　　　　　　　气候区域：

建设单位：　　　　　　　设计单位：　　　　　　　　施工单位：

	测评内容					测评方法	测评结果	备注
基础项	采暖热负荷指标/(W/m²)			采暖度日数				6.1.1
	空调冷负荷指标/(W/m²)			空调度日数				
	单位面积全年耗能量/(kW·h/m²)							
规定项	围护结构	外窗、透明幕墙气密性						6.2.1
		热桥部位						6.2.2
	空调采暖冷热源	空调冷源						6.2.3
		采暖热源						6.2.4
	空调采暖设备	冷水(热量)机组	类型	单机额定制冷量/kW	台数	性能系数		6.2.5
		单元式机组	类型	单机额定制冷量/kW	台数	能效比		6.2.6
		溴化锂吸收式机组	机型	设计工况	单位制冷量蒸汽耗量/[kg/(kW·h)]或性能系数/(W/W)			6.2.7
		锅炉	类型		额定热效率/%			6.2.8
	水泵与风机	空调水系统冷水泵输送能效比						6.2.9
		空调水系统热水泵输送能效比						6.2.10
		热水采暖系统热水循环泵耗电输热比						6.2.11
		风机单位风量耗功率						
	室温调节							6.2.12
	计量方式							6.2.13
	水力平衡							6.2.14
	控制方式							6.2.15
	照明							6.2.16
选择项	可再生能源			比例				6.3.1
	自然通风采光							6.3.2
	蓄冷蓄热技术							6.3.3
	能量回收							6.3.4
	余热废热利用							6.3.5
	全新风/变新风比							6.3.6
	变水量/变风量							6.3.7
	楼宇自控							6.3.8
	管理方式							6.3.9
	其他							6.3.10

公共建筑能效测评机构意见：

　　　　　　　　　　　　　　测评人员：　　　　测评机构：　　　　年　　月　　日

居住/公共建筑能效测评汇总表

项目名称：　　　　　　　　　　　　　　　　　　项目地址：

建筑面积(m²)/层数：　　　　　　　　　　　　　气候区域：

建设单位：　　　　　　　设计单位：　　　　　　　　施工单位：

项目	审查内容	
基础项	采暖热负荷指标/(W/m²)	
	空调冷负荷指标/(W/m²)	
	全年耗能量/(kW·h/m²)	
	节能率/%	

续表

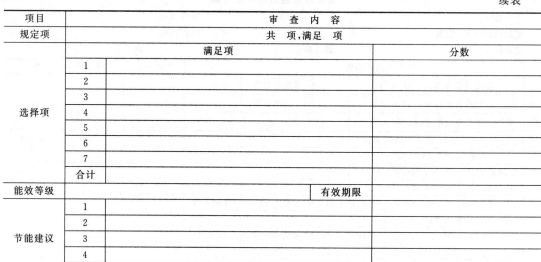

项目	审 查 内 容		
规定项	共　项,满足　项		
选择项	满足项		分数
	1		
	2		
	3		
	4		
	5		
	6		
	7		
	合计		
能效等级		有效期限	
节能建议	1		
	2		
	3		
	4		
	5		
标识机构	负责人	审核人	审核日期

居住建筑围护结构热工性能表

项目名称		项目地址		建筑类型	建筑面积(m²)/层数
建筑外表面积 F_0		建筑体积 V_0		体型系数 $S=F_0/V_0$	
围护结构部位		传热系数 $K/[W/(m^2 \cdot K)]$			具体做法
屋面					
外墙					
底面接触室外空气的架空或外挑楼板					
分隔采暖与非采暖空间的隔墙、楼板					
分户墙和楼板					
户门					
阳台下部门芯板					
地面	周边地面				
	非周边地面				
外窗(含阳台门透明部分)	方向	窗墙面积比	传热系数 $K/[W/(m^2 \cdot K)]$	遮阳系数 SC	
	天窗				
单位面积全年耗能量 /(kW·h/m²)			计算软件		
计算人员	日期		审核人员		日期

<h2 style="text-align:center">公共建筑围护结构热工性能表</h2>

项目名称		项目地址		建筑类型	建筑面积(m²)/层数
建筑外表面积 F_0		建筑体积 V_0		体型系数 $S = F_0/V_0$	
围护结构部位		传热系数 $K/[W/(m^2 \cdot K)]$			具体做法
屋面					
外墙(含非透明幕墙)					
底面接触室外空气的架空或外挑楼板					
分隔采暖与非采暖空间的隔墙、楼板					
采暖空调地下室外墙(与土壤接触的墙)					
地面	周边地面				
	非周边地面				
外窗(含阳台门透明部分)	方向	窗墙面积比	传热系数 $K/[W/(m^2 \cdot K)]$	遮阳系数 SC	
屋损透明部分					
单位面积全年耗能量 /(kW·h/m²)				计算软件	
计算人员		日期	审核人员		日期

参 考 文 献

[1]   徐占发.建筑节能技术实用手册.北京:中国建筑工业出版社,2005.
[2]   李继业.建筑节能工程检测.北京:化学工业出版社,2011.
[3]   田斌守等.建筑节能检测技术.北京:中国建筑工业出版社,2010.
[4]   刘常满.热工检测技术.北京:中国计量出版社,2005.
[5]   张东飞.热工测量及仪表.北京:中国电力出版社,2007.
[6]   涂逢祥.建筑节能.北京:中国建筑工业出版社,2007.
[7]   王智伟,杨振耀.建筑环境与设备工程实验及测试技术.北京:科学出版社,2004.
[8]   何锡兴,周红波.建筑节能监理质量控制手册.北京:中国建筑工业出版社,2008.
[9]   段恺,费慧慧.中国建筑节能检测技术.北京:中国质检出版社、中国标准出版社,2012.
[10] JGJ/T 132—2009.
[11] JGJ/T 177—2009.
[12] JGJ/T 154—2007.
[13] 中国建筑业协会建筑节能专业委员会.建筑节能技术.北京:中国计划出版社.1996.
[14] GB/T 10294—2008.
[15] GB/T 10295—2008.
[16] GB/T 10296—2008.
[17] GB 50176—2016.
[18] GB 13475—2008.
[19] GB 50325—2010.